Wertvolle Fehler – Right Kind of Wrong

Die praktische Wissenschaft
klugen Scheiterns

WERTVOLLE FEHLER – RIGHT KIND OF WRONG

Die praktische Wissenschaft klugen Scheiterns

von
AMY EDMONDSON

Aus dem Amerikanischen übersetzt von
MIKE KAUSCHKE

VERLAG FRANZ VAHLEN MÜNCHEN

Die Originalausgabe erschien 2023 unter dem Titel
»Right Kind of Wrong: The Science of Failing Well« bei Atria Books,
ein Imprint von Simon & Schuster, Inc.

vahlen.de

ISBN Print 978 3 8006 7431 2
ISBN E-Book (ePDF) 978 3 8006 7441 1
ISBN E-Book (ePUB) 978 3 8006 7442 8

Wilhelmstr. 9, 80801 München
Druck und Bindung: Beltz Grafische Betriebe GmbH
Am Fliegerhorst 8, 99947 Bad Langensalza

Satz: Fotosatz Buck
Zweikirchener Str. 7, 84036 Kumhausen
Produktion: Sieveking Agentur, München
Umschlag: Alexander Alexandrou
Bildnachweis: unsplash – Klim Musalimov

vahlen.de/nachhaltig

Gedruckt auf säurefreiem, alterungsbeständigem Papier
(hergestellt aus chlorfrei gebleichtem Zellstoff)

Für Jack & Nick
Mit bleibender Liebe und
wachsender Bewunderung

Ich habe keine Angst vor Stürmen,
denn ich lerne, mein Schiff zu steuern.
– Louisa May Alcott

INHALTS-VERZEICHNIS

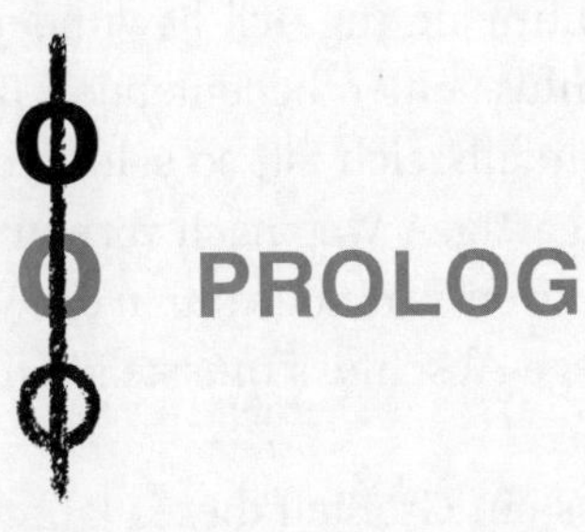

PROLOG

Juni 1993. Ich sitze an dem alten Holzschreibtisch in meinem Büro im 15. Stock der William James Hall, wo ich im neuen Doktorandenprogramm an der Harvard University das Verhalten von Organisationen studiere. Ich beuge mich vor, um den kleinen Schwarz-Weiß-Bildschirm meines klobigen Apple-Computers genauer zu betrachten.[1] Ein Stapel Papierfragebögen, mit denen ich die Teamarbeit in zwei nahegelegenen Krankenhäusern untersucht habe, liegt am Rande des Schreibtisches. Vor sechs Monaten hatten Hunderte von Pflegekräften und Ärzten diese Fragebögen ausgefüllt und mir einen Einblick in die Arbeitsweise ihrer Teams gegeben. Ich habe die Daten so weit ausgewertet, dass ich feststellen konnte, dass einige der Teams viel besser zusammenarbeiten als andere. Jetzt ist es an der Zeit für mich herauszufinden, wie viele Fehler sie gemacht haben. In meiner Hand halte ich eine kleine Computerdiskette mit den lang erwarteten Daten zu Medikationsfehlern in jedem Team, die vom Pflegepersonal in den letzten sechs Monaten akribisch gesammelt wurden. Ich muss nur noch die statistische Analyse durchführen, um zu sehen, ob die Daten der Teambefragung mit den Fehlerdaten der Krankenhäuser korrelieren.

Das ist der Moment kurz vor meinem ersten großen Misserfolg in der Forschung.

Bald kam mir – nicht zum ersten Mal – der Gedanke, dass ich vielleicht nicht für ein Promotionsprogramm geeignet war. Ich war zwiespältig, was die Hochschule und ein Aufbaustudium anging. Ich bewunderte Menschen, die auch ohne einen Hochschulabschluss einen bedeutenden Beitrag in der Welt leisteten. Wenn man klug und einfallsreich ist, so schien es mir, sollte man in der Lage sein, sich einen einzigartigen Weg nach vorn zu bahnen und eine Arbeit zu leisten, die zu einer positiven Veränderung in der Welt beiträgt. Aber ein Jahrzehnt nach meinem College-Abschluss musste ich mich wohl geschlagen geben.

Mir ist natürlich bewusst, dass ein Großteil dieses Jahrzehnts kreativ und aus bestimmten Blickwinkeln beneidenswert war. Ich hatte als Chefingenieurin für Buckminster Fuller gearbeitet – dem visionären Erfinder der geodätischen Kuppel. Danach wechselte ich nach einer zufälligen Begegnung mit dem Gründer eines Beratungsunternehmens vom Ingenieurwesen zur Organisationsentwicklung und war bald fasziniert von Organisationen (und ihrem Scheitern!). Ich arbeitete mit einigen der ältesten und größten Unternehmen in den USA zusammen. In den späten 1980er-Jahren traf ich Manager in der US-Autoindustrie, die erkannten, dass die Kunden kraftstoffsparende, qualitativ hochwertige Autos wollten, wie sie aus Japan importiert wurden. Aber sie konnten ihre riesigen Unternehmen nicht dazu bringen, die Produktion umzurüsten, um solche Autos herzustellen. Wo ich auch hinsah, beklagten sich aufmerksame Manager über die Unfähigkeit ihrer Unternehmen, sich an die eindeutig veränderten Bedürfnisse des Marktes anzupassen. Diese Arbeit hat mir sehr viel Spaß gemacht. Mein Gefühl der Niederlage rührte daher, dass ich zu dem Schluss kam, dass ich aus eigener Kraft so weit gekommen war, wie es mir möglich schien. Um auf dem neuen Gebiet des Organisationsverhaltens und des Managements effektiver zu sein, würde ich mich weiterbilden müssen. Dann könnte ich vielleicht einen sinnvollen Beitrag zu dem Ziel leisten, das sich langsam in meinem Kopf abzeichnete: *Menschen und Organisationen beim Lernen zu helfen, damit sie in einer sich ständig verändernden Welt erfolgreich sein können.*

Ich hatte keine Ahnung, was ich mit dieser Absicht studieren sollte und wie ich dazu beitragen konnte, die Arbeitsweise von Organisationen zu verändern. Aber es schien ein Problem zu sein, dessen Lösung ein wertvolles Unterfangen war. Vielleicht konnte ich von den Professoren der Psychologie und des Organisationsverhaltens etwas lernen, um die Dynamiken zu verstehen, durch die Menschen und Organisationen am Lernen und ihrer vollen Entfaltung gehindert werden.

Aufgrund meines Interesses an der Frage, wie Organisationen lernen, hatte ich als frischgebackene Doktorandin die Einladung zur Mitarbeit in einem Team von Forschern gern angenommen, die Medikationsfehler an der nahe gelegenen Harvard Medical School untersuchten. Dieses Projekt würde mir helfen zu lernen, wie man in der Praxis forscht. Ihre Lehrerin in der ersten Klasse hat Ihnen wahrscheinlich auch gesagt, dass Fehler eine wichtige Quelle des Lernens sind. Und Medikationsfehler sind, wie jeder weiß, der schon einmal in einem Krankenhaus war, zahlreich und folgenreich.

Doch plötzlich schien dies kein vielversprechender Anfang für eine Forschungskarriere zu sein. Ich konnte meine Hypothese eindeutig nicht bestätigen. Ich hatte vorausgesagt, dass eine bessere Teamarbeit zu weniger Medikationsfehlern führen würde, was dadurch gemessen wurde, dass Prüfer aus der Krankenpflege mehrmals wöchentlich vorbeikamen, um Patientenkarten einzusehen und mit den dort arbeitenden Pflegenden und Ärztinnen zu sprechen. Stattdessen deuteten die Ergebnisse darauf hin, dass bessere Teams *höhere* – und nicht niedrigere – Fehlerquoten aufwiesen. Ich lag nicht nur falsch. *Ich lag völlig falsch.*

Meine Hoffnung, eine wissenschaftliche Arbeit über meine Ergebnisse zu veröffentlichen, schwand, und ich fragte mich erneut, ob ich mich als Forscherin etablieren konnte. Die meisten von uns schämen sich für ihre Misserfolge. Wir verstecken sie eher, als dass wir aus ihnen lernen. Nur weil in Organisationen Fehler passieren, heißt das noch lange nicht, dass wir daraus lernen und uns verbessern. Ich schämte mich, weil ich mich geirrt hatte, und hatte Angst, es meinem akademischen Betreuer zu sagen.

Innerhalb weniger Tage führte mich diese überraschende Erkenntnis – dieser Misserfolg – zu neuen Einsichten, neuen Daten und weiteren Forschungsprojekten, die meine akademische Karriere retteten und veränderten. Auf der Grundlage dieser ersten Studie veröffentlichte ich eine Forschungsarbeit mit dem Titel »Learning from Mistakes Is Easier Said Than Done« (Aus Fehlern lernen ist leichter gesagt als getan), ein Vorläufer für so viele meiner späteren Arbeiten – und ein Thema, das sich durch mein Lebenswerk und dieses Buch zieht.

Ich begann zu verstehen, dass Erfolg als Forscherin auch das Scheitern *voraussetzt*. Wenn man nicht scheitert, betritt man kein Neuland. Seit diesen frühen Tagen hat sich in meinem Hinterkopf ein feines und differenziertes Verständnis von Begriffen wie *Fehler, Misserfolg* und *Scheitern* herausgebildet. Jetzt kann ich es mit Ihnen teilen.

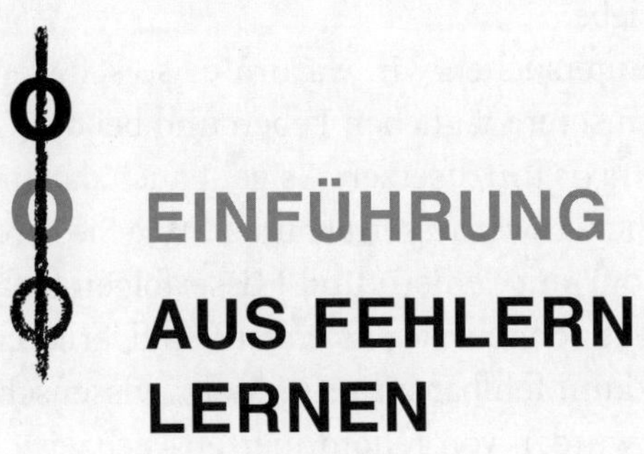

EINFÜHRUNG AUS FEHLERN LERNEN

Erfolg bedeutet, von Misserfolg zu Misserfolg zu stolpern, ohne die Begeisterung zu verlieren.
– Winston Churchill

Der Gedanke, dass Menschen und Organisationen aus Misserfolgen lernen sollten, ist weit verbreitet und scheint sogar offensichtlich. Trotzdem versäumen es die meisten von uns, die wertvollen Lektionen zu lernen, die Misserfolge bieten können. Wir schieben die Anstrengung auf, darüber nachzudenken, was wir falsch gemacht haben. Manchmal zögern wir, uns einzugestehen, dass wir überhaupt gescheitert sind. Wir schämen uns für unser Scheitern, sind aber schnell bereit, die Fehler anderer zu erkennen. Wir leugnen, beschönigen und machen schnell weiter – oder geben den Umständen und anderen Menschen die Schuld für Situationen, in denen etwas schiefgelaufen ist. Jedes Kind lernt früher oder später, sich der Schuld zu entziehen, indem es mit dem Finger auf andere zeigt. Mit der Zeit wird es zur Gewohnheit. Schlimmer noch, diese Gewohnheiten führen dazu, dass wir Ziele oder Herausforderungen vermeiden, bei denen wir scheitern könnten. Infolgedessen verpassen wir unzählige Gelegenheiten, zu lernen und neue Fähigkeiten zu entwickeln. Diese verhängnisvolle Kombination aus psychologischer Prägung,

Sozialisierung und institutionellen Belohnungen macht das Erlernen der Wissenschaft des klugen Scheiterns viel schwieriger, als es sein müsste.

Es ist unmöglich, die Verschwendung von Zeit und Ressourcen zu berechnen, die dadurch entsteht, dass wir nicht aus Fehlern lernen. Genauso schwer ist es, den emotionalen Tribut zu messen. Die meisten von uns tun alles, um Misserfolge zu vermeiden, und wir berauben uns selbst des Abenteuers, der Erfolge und, ja, der Liebe.

In diesem Buch untersuchen wir, warum es so schwierig ist, das Lernen aus Misserfolgen in unserem täglichen Leben und bei der Gestaltung unserer Institutionen in die Praxis umzusetzen. Es geht auch darum, wie wir unseren Umgang mit dem Scheitern verbessern können. Wie Sie bereits gelesen haben, habe ich mich nicht nur mit Fehlern und Misserfolgen befasst, sondern auch viele davon selbst erlebt. Ich musste aus erster Hand lernen, wie man sich besser damit abfinden kann, fehlbar zu sein. Mehr wissenschaftliche Arbeiten, als ich zählen kann, wurden von renommierten Fachzeitschriften abgelehnt. Ich hatte eine Autopanne am Straßenrand und verbrachte eine unruhige Nacht damit, über eine vorbeugende Wartung nachzudenken. Ich bin im ersten Jahr am College durch eine Prüfung in multivariablen Verfahren durchgefallen. Ich habe wichtige Baseball-Spiele meiner Söhne verpasst und sie deshalb enttäuscht. Die Liste geht weiter. *Und weiter.* Um mich mit meinen Unzulänglichkeiten abzufinden und anderen dabei zu helfen, beschloss ich, mich wissenschaftlich damit auseinanderzusetzen.

Der erfolgreiche Umgang mit Misserfolgen und die daraus möglichen Lernerfahrungen – wobei es wichtig ist, die wertlosen Fehler so oft wie möglich zu vermeiden –, beginnt mit dem Verstehen, dass nicht alle Misserfolge gleich sind. Wie Sie sehen werden, können einige Misserfolge zu recht als schlecht bezeichnet werden. Glücklicherweise sind die meisten von ihnen auch vermeidbar. Andere Misserfolge sind dagegen äußert hilfreich. Sie führen zu wichtigen Erkenntnissen, die unser Leben und unsere Welt verbessern. Damit Sie nicht auf falsche Gedanken kommen: Ich hatte meinen Anteil an Misserfolgen, die schlecht waren, aber auch einige, die gut waren.

Dieses Buch bietet eine Typologie des Scheiterns, die Ihnen hilft, die »wertvollen Fehler« von den Fehlern zu unterscheiden, die Sie unbedingt vermeiden sollten. Sie werden neue Denkweisen über sich selbst und das Scheitern erlernen, Kontexte erkennen, in denen Scheitern wahrscheinlich ist, und die Rolle von Systemen verstehen – alles entscheidende Kompetenzen, um die Wissenschaft des klugen Scheiterns zu beherrschen. Sie werden eine Handvoll *Experten des Scheiterns* aus verschiedenen Bereichen, Ländern und Jahrhunderten kennenlernen. Wie ihre Beispiele deutlich machen, erfordert das Lernen aus dem Scheitern emotionale Stärke und Geschick. Man muss lernen, wie man durchdachte Experimente durchführt, wie man Scheitern kategorisiert und wie man aus Fehlschlägen aller Art wertvolle Lehren zieht.

Die Rahmenbedingungen und Lehren in diesem Buch sind das direkte Ergebnis meiner 25 Jahre langen Arbeit als Forscherin im Bereich Sozialpsychologie und Organisationsverhalten. In dieser Funktion habe ich Menschen befragt und Daten aus Umfragen und anderen Quellen in Unternehmen, Behörden, Start-ups, Schulen und Krankenhäusern gesammelt. In Gesprächen mit Hunderten von Menschen in diesen Organisationen – Managerinnen, Ingenieuren, Pflegekräften, Ärzten, Geschäftsführerinnen und Mitarbeitenden – erkannte ich Muster, die eine neue Typologie des Scheiterns sowie eine Vielzahl von Good Practices für den Umgang mit dem Scheitern und dem daraus möglichen Lernen ergaben.

Kehren wir an den Anfang dieser langen Reise zurück, die mit meiner Teilnahme an einer bahnbrechenden Studie über Medikationsfehler in Krankenhäusern begann.

AUS FEHLERN LERNEN IST LEICHTER GESAGT ALS GETAN

Ich saß da und starrte entgeistert auf den Computerbildschirm, auf dem deutlich zu sehen war, dass meine Studienhypothese nicht bestätigt wurde. Mein erster Gedanke war: Wie konnte ich meinem Vorgesetzten und den Ärzten, die die Studie leiteten, meine völlig falsche Einschätzung eingestehen? Ich hatte Hunderte von Stunden damit verbracht, die Umfrage zu entwickeln, an zweiwöchentlichen Forschungssitzungen mit den Ärzten und dem Pflegepersonal teilzunehmen, die in zwei nahe gelegenen Krankenhäusern Arzneimittelfehler verfolgten. Regelmäßig schwang ich mich auf mein Fahrrad, um zum Krankenhaus zu fahren, kurz nachdem eine Pflegekraft einen schwerwiegenden Fehler gemeldet hatte. Ich befragte die Beteiligten, um die Ursachen für den Fehler zu ermitteln. Man hatte mir die Daten zu medizinischen Fehlern anvertraut und mir erlaubt, Hunderte von vielbeschäftigten Ärztinnen und Pflegenden zu bitten, meine Umfrage auszufüllen. Ich fühlte mich schuldig, weil ich ihre wertvolle Zeit in Anspruch genommen hatte, und schämte mich für mein Versagen.

Einer der Menschen, mit denen ich über dieses Scheitern sprechen musste, war Dr. Lucian Leape, ein Kinderchirurg, der sich später in seiner beruflichen Laufbahn der Erforschung medizinischer Fehler zugewandt hatte. Lucian Leape war über zwei Meter groß, hatte dichtes weißes Haar und dicke Augenbrauen. Er wirkte sympathisch und einschüchternd zugleich. Und er war entschlossen. Das Forschungsziel der umfassenden Studie war einfach: die Rate der Medikationsfehler in Krankenhäusern zu messen.

Damals war nur wenig darüber bekannt, wie häufig Fehler passierten, und Lucian und seine Kollegen erhielten ein Stipendium des National Institutes of Health (NIH), um dies herauszufinden. Sie waren inspiriert von Forschungsergebnissen aus der Luftfahrt. Dabei konnte gezeigt werden, dass eine bessere Teamarbeit im Cockpit zu sichereren Flügen führt. Lucian stellte die Frage, ob dies auch in Krankenhäusern der Fall sein könnte.

Die Luftfahrtforschung, die Lucian inspirierte, hatte ursprünglich nicht die Absicht, die Teamarbeit zu untersuchen, sondern die Müdigkeit im Cockpit. Es war eine weitere gescheiterte Hypothese. Ein Forscherteam der NASA unter der Leitung des Experten für »Human Factors« (menschliche Faktoren) H. Clayton Foushee führte ein Experiment durch, um die Auswirkungen von Müdigkeit auf die Fehlerquote zu ermitteln.[1] Sie untersuchten 20 Zweierteams, von denen zehn der Bedingung »nach dem Dienst« oder »Müdigkeit« zugewiesen wurden. Diese Teams »flogen« im Simulator, als ob es sich um den letzten Abschnitt eines dreitägigen Einsatzes bei der Fluggesellschaft für Kurzstrecken handelte, bei der sie arbeiteten. Die müden Teams hatten bereits drei acht- bis zehnstündige Tagesschichten geflogen. Diese Schichten umfassten mindestens fünf, manchmal bis zu acht Starts und Landungen. Die anderen zehn Teams (die »vor dem Dienst« gut ausgeruhten) flogen im Simulator, nachdem sie mindestens zwei Tage dienstfrei hatten. Für sie war der Flug im Simulator wie der erste Abschnitt einer dreitägigen Schicht.

Simulatoren bieten einen sicheren Rahmen für das Lernen. Die Piloten, mit denen ich gesprochen habe, geben an, dass der Simulator wie ein echtes Cockpit aussieht. Und er fühlt sich auch so an, sodass sie Angst haben, wenn ein Fehler auftritt. Aber Fehler in einem Simulator führen nicht zum Absturz eines Flugzeugs. Das macht den Simulator zu einer großartigen Umgebung, in der man analysieren kann, was schiefgelaufen ist. So kann man die Fähigkeiten perfektionieren, die nötig sind, um Hunderte von Passagieren bei echten Flügen sicher zu befördern. Diese Eigenschaften machen den Simulator auch zu einem hervorragenden Forschungsinstrument. Während es niemals ethisch vertretbar wäre, müde Piloten willkürlich zu tatsächlichen Flügen mit echten Passagieren zu schicken, kann man in einem Simulator durchaus damit experimentieren.

Zu seiner Überraschung stellte Foushee fest, dass die Teams, die gerade mehrere Tage zusammen geflogen waren (die müden Teams), bessere Leistungen erbrachten als die ausgeruhten Teams. Wie erwartet machten die müden

Studienteilnehmer *als Einzelne* mehr Fehler als ihre ausgeruhten Kollegen, aber da sie bei mehreren Flügen zusammengearbeitet hatten, machten sie *als Team* weniger Fehler. Offensichtlich waren sie in der Lage, gut zusammenzuarbeiten und während des gesamten Fluges die Fehler der anderen aufzufangen und zu korrigierten. So verhinderten sie schwere Unfälle. Die übermüdeten Piloten hatten sich im Wesentlichen zu guten Teams entwickelt, nachdem sie ein paar Tage lang zusammengearbeitet hatten. Im Gegensatz dazu arbeiteten die ausgeruhten Piloten, die einander nicht kannten, als Team nicht so gut.

Diese überraschende Erkenntnis über die Bedeutung der Teamarbeit im Cockpit hat zu einer Revolution in der Passagierluftfahrt beigetragen, dem sogenannten Crew Resource Management (CRM).[2] Es ist mitverantwortlich ist für die außergewöhnliche Sicherheit der heutigen Passagierluftfahrt. Diese beeindruckende Neuerung ist eines von vielen Beispielen für das, was ich die Wissenschaft des klugen Scheiterns nenne.

Die Forschung über Cockpit-Besatzungen intensivierte sich in den 1980er-Jahren und umfasste die Arbeit von J. Richard Hackman, einem Psychologieprofessor in Harvard, der das Zusammenspiel von Piloten, Kopiloten und Navigatoren in zivilen und militärischen Flugzeugen untersuchte.[3] Er wollte verstehen, was effektive Teams ausmacht. Seine Forschungen über die Cockpit-Besatzung hatten die Aufmerksamkeit von Lucian Leape erregt. Lucian sah eine Parallele zwischen der Arbeit von Cockpit-Besatzungen und der von Krankenhausärzten und fragte Richard am Telefon, ob er bereit wäre, bei Lucians Studie über Medikationsfehler mitzuwirken. Da er keine Zeit hatte, sich dem Projekt zu widmen, schlug Richard vor, dass ich, seine Doktorandin, stattdessen mitarbeiten könnte. Und so saß ich nun da, analysierte immer wieder ungläubig und ängstlich meine Ergebnisse.

Ich hatte gehofft, auf der Luftfahrtforschung aufbauen zu können, um der Literatur zur Teamzusammenarbeit ein weiteres kleines Ergebnis hinzuzufügen. Die Forschungsfrage war einfach: Führt eine bessere Teamarbeit im Krankenhaus zu weniger Fehlern? Die Idee war, die Ergebnisse aus der Luftfahrt in diesem neuen Kontext zu wiederholen. Was wäre, wenn es sich nicht um eine große Entdeckung handeln würde? Als Doktorandin wollte ich nicht die Welt revolutionieren, sondern nur eine Studienanforderung erfüllen. Eine einfache, wenig überraschende Entdeckung würde völlig ausreichen.

Ein kleines Team von Pflegenden würde sechs Monate lang die umfangreiche Arbeit übernehmen, die Fehlerquoten auf den Stationen des Krankenhauses zu verfolgen, mit Ärzten und dem Pflegepersonal zu sprechen und die Krankenakten der Patienten mehrmals pro Woche zu überprüfen. Meine Aufgabe war, im ersten Monat der sechsmonatigen Studie eine Umfrage zur Einschätzung der Teamarbeit auf denselben Stationen zu verteilen. Dann musste ich geduldig darauf warten, dass die Fehlerdaten gesammelt wurden, damit ich die beiden Datensätze vergleichen konnte – die Verknüpfung der Teambefragungen mit den über die gesamten sechs Monate gesammelten Fehlerdaten.

Für die Messung der Teameffektivität stand mir Hackmans vorgefertigter »Fragebogen für die Teamdiagnose« zur Verfügung.[4] In Zusammenarbeit mit den Ärzten und Pflegenden des Forschungsteams veränderte ich den Wortlaut so, dass er zahlreiche Fragen zur Bewertung verschiedener Aspekte der Teamarbeit enthielt, zum Beispiel »Die Mitarbeitenden dieser Abteilung sind sehr engagiert und arbeiten zusammen, um die Abteilung zu einer der besten im Krankenhaus zu machen«, »Die Mitarbeitenden dieser Abteilung teilen ihr spezielles Wissen und ihre Fachkenntnisse miteinander« oder die negativ formulierte Frage »Einige Leute in dieser Abteilung tragen nicht ihren angemessenen Anteil an der gesamten Arbeitslast«. Die Antwortmöglichkeiten reichten von »stimme voll zu« bis »stimme überhaupt nicht zu«. Um die Qualität der Teamarbeit zu beurteilen, habe ich die Durchschnittswerte der einzelnen Antworten auf diese Fragen berechnet, die ich dann wiederum gemittelt habe, um die Punktzahlen für jedes Team zu ermitteln. Gut 55 % der von mir verteilten Fragebögen wurden zurückgeschickt, und die Daten zeigten eine große Abweichung zwischen den Teams. Einige Teams schienen effektiver zu sein als andere. So weit, so gut.

Würden diese Unterschiede die Fehleranfälligkeit der Teams vorhersagen?

Auf den ersten Blick sah alles gut aus. Ich erkannte sofort einen Zusammenhang zwischen den Fehlerquoten und der Effektivität des Teams, und besser noch, er war statistisch signifikant. Wenn Sie sich nicht so gut mit Statistiken auskennen, kann ich Ihnen nur sagen, dass das ein sehr beruhigendes Ergebnis ist.

Aber dann habe ich genauer hingesehen! Ich beugte mich zu meinem Computerbildschirm und sah, dass die Korrelation in die *falsche* Richtung ging. Die Daten sagten das Gegenteil von dem aus, was ich vorhergesagt hatte. Bessere Teams schienen höhere, nicht niedrigere Fehlerquoten zu haben. Meine Beunruhigung verstärkte sich und verursachte ein flaues Gefühl im Bauch.

Obwohl ich es noch nicht wusste, führte mein nicht mehr ganz so einfaches Forschungsprojekt zu einem intelligenten Fehlschlag, der zu einer unerwarteten Entdeckung führen würde.

Überraschungen, oft in Form von schlechten Nachrichten für die Hypothese eines Forschenden, sind in der Wissenschaft üblich. Keiner überlebt lange als Wissenschaftler, wenn er es nicht aushält, zu scheitern, wie ich bald lernen sollte. Geschichten über neue Entdeckungen *enden* nicht mit dem Scheitern; Misserfolge sind Trittsteine auf dem Weg zum Erfolg. Es gibt keinen Mangel an populären Zitaten zu dieser Einsicht – viele davon sind in diesem Buch zu finden –, und das aus gutem Grund. Diese Art von informativen, aber dennoch *unerwünschten* Misserfolgen sind *wertvolle Fehler,* es ist die gute Art von Scheitern.

SCHEITERN IM NEULAND

Diese Misserfolge sind »intelligent«, wie mein Kollege, der Professor an der Duke University Sim Sitkin, bereits 1992 vorschlug.[5] Solche Fehler erfordern sorgfältiges Nachdenken, richten keinen unnötigen Schaden an und führen zu nützlichen Erkenntnissen, die unser Wissen voranbringen. Trotz des fröhlichen Geredes über das Feiern von Misserfolgen im Silicon Valley und auf der ganzen Welt sind intelligente Misserfolge die einzige Art von Fehlern, die es wirklich wert ist, gefeiert zu werden.[6] Sie werden auch als »intelligente Fehler« oder »gute Fehler« bezeichnet und kommen vor allem in der Wissenschaft vor, wo die Fehlerquote in einem erfolgreichen Labor bei 70 Prozent oder mehr liegen kann. Intelligente Fehlschläge sind auch bei Innovationsprojekten in Unternehmen häufig und unverzichtbar, beispielsweise bei der Entwicklung eines neuen beliebten Küchengeräts. Erfolgreiche Innovation ist nur möglich, wenn man aus den Verlusten auf dem Weg dorthin Erkenntnisse gewinnt.

In der Wissenschaft wie auch im Leben lassen sich intelligente Fehlschläge nicht vorhersagen. Ein Blind Date, das von einem gemeinsamen Freund arrangiert wurde, kann in einem langweiligen Abend (einem Misserfolg) enden, selbst wenn der Freund gute Gründe für seinen Glauben hatte, dass Sie sich mit der neuen Bekanntschaft gut verstehen. Unabhängig davon, ob ein kluges Scheitern klein (ein langweiliges Date) oder groß (eine gescheiterte klinische Studie) ist, müssen wir diese Art des Scheiterns als Teil der chaotischen Reise in neues Terrain begrüßen, egal ob sie zu einem lebensrettenden Impfstoff oder einem Lebenspartner führt.

Intelligente Misserfolge liefern wertvolle neue Erkenntnisse. Sie bringen Entdeckungen. Sie treten auf, wenn Experimente notwendig sind, weil die Antworten nicht im Voraus bekannt sind. Vielleicht ist man mit einer bestimmten Situation noch nie konfrontiert worden, oder man steht in einem Forschungsbereich wirklich an der vordersten Front der Entwicklung. Die Entdeckung eines neuen Medikaments, die Einführung eines radikal neuen Geschäftsmodells, die Entwicklung eines innovativen Produkts oder das Testen von Kundenreaktionen auf einem brandneuen Markt sind alles Aufgaben, die intelligente Fehler erfordern. Nur so kann man Fortschritte erzielen und erfolgreich sein.

Versuch und Irrtum ist eine gängige Formulierung für die Art von Experimenten, die in diesen Bereichen erforderlich sind, aber sie trifft es nicht ganz. *Irrtum* impliziert, dass es von vornherein eine »richtige« Vorgehensweise gab. Intelligente Fehlschläge sind keine Irrtümer. In diesem Buch werden diese und andere wichtige Unterscheidungen erläutert, die wir treffen müssen, wenn wir lernen wollen, das Scheitern klug zu nutzen.

Die Lösung des Rätsels

An jenem Tag in der William James Hall starrte ich auf den Misserfolg, der auf meinem alten Mac-Bildschirm angezeigt wurde. Ich versuchte, klar zu denken und die Angst zu verdrängen. Sie verstärkte sich nur noch, als ich mir den Moment vorstellte, in dem ich, eine einfache Doktorandin, dem geschätzten Richard Hackman sagen musste, dass ich mich geirrt hatte. Die Ergebnisse der Luftfahrt bestätigten sich im Gesundheitswesen nicht. Vielleicht zwang mich diese Angst dazu, gründlich nachzudenken. Neu darüber zu reflektieren, was meine Ergebnisse bedeuten könnten.

Haben bessere Teams *wirklich* mehr Fehler gemacht? Ich dachte darüber nach, wie wichtig die Kommunikation zwischen Ärzten und Pflegenden ist, um eine fehlerfreie Versorgung bei dieser stets komplexen und individuellen Arbeit zu gewährleisten. Die Ärztinnen und Pflegenden mussten um Hilfe bitten, die Dosierung der Medikamente überprüfen und Bedenken über die Handlungen der anderen äußern. Sie mussten sich spontan koordinieren. Es machte keinen Sinn, dass gute Teamarbeit (und ich zweifelte nicht an der Richtigkeit meiner Umfragedaten) zu mehr Fehlern führen würde.

Warum sonst sollten bessere Teams höhere Fehlerquoten haben?

Was wäre, wenn diese Teams ein besseres Arbeitsumfeld geschaffen hätten? Was wäre, wenn sie ein Klima der Offenheit geschaffen hätten, in dem sich die Mitarbeitenden trauen, ihre Meinung zu sagen? Was wäre, wenn dieses Umfeld es leichter machen würde, offen und ehrlich mit Fehlern umzugehen? Irren ist menschlich. Fehler passieren – die Frage ist nur, ob wir sie erkennen, zugeben und korrigieren. Vielleicht, so dachte ich plötzlich, machen die guten Teams nicht mehr Fehler, vielleicht *berichten* sie mehr. Sie schwimmen stromaufwärts gegen die weit verbreitete Ansicht, dass Fehler ein Zeichen für Inkompetenz sind, was die Menschen überall dazu veranlasst, das Eingeständnis von Fehlern zu verdrängen (oder die Verantwortung dafür zu leugnen). Dies verhindert die systematische Analyse von Fehlern, die es uns ermöglicht, aus ihnen zu lernen. Diese Einsicht führte mich schließlich zur Entdeckung der psychologischen Sicherheit und warum sie in der heutigen Welt so wichtig ist.

Zu dieser Erkenntnis zu gelangen, bedeutete noch lange nicht, sie zu beweisen. Als ich Lucian Leape die Idee vorstellte, war er zunächst äußerst skeptisch. Ich war die Neue im Team. Alle anderen hatten einen Abschluss in Medizin oder Krankenpflege und verstanden die Patientenversorgung auf eine Weise, die ich nie erreichen würde. Mein Gefühl des Versagens verstärkte sich angesichts seiner Ablehnung. Dass Lucian mich in diesen angespannten Momenten an meine Unwissenheit erinnerte, war nachvollziehbar. Ich hatte auf eine Verzerrung der Fehlerberichte der Teams hingewiesen und damit ein Hauptziel der gesamten Studie in Frage gestellt – eine solide Einschätzung der tatsächlichen Fehlerquoten in der Krankenhausversorgung. Doch seine Skepsis erwies sich als Geschenk. Sie zwang mich, meine Bemühungen zu verdoppeln und darüber nachzudenken, welche zusätzlichen Daten verfügbar sein könnten, um meine (neue und immer noch unsichere) Interpretation der fehlgeschlagenen Ergebnisse zu stützen.

Zwei Ideen kamen mir in den Sinn. Erstens hatte ich wegen des Schwerpunkts der Studie auf Fehlern bei der Überarbeitung der Teambefragung ein neues Element hinzugefügt, um den Wortlaut für die Arbeit im Krankenhaus anzupassen: »Wenn Sie in dieser Abteilung einen Fehler machen, wird das nicht gegen Sie verwendet.« Erfreulicherweise korrelierte diese Frage mit den aufgedeckten Fehlerquoten: Je mehr Leute glaubten, dass ein Fehler nicht gegen sie verwendet werden würde, desto höher waren die aufgedeckten Fehler in ihrer Abteilung! Könnte das ein Zufall sein? Ich glaubte es nicht. Spätere Untersuchungen haben gezeigt, dass dieser Punkt einen bemerkenswerten Einfluss darauf hat, ob jemand in einem Team seine Meinung sagt. Zusammen mit mehreren anderen sekundären statistischen Analysen stimmte dies vollkommen mit meiner neuen Hypothese überein. *Wenn Menschen glauben, dass Fehler gegen sie verwendet werden, sind sie nicht bereit, sie zu melden*. Natürlich hatte ich das selbst auch schon gespürt!

Zweitens wollte ich objektiv herausfinden, ob es zwischen diesen Arbeitsgruppen spürbare Unterschiede in der Arbeitsumgebung gibt, obwohl sie alle im selben Gesundheitssystem arbeiten. Aber ich konnte es nicht selbst tun: Ich war voreingenommen, was die Feststellung solcher Unterschiede angeht.

Im Gegensatz zu Lucian Leape, der anfangs skeptisch war, erkannte Richard Hackman sofort die Plausibilität meines neuen Arguments. Mit Richards Unterstützung stellte ich als Forschungsassistenten Andy Molinsky ein, der jede der Arbeitsgruppen sorgfältig und unvoreingenommen untersuchte.[7] Andy wusste weder, welche Gruppen mehr Fehler aufwiesen, noch, welche bei der Teamumfrage besser abgeschnitten hatten. Er wusste auch nichts von meiner neuen Hypothese. In der Forschungsterminologie heißt das, dass er *doppelblind* war. Ich bat ihn einfach, zu untersuchen, wie die Zusammenarbeit in jeder der Gruppen verlief. Andy untersuchte also mehrere Tage lang jede Abteilung, beobachtete in aller Ruhe, wie die Menschen miteinander umgingen. Er befragte in den Pausen Pflegende und Ärzte, um mehr über das Arbeitsumfeld und die Unterschiede zwischen den Abteilungen zu erfahren. Er machte sich Notizen über seine Beobachtungen, und notierte auch, was die Leute über die Arbeit in ihrer Abteilung sagten.

Ohne dass ich ihn dazu aufforderte, berichtete Andy, dass die untersuchten Krankenhausabteilungen sehr unterschiedliche Arbeitsbedingungen boten. In einigen sprach man offen über Fehler. Andy zitierte das Pflegepersonal mit Aussagen wie »ein gewisses Maß an Fehlern wird vorkommen«, weshalb ein »straffreies Umfeld« für eine gute Patientenversorgung unerlässlich sei. In anderen Abteilungen schien es fast unmöglich zu sein, offen über Fehler zu sprechen. Die Pflegenden beklagten, dass man »in Schwierigkeiten gerät« oder »vor Gericht gestellt wird«, wenn man Fehler macht. Sie berichteten, dass sie sich herabgesetzt fühlten, »als wäre ich eine Zweijährige«, wenn etwas schief ging. Andys Bericht war wie Musik in meinen Ohren. Es war genau die Art von Abweichung zwischen den Arbeitsumfeldern, die ich vermutet hatte.

Aber korrelierten diese Unterschiede in der Arbeitsatmosphäre mit den Fehlerquoten, die von den medizinischen Forschern so akribisch gesammelt wurden? Mit einem Wort: ja. Ich bat Andy, die von ihm untersuchten Teams in eine Rangfolge von »am offensten« bis »am wenigsten offen« zu bringen – *offen* war das Wort, das er zur Erklärung seiner Beobachtungen verwendet hatte. Erstaunlicherweise stimmte seine Liste nahezu perfekt mit den festgestellten Fehlerquoten überein. Dies bedeutete, dass die Messung der Fehlerquote in der Studie fehlerhaft war: Wenn die Studienteilnehmer sich nicht in der Lage fühlten, ihre Fehler zuzugeben, blieben viele Fehler verborgen. Zusammengenommen legten diese Sekundäranalysen nahe, dass meine Interpretation des überraschenden Ergebnisses wahrscheinlich richtig war. Mein Aha-Moment war dieser: Die Teams *machen* wahrscheinlich nicht mehr Fehler, aber sie sind besser in der Lage, über Fehler zu sprechen.[8]

Die Entdeckung der psychologischen Sicherheit

Viel später verwendete ich den Begriff *psychologische Sicherheit*, um diesen Unterschied in der Arbeitsumgebung zu erfassen.[9] Ich entwickelte eine Reihe von Erhebungselementen, um sie zu messen, womit ich ein Teilgebiet der Forschung im Bereich des Organisationsverhaltens ins Leben rief. Heute belegen mehr als 1000 Forschungsarbeiten in verschiedenen Bereichen, von der

Bildung über die Wirtschaft bis hin zur Medizin, dass Teams und Organisationen mit höherer psychologischer Sicherheit bessere Leistungen erbringen. Es treten weniger Fälle von Burn-out auf, und in der Medizin findet sich sogar eine geringere Patientensterblichkeit.[10] Warum könnte dies der Fall sein? Weil psychologische Sicherheit den Menschen hilft, die zwischenmenschlichen Risiken einzugehen, die notwendig sind, um in einer sich schnell verändernden Welt der Wechselwirkungen und Abhängigkeiten Spitzenleistungen zu erzielen. Wenn Menschen in einem psychologisch sicheren Umfeld arbeiten, wissen sie, dass Fragen geschätzt werden, Ideen willkommen sind und Fehler und Misserfolge diskutiert werden können. In einem solchen Umfeld können sich die Menschen auf ihre Arbeit konzentrieren, ohne sich Gedanken darüber zu machen, was andere von ihnen denken könnten. Sie wissen, dass ein Fehler ihrem Ruf nicht schaden wird.

Psychologische Sicherheit spielt eine wichtige Rolle in der Wissenschaft des klugen Scheiterns. Sie ermöglicht es den Menschen, um Hilfe zu bitten, wenn sie sich überfordert fühlen. Das trägt dazu bei, vermeidbare Fehler zu vermeiden. Psychologische Sicherheit hilft ihnen, Fehler zu melden – und damit zu erkennen und zu korrigieren –, um schlimmere Folgen zu verhindern. So ist es möglich, auf durchdachte Weise zu experimentieren, um neue Entdeckungen zu machen. Denken Sie an die Teams, denen Sie bei der Arbeit, in der Schule, beim Sport oder in Ihrer Gemeinde angehört haben. In diesen Gruppen herrschte wahrscheinlich ein unterschiedliches Maß von psychologischer Sicherheit. In einigen Gruppen fühlten Sie sich vielleicht sicher dabei, eine neue Idee zu äußern, einem Teamleiter zu widersprechen oder um Hilfe zu bitten, wenn Sie mit der Situation überfordert waren. In anderen Teams hatten Sie vielleicht das Gefühl, dass es besser ist, sich zurückzuhalten und abzuwarten, was passiert oder was die anderen tun und sagen, bevor Sie Ihren Kopf hinhalten. Dieser Unterschied wird jetzt psychologische Sicherheit genannt – und ich habe in meiner Forschung herausgefunden, dass es sich dabei um eine entstehende (emergente) Eigenschaft einer Gruppe handelt, nicht um einen Persönlichkeitsunterschied. Das bedeutet, dass Ihre Wahrnehmung, ob es sicher ist, bei der Arbeit das Wort zu ergreifen, nichts damit zu tun hat, ob Sie ein extrovertierter oder ein introvertierter Mensch sind. Stattdessen wird sie davon geprägt, wie die Menschen um Sie herum auf das reagieren, was Sie und andere sagen und tun.

Wenn eine Gruppe eine höhere psychologische Sicherheit aufweist, ist sie wahrscheinlich innovativer, leistet qualitativ hochwertigere Arbeit und erzielt bessere Ergebnisse als eine Gruppe, die eine niedrige psychologische Sicherheit aufweist. Einer der wichtigsten Gründe für diese unterschiedlichen Ergebnisse ist, dass Menschen in psychologisch sicheren Teams ihre Fehler zugeben können. Das sind Teams, in denen Offenheit erwartet wird. Es macht nicht immer Spaß und ist sicherlich nicht immer angenehm, in einem solchen Team zu arbeiten, weil man manchmal schwierige Gespräche führen muss. Psychologische Sicherheit in einem Team ist praktisch gleichbedeutend mit einem Umfeld, das Lernen begünstigt. Jeder macht Fehler (wir sind alle fehlbar), aber nicht jeder ist in einer Gruppe, in der man sich wohlfühlt, darüber zu sprechen. Und ohne psychologische Sicherheit ist es für Teams schwer, zu lernen und gute Leistungen zu erbringen.

WAS SIND WERTVOLLE FEHLER?

Man könnte meinen, dass ein wertvoller Fehler einfach der kleinstmögliche Fehler ist. Große Fehler sind schlecht, und kleine Fehler sind gut. Aber die Größe ist nicht das Kriterium, anhand dessen Sie lernen, Fehler zu unterscheiden oder ihren Wert zu beurteilen. Gute Misserfolge sind solche, die uns wertvolle neue Informationen liefern, *die wir auf keine andere Weise hätten gewinnen können.*

Jede Form von Misserfolg bietet die Möglichkeit, zu lernen und sich zu verbessern. Um diese Chancen nicht zu verspielen, brauchen wir eine Mischung aus emotionalen, kognitiven und zwischenmenschlichen Fähigkeiten. Diese werden in diesem Buch auf eine Weise erläutert, die es hoffentlich leicht macht, sie sofort anzuwenden.

Doch bevor wir weitergehen, sind einige Definitionen angebracht. Ich definiere *Scheitern* als ein Ergebnis, das von den erwünschten Resultaten abweicht – sei es, dass eine erhoffte Goldmedaille nicht gewonnen wird, dass ein Öltanker Tausende von Tonnen Rohöl ins Meer verschüttet, anstatt sicher in einem Hafen anzukommen, dass ein Start-up pleitegeht oder dass der Fisch, der für das Abendessen bestimmt ist, zu lange gekocht wird. Kurz gesagt, Scheitern ist ein Mangel an Erfolg.

Als Nächstes definiere ich *Fehler* (gleichbedeutend mit einem *Versehen*) als unbeabsichtigte Abweichungen von vorgegebenen Standards wie Verfahren, Regeln oder Richtlinien. Das Müsli in den Kühlschrank und die Milch in den Schrank zu stellen, ist ein Fehler. Eine Chirurgin, die das linke Knie eines Patienten operiert, obwohl das rechte Knie verletzt war, hat einen Fehler gemacht. Das Wichtigste an Fehlern und Versehen ist, dass sie unbeabsichtigt sind. Fehler können relativ unbedeutende Folgen haben – im Kühlschrank gelagertes Getreide ist unpraktisch und im Schrank gelassene Milch kann verderben –, während andere Fehler, wie der Patient, der an der falschen Stelle operiert wurde, schwerwiegende Folgen haben.

Ein *Verstoß* liegt schließlich vor, wenn eine Person absichtlich von den Regeln abweicht. Wenn Sie absichtlich brennbares Öl auf einen Lappen gießen, ein Streichholz daran anzünden und ihn in eine offene Tür werfen, sind Sie ein Brandstifter und haben gegen das Gesetz verstoßen. Wenn Sie vergessen, einen mit Öl getränkten Lappen ordnungsgemäß aufzubewahren, und er sich spontan entzündet, haben Sie einen Fehler gemacht.

All diese Begriffe können so emotional aufgeladen sein, dass wir versucht sein könnten, uns abzuwenden und nicht mehr damit zu beschäftigen. Aber dadurch verpassen wir die intellektuell (und emotional) befriedigende Reise, auf der wir lernen, mit dem Scheitern zu tanzen.

SCHLECHTES SCHEITERN, KLUGES SCHEITERN

Vielleicht gehören Sie zu den vielen Menschen, die tief im Inneren glauben, dass Scheitern schlecht ist. Sie haben die neuen Slogans über die Umarmung des Scheiterns gehört, aber es fällt Ihnen schwer, sie in Ihrem Alltag ernst zu nehmen. Vielleicht glauben Sie auch, dass es ziemlich einfach ist, aus Misserfolgen zu lernen: Sie denken darüber nach, was Sie falsch gemacht haben (Sie haben sich im Matheunterricht nicht genug angestrengt, das Boot zu nah an die Felsen gesteuert), und machen es beim nächsten Mal einfach besser – indem Sie mehr lernen oder sich vergewissern, dass Sie die neuesten Karten für eine genaue Navigation haben. Bei diesem Ansatz gilt Scheitern als beschämend und ist weitgehend die Schuld desjenigen, der einen Fehler macht.

Dieser Glaube ist ebenso weit verbreitet wie irrtümlich.

Erstens: Scheitern ist nicht immer schlecht. Heute zweifle ich nicht daran, dass mein Scheitern bei der Suche nach Unterstützung für die einfache Forschungshypothese, die meiner ersten Studie zugrunde lag, das Beste war, was in meiner Forschungskarriere passiert ist. Natürlich fühlte es sich in dem Moment nicht so an. Es war mir peinlich und ich hatte Angst, dass meine Kollegen mich nicht im Forschungsteam behalten würden. Meine Gedanken drehten sich um die Frage, was ich als Nächstes tun würde, nachdem ich das Studium abgebrochen hatte. Diese wenig hilfreiche Reaktion zeigt, warum jeder von uns lernen muss, tief durchzuatmen, noch einmal nachzudenken und neue Hypothesen aufzustellen. Diese einfache Aufgabe der Selbstführung ist Teil der Wissenschaft des klugen Scheiterns.

Zweitens ist das Lernen aus Misserfolgen nicht so einfach, wie es klingt. Dennoch können wir lernen, wie man dabei richtig vorgeht. Wenn wir über oberflächliche Lektionen hinausgehen wollen, müssen wir einige überholte kulturelle Überzeugungen und stereotype Vorstellungen von Erfolg über Bord werfen. Wir müssen uns selbst als fehlbare menschliche Wesen akzeptieren und von da aus weitergehen.

DER WEG, DER VOR IHNEN LIEGT

Dieses Buch bietet einen Rahmen, der Ihnen hoffentlich hilft, über Scheitern nachzudenken, darüber zu sprechen und es so zu praktizieren, dass Sie mit mehr Freude arbeiten und leben können.

Im ersten Teil wird ein Verständnisrahmen von verschiedenen Formen des Scheiterns vorgestellt. Das erste Kapitel bietet Schlüsselkonzepte aus der Wissenschaft des Scheiterns, gefolgt von drei Kapiteln zur Beschreibung der drei Archetypen des Scheiterns: intelligent, grundlegend und komplex. Das Verständnis dieser Klassifizierung wird Ihnen eine tiefere Einsicht in die Mechanismen des Scheiterns vermitteln. Sie werden verstehen, was es bedeutet, klug zu scheitern. Dies wird Ihnen dabei helfen, Ihre eigenen Experimente zu entwerfen, um über selbst auferlegte oder andere Grenzen hinauszugehen. Ich werde bewährte Praktiken für jede Art von Scheitern vorstellen – sowohl um daraus zu lernen als auch um einige von ihnen zu vermeiden. Dieser Überblick über die Landschaft des Scheiterns wird Ihnen helfen, die guten Arten des Scheiterns wirklich willkommen zu heißen und gleichzeitig besser aus allen Formen des Scheiterns zu lernen.

Intelligente Fehler, die Gegenstand von Kapitel 2 sind, sind die »guten Fehlschläge«, die für den Fortschritt notwendig sind – kleine und große Entdeckungen, die Wissenschaft, Technologie und unser Leben voranbringen. Pioniere, die etwas Neues unternehmen, werden immer mit unerwarteten Problemen konfrontiert. Der Schlüssel liegt darin, aus ihnen zu lernen, anstatt sie zu leugnen oder sich schlecht zu fühlen, aufzugeben oder so zu tun, als hätten sie nicht geschehen sollen.

Kapitel 3 befasst sich mit *grundlegenden Fehlern*, die am leichtesten zu verstehen und am ehesten zu vermeiden sind. Sie können durch Fehler und Ausrutscher verursacht werden und lassen sich vermeiden, wenn man vorsichtig ist und sich das entsprechende Wissen aneignet. Eine E-Mail, die für die eigene Schwester bestimmt ist, versehentlich an den Chef zu schicken, ist ein grundlegender Fehler. Ja, manche würden es vielleicht als katastrophal bezeichnen, aber es ist dennoch ein grundlegender Fehler. Checklisten sind nur eines der Instrumente, die Sie kennen lernen werden, um grundlegende Fehler zu vermeiden.[11]

So verhängnisvoll grundlegende Fehler auch sein können, *komplexe Fehler*, wie sie in Kapitel 4 beschrieben werden, sind die wahren Monster, die in unserer Arbeit, unserem Leben, unseren Organisationen und unserer Gesellschaft großes Unheil anrichten. Komplexe Fehlschläge haben *nicht nur eine, sondern mehrere Ursachen* und enthalten oft auch eine Prise Pech. Aufgrund der Ungewissheit und der wechselseitigen Abhängigkeit, mit denen wir in unserem täglichen Leben konfrontiert sind, werden uns diese unglücklichen Pannen immer begleiten. Aus diesem Grund ist es in der modernen Welt von entscheidender Bedeutung, kleine Probleme zu erkennen, bevor sie außer Kontrolle geraten und ein komplexes Scheitern größeren Ausmaßes verursachen.

Im zweiten Teil werden meine neuesten Überlegungen zur *Selbstbewusstheit*, *Situationsbewusstheit* und *Systembewusstheit* vorgestellt – und wie diese Fähigkeiten mit den drei Arten des Scheiterns zusammenhängen. Dies wird eine Gelegenheit sein, tiefer in Handlungsweisen und Gewohnheiten einzutauchen, die es den Menschen ermöglichen, die Wissenschaft des klugen Scheiterns bei der Arbeit und in ihrem Leben wirksam zu praktizieren.

Kapitel 5 befasst sich mit der *Selbstbewusstheit* und ihrer entscheidenden Rolle in der Wissenschaft des klugen Scheiterns. Unsere menschliche Fähigkeit zu ständiger Selbstreflexion, Demut, Ehrlichkeit und Neugier veranlassen uns, nach Mustern zu suchen, die uns Einblick in unser Verhalten geben.

Kapitel 6 untersucht die *Situationsbewusstheit*: Wie kann man eine bestimmte Situation auf ihr Fehlerpotenzial hin untersuchen? Sie werden ein Gespür dafür bekommen, in welchen Situationen Unfälle zu erwarten sind, um unnötige Fehler zu vermeiden.

Kapitel 7 erforscht die *Systembewusstheit*. Wir leben in einer Welt komplexer Systeme, in der unsere Handlungen unbeabsichtigte Folgen auslösen. Aber wenn wir lernen, Systeme zu erkennen und zu schätzen – zum Beispiel in der Familie, in der Organisation, in der Natur oder in der Politik –, können wir viele Misserfolge verhindern.

Diese Ideen helfen uns in Kapitel 8 bei der Beantwortung der Frage, *wie wir uns als fehlbare Menschen entfalten können*. Wir alle sind fehlbar. Die Frage ist, ob und wie wir diese Tatsache nutzen, um ein erfülltes Leben des ständigen Lernens zu gestalten.

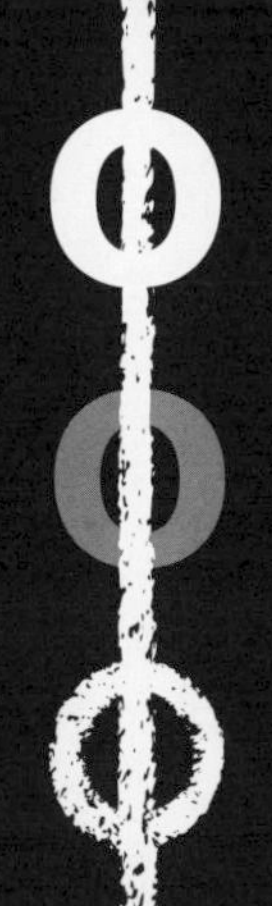

TEIL 1
Die Landschaft des Scheiterns

KAPITEL 1

AUF DER SUCHE NACH DEN WERTVOLLEN FEHLERN

Nur wer es wagt, groß zu scheitern, kann jemals Großes erreichen.
– Robert F. Kennedy

Am 6. April 1951 operierte der 41-jährige Herzchirurg Dr. Clarence Dennis die fünfjährige Patty Anderson in einem hochmodernen Operationssaal.[1] Es lief nicht gut. Dennis wollte das Kind, bei dem ein seltener angeborener Herzfehler diagnostiziert worden war, unbedingt retten. Auf der Aussichtsplattform beobachteten mehrere seiner Kollegen vom Universitätskrankenhaus in Minnesota, wie Dennis seine neue Herz-Lungen-Maschine an das kleine Mädchen anschloss. Die Maschine, die während der Operation als Lunge und Herz der kleinen Patientin fungieren sollte, war bisher nur an Hunden im Labor getestet worden. Die äußerst komplizierte Maschine erforderte während des Eingriffs die Hilfe von 16 Personen. Ihre rotierenden Scheiben dienten als Lungen, eine Pumpe übernahm die Herzfunktionen, und ihre vielen Schläuche ersetzten Gefäße, die das Blut durch den Körper transportierten.

Dennis gehörte in den 1950er-Jahren zu den Pionieren unter den Chirurgen, die einen Weg finden wollten, das Herz eines Menschen erfolgreich zu operieren. Eine der scheinbar unüberwindbaren Hürden war damals die Eindämmung des Blutes, das nach einem Schnitt in das Herz eines Patienten mit großem Druck herausspritzte. Die Aufgabe des Herzens besteht schließlich darin, Blut zu pumpen, und diese Funktion übernimmt es sehr wirkungsvoll. Eine weitere Herausforderung bestand darin, die heiklen chirurgischen Reparaturen an einem schlagenden Herzen durchzuführen. Es war schon schwierig genug, ein Organ zu nähen, das vollkommen bewegungslos war. Doch wenn man das Herz anhält, um den Eingriff zu erleichtern, wird der Blutfluss im Körper unterbrochen, ohne den der Patient nicht überleben kann. Mit der komplizierten Maschine versuchte Dennis, diese scheinbar unlösbaren Probleme zu lösen.

Um 13:22 Uhr befahl Dennis seinem Team, Pattys Herz abzubinden und die Pumpe zu starten. Es ist leicht vorstellbar, dass das gesamte Team den Atem anhielt, als der erste Schnitt gemacht wurde.

Dann geschah das Unerwartete. Als der Chirurg in die obere rechte Kammer des kleinen Herzens schnitt, floss Blut – viel zu viel Blut – in die Umgebung des Herzens, und das Team konnte nicht schnell genug absaugen. Irgendetwas stimmte ganz und gar nicht. Der Schnitt hatte gezeigt, dass die ursprüngliche Diagnose falsch war. Patty hatte nicht nur ein einziges Loch, wie die Ärzte angenommen hatten, sondern es befanden sich mehrere Öffnungen in der Mitte ihres Herzens. Keiner der Chirurgen hatte so etwas zuvor gesehen. Dennis und sein Team nähten so schnell sie konnten und setzten elf Stiche in das größte Loch. Die Blutung ging aber ungehindert weiter. Sie vereitelte ihre Bemühungen, verdeckte ihr Sichtfeld und machte eine vollständige Reparatur unmöglich. Nach 40 Minuten trennten sie das kleine Mädchen von der Maschine, aber es dauerte weitere 43 Minuten, bis Dennis seine Niederlage eingestand. Patty starb einen Tag vor ihrem sechsten Geburtstag.

Einen Monat später versuchte Dennis es erneut und operierte zusammen mit einem Kollegen die zweijährige Sheryl Judge. Die Operation beobachtete der 32-jährige Clarence Walton »Walt« Lillehei, der später als Vater der offenen Herzchirurgie bezeichnet werden sollte. Bei Sheryl war ein Defekt des Vorhofseptums diagnostiziert worden – ein einzelnes Loch in der Wand zwischen den beiden oberen Herzkammern. Auch dieser angeborene Defekt würde, wenn er unbehandelt bliebe, für das Kind bald tödlich sein.

Als der Chirurg dieses Mal das Herz öffnete, zeigte sich ein anderes Problem. Es trat Luft aus den Herzkranzgefäßen aus und blockierte den Blutfluss. Einer der Techniker (der, wie sich später herausstellte, an einer leichten Erkältung litt) hatte das Reservoir des Geräts mit sauberem Blut leerlaufen lassen und die Patientin mit Luft vollgepumpt, wodurch ihr Gehirn, ihr Herz und ihre Leber vergiftet wurden. Die Folgen waren verheerend. Nach acht Stunden starb Sheryl Judge. Ein tragischer Fall von menschlichem Versagen – in einem noch völlig unbekannten Gebiet – trübte die Bemühungen der Chirurgen, die Grenzen des medizinisch Machbaren zu erweitern.

Diese verheerenden Misserfolge sind für die meisten von uns nur schwer zu ertragen. Vielleicht empören wir uns sogar über die Vorstellung von Experimenten, bei denen es um Leben und Tod geht. Doch für diese Patientinnen bestand ihre einzige Hoffnung in einer chirurgischen Reparatur. Wenn wir einen Schritt zurücktreten, können wir erkennen, dass die meisten der heute selbstverständlichen medizinischen Wunder – einschließlich der Operation am offenen Herzen bei erkrankten Gefäßen und Herzklappen – einst der unmögliche Traum medizinischer Pioniere war. Wie der Kardiologe Dr. James Forrester schrieb: »In der Medizin lernen wir mehr aus unseren Fehlern als aus unseren Erfolgen. Fehler bringen die Wahrheit ans Licht.«[2] Aber die Wahrheit von Forresters Aussage allein macht es für uns alle nicht leichter, mit den schmerzhaften Nebenwirkungen des Scheiterns umzugehen. Wir brauchen ein wenig mehr Hilfe, um die emotionalen, kognitiven und sozialen Hindernisse zu überwinden, die einem guten Scheitern im Wege stehen.

WARUM IST ES SO SCHWER, KLUG ZU SCHEITERN?

Klug zu scheitern ist aus drei Gründen schwer: *Abneigung, Verwirrung* und *Angst.* Abneigung bezieht sich auf eine instinktive emotionale Reaktion auf Misserfolge. Verwirrung entsteht, wenn wir keinen Zugang zu einem einfachen, praktischen Verständnisrahmen haben, um zwischen verschiedenen Arten Scheiterns zu unterscheiden. Die Ursache der Angst ist das soziale Stigma des Scheiterns.

In unserem täglichen Leben werden die meisten von uns nie mit der Art von Misserfolgen konfrontiert werden, die Clarence Dennis erlebt hat. Dennoch kann es aufschlussreich sein, von Experten des Scheiterns wie Dennis zu lernen – genauso wie das Beobachten von professionellen Sportteams am Wochenende hilfreich und inspirierend sein kann. Auch wenn Sie kein medizinischer Pionier oder Profisportler sind, ist es hilfreich zu verstehen, womit diese Menschen konfrontiert waren und was sie überwunden haben, um ihr Tun zu verbessern. Wenn Robert F. Kennedy, mit dessen Zitat dieses Kapitel eingeleitet wurde, recht hatte, als er behauptete, dass große Leistungen großes Scheitern voraussetzen, dann haben die meisten von uns noch einiges zu tun.

Obwohl die erste erfolgreiche Operation am offenen Herzen an jenem Apriltag in Minneapolis nicht stattfand, führen heute ungefähr 10.000 Chirurgen in

6000 Herz-Zentren rund um den Globus jedes Jahr mehr als zwei Millionen dieser lebensrettenden medizinischen Eingriffe durch – in der Regel unter Verwendung eines hochentwickelten, stromlinienförmigen Nachfolgers von Herz-Lungen-Maschine von Dennis. Es sollte weitere vier Jahre dauern, bis Dennis und sein Team die erste erfolgreiche Operation mit der Maschine durchführten, und zwar am SUNY Downstate Medical Center in New York. In diesen vier Jahren erlebten Dennis und andere Chirurgen nicht nur weitere Fehlschläge mit diesen ersten Maschinen, sondern auch ihre Versuche, andere innovative Wege zur Lösung der schwierigen Probleme der Herzchirurgie zu finden, scheiterten in unterschiedlichem Maße (neben einigen kleinen Erfolgen).

Abneigung: eine spontane emotionale Reaktion auf Misserfolg

Scheitern macht nie Spaß, und nirgendwo ist das deutlicher als in Krankenhäusern, wo es um Leben und Tod geht. Aber auch unsere gewöhnlichen Misserfolge – unsere Fehler, die unwichtigen Dinge, die wir falsch machen, die kleinen Niederlagen, wenn wir auf einen Sieg gehofft haben – können überraschend schmerzhaft und schwer zu verarbeiten sein. Man stolpert auf dem Bürgersteig; eine Bemerkung in einer Besprechung geht daneben; man ist das letzte Kind, das bei einem improvisierten Fußballspiel für die Mannschaft ausgewählt wird. Das sind zwar nur kleine Misserfolge, aber für viele von uns spüren deswegen einen echten Schmerz.

Aus rationaler Sicht wissen wir, dass Scheitern ein unvermeidlicher Teil des Lebens ist, eine Quelle des Lernens und sogar eine Voraussetzung für Fortschritt. Doch wie die psychologische und neurowissenschaftliche Forschung gezeigt hat, gehen unsere Gefühle nicht immer mit unserem klaren, rationalen Verstand überein. Zahlreiche Studien zeigen, dass wir negative und positive Informationen unterschiedlich verarbeiten.[3] Man könnte sagen, dass wir mit einer »Negativitätsverzerrung« behaftet sind.[4]

Wir nehmen »schlechte« Informationen, einschließlich kleiner Fehler und Misserfolge, leichter auf als »gute« Informationen. Es fällt uns schwerer, schlechte Gedanken loszulassen, als gute. Wir erinnern uns an die negativen Dinge, die uns widerfahren, lebhafter und länger als an die positiven. Wir achten mehr auf negative als auf positive Rückmeldungen. Menschen interpretieren negative Gesichtsausdrücke schneller als positive. Schlechtes ist, einfach ausgedrückt, stärker als Gutes.[5] Das heißt nicht, dass wir dem Schlechten zustimmen oder es mehr schätzen, sondern dass wir es stärker wahrnehmen.

Warum sind wir so empfindlich gegenüber negativen Informationen und Kritik? Nun, es scheint den frühen Menschen einen Überlebensvorteil verschafft zu haben, als die Bedrohung durch die Ablehnung des Stammes den Tod bedeuten konnte. Daher reagieren wir unverhältnismäßig empfindlich auf Bedrohungen, selbst auf die rein zwischenmenschliche Gefahr, in den Augen anderer schlecht dazustehen. Heute sind viele der zwischenmenschlichen Bedrohungen, die wir in unserem Alltag wahrnehmen, nicht wirklich gefährlich. Trotzdem sind wir darauf programmiert, auf sie zu reagieren – ja sogar übermäßig stark darauf zu reagieren. Wir leiden auch unter dem, was der berühmte Psychologe Daniel Kahneman »Verlustaversion« genannt hat – eine Tendenz, Verluste (von Geld, Besitz oder sogar sozialem Status) im Vergleich zu entsprechenden Gewinnen überzubewerten.[6] In einer Studie wurde den Teilnehmenden eine Kaffeetasse geschenkt und später angeboten, sie zu verkaufen.[7] Um sich von ihrer Tasse zu trennen, mussten die Teilnehmenden eine doppelt so hohe Entschädigung erhalten, wie sie bereit waren, für den Erwerb der Tasse zu zahlen. Irrational, ja. Und zutiefst menschlich. Wir wollen nicht verlieren; wir wollen nicht versagen. Der Schmerz des Scheiterns, selbst bei einfachen Tätigkeiten, ist emotional stärker ausgeprägt als die Freude über den Erfolg.

Die Abneigung gegen Misserfolge ist real. Rational gesehen wissen wir, dass jeder Fehler macht; wir wissen, dass wir in einer komplexen Welt leben, in der Dinge schiefgehen, selbst wenn wir unser Bestes geben; wir wissen, dass wir uns selbst (und anderen) verzeihen sollten, wenn wir scheitern. Aber in den meisten Haushalten, Organisationen und Kulturen sind Fehler und Schuldgefühle untrennbar miteinander verbunden.

Sander, ein Freund aus den Niederlanden, erzählte mir kürzlich eine Geschichte, die deutlich macht, wie universell das Ausweichen vor Schuldgefühlen ist – und wie früh es auftritt. Sanders kleines Auto war zur Reparatur, und die Werkstatt hatte ihm einen großen BMW geliehen. Auf der Fahrt zurück zur Werkstatt, um das geliehene Auto zurückzugeben, brachte Sander seine Kinder zur Schule. Nachdem er das ältere Kind abgesetzt hatte, fuhr er weiter, um sein dreijähriges Kind zur Kindertagesstätte zu bringen. In aller Eile lenkte Sander den Wagen durch eine enge Straße, die durch die geparkten Autos auf dem Gehweg noch enger wurde. Und plötzlich: Peng! Der Außenspiegel des BMW auf der Beifahrerseite, wo das Kind auf dem Rücksitz saß, prallte gegen ein geparktes Auto. Es verging keine Sekunde, bis das erschrockene Kind aufschaute und rief: »Ich habe nichts getan, Papa!«

Wir können darüber lachen, weil es unmöglich ist, dass ein dreijähriges Kind auf dem Rücksitz die Schuld an einem beschädigten Außenspiegel trägt. Sein Instinkt, der Schuld auszuweichen, war stärker als die Überlegung, ob es überhaupt daran schuld sein konnte. Die Geschichte zeigt, wie tief verwurzelt unser Instinkt ist, die Schuld von sich zu weisen. Selbst wenn wenig auf dem

Spiel steht, vereitelt der Reflex, der Schuld zu entgehen, unser Lernen. Und er hört nicht in der Kindheit auf.

Sydney Finkelstein, ein Professor am Dartmouth College, untersuchte schwerwiegende Misserfolge in mehr als 50 Unternehmen.[8] Er fand heraus, dass Menschen, die in der Führungshierarchie höher stehen, eher anderen Faktoren als sich selbst die Schuld geben. Menschen mit weniger Macht sehen die Schuld leichter bei sich selbst. Seltsamerweise scheinen Menschen in höheren Machtpositionen das Gefühl zu haben, am wenigsten Kontrolle ausüben zu können. So viel zu dem vom US-Präsidenten Harry Truman verbreiteten Denken, der zu sagen pflegte, dass er immer die volle Verantwortung übernimmt.[9]

Ironischerweise macht unsere Abneigung gegen Misserfolge diese wahrscheinlicher. Wenn wir kleine Fehler nicht zugeben oder nicht darauf hinweisen, lassen wir zu, dass sie zu größeren werden. Wenn Sie es hinauszögern, Ihrem Chef von einem Problem zu erzählen, das ein kritisches Projekt zum Scheitern bringen könnte – und vielleicht eine wichtige Frist für den Kunden verpassen –, dann verwandeln Sie ein potenziell lösbares kleines Problem in einen größeren, folgenreicheren Misserfolg.

Ähnlich verhält es sich in unserem Leben: Wenn wir nicht zugeben wollen, dass wir Probleme haben, bekommen wir auch nicht die Hilfe, die wir brauchen. Unsere Abneigung gegen unsere Misserfolge macht uns auch anfällig für Gefühle der Erleichterung, wenn jemand anderes versagt. Wir sind froh, dass wir es nicht sind. Wir können ein automatisches, wenn auch flüchtiges Gefühl der Überlegenheit erleben. Noch schlimmer ist, dass wir die Misserfolge anderer schnell verurteilen können. Wenn ich an der Harvard Business School ausführliche Fallstudien über bedeutende Misserfolge unterrichte – zum Beispiel bei einer der beiden gescheiterten Shuttle-Missionen der NASA –, bringt ein Drittel der Studierenden ihre Wut, manchmal sogar ihre Empörung darüber zum Ausdruck, dass die NASA diese Misserfolge zulassen konnte.

Es ist menschlich, mit Wut und Schuldzuweisungen zu reagieren, aber es ist keine Strategie, die uns hilft, Misserfolge zu vermeiden und aus ihnen zu lernen. Die komplexen Fehlschläge im Space-Shuttle-Programm der NASA faszinieren mich und meine Studierenden. Ich versuche, sie zu nutzen, um denjenigen unter uns, die keine Raketenwissenschaftler sind – oder Manager großer, komplexer Operationen, bei denen viel auf dem Spiel steht –, zu helfen, stellvertretend zu lernen, wie wir bestimmte Arten von Misserfolgen in unserem eigenen Leben vermeiden können (mit einem offenen Geist und großer Demut gegenüber den Herausforderungen, mit denen die NASA konfrontiert war).

Eine der wichtigsten Strategien zur Vermeidung komplexer Misserfolge besteht darin, in der Familie, im Team oder in der Organisation die Gewohnheit eines offenen und schnellen Ansprechens von Fehlern zu betonen. Mit anderen Worten: Machen Sie es psychologisch sicher, ehrlich über eine Kleinigkeit zu sprechen, bevor sie sich zu einem größeren Misserfolg auswächst. Zu viele der großen organisatorischen Misserfolge, die ich untersucht habe, hätten verhindert werden können, wenn die Menschen sich in der Lage gefühlt hätten, ihre zaghaften Bedenken früher zu äußern.

Merkwürdigerweise gilt unsere Abneigung sowohl für kleine als auch für große Misserfolge. Wir wollen uns gut fühlen (nicht zufällig ein wichtiger Faktor für die psychische Gesundheit), und wir wollen etwas erreichen. Nicht nur Chirurgen, die den ehrgeizigen Traum verfolgen, Leben zu retten, hegen solche Hoffnungen. Wir wollen, dass unsere Kinder studieren und der Urlaub immer freudvoll ist. Doch in Wirklichkeit sagen wir etwas, das wir bedauern, Unternehmen und Produkte scheitern, Kinder haben es schwer, und im Urlaub gibt es Konflikte und Enttäuschungen. Unsere Misserfolge sorgfältig zu untersuchen, ist emotional unangenehm und nagt an unserem Selbstwertgefühl. Wenn wir uns selbst überlassen sind, werden wir die Analyse von Misserfolgen überstürzen oder ganz vermeiden.

Ich erinnere mich noch an die Demütigung, die ich empfand, als ich es nicht in die Basketballmannschaft meiner Highschool schaffte. Einen Tag nach den Probetrainings hängte der Trainer ein Blatt Papier mit zwei Listen aus. Auf der linken Seite standen die Namen aller, die in die Mannschaft aufgenommen worden waren – viele meiner Freundinnen und Klassenkameradinnen. Auf der rechten Seite stand die Liste derjenigen, die es versucht hatten und gescheitert waren. Auf dieser Liste stand nur ein Name: meiner. Genau das machte es so peinlich. Ich wollte nicht analysieren, warum ich es nicht in die Mannschaft geschafft hatte, und schon gar nicht wollte ich mich mit den unangenehmen Gefühlen beschäftigen, die das hervorrief. Nicht, dass ich mich für besonders geschickt gehalten hätte, aber als einzige Spielerin abgelehnt zu werden, tat weh. Natürlich war diese Ablehnung nicht lebensbedrohlich. Aber ich habe auch nicht viel Zeit damit verbracht, daraus zu lernen.

Sportler verfügen im Allgemeinen über einen recht ausgereiften Einblick in das Verhältnis von Misserfolg und Erfolg. Der kanadische Eishockey-Superstar Wayne Gretzky hat einmal gesagt: »Hundert Prozent der Schüsse, die man nicht versucht, verfehlt man.«[10] Training und Wettkämpfe bringen es mit sich, dass man mehrere Misserfolge akzeptiert und daraus lernt, um sich zu verbessern. Fußballstar und Olympiasiegerin Abby Wambach weist darauf hin, dass Scheitern bedeutet, dass man »im Spiel« ist.[11] In ihrer Abschlussrede 2018 am Barnard College in New York forderte Wambach die Absolventen auf, Scheitern zu ihrem »Treibstoff« zu machen.[12] Scheitern, so erklärte sie, »ist nichts, wofür man sich schämen muss, sondern etwas, das einen antreibt. Scheitern ist der Treibstoff mit der höchsten Oktanzahl, mit dem dein Leben laufen kann.«

Überraschend – und aufschlussreich – ist jedoch eine Studie, die ergab, dass Sportler, die bei einer olympischen Veranstaltung den dritten Platz belegten und eine Bronzemedaille erhielten, zufriedener waren als die Zweitplatzierten. Sie spürten den Stachel des Scheiterns weniger stark als die Sportler, die eine Silbermedaille erhielten.[13]

Warum fühlten sich die Gewinner der Silbermedaille in der Studie wie Versager, während die Gewinner der Bronzemedaille ein gewisses Maß an Erfolg verspürten? Psychologen vermuten, dass dies auf »kontrafaktisches Denken« zurückzuführen ist – die menschliche Tendenz, Ereignisse in Gedanken wie »was wäre, wenn« oder »wenn ich nur« zu betrachten.[14] Die Gewinnerinnen der Silbermedaille, die enttäuscht waren, weil sie kein Gold gewonnen hatten, bewerteten ihre Leistung als Scheitern im Vergleich zum Gewinn der Goldmedaille. Diejenigen, die den dritten Platz belegten, bewerteten das Ergebnis als Erfolg – sie hatten eine Medaille bei den Olympischen Spielen gewonnen! Sie waren sich bewusst, dass sie die Chance, auf dem olympischen Podium zu stehen, leicht hätten verpassen können. Dann wären sie nicht mit einer Medaille nach Hause gekommen.

Die Gewinnerinnen der Bronzemedaille hatten ihr Ergebnis *umgedeutet* – von einem Verlust zu einem Gewinn. Diese einfache – und wissenschaftlich begründete – Sichtweise erfüllte sie mit Freude statt mit Bedauern.[15] Wie Sie in diesem Buch erfahren werden, hat die Art und Weise, wie wir dem Scheitern einen deuten und *um*deuten, sehr viel mit unserer Fähigkeit zu tun, klug zu scheitern. Die Umdeutung des Scheiterns ist die lebensverbessernde Fähigkeit, die uns hilft, unsere spontane Abneigung gegen das Scheitern zu überwinden.

Es beginnt mit der Bereitschaft, sich mit sich selbst auseinanderzusetzen – nicht mit ausgiebiger Selbstkritik oder der Aufzählung persönlicher Schwächen. Wir werden uns universeller Tendenzen bewusst, die sich aus unserer Veranlagung ergeben und durch unsere Sozialisation noch verstärkt werden. Dabei geht es nicht um Grübeln – einen sich wiederholenden negativen Gedankenprozess, der nicht produktiv ist – oder um Selbstgeißelung. Aber es kann bedeuten, dass Sie sich einige Ihrer eigenwilligen Gewohnheiten ansehen sollten. Ohne diese Selbsterforschung ist es schwer, mit Praktiken zu experimentieren, die uns helfen, anders zu denken und zu handeln.

Die klinisch-psychologische Forschung zeigt, dass Misserfolge in unserem Leben emotionale Not, Angst und sogar Depressionen auslösen können.[16]

Manche Menschen sind jedoch widerstandsfähiger als andere. Was machen sie anders? Erstens neigen sie weniger zum Perfektionismus und halten sich weniger an unrealistischen Standards fest. Wenn Sie erwarten, alles perfekt zu machen oder jeden Wettbewerb zu gewinnen, werden Sie enttäuscht oder sogar verzweifelt sein, wenn dies nicht der Fall ist. Wenn Sie dagegen erwarten, dass Sie Ihr Bestes geben und akzeptieren, dass Sie vielleicht nicht alles erreichen, was Sie wollen, werden Sie wahrscheinlich ein ausgeglicheneres und gesünderes Verhältnis zum Scheitern haben.

Zweitens bewerten widerstandsfähige, resiliente Menschen die Ereignisse positiver als diejenigen, die ängstlich oder depressiv werden.[17] Die Art und Weise, wie sie sich Misserfolge erklären, ist ausgewogen und realistisch und nicht übertrieben und von Scham geprägt. Wenn Sie die Tatsache, dass Sie das gewünschte Stellenangebot nicht erhalten haben, auf einen hart umkämpften Bewerberpool oder auf die eigenwilligen Präferenzen des Unternehmens zurückführen, werden Sie sich mit größerer Wahrscheinlichkeit von der Enttäuschung erholen, als wenn Sie denken: »Ich bin einfach nicht gut genug.«

Der Psychologe Martin Seligman von der University of Pennsylvania, der in den 1990er-Jahren eine Revolution in der »positiven Psychologie« einleitete, hat sich ausführlich mit dem »Attributionsstil« beschäftigt.[18] Seligman wandte sich vom pathologisierenden Schwerpunkt seines Faches ab und untersuchte stattdessen die menschlichen Stärken, die es dem Einzelnen und der Gemeinschaft ermöglichen, erfolgreich zu sein. Insbesondere untersuchte er, wie Menschen positive oder negative Erklärungen für die Ereignisse in ihrem Leben formulieren. Glücklicherweise ist es erlernbar, positive Zuschreibungen vorzunehmen. Wenn Sie beispielsweise nicht für den gewünschten Job ausgewählt wurden, hat Ihnen vielleicht ein guter Freund geholfen, die Situation neu zu betrachten und konstruktiv darüber nachzudenken. Wenn Sie das Gelernte auf Ihre nächsten Erfahrungen übertragen, sind Sie auf dem Weg zu einem gesünderen Umgang mit Misserfolgen.

Beachten Sie, dass eine gesunde Zuordnung des Scheiterns nicht nur ausgewogen und rational ist, sondern auch berücksichtigt, wie Sie – im Kleinen wie im Großen – möglicherweise zum Geschehen beigetragen haben. Vielleicht haben Sie sich nicht ausreichend auf das Vorstellungsgespräch vorbereitet. Das ist kein Grund, sich selbst zu verurteilen oder in Scham zu versinken. Ganz im Gegenteil: Es geht darum, das Selbstbewusstsein und die Zuversicht zu entwickeln, weiter zu lernen und die notwendigen Änderungen vorzunehmen, um es beim nächsten Mal besser zu machen.

Jeder von uns ist ein fehlbarer Mensch, der mit anderen fehlbaren Menschen zusammenlebt und zusammenarbeitet. Selbst wenn wir daran arbeiten, unsere emotionale Abneigung gegen das Scheitern zu überwinden, ist ein effektives Scheitern nicht automatisch gegeben. Wir brauchen Hilfe, um die Verwirrung zu verringern, die durch das oberflächliche Gerede über das Scheitern entsteht, das besonders in Kreisen der Unternehmensführung weit verbreitet ist.

Verwirrung: Nicht alle Misserfolge sind gleich!

»Scheitere schnell, scheitere oft« ist zu einem Mantra des Silicon Valley geworden ist, mit dem das Scheitern gefeiert werden soll. Firmenfeiern zum Thema Scheitern und Lebensläufe des Scheiterns sind populär geworden. Trotzdem ist ein Großteil der Diskussion in Büchern, Artikeln und Podcasts vereinfachend und oberflächlich – mehr Rhetorik als Realität. Es ist zum Beispiel klar, dass kein Unternehmen einen Werksleiter feiern sollte, dessen Fließband schnell und oft versagt. Das Gleiche gilt für die heutigen. Kein Wunder, dass wir verwirrt sind!

Glücklicherweise lässt sich diese Verwirrung verringern, wenn man die drei Arten des Scheiterns versteht und weiß, wie wichtig kontextuelle Unterschiede sind. In manchen Situationen führt ein gut entwickeltes Wissen darüber, wie die gewünschten Ergebnisse zu erreichen sind, dazu, dass sich Routinen und Pläne im Allgemeinen wie gewünscht entfalten – zum Beispiel das Befolgen eines Rezeptes zum Backen eines Kuchens oder die Blutabnahme bei Patienten in einem Phlebotomie-Labor. Ich bezeichne solche Situationen als *beständige Kontexte*. In anderen Fällen betritt man Neuland und ist gezwungen, Neues auszuprobieren, um zu sehen, was funktioniert.

Die bahnbrechenden Herzchirurgen, die wir zu Beginn dieses Kapitels kennengelernt haben, befanden sich eindeutig auf neuem Terrain, und die meisten ihrer Misserfolge waren intelligent. Andere Beispiele für *neuartige Kontexte* sind die Entwicklung eines neuen Produkts oder die Frage, wie man Millionen von Menschen während einer weltweiten Pandemie mit Schutzmasken versorgen kann.

Misserfolge sind in neuartigen Kontexten wahrscheinlicher als in beständigen, also regen wir uns nicht darüber auf, richtig? Falsch. Ihre Amygdala – der kleine Teil Ihres Gehirns, der für die Aktivierung einer Kampf-oder-Flucht-Reaktion verantwortlich ist – erkennt eine Bedrohung, egal in welchem Kontext.[19] Es wird Sie vielleicht überraschen, dass Ihre negative emotionale Reaktion auf Misserfolge, unabhängig vom Grad der *tatsächlichen* Gefahr, erstaunlich ähnlich sein kann. Eine einfache Methodik zur Unterscheidung von Fehler kann uns jedoch dabei helfen, gesunde Zuschreibungen vorzunehmen und so der Überreaktion der Amygdala entgegenzuwirken.

Neben neuartigen und beständigen Kontexten finden wir uns alle häufig in *veränderlichen Kontexten* wieder. In diesen Momenten verfügen wir zwar über das nötige Wissen, um mit einer bestimmten Situation umzugehen, das Leben konfrontiert uns aber mit einer überraschenden Wendung. Zum Beispiel können Ärzte und Pflegende, die in der Notaufnahme eines Krankenhauses arbeiten, unabhängig davon, wie erfahren sie sind, mit Patienten konfrontiert werden, die eine Reihe von bisher unbekannten Symptomen aufweisen, wie in den ersten Tagen der COVID-Pandemie. Piloten müssen darauf vorbereitet sein, durch unerwartete Wetterphänomene zu fliegen. In unserem täglichen Leben sind wir mit Situationen konfrontiert, in denen wir zwar über umfangreiches Vorwissen verfügen, aber dennoch mit einer bedeutenden Ungewissheit konfrontiert sind. Die erfahrensten Lehrer wissen nie im Voraus, welche Herausforderungen eine neue Klasse von Schülern mit sich bringen wird. Wenn man an einen neuen Ort zieht oder eine neue Stelle annimmt, kann man nie sicher sein, ob man dort hineinpasst oder nicht – auch wenn man mit den Menschen dort gesprochen und versucht hat, so viel wie möglich über die örtliche Kultur zu erfahren. Bis Sie ankommen, haben Sie eine fundierte Vorhersage, aber keine Garantie, wie es sein wird.

Im Laufe der Jahre habe ich Menschen studiert, die in der Fertigung am Fließband (beständiger Kontext), in Labors für Forschung und Entwicklung in Unternehmen (neuartiger Kontext) und herzchirurgische Operationssäle (veränderlicher Kontext) arbeiten. Ich habe festgestellt, dass verschiedene organisatorische Kontexte unterschiedliche Erwartungen an das Scheitern stellen, wie in Tabelle 1 dargestellt wird.[20] Auch wenn der gesunde Menschenverstand vorschreibt, dass Menschen in einem Labor weniger allergisch auf Misserfolge reagieren sollten als in einer Fertigungsstraße, stimmt das nicht immer. Niemand scheitert gern. Punkt.

Die meisten von uns halten nicht inne, um unsere spontanen emotionalen Reaktionen auf die Ereignisse in unserem Leben zu hinterfragen. Aber Sie können lernen, dies zu tun – und es ist eine entscheidende Fähigkeit, um mehr Lernen und Freude in Ihr Leben zu bringen. Stellen Sie sich vor, Sie treten einem Tennisverein bei – in der Hoffnung, Spaß zu haben und Ihre Fähigkeiten zu verbessern. Am Anfang machen Sie viele Fehler und können viele Schläge Ihrer Gegner nicht erwidern. Wie sollten Sie sich fühlen? Verzweifelt? Nein, natürlich nicht. Erinnern Sie sich daran, dass Sie einfach nur versuchen, in einer neuen Fertigkeit besser zu werden. Wenn Sie Ihrem Teenager das Autofahren beibringen, am besten zunächst auf einem großen, leeren Parkplatz, schreien Sie ihn nicht an, wenn er versehentlich den Rückwärtsgang einlegt oder den Motor abwürgt. Stattdessen besprechen Sie mit einer ermutigenden Stimme, was passiert ist und was beim nächsten Mal zu tun ist. In Ihrer Familie oder in einer sozialen Gruppe, die Ihnen wichtig ist, ist es befreiend, ehrliche und logische Gespräche über Erwartungen und Enttäuschungen zu führen. Und die kognitiven Fähigkeiten, die Sie brauchen, um Misserfolge produktiv statt schmerzhaft zu verarbeiten, können Sie lernen, wie Sie in Kapitel 5 sehen werden.

Die Korrelation zwischen dem jeweiligen Kontext und der Art des Scheiterns ist beträchtlich (es ist klar, dass zum Beispiel wissenschaftliche Labors und intelligente Fehler Hand in Hand gehen), aber Kontext und Fehlertyp sind nicht zu 100 Prozent aufeinander abgestimmt. Ein grundlegender Fehler kann in einem Labor auftreten, wenn eine Wissenschaftlerin versehentlich die falsche Chemikalie verwendet und dabei sowohl Material als auch Zeit verschwendet. Ähnlich verhält es sich mit einem intelligenten Fehler am Fließband, wenn ein durchdachter Vorschlag zur Prozessverbesserung nicht wie erhofft funktioniert. Nichtsdestotrotz hilft Ihnen das Verständnis für die Rolle des Kontextes dabei, die Arten von Fehlern vorherzusehen, die wahrscheinlich auftreten, wie Sie in Kapitel 6 sehen werden.

Unsere Verwirrung über das Scheitern führt zu unlogischen Regelungen und Praktiken. Bei einem Treffen mit leitenden Angestellten eines großen Finanzdienstleisters im April 2020 hörte ich zum Beispiel zu, wie man erklärte, dass im aktuellen Geschäftsumfeld ein Scheitern vorübergehend »tabu« sei. Die Führungskräfte waren verständlicherweise besorgt über ein wirtschaftliches Klima, das zunehmend durch eine globale Pandemie herausgefordert wurde, und wollten, dass alles so gut wie möglich läuft. Im Allgemeinen waren sie aufrichtig in ihrem Wunsch, aus Fehlern zu lernen. Aber sie sagten mir, dass die Begeisterung für das Scheitern akzeptabel war, als die Zeiten gut waren. Jetzt, da die Zukunft ungewiss schien, war das Streben nach zielsicherem Erfolg zwingender denn je.

Tabelle 1: Die Bedeutung des Kontexts für das Scheitern

Kontext	Beständig	Veränderlich	Neuartig
Beispiel	Fließband	Operationssaal	Wissenschaftliches Labor
Wissensstand	Gut entwickelt	Gut entwickeltes Wissen, anfällig für unerwartete Ereignisse	Begrenzt
Unsicherheit	Niedrig	Mittel	Hoch
Häufigste Fehlerarten	Grundlegende Fehler	Komplexe Fehler	Intelligente Fehler

Diese klugen, wohlmeinenden Menschen mussten das Scheitern neu überdenken. Zunächst mussten sie den Kontext erkennen. Die Notwendigkeit, schnell aus Fehlern zu lernen, ist in Zeiten der Ungewissheit und des Umbruchs am wichtigsten, auch weil Fehler wahrscheinlicher sind! Zweitens kann es zwar hilfreich sein, die Mitarbeitenden zu ermutigen, grundlegende und komplexe Fehler zu minimieren, doch ist es für den Fortschritt in jeder Branche unerlässlich, intelligente Fehlschläge zuzulassen. Drittens mussten sie erkennen, dass das wahrscheinlichste Ergebnis ihres Verbots von Misserfolgen nicht Perfektion ist, sondern dass sie von auftretenden Fehlern nichts erfahren. Wenn die Menschen kleine Fehler – zum Beispiel einen Buchhaltungsfehler – nicht ansprechen, können sich diese zu größeren Fehlern auswachsen, zum Beispiel zu massiven Bankverlusten.

In meiner Arbeit mit Unternehmen bin ich so oft auf dieses Problem gestoßen, um es als einen häufigen Fehler zu erkennen. Der Instinkt, die Menschen zu ermahnen, in schwierigen Zeiten ihre beste Arbeit zu leisten, ist verständlich. Es ist verlockend zu glauben, dass wir ein Scheitern völlig vermeiden können, wenn wir uns nur genug anstrengen. Aber das ist falsch. Das Verhältnis zwischen Anstrengung und Erfolg ist unvollkommen. Die Welt um uns herum verändert sich ständig und stellt uns immer wieder vor neue Situationen. Die besten Pläne stoßen in einem unsicheren Umfeld auf Probleme. Selbst wenn man sich anstrengt und sich verpflichtet, das Richtige zu tun, ist ein Scheitern in einer neuen Situation immer möglich. Sicher, manchmal werden Fehler von Menschen verursacht, die nachlässig sind oder nicht umsichtig arbeiten, aber selbst gewissenhafte Arbeit kann in einem Scheitern enden, wenn eine Situation neu und anders ist oder ein unerwartetes Ereignis eintritt. Und manchmal hat man erstaunlicherweise einfach nur Glück und ist trotz allem erfolgreich.

Eine Umwälzung wie eine globale Pandemie verursacht ein extremes Maß an Unsicherheit und Veränderung. Aber schon bevor COVID-19 die Nachrichten beherrschte, hat die gegenseitige Abhängigkeit der Welt, in der wir leben und arbeiten, Ungewissheit und Veränderung zu einem Teil unseres Lebens gemacht. Unsere wechselseitige Abhängigkeit – von anderen abhängig zu sein, um ein bestimmtes Ziel zu erreichen (einschließlich des Ziels, weiter zu existieren) – macht uns verwundbar. Wir können nie mit Sicherheit wissen, was andere tun werden und welche anderen Systeme, von denen wir abhängig sind, zusammenbrechen könnten. Der Ratschlag des deutschen Militärstrategen Helmuth von Moltke aus dem 19. Jahrhundert wurde als »Kein Plan überlebt den Kontakt mit dem Feind« interpretiert.[21] Wenn wir unsere wechselseitige Abhängigkeit in Betracht ziehen, sind wir gezwungen, nachdenklicher und wachsamer zu werden und das Unerwartete zu erwarten.

Bedenken Sie nun, was passiert, wenn Führungskräfte oder auch Eltern unmissverständlich erklären, dass Misserfolge tabu sind und nur gute Ergebnisse akzeptabel sind. Misserfolge hören nicht auf. Sie tauchen einfach unter. Die Führungskräfte aus dem Finanzdienstleistungssektor, mit denen ich sprach, liefen unbewusst Gefahr, die Weitergabe schlechter Nachrichten zu verhindern. Das war nicht ihr Ziel. Ihr Ziel war es, Spitzenleistungen zu fördern. Aber es liegt in der Natur des Menschen, die Wahrheit zu verbergen, wenn klar ist, dass ihre Weitergabe eine Bestrafung – oder auch nur Missbilligung – nach sich ziehen würde. Unsere Angst vor Ablehnung ist das dritte Hindernis, das uns davon abhält, die Wissenschaft des klugen Scheiterns zu praktizieren.

Zwischenmenschliche Angst: Stigmatisierung und soziale Ablehnung

Zu unserer emotionalen Abneigung und kognitiven Verwirrung kommt noch die tief verwurzelte Angst, in den Augen anderer schlecht dazustehen. Das ist mehr als nur ein Gefühl. Die Angst vor sozialer Ablehnung geht auf unser evolutionäres Erbe zurück, als Ablehnung buchstäblich den Unterschied zwischen dem Überleben und dem Tod durch Verhungern oder Ausgrenzung bedeuten konnte. Unser modernes Gehirn kann nicht zwischen der Angst vor Ablehnung, die in den meisten Situationen irrational ist, und rationaleren Ängsten unterscheiden, wie beispielsweise der Angst vor einem entgegenkommenden Bus, der auf einer Straße in der Stadt auf uns zurast. Forschungen von Matthew Lieberman und Naomi Eisenberger an der University of California zeigen, dass sich viele der Gehirnschaltkreise für sozialen und körperlichen Schmerz überschneiden.[22]

Angst aktiviert, wie bereits erwähnt, die Amygdala und löst die Kampf-oder-Flucht-Reaktion aus, wobei »Flucht« nicht unbedingt bedeutet, dass man wegläuft, sondern dass man tut, was man kann, um nicht schlecht dazustehen.[23] Wenn Ihr Herz klopft oder Ihre Handflächen schwitzen, bevor Sie in einer wichtigen Sitzung das Wort ergreifen, vor allem, wenn Sie sich beurteilt oder kritisiert fühlen, dann liegt das an den automatischen Reaktionen Ihrer Amygdala. Dieser Überlebensmechanismus in unserem Gehirn half uns in prähistorischen Zeiten, den Säbelzahntigern zu entkommen. Heute führt er aber oft dazu, dass wir auf harmlose Reize überreagieren und vor konstruktiver Risikobereitschaft zurückschrecken. Die Angstreaktion, die als Schutzmechanismus gedacht ist, kann in der modernen Welt kontraproduktiv sein, wenn sie uns davon abhält, kleine zwischenmenschliche Risiken einzugehen, die unerlässlich sind, um sich zu äußern oder Neues auszuprobieren.[24]

- Erstens: Angst hemmt das Lernen.[25] Die Forschung zeigt, dass Angst physiologische Ressourcen verbraucht und sie von Teilen des Gehirns ablenkt, die das Arbeitsgedächtnis verwalten und neue Informationen verarbeiten. Mit einem Wort: Lernen. Und dazu gehört auch das Lernen aus Fehlern. Es fällt den Menschen schwer, ihre beste Arbeit zu leisten, wenn sie Angst haben. Es ist besonders schwer, aus Misserfolgen zu lernen, weil dies eine kognitiv anspruchsvolle Aufgabe ist.

- Zweitens hindert uns die Angst daran, über unser Scheitern zu sprechen. Die nicht enden wollende Pflicht zur Selbstdarstellung, die von uns verlangt wird, hat diese uralte menschliche Tendenz noch verschärft. Der Druck, erfolgreich aussehen zu müssen, war noch nie so groß wie im Zeitalter der sozialen Medien. Studien haben ergeben, dass vor allem die Jugendlichen von heute davon besessen sind, eine geschönte Version ihres Lebens zu präsentieren und endlos nach »Likes« zu suchen. Sie leiden emotional unter Vergleichen und echten oder vermeintlichen Kränkungen.[26] Unsere emotionale Reaktion auf eine vermeintliche Ablehnung ist die gleiche wie auf eine tatsächliche, denn unsere emotionale Reaktion hängt davon ab, wie wir eine Situation interpretieren. Und es sind nicht nur die Kinder, die sich Sorgen machen. Ob berufliche Leistung, Attraktivität oder soziale Zugehörigkeit – für Erwachsene kann sich die Notwendigkeit, den Schein zu wahren, so lebenswichtig anfühlen wie das Atmen. Ich habe festgestellt, dass das wahre Scheitern darin besteht, dass wir glauben, andere würden uns mehr mögen, wenn wir keine Fehler machen oder makellos sind. In Wirklichkeit schätzen und mögen wir Menschen, die aufrichtig und an uns interessiert sind, und nicht diejenigen, die ein makelloses Äußeres präsentieren.

In meiner Forschung habe ich eine ganze Reihe von Beweisen dafür gesammelt, dass psychologische Sicherheit vor allem dort hilfreich ist, wo Teamarbeit, Problemlösung oder Innovation erforderlich sind, um die Arbeit zu erledigen. Psychologische Sicherheit – ein Umfeld, in dem man keine Ablehnung fürchten muss, wenn man falsch liegt – ist das Gegenmittel gegen die zwischenmenschliche Angst, die uns daran hindert, klug zu scheitern.[27] In den meisten Studien zur psychologischen Sicherheit versteckt sich im Hintergrund das Scheitern.[28] Das liegt daran, dass psychologische Sicherheit uns dabei hilft, die Dinge zu tun und zu sagen, die es uns ermöglichen, in unserer sich verändernden, unsicheren Welt zu lernen und uns zu entwickeln. Dieser Faktor der zwischenmenschlichen Atmosphäre – eine so »ungreifbare« Angelegenheit – hat sich als entscheidend für die Vorhersage der Teamleistung in schwierigen Umgebungen erwiesen, die von führenden akademischen und medizinischen Einrichtungen über Fortune-500-Unternehmen bis hin zu Ihrer Familie reichen.

Haben Sie schon einmal in einem Team gearbeitet, in dem Sie wirklich keine Angst hatten, dass die anderen weniger von Ihnen halten würden, wenn Sie um Hilfe bitten oder zugeben, dass Sie sich in einer Sache irren? Vielleicht hatten Sie das Gefühl, dass sich die Mitarbeitenden gegenseitig unterstützten und respektierten – und alle ihr Bestes geben wollten. Wenn ja, hatten Sie wahrscheinlich keine Angst, Fragen zu stellen, Fehler zuzugeben und mit unbewiesenen Ideen zu experimentieren. Meine Forschung hat gezeigt, dass ein psychologisch sicheres Umfeld den Teams hilft, vermeidbare Fehler zu verhindern. In solch einem Umfeld ist es auch möglich, aus intelligenten Fehlern zu lernen. Psychologische Sicherheit baut die zwischenmenschlichen Hindernisse für ein kluges Scheitern ab, sodass die Menschen neue Herausforderungen mit weniger Angst angehen können. Dann können wir versuchen, erfolgreich zu sein – und klüger daraus hervorgehen, wenn wir es nicht schaffen. Das sind wertvolle Fehler.

Doch nur wenige Organisationen verfügen über eine ausreichende psychologische Sicherheit, damit die Vorteile des Lernens aus Fehlern voll zum Tragen kommen. Manager, die ich in so unterschiedlichen Bereichen wie Krankenhäusern und Investmentbanken befragt habe, geben zu, dass sie hin- und hergerissen sind: Wie können sie konstruktiv auf Misserfolge reagieren, ohne zu schwacher Leistung zu ermutigen? Wenn die Mitarbeitenden nicht für Fehler zur Verantwortung gezogen werden, wie können sie dann ihre beste Arbeit leisten? Eltern stellen sich die gleiche Frage.

Diese Bedenken beruhen auf einem falschen Gegensatz. Eine Kultur, in der es sicher ist, über Misserfolge zu sprechen, kann mit hohen Leistungsstandards einhergehen, wie in Abbildung 1 dargestellt. Dies gilt für die Familie ebenso wie für den Arbeitsplatz. Psychologische Sicherheit bedeutet nicht, dass »alles erlaubt« ist. Ein Arbeitsplatz kann psychologisch sicher sein und dennoch von den Menschen erwarten, dass sie hervorragende Arbeit leisten oder Fristen einhalten. Eine Familie kann psychologisch sicher sein und trotzdem von allen erwarten, dass sie das Geschirr spülen und den Müll rausbringen. Es ist möglich, ein Umfeld zu schaffen, in dem Aufrichtigkeit und Offenheit vorherrschen: ein ehrliches, herausforderndes, kooperatives Umfeld.

Abbildung 1: Die Beziehung zwischen psychologischer Sicherheit und Leistungsstandards in der Fehlerforschung

Ich würde sogar so weit gehen zu sagen, dass das Beharren auf hohen Leistungsstandards ohne psychologische Sicherheit ein Rezept für das Scheitern ist – und zwar kein gutes. Menschen neigen eher dazu, Fehler zu machen, wenn sie gestresst sind (selbst bei Handlungen, von denen sie eigentlich wissen, wie man sie richtig ausführt). Wenn man eine Frage in Bezug auf die Ausführung einer Tätigkeit hat, sich aber nicht in der Lage fühlt, jemanden zu fragen, läuft man Gefahr, kopfüber in ein grundlegendes Scheitern zu rennen. Und wenn Menschen intelligente Fehler machen, müssen sie sich sicher genug fühlen, um anderen davon zu erzählen. Diese hilfreichen Misserfolge sind nicht mehr »intelligent«, wenn sie ein zweites Mal auftreten.

Vielleicht ist Ihnen aufgefallen, dass man in Bereichen, in denen die Planbarkeit hoch ist – wie zum Beispiel an einem Fließband –, auch ohne psychologische Sicherheit erfolgreich sein kann. Es wird von vornherein weniger Misserfolge geben. Aber da Planbarkeit heute nicht die Norm ist, sollten wir die zwischenmenschliche Angst durch Entstigmatisierung des Scheiterns verringern. Lernen gelingt am besten, wenn wir herausgefordert werden und psychologisch sicher genug sind, um zu experimentieren und offen darüber zu sprechen, wenn etwas nicht wie erhofft funktioniert. Es kommt nicht nur darauf an, dass Sie selbst aus Misserfolgen lernen, sondern auch darauf, dass Sie bereit sind, diese Lehren mit anderen zu teilen.

Zusammenfassend lässt sich sagen, dass unsere Abneigung gegen das Scheitern, die Verwirrung über die Art des Scheiterns und die Angst vor Ablehnung zusammengenommen die Wissenschaft des klugen Scheiterns schwieriger machen, als sie sein müsste. Aus Angst fällt es uns schwer, uns zu äußern, wenn wir Hilfe brauchen, um einen Fehler zu vermeiden, oder uns auf ein ehrliches Gespräch einzulassen, damit wir aus einem gescheiterten Experiment lernen können. Da wir nicht über das Vokabular und die Argumente verfügen, um zwischen grundlegenden, komplexen und intelligenten Fehlern zu unterscheiden, ist es wahrscheinlicher, dass wir unsere Abneigung gegenüber allen Fehlern aufrechterhalten. Glücklicherweise können Umdeutung, Unterscheidung und psychologische Sicherheit dabei helfen, uns aus der Sackgasse zu befreien, wie in Tabelle 2 zusammengefasst.

Tabelle 2: Die Hindernisse für kluges Scheitern überwinden

Warum wir beim Scheitern scheitern	Was hilft?
Ablehnung	Umdeuten, um neue Zuschreibungen zu finden
Verwirrung	Ein Verständnisrahmen, um Arten des Scheiterns zu unterscheiden
Angst	Psychologische Sicherheit

DAS SPEKTRUM MÖGLICHER URSACHEN DES SCHEITERNS

Auf den ersten Blick scheint das Streben nach Spitzenleistungen und die Toleranz gegenüber Misserfolgen in einem Spannungsverhältnis zu stehen. Betrachten wir jedoch ein hypothetisches Spektrum von Gründen für Misserfolge, wie ich es in Abbildung 2 dargestellt habe.[29] An einem Ende finden wir Fehlverhalten oder Sabotage (zum Beispiel der Verstoß gegen ein Gesetz oder eine Sicherheitsvorschrift); am anderen Ende finden wir ein durchdachtes Experiment, das fehlschlägt (wie es Wissenschaftler täglich erleben). Es wird deutlich, dass nicht alle Misserfolge auf schuldhaftes Handeln zurückzuführen sind. Einige sind geradezu lobenswert.

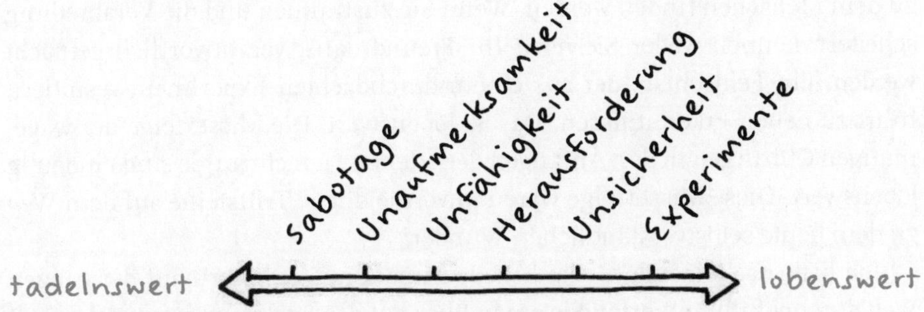

Abbildung 2: Ein Spektrum möglicher Ursachen des Scheiterns

Wenn jemand absichtlich einen Prozess sabotiert oder gegen eine Sicherheitspraxis verstößt, ist ein Tadel angebracht. Aber danach müssen Sie eine Entscheidung treffen, die nicht ohne weitere Informationen über den Kontext getroffen werden kann. So könnte beispielsweise eine fahrlässige Unachtsamkeit tadelnswert sein. Was aber, wenn die betreffende Person übermüdet war, nachdem sie zwei Schichten hintereinander arbeiten musste? In diesem Fall könnten wir den Vorgesetzten zur Verantwortung ziehen, der die Schichten zugewiesen hat, und nicht den Mitarbeiter, der eingeschlafen ist. Wir müssten mehr wissen, bevor wir sicher sein können, wer oder was die Verantwortung trägt. Je weiter wir im Spektrum gehen, desto unlogischer wird es, irgendjemandem die Schuld zu geben! Mangelnde Fähigkeiten? Jeder von uns war schon einmal Anfänger in verschiedenen Bereichen. Niemand fährt beim ersten Mal mit dem Fahrrad, ohne zu stürzen. Es sei denn, jemand hat absichtlich ein gefährliches Verfahren angewandt, bevor er geschult wurde. Sonst ist es schwer, *Unfähigkeit* als schuldhaft zu bezeichnen.

Außerdem sind manche Aufgaben nach wie vor zu anspruchsvoll für eine zuverlässig fehlerfreie Leistung. Man denke nur an die olympische Kunstturnerin, die auf dem Schwebebalken keinen fehlerfreien Rückwärtssalto hinbekommt. Tadelnswert? Nein, natürlich nicht. Es handelt sich um eine der anspruchsvollsten Übungen im Turnen.[30] Die Turnerin beginnt ihn aus dem Stand, führt einen Rückwärtssalto mit durchgehend geradem Körper und einer vollen Drehung in der Mitte aus und landet dann wieder auf den Füßen auf dem Balken. Top-Turnerinnen, die den Salto im Training perfekt beherrschen, können dabei in einem wichtigen Wettkampf trotzdem einen Fehler machen.

Im weiteren Verlauf des Spektrums führt die Ungewissheit zu unvermeidlichen Misserfolgen. Wenn ein Freund Sie zu einem Blind Date mit einem seiner Bekannten einlädt, können Sie nicht mit Sicherheit wissen, ob Sie einen Draht zu dem Menschen finden werden. Wenn Sie zustimmen und die Verabredung scheitert, können weder Sie noch Ihr Freund dafür verantwortlich gemacht werden. Ein Fehlschlag, der aus einem durchdachten Experiment resultiert, führt zu neuen Erkenntnissen. Das ist lobenswert. Die Misserfolge der wagemutigen Chirurgen in den Anfängen der offenen Herzchirurgie sind eindeutig lobenswert. Diese Misserfolge waren unvermeidliche Trittsteine auf dem Weg zu dem heute selbstverständlichen Wunder.

Ich habe das folgende Gedankenexperiment mit Zuhörern auf der ganzen Welt durchgeführt: »Werfen Sie einen Blick auf das Spektrum von tadelnswert bis lobenswert: Welche der möglichen Ursachen für Misserfolge halten Sie für tadelnswert?«

Die Antworten auf diese Frage sind unterschiedlich. Einige werden sagen, dass nur Sabotage als tadelnswert angesehen werden kann. Andere werden anmerken, dass auch Unaufmerksamkeit geahndet werden sollte. Wiederum andere erkennen sofort an, dass Menschen in schwierige Situationen geraten sein könnten, in denen sie abgelenkt waren und ihnen deshalb keine Schuld zuzusprechen ist.

Für mich ist es nicht wichtig, *wo* man die Grenze zieht. Wichtig ist nur, dass man sie zieht und dann über die Antwort auf die nächste Frage nachdenkt.: »Wie viel Prozent der Misserfolge in Ihrer Organisation oder Familie können als schuldhaft und tadelnswert angesehen werden?« Ich habe die Erfahrung gemacht, dass die meisten Menschen, wenn sie sorgfältig darüber nachdenken, auf eine kleine Zahl kommen: vielleicht ein bis zwei Prozent.

Dann stelle ich die wichtigste Frage: »Wie viele dieser Fehler werden von denen, die in Ihrer Organisation oder in Ihrem Leben eine Rolle spielen, als *tadelnswert* angesehen?«

Hier sagen die Leute (nach einer reumütigen Pause oder einem Lachen) 70 Prozent bis 90 Prozent. Oder manchmal: »Alle!« Die bedauerliche Folge dieser Kluft zwischen einer rationalen Einschätzung der Schuldhaftigkeit und der spontanen Reaktion der Verantwortlichen ist, dass Misserfolge in unserem Leben, in unseren Haushalten und an unseren Arbeitsplätzen allzu oft verschwiegen werden. Auf diese Weise verlieren wir den Zugang zu den Lektionen des Scheiterns.

ERFOLGREICH DURCH SCHEITERN

Es sollte inzwischen klar sein, dass nicht jeder am Scheitern scheitert. Die Herzchirurgen wie Walt Lillehei und Clarence Dennis waren erstaunlich erfolgreich darin, das Scheitern zu nutzen, um das lebensrettende Handwerk, dem sie ihr Leben widmeten, voranzubringen. In ihrem Bestreben, die chirurgische Landschaft für immer zu verändern, waren Lillehei und Dennis Teilnehmer an einem Wettlauf, der, wie Lilleheis Biograf G. Wayne Miller schreibt, »bisher nur Leichen hervorgebracht hatte«.[31] Fast alle diese Todesfälle waren das Ergebnis dessen, was wir als »neuartige« Fehler bezeichnen könnten – Misserfolge, die auf dem Weg zu einem nie zuvor erreichten Ziel eintraten. Innovationen wie die zimmergroße Herz-Lungen-Maschine, mit der dem Blut des Patienten Kohlendioxid entzogen und frisch mit Sauerstoff angereichertes Blut zurück in eine Arterie gepumpt wurde, waren notwendige Stationen dieser Reise.

Als er Dennis 1951 bei seiner Arbeit beobachtete, war Dr. Lillehei fest entschlossen, zum Erfolg beizutragen. In den nächsten Jahren suchte er beharrlich nach Möglichkeiten, die Wissenschaft voranzubringen.[32] Auch er musste auf dem Weg dorthin schmerzhafte Misserfolge hinnehmen. Am 2. September 1952 versuchte Dr. F. John Lewis im University Hospital mit Unterstützung von Lillehei die Hypothermie, um die Stabilität der Patientin zu verbessern.[33] Wie durch ein Wunder überlebte die fünfjährige Jacqueline Jones. Ein Erfolg? Lillehei und andere operierten zwar weiterhin erfolgreich mit Hypothermie, doch die knappe Zeit, die ein Patient bei einer so niedrigen Temperatur gehalten werden konnte – zehn oder zwölf Minuten –, machte längere und komplexere chirurgische Eingriffe unmöglich. Ein kurzlebiger Erfolg.

Am 26. März 1954 schloss Lillehei, ebenfalls im Operationssaal des University Hospital, den Säugling Gregory Glidden, der mit einem Loch zwischen den unteren Herzkammern geboren worden war, an das Kreislaufsystem seines Vaters an. Damit sollte das Kind am Leben erhalten werden, während Lillehei das winzige Herz des Säuglings operierte. Seit Herbst 1953 und zuletzt im Januar 1954 hatte Lillehei mehrmals die Kreislaufsysteme zweier Hunde miteinander verbunden, sodass der Spenderhund während einer Operation am offenen Herzen als Lebenserhaltung für den Patientenhund dienen konnte. Diese neue Technik wurde Cross-Circulation genannt und war eine geniale Idee von Lillehei. Wenn eine schwangere Frau das Herz ihres Kindes über Verbindungen zwischen den Venen und Arterien aufrechterhalten kann, könnte dann eine ähnliche, aber künstlich herbeigeführte Verbindung außerhalb des Mutterleibs funktionieren? Bislang hatte der Ansatz funktioniert und die Hundepatienten während heikler chirurgischer Eingriffe am Leben gehalten. Aber jetzt stand mehr auf dem Spiel.

Um 8:45 Uhr wurde Gregorys Vater Lyman in den Operationssaal gebracht. Blut aus Lymans Oberschenkelarterie, das frisch mit Sauerstoff angereicherte Blut aus seinem Herzen, wurde durch eine Kanüle, die in die obere und untere Hohlvene des Babys eingeführt wurde, in Gregorys Herz gepumpt. Lillehei öffnete das Herz des Babys, fand den Ventrikelseptumdefekt (VSD), ein zentimetergroßes Loch, und reparierte es. Gregory überlebte die Operation, starb aber am 6. April 1954, knapp zwei Wochen später, an einer Lungenentzündung.

Keines der Experimente, die letztlich die Herzchirurgie verändert haben, wurde ohne umfassende Überlegungen zu Nutzen und Risiken durchgeführt. Jedes dieser Experimente war wissenschaftlich begründet. Dennoch kam es zu Misserfolgen. Manchmal erwies sich eine präoperative Diagnose als fehlerhaft. Manchmal ereignete sich während der Operation ein Unfall, weil die Ärzte noch nicht erfahren genug waren. Die meisten Misserfolge traten auf, weil eine Hypothese falsch war. In jedem Fall begaben sich die Innovatoren auf neues Terrain, ohne eine Landkarte zu haben – entschlossen, ihr Ziel zu erreichen. Auf dem Weg dorthin mussten sie vielen Eltern, Ehepartnern und Kindern erklären, warum ein geliebtes Familienmitglied in einem Meer von Blut gestorben war. Man könnte sagen, dass alle – Chirurgen, Patienten und ihre Familien – ein wertvolles Scheitern praktizierten. Sie wussten, dass Misserfolge mit schwerwiegenden Folgen möglich waren. Jede fehlgeschlagene Operation und jede fehlgeschlagene chirurgische Innovation bot die Chance, etwas zu lernen, das zu einem späteren Erfolg führen konnte.

Lilleheis erster Erfolg, der kurz nach Gregorys Operation folgte, war eine Operation an der vierjährigen Annie Brown, die mit ihrem Vater Joseph verbunden war.[34] Zwei Wochen später hielt Lillehei eine Pressekonferenz mit dem bezaubernden, gesunden Mädchen, das bis ins Erwachsenenalter leben sollte. Doch wie so oft verlief der Weg vom Misserfolg zum Erfolg nicht geradlinig. Unmittelbar nach Annie Brown starben sechs von sieben von Lillehei behandelten Kindern nach ähnlichen Operationen. Ebenso besorgniserregend war, dass ein Fehler im Kreislaufsystem dazu führte, dass eines der Kinder dauerhaft hirntot war. Ein Kind zu operieren, dessen einzige Hoffnung auf Leben eine riskante Operation war, ist eine Sache, aber einen gesunden erwachsenen Freiwilligen einem solchen Risiko auszusetzen, war viel schwerer zu ertragen.

Schließlich erwies sich die Herz-Lungen-Maschine als die praktikabelste Lösung für die Probleme, die die Operation am offenen Herzen mit sich brachte. Ursprünglich von Dr. John Gibbon erfunden, von Clarence Dennis verbessert und dann in Zusammenarbeit mit Thomas Watson von IBM weiterentwickelt, konnte sie die Sterblichkeitsrate bei Herzoperationen bis 1957 schrittweise auf 10 Prozent senken.[35] Heute wird das Risiko, an der Operation zu sterben, auf etwa zwei bis drei Prozent geschätzt.[36]

INNOVATION HÖRT NIE AUF

1998, ein halbes Jahrhundert nach diesen frühen chirurgischen Misserfolgen und Erfolgen, bekam ich die Gelegenheit, eine moderne Innovation in der Herzchirurgie zu studieren.[37] Einer meiner Kollegen in Harvard hatten von einer neuen chirurgischen Technik erfahren, mit der die lebensrettende Operation weniger invasiv durchgeführt werden konnte. Bei den meisten Herzoperationen, auch bei denen in den 1950er-Jahren, mussten die Chirurgen zunächst einen Längsschnitt durch den Brustkorb des Patienten vornehmen und dabei das Brustbein spalten. Diese Technik, die sogenannte mediane Sternotomie, ermöglicht den Zugang zum Herzen und ist auch heute noch die gängige Praxis. Sie ist wirksam, kann aber mit einer schmerzhaften und langwierigen Genesung verbunden sein.

Die neue Technologie, von der mir mein Kollege erzählte, wurde so konzipiert, dass der Chirurg die Reparatur durch einen kleinen Schnitt zwischen den Rippen durchführen kann. Dabei bleibt das Brustbein intakt, was eine kürzere, weniger schmerzhafte Genesung verspricht. Der Nachteil? Eine erhebliche Lernkurve für das gesamte Operationsteam. Für die Chirurgen war das Operieren in einem kleineren, eingeschränkteren Raum im Körper keine so große Umstellung, wie man vielleicht denken könnte. Ihr Sichtfeld wurde zwar eingeschränkt, aber die heikle Nahtführung bei der Reparatur des Herzens blieb relativ unverändert. Aber für den Rest des Teams war diese neue Methode nicht leicht zu erlernen.

Von den 16 herzchirurgischen Abteilungen, die meine Kollegen und ich untersucht haben, blieben nur sieben bei der neuen Technologie. Die anderen neun Abteilungen probierten sie für eine Handvoll Operationen aus und gaben sie dann wieder auf. Der wichtigste Unterschied zwischen den erfolgreichen Gruppen war die Führung durch den Chirurgen – nicht die Fähigkeiten, die Erfahrung oder das Dienstalter des Chirurgen. Als wir mit der Studie begannen, gingen wir davon aus, dass die führenden akademischen medizinischen Zentren eher erfolgreich sein würden als die weniger bekannten kommunalen Krankenhäuser. Aber wir haben uns geirrt. Art und Status des Krankenhauses machten keinen Unterschied.

Die Herausforderung, vor der all diese Teams standen, war eher zwischenmenschlicher als technischer Natur. Die Innovation stellte die traditionell hierarchische Struktur von Operationssälen in Frage, in denen der Chirurg in der Regel Befehle erteilte, die von anderen ausgeführt wurden. Chirurgen, die die neue Technik anwendeten, waren nun auf den Rest des OP-Teams angewiesen, um die Aspekte des Eingriffs zu koordinieren und eine »Ballonklemme« in der Arterie des Patienten zu halten, um den Blutfluss zum Herzen zu begrenzen. Wegen der Tendenz des Ballons, sich zu verschieben, musste das Team den Standort mithilfe von Ultraschallbildern überwachen, um Anpassungen vorzunehmen. Doch solange sich die Menschen nicht psychologisch sicher genug fühlten, um sich zu äußern, waren diese Aktivitäten schwer durchzuführen. So war es beispielsweise für die meisten Pflegenden neu und schwierig, den Chirurgen zu bitten, eine Pause einzulegen, während der Ballon neu positioniert wurde. Die Chirurgen mussten den anderen Teammitgliedern häufiger und intensiver zuhören als bei herkömmlichen Operationen, bei denen sie den Großteil des Gesprächs geführt hatten.

Die erfolgreichen Innovatoren in unserer Studie erkannten, dass sie anders *führen* mussten. Sie mussten dafür sorgen, dass jeder im Operationssaal offen und unmittelbar darüber sprechen konnte, was von den anderen benötigt wurde, damit das Verfahren funktionierte. Als meine Kollegen und ich die Teams untersuchten, die den neuen Ansatz erfolgreich umsetzten, stellten wir fest, dass alle von ihnen einige spezielle Aktivitäten durchführten, welche die Kernpraktiken der Wissenschaft des klugen Scheiterns widerspiegeln.

Zunächst haben diese Teams unnötige Risiken für die Patienten vermieden, indem sie das neue Verfahren im Labor an Tieren ausprobierten. Sie sprachen offen und proaktiv darüber, was sie taten und dachten, während sie zusammenarbeiteten. Wenn sie irgendwelche Bedenken über den Verlauf der Operation hatten, kehrten sie sofort zum traditionellen Verfahren (der medianen Sternotomie) zurück.

Zweitens haben diese Teams die Angst aus dem Operationssaal verbannt. Wie war das möglich? Die Chirurgen wiesen ausdrücklich auf den Lernprozess hin, der vor ihnen lag. Sie betonten den lebensverbessernden Zweck der Innovation – die Chance, Patienten zu einer schnelleren Genesung zu verhelfen. Die Chirurgen ließen alle Teammitglieder wissen, dass ihr Beitrag für das Funktionieren des neuen Verfahrens entscheidend ist. Auf diese Weise schafften die Chirurgen psychologische Sicherheit, wenn sich die Mitarbeitenden äußerten. Die Tatsache, dass einige Chirurgen dies taten und andere nicht, ermöglichte es mir, die Beziehung zwischen psychologischer Sicherheit und erfolgreicher Innovation *prospektiv* (vorhersagend) zu testen. Zu Beginn der Studie wusste ich nicht, welche Standorte bei der Innovation erfolgreich sein würden und welche nicht. Später konnte ich feststellen, dass die Teams, die sich um psychologische Sicherheit bemühten, besser abschnitten als solche, die dies nicht taten.

Drittens, in ihren direkten, reflektierenden Gesprächen darüber, wie der Eingriff verläuft, sorgten die erfolgreichen Teams dafür, dass *während* der Operation keine Unklarheiten auftraten. In dieser reiferen Phase der Herzchirurgie handelte es sich bei den Misserfolgen, die sie erlebten, eher um eine schnelle Umstellung von der minimalinvasiven auf die traditionelle Methode. Oder sie gaben die neue Technologie einfach ganz auf – ein Misserfolg, der aber nicht lebensbedrohlich war. Obwohl neun der sechzehn von uns untersuchten Teams bei der Innovation scheiterten, kam es bei den vielen hundert minimalinvasiven Eingriffen in unseren Daten bei keinem Team zu einem Todesfall. Durch die Vermeidung vermeidbarer Schäden war jedes untersuchte Team ein umsichtiger Praktiker der Wissenschaft des klugen Scheiterns.

DIE WISSENSCHAFT DES KLUGEN SCHEITERNS PRAKTIZIEREN

Misserfolge machen vielleicht nie Spaß, aber mit etwas Übung, neuen Werkzeugen und Erkenntnissen können sie weniger schmerzhaft sein und man kann leichter daraus lernen. Unsere instinktive Abneigung gegen das Scheitern, unsere Verwirrung über die verschiedenen Formen des Scheiterns und unsere Angst vor Ablehnung halten uns zurück. Der Ausweg beginnt damit, das Scheitern umzudeuten – wie es so viele olympische Bronzemedaillengewinner taten – und neue realistische Erwartungen daran zu knüpfen. Von den kleinen Rückschlägen, die wir in unserem Alltag erleben, bis hin zu den tragischen Todesfällen in den Anfängen der Chirurgie am offenen Herzen sind Misserfolge ein unvermeidlicher Teil des Fortschritts. Das gilt für unser persönliches Leben ebenso wie für die wichtigen Institutionen, die die Gesellschaft prägen. Deshalb ist es so wichtig – und letztlich so lohnend –, die Wissenschaft des klugen Scheiterns zu beherrschen. Jedes der folgenden Kapitel enthält grundlegende Ideen und Praktiken, die Ihnen dabei helfen, genau das zu tun.

KAPITEL 2 HEUREKA! WENN SCHEITERN KLUG IST

Ich habe nicht versagt. Ich habe nur zehntausend Wege gefunden, die nicht funktionieren werden.
– Thomas A. Edison (zugeschrieben)

Die meisten von uns kennen die DNA, die Nukleinsäuren, die so viel von dem bestimmen, was wir sind. Aber nur wenige von uns haben versucht, diese winzigen, natürlich vorkommenden chemischen Stoffe zu manipulieren, um ihre Anwendung in lebensrettenden Therapeutika oder bahnbrechenden Nanotechnologien zu verbessern. Das ist die Tätigkeit, der sich Dr. Jennifer Heemstra zusammen mit den anderen Mitgliedern ihres erfolgreichen Forschungslabors an der Emory University widmet.

An der Grenze in neues Territorium in jedem wissenschaftlichen Bereich ist eine durchdachte Hypothese, die nicht durch Daten gestützt wird, ein wertvoller Fehler. Wissenschaftlerinnen und Erfinder wie James West, den Sie später in diesem Kapitel kennenlernen werden, halten sich nicht lange in ihrem Fachgebiet, wenn sie es das Scheitern nicht ertragen können. Sie wissen um den Wert intelligenter Fehler. Es wäre eine Lüge zu behaupten, dass diese Misserfolge nicht enttäuschend sind. Sie sind es. Doch wie die Gewinnerinnen der Bronzemedaille bei den Olympischen Spielen lernen auch Wissenschaftlerinnen und

Erfinder einen gesunden Umgang mit dem Scheitern. Und Dr. Heemstra ist eine Wissenschaftlerin, die diese hilfreiche Denkweise nicht nur praktiziert, sondern auch anderen vermittelt – vor allem den Studierenden in ihrem Labor sowie in Kurznachrichten, Artikeln und Videos.

An einem Sommertag im Jahr 2021 traf ich mich mit Jen über Zoom. Wissenschaftlerinnen gehören zu den widerstandsfähigsten und umsichtigsten Praktikern des intelligenten Scheiterns. Ich wollte von Jen mehr darüber erfahren, wie es in der Praxis gelebt werden kann. Als ich sie nach ihrer Lieblingsgeschichte über das Scheitern frage, hebt Jen die Hände, die Handflächen geöffnet, und schaut mir entgegen. »Scheitern ist ein Teil der Wissenschaft und kein negatives Urteil«, sagt sie. Ihr warmes, offenes Lächeln scheint beinahe die Grenzen des kleinen Bildschirms zu sprengen. Sie sagt ihren Studierenden im Labor gern: »Wir werden den ganzen Tag Fehler machen.« Die Leiter wissenschaftlicher Labors müssen das Scheitern normalisieren, erklärt sie. Jen schätzt, dass Experimente in 95 Prozent der Fälle scheitern, und fügt hinzu: »In neun von zehn Fällen geben sich die Leute unnötigerweise selbst die Schuld.«

Das sind viele Schuldgefühle und schmerzliche Misserfolge.

Es sei denn, Sie wissen, wie Jen, den Unterschied zwischen tadelnswerten und lobenswerten Fehlschlägen zu schätzen. Kluge Misserfolge sind lobenswert, weil man nur dadurch etwas Neues entdecken kann.

Dr. Heemstra ist durch eigene schmerzliche Erfahrung zu dieser Erkenntnis gekommen. Sie sagt, dass sie Wissenschaftlerin wurde, weil ihr Lehrer in der achten Klasse sagte, dass sie in den Naturwissenschaften nicht gut sei. Als sie in den 1990er-Jahren von Freunden zur Teilnahme an der Wissenschaftsolympiade in Orange County, Kalifornien, eingeladen wurde, ging sie mit – nicht in der Hoffnung, erfolgreich zu sein, sondern weil sie eine außerschulische Beschäftigung suchte. Dort entdeckte Jen, dass Geologie ihr nicht nur Spaß machte, sondern dass sie darin auch sehr gut war. Schließlich sorgte der Trainer ihres Teams dafür, dass sie in die naturwissenschaftlichen Leistungskurse der Highschool aufgenommen wurde. Ihr anfänglicher Misserfolg als Studentin der Naturwissenschaften führte dazu, dass sie eine intrinsische Motivation entwickelte. Anstatt für die Noten zu lernen (die stärkste extrinsische Motivation), lernte sie die Namen von Gesteinen auswendig und sortierte sie in Eierkartons, weil ihr das, wie sie sagt, »Spaß machte«. Als sie kurz nach seinem Erscheinen den dystopischen Science-Fiction-Film *Gattaca* sah, entschloss sie sich, Chemie als Hauptfach zu studieren.[1] Heute ist sie die erste Frau, die eine ordentliche Professur im Fachbereich Chemie an der Emory University innehat. Auch heute bewegt sie die innere Motivation der Freude an der Arbeit um ihrer selbst willen – mit der sie auch ihre Studierenden anfeuert.

Am Nachmittag unseres Gesprächs trägt sie einen blauen Blazer. Sie könnte nach unserer Sitzung eine Rede vor einem Auditorium voller Studierenden halten oder einfach den Blazer ausziehen und eine Runde joggen gehen. In den Regalen hinter ihrem Schreibtisch stehen verschiedene Modelle und Actionfiguren, die sie gesammelt hat. Sie zeigt auf eine und sagt, sie heiße Steve, nach einem Doktoranden, Steve Knutson, der ein chemisches Reagenz namens Glyoxal[2] verwendete, um mit Nukleotiden in einzelsträngiger RNA zu reagieren.[3] Als ich frage, warum dies wichtig sein könnte (und damit mein relatives Unwissen über Chemie offenbare), sagt Jen: »Aha!« und erklärt, dass das Labor begeistert war, weil Glyoxal so viele Möglichkeiten für Forschung und Entwicklung eröffnete. Neben Anwendungen für therapeutische Medikamente mit kontrollierter oder zeitlicher Freisetzung hätten sie eine Art wissenschaftliches Werkzeug für andere Chemiker erfunden, die in der synthetischen Biologie oder in der Forschung zur Kontrolle verschiedener Genschaltkreise arbeiten.[4]

Aber was ist mit dem Scheitern? Selbst Jennifer Heemstra, die sich so gut mit dem Scheitern auskennt, beginnt eine Geschichte über das Scheitern ganz natürlich mit dem Ende – dem erfolgreichen Ergebnis. Das macht nur noch deutlicher, wie schwierig es ist, über Misserfolge zu sprechen.

Jen lehnt sich etwas zurück. Sie spricht schnell, als sie mir erklärt, dass sie bei dem Versuch, eine Methode zur Isolierung bestimmter RNAs zu entwickeln, feststellten, dass dies nicht möglich war, wenn die RNA gefaltet oder doppelsträngig war. Das erste Problem war also, die RNA zu entwirren, ein notwendiger Schritt, um ein Protein zu binden. Steve begann zu experimentieren. Würde es funktionieren, wenn man ein neues Reagenz (eine Zutat, die eine chemische Reaktion auslöst) hinzufügt, das bereits im Labor vorhanden war?

Es hat nicht geklappt.

Salz hilft der RNA bei der Faltung. Was wäre, wenn er versuchen würde, der RNA das Salz zu entziehen? Auch das funktionierte nicht. Steve war enttäuscht. Aber nicht am Boden zerstört, wie er es vielleicht gewesen wäre, wenn Jen nicht so hart daran gearbeitet hätte, im Labor ein Umfeld zu schaffen, in dem das Lernen und Entdecken im Vordergrund steht. Sie erklärt: »Leistungsstarke Menschen sind es nicht gewohnt, Fehler zu machen. Wir müssen lernen, über uns selbst zu lachen, sonst sind wir zu ängstlich, um es zu versuchen.«

Heemstra erkennt die zentrale Rolle, die das Scheitern in der wissenschaftlichen Forschung spielt.[5] Das hat sie dazu veranlasst, darüber zu schreiben, dass Studierende und insbesondere Frauen leicht davon abgehalten werden können, eine wissenschaftliche Karriere anzustreben. In einer Kurznachricht schrieb sie: »Die einzigen Menschen, die nie Fehler machen und nie scheitern, sind diejenigen, die es nie versuchen.« Aber in Wirklichkeit waren Steves Misserfolge keine Fehler.

Fehler sind Abweichungen von bekannten Praktiken. Fehler passieren, wenn das Wissen darüber, wie man ein bestimmtes Ergebnis erzielt, bereits vorhanden ist, aber nicht genutzt wird. So wie damals, als Jen eine Doktorandin war und seltsame Daten sammelte, nur weil sie die Pipette nicht richtig benutzte. Die korrekte Verwendung der Pipette führte prompt zu den erwarteten Daten. Sie lacht auch über diese Geschichte und erklärt, dass sie versucht, eine Laborkultur zu schaffen, in der die Leute »über dumme Fehler lachen können und das Scheitern zu etwas Normalen« wird.

Dass das Protein nicht an doppelsträngige DNA binden konnte, während es an einzelsträngige RNA erfolgreich gebunden hatte, war jedoch kein »dummer Fehler«. Es war das unerwünschte Ergebnis eines hypothesengesteuerten Experiments. Ein Fehlschlag, ja, aber ein intelligenter Fehler – und ein unvermeidlicher Teil der faszinierenden Arbeit der Wissenschaft. Am wichtigsten ist, dass dieser Misserfolg das nächste Experiment beeinflussen würde.

Es war klar, dass es noch mehr über die Entfaltung von RNA zu lernen gab. Steve studierte wissenschaftliche Texte und fand eine Abhandlung japanischer Biochemiker aus den 1960er-Jahren, die in einer deutschen Fachzeitschrift veröffentlicht wurde. Darin wurde die Verwendung von Glyoxal in ähnlichen Anwendungen ausführlich beschrieben. Er begann, über die Verwendung von Glyoxal nachzudenken und stellte ein Experiment damit an.

Heureka! Mit einigen Optimierungen konnte er durch Glyoxal die Nukleinsäuren in Käfige sperren und wieder verpacken und die vollständige Funktion wiederherstellen. Das war zwar keine Ankündigung, die auf einer Leinwand am Times Square in riesigen Buchstaben prangte, aber für Jen und Steve als Forschende war es ein Grund zum Feiern. Und noch besser war: Es führte zu neuen Forschungsfragen. Ihre Geschichte zeigt, dass der Erfolg im Neuland von der Bereitschaft abhängt, wertvolle Fehler zu machen – intelligente Fehler.

WENN SCHEITERN KLUG IST

Was macht ein Scheitern zu einem klugen Scheitern? Es gibt vier Schlüsselmerkmale: Kluges Scheitern findet in einem neuen Gebiet statt; der Kontext bietet eine glaubwürdige Möglichkeit, einem gewünschten Ziel näher zu kommen (sei es eine wissenschaftliche Entdeckung oder eine neue Freundschaft); es basiert auf verfügbarem Wissen (man könnte sagen, es wird von Hypothesen geleitet); und schließlich ist das Scheitern so klein wie möglich, um dennoch wertvolle Erkenntnisse zu liefern. Die Größe ist eine Ermessensentscheidung, wichtig ist dabei der Kontext. Ein großes Unternehmen kann es sich leisten, bei einem Pilotprojekt ein größeres Risiko einzugehen als Sie bei einem neuen Vorhaben in Ihrem Privatleben. Es geht darum, Zeit und Ressourcen klug zu nutzen. Ein weiterer Vorteil ist, dass aus dem Scheitern Lehren gezogen werden, die für die nächsten Schritte genutzt werden können.

Mit diesen Kriterien im Hinterkopf kann jeder etwas ausprobieren und mit dem Ergebnis zufrieden sein, auch wenn es nicht den erhofften Erfolg bringt. Das Scheitern ist intelligent, weil es das Ergebnis eines durchdachten Experiments ist – und nicht eines zufälligen oder schlampigen Experiments.

Thomas Edison gilt als einer der größten Erfinder der Geschichte. Neben den 1.093 Patenten und seinem nachhaltigen Einfluss auf die moderne Welt durch bahnbrechende Erfindungen (elektrisches Licht, Tonaufzeichnung, Massenkommunikation, Kinofilme, um nur einige zu nennen) gründete Edison auch das erste Forschungslabor, Menlo Park, in New Jersey. Dort wurde die Glühbirne erfunden. Das Labor war das Vorbild für die Abteilungen für Forschung und Entwicklung in heutigen Unternehmen – ein Ort und ein Verfahren, um Designer, Wissenschaftlerinnen, Ingenieure und andere in der Arbeit an neuen Erfindungen zusammen zu bringen. Über Edison ist schon viel geschrieben worden.[6] Was ich am meisten bewundere, ist seine Betonung der Tatsache, dass man Fehler machen muss, wenn man auf irgendeinem Gebiet Fortschritte erzielen will.

Meine Lieblingsgeschichte über Edison handelt von einem ehemaligen Laborassistenten. Er drückte gegenüber Edison seine Bestürzung über die scheinbar endlosen erfolglosen Bemühungen des Erfinders aus, einen neuen Batterietyp zu entwickeln. Edisons berühmte Erwiderung – oder eine Version davon – steht am Anfang dieses Kapitel. In einer Version der Geschichte wandte sich Edison lächelnd an seinen ehemaligen Assistenten und erklärte, dass er in Wirklichkeit Tausende von »Ergebnissen« erzielt hatte – jedes eine wertvolle Entdeckung einer Methode, die nicht funktionieren würde.[7] Es ist unbestreitbar, dass Edison in seinen Forschungen Neuland betrat und nach innovativen Möglichkeiten suchte. Man darf annehmen, dass seine Experimente fundiert und angemessen dimensioniert waren. Dass er nie aufgab und seine intelligenten Misserfolge schließlich zum Erfolg führten, kann bei uns allen dafür sorgen, dass uns »ein Licht aufgeht«.

Die vier Kriterien des intelligenten Scheiterns sind nicht als starrer Lackmustest gedacht. Sie sind vielmehr eine hilfreiche Orientierung, um zwischen intelligenten Fehlern und anderen Fehlerarten zu unterscheiden. Zugegebenermaßen handelt es sich dabei nicht um eindeutige Ja-Nein-Unterscheidungen, sondern eher um Ermessensentscheidungen. Nur Sie selbst und niemandem sonst kann entscheiden, ob Sie eine Gelegenheit sehen, die es wert ist, verfolgt zu werden. Ich hoffe, dass Sie den Verständnisrahmen der vier Kriterien eines intelligenten Scheiterns nutzen können, um darüber nachzudenken, wann und warum ein Misserfolg eine Entdeckung – und damit einen Wert – für Ihr persönliches Leben oder Ihre Arbeit darstellt. Schauen wir uns eine Handvoll intelligenter Misserfolge (und Scheiternde) an – in verschiedenen Bereichen –, um ein besseres Gefühl für jedes Kriterium zu bekommen.

Neues Gebiet

Schon in jungen Jahren fand sich Jocelyn Bell Burnell an Orten wieder – im wörtlichen wie im übertragenen Sinne –, an denen noch nie jemand gewesen war.[8]

Im Nordirland der 1940er-Jahre war es ungewöhnlich, dass ein Mädchen den Wunsch äußerte, ein wissenschaftliches Studium aufzunehmen und sich nicht nur auf eine Zukunft als Ehefrau und Mutter vorzubereiten. Dennoch war die junge Jocelyn Bell in der Schule völlig entsetzt, als die Jungen ins Labor geschickt wurden, um etwas über Chemikalien und Experimente zu lernen, während die Mädchen in die Küche geschickt wurden, um Hauswirtschaft zu lernen. Sie ging nach Hause und beschwerte sich bei ihren Eltern, die zum Glück das Interesse ihrer Tochter an den Naturwissenschaften ernstnahmen und die Schule davon überzeugten, ihr Lernangebot zu ändern. Jocelyn wurde dann eines von drei Mädchen, die den naturwissenschaftlichen Unterricht besuchten. Sie verliebte sich in die Astronomie, als sie eines der Bücher ihres Vaters las (er war Architekt und half beim Entwurf des nordirischen Armagh-Planetariums). Im College war sie die einzige Frau in ihrer Klasse; der Hörsaal selbst war neu und für sie leider ein unberechenbares Gebiet – die anderen Studenten begrüßten ihren Eintritt oft mit Pfiffen und Buhrufen. Vielleicht waren es ihre Erfahrungen als Außenseiterin, als weibliche Pionierin in der Wissenschaft, die sie darauf vorbereiteten, das zu bemerken, was sonst niemand gesehen hatte.

Als Aufbaustudium der Astronomie an der Universität Cambridge wurde sie 1967 mit einem Forschungsprojekt betraut, bei dem sie beim Bau und Betrieb eines riesigen Radioteleskops helfen und die gesammelten Daten analysieren sollte – fast drei Meter pro Tag auf- und absteigende Linien auf Millimeterpapier. Antony Hewish, der für das Projekt verantwortliche Professor, suchte nach Quasaren, jenen leuchtenden Zentren von Galaxien, die enorme Mengen von

Radiowellen erzeugen. Eines Tages starrte Jocelyn Bell auf die Datentabellen und sah ein Signal, das sie sich nicht erklären konnte. Sie erinnerte sich: »So etwas sollte ich nicht sehen. Ich wollte verstehen, was es war.«[9]

Sie wandte sich mit dem Problem an ihren Professor, der ihre Bedenken zunächst abtat: Die abweichenden Linien seien »Interferenzen« oder vielleicht habe sie das Teleskop falsch eingestellt, meinte er. Aber Jocelyn Bell glaubte, dass sie etwas entdeckt hatte, das eine weitere Untersuchung wert war. Sie vergrößerte den fraglichen Teil der Karte, um die Radiosignale genauer untersuchen zu können. Als sie Hewish die vergrößerten visuellen Daten vorlegte, erkannte auch er, dass die Signale etwas Neues bedeuteten. Jocelyn Bell erklärte später: »Damit begann ein ganz neues Forschungsprojekt. ... Was ist es? Wieso bekommen wir dieses seltsame Signal?«[10]

Jocelyn Bells Neugier auf ungewisses Neuland – und die Arbeit, die ihre Experimente mit Hewish am Mullard Radio Astronomy Observatory vorantrieb – führte schließlich zu der mit dem Nobelpreis ausgezeichneten Entdeckung der ersten Pulsare.[11] Jocelyn Bell gehörte übrigens nicht zu den Nobelpreisträgern.

Das Leben und die Arbeit stellen uns immer wieder vor neue Herausforderungen. Neu kann bedeuten, dass etwas neu in einem ganzen Berufsfeld ist oder es ist neu für Sie, wie bei einer neuen Sportart, einem weiteren Karriereschritt oder einem ersten Date. Wenn Sie mit dem Golfsport beginnen, ist es so gut wie sicher, dass die erste Begegnung zwischen Ihrem Schläger und dem Ball als Misserfolg gewertet wird. Die meisten wichtigen Lebensereignisse, wie zum Beispiel der Auszug von zuhause oder der Umzug an einen neuen Ort, führen ins Neuland. Das gilt für glückliche Lebensereignisse wie eine Heirat. Und auch für traurige, wie den Verlust eines Elternteils.

Erfinder oder Wissenschaftlerinnen wie Edison, Heemstra und Jocelyn Bell bewegen sich auf einem Gebiet, das für alle neu ist. Die Herausforderung des Neulandes besteht darin, dass man egal in welchem Bereich die Antwort nicht im Internet suchen kann und dadurch Misserfolge vermeidet. Wer originell denken will, muss sich vom Gewohnten entfernen. Wissenschaftlerinnen studieren die Arbeiten ihrer Vorgänger und Kolleginnen, um sicherzugehen, dass eine Forschungsfrage nicht schon beantwortet wurde. Das verhindert aber nicht, dass man in neuen Bereichen scheitert. Wenn Sie eine neue Stelle antreten, erhalten Sie vielleicht Informationen von Freundinnen, Personalchefs oder lesen Online-Bewertungen von Arbeitgebern. Aber wenn Sie sich eingewöhnen, neue Kollegen kennenlernen und an Sitzungen teilnehmen, in denen die Arbeit besprochen wird, entdecken Sie vielleicht Aspekte der Situation, die Sie nicht erwartet haben.

Wenn Sie in dem Job nicht erfolgreich sind, liegt das nicht unbedingt daran, dass Sie Ihre Hausaufgaben nicht gemacht haben. Vielleicht wird der Chef, der Sie eingestellt hat und mit dem Sie voraussichtlich zusammenarbeiten werden, plötzlich in eine andere Abteilung versetzt, und der neue Chef hat ganz andere Erwartungen. Damit ein Misserfolg als intelligent bezeichnet werden kann, darf es kein Rezept, keine Blaupause und keine Gebrauchsanweisung gegeben haben, um das Problem zu lösen oder das Neuland im Voraus genau zu bestimmen.

Ein wesentliches Merkmal von Neuland, ob Sie nun zum ersten Mal Eltern werden oder Ihre erste Stelle antreten, ist Unsicherheit. Das ist ein Teil des Risikos, das man eingeht, wenn man etwas Neues ausprobiert. Es ist nicht möglich, genau vorherzusagen, was passieren wird.

Mary und Bill wuchsen in den 1930er- und 40er-Jahren in einer eng zusammengewachsenen Nachbarschaft in New York City auf. Die Kinder spielten auf der Straße Ball (unbeaufsichtigt, ohne Spielkameraden) und die Eltern unterhielten sich zwanglos in den Höfen. Im Sommer 1953, als sowohl Mary als auch Bill nach ihrem College-Abschluss nach New York zurückkamen, lag es für Bill nahe, sie mit einem Freund zusammenzubringen, von dem er überzeugt war, dass er ihr gefallen würde – dem Bruder einer Frau, mit der Bill gerade zusammen war. Aber Mary, die später meine Mutter werden sollte, war skeptisch – nicht nur wegen eines Blind Dates, sondern auch wegen Bills Geschmack.

Etwa ein Jahr zuvor hatte sie eine schlechte Erfahrung mit einem Mann gemacht, von dem Bill dachte, dass er ihr gefallen würde. Wie in den 1950er-Jahren üblich, als die Colleges noch nach Geschlechtern getrennt waren, fuhr meine Mutter zusammen mit anderen jungen Frauen aus Vassar nach Princeton, um ein ereignisreiches Wochenende mit jungen Männern beim Essen, Tanzen und in Gesellschaft zu verbringen. Ihre Verabredung für dieses Wochenende? Einer von Bills Freunden. Er trank zu viel, redete nur über sich selbst und war zu »vorlaut«, wie Mutter es später ausdrückte. In ihren Augen war das Wochenende eine Zeitverschwendung. Ein Fehlschlag. Es hätte mehr Spaß gemacht, das Wochenende in Vassar zu verbringen, um zu lernen. Bill hatte sich schon einmal geirrt, und meine Mutter hatte wenig Vertrauen, dass diese neue Auswahl jemand sein würde, den sie mögen würde. Wenn sie Bills Rat befolgte, riskierte sie eine weitere gescheiterte Verabredung. Aber sie wollte seinen Geschmack nicht voreilig abtun. Es gab keine Möglichkeit, das mit Sicherheit zu wissen.

Eine bedeutsame Gelegenheit

Ein kluges Scheitern geschieht auf dem Weg zu einem Vorhaben, das Sie für eine bedeutsame Gelegenheit halten, um einem wertvollen Ziel näher zu kommen. Jen Heemstra und Steve Knutson verfolgten eine wissenschaftliche Entdeckung, von der sie hofften, dass sie zu einer wichtigen Veröffentlichung in einer renommierten Fachzeitschrift führen würde – sie konnten den Eintrag in ihrem Lebenslauf schon fast sehen. Es war enttäuschend, dass sie (zunächst) falsch lagen. Jocelyn Bell sah eine Chance, etwas Neues über das Sonnensystem herauszufinden – und musste dann ihren Professor von dem Forschungsobjekt überzeugen –, auch wenn sie nicht genau wusste, was das sein könnte. Meine Mutter wollte endlich jemanden treffen, mit dem sie ihr Leben verbringen konnte. Einen Lebenspartner zu finden, ein neues Unternehmen zu gründen oder eine wissenschaftliche Entdeckung zu machen – all das kann eine bedeutsame Gelegenheit darstellen. Aber das Ziel muss nicht hochgesteckt sein. Das Experimentieren mit einem neuen Rezept, das köstlich aussieht, gilt als intelligenter Fehlschlag, wenn es schrecklich schmeckt.

Die Erfahrung des intelligenten Scheiterns beginnt schon in jungen Jahren. Ein Kind, das seinen ersten Schritt macht, ist auf dem besten Weg, genau das zu tun. Aber in der Grundschule beginnen viele Kinder zu glauben, dass die richtige Antwort die einzige wertvolle Aktivität ist. Deshalb sind intelligente Lehrpläne in den Bereichen Wissenschaft, Technologie, Ingenieurwesen und Mathematik, die beim Lernen Raum für kluges Scheitern geben, so wertvoll. Das Brighton College, eine unabhängige Schule für Jungen und Mädchen in Brighton, England, bietet einen solchen Raum. Die Philosophie der Schule, wie sie von Sam Harvey, dem Leiter des Lehrplans für Design und Technologie, beschrieben wird, lautet: »Der Kreativität der Schüler sind keine Grenzen gesetzt, wir ermutigen sie, ihre Ideen zu entwickeln, auszuprobieren und zu testen.«[12] Mit anderen Worten, sie sollen kluges Scheitern üben.

So sahen fünf britische Teenager am Brighton College die Gelegenheit, nicht nur ihre Semesterarbeit voranzubringen, sondern auch ein echtes Problem anzugehen: unbeabsichtigte Selbstverletzung beim Öffnen einer Avocado, auch bekannt als »Avocado-Hand«.[13] Nachdem sich einer ihrer Klassenkameraden beim Schneiden einer Avocado versehentlich mit einem Messer in die Hand geschnitten hatte, entwickelten die fünf Dreizehn- und Vierzehnjährigen auf Anregung ihrer Lehrerin Sarah Awbery den Prototyp eines Schälwerkzeugs, mit dem sich die Haut der Avocado sicher aufschneiden und der Kern entfernen lässt. Das Avogo, wie die Teenager ihre Erfindung nannten, war eine von über 2000 Einsendungen und gewann 2017 den Design Ventura-Wettbewerb des Londoner Design Museums in der Kategorie »Independent Schools«. Später sammelten die Schüler Geld für die Herstellung des Avogo über die Crowdfunding-Website Kickstarter.[14] Neuland. Eine bedeutungsvolle Gelegenheit.

Das Brighton College ist nur ein Beispiel dafür, wie man jungen Menschen die Gewohnheiten und Denkweisen des intelligenten Scheiterns beibringt. Anhand von Exponaten in Kindermuseen, die den Kindern die Möglichkeit geben, einen Ball in eine Rutsche zu werfen und Hypothesen darüber aufzustellen, in welche von mehreren Richtungen er fallen könnte, wird schon früh die richtige Art des Scheiterns geübt. Spielen gehört zum Wesen des intelligenten Scheiterns. Es muss nicht immer wehtun.

MACHEN SIE IHRE HAUSAUFGABEN

Intelligente Fehler beginnen mit der Vorbereitung. Kein Wissenschaftler möchte Zeit oder Material für Experimente verschwenden, die schon einmal durchgeführt wurden und gescheitert sind. Machen Sie Ihre Hausaufgaben. Das klassische intelligente Scheitern beruht auf einer Hypothese. Sie haben sich die Zeit genommen, darüber nachzudenken, was passieren könnte – warum Sie Grund zu der Annahme haben, dass Sie das Ergebnis des Experiments richtig vorhersagen können. Mein Kollege Thomas »Tom« Eisenmann, ein Experte für Unternehmertum an der Harvard University, stellt fest, dass viele Fehlschläge bei Unternehmensgründungen darauf zurückzuführen sind, dass grundlegende Hausaufgaben nicht gemacht wurden. Triangulate zum Beispiel, ein Online-Dating-Start-up, wollte möglichst schnell ein voll funktionsfähiges Angebot auf den Markt bringen, das aber nicht den Bedürfnissen der Kunden entsprach. Im Eifer des Gefechts übersprangen die Gründer die Recherche – Kundenbefragungen, um unerfüllte Bedürfnisse zu ermitteln. Da sie diese wichtige Vorbereitung vernachlässigten, zahlte das Unternehmen den Preis dafür.[15] Tom führt dieses Scheitern des Unternehmens zum Teil auf den Slogan des »schnellen Scheiterns« zurück, bei dem das rasche Handeln überbetont und die Vorbereitung vernachlässigt wird.[16] Und es gibt noch einen weiteren Punkt, der selbstverständlich erscheint: Wenn Sie Ihre Hausaufgaben gemacht haben, müssen Sie auch beherzigen, was Sie dabei herausfinden.

Nehmen wir die Geschichte von Crystal Pepsi, einer Limonade, die 1992 in aller Eile auf den Markt gebracht wurde. Man wollte einem Markttrend folgen, der klare und koffeinfreie Getränke bevorzugte. Warum sollte man nicht ein Getränk anbieten, das beides ist, und zwar in einer durchsichtigen Flasche, um die Attraktivität zu erhöhen? Schon früh erkannten Wissenschaftler bei

Pepsi ein großes, unlösbares Problem mit dem geplanten neuen Produkt: Klare Getränke in durchsichtigen Flaschen verderben leicht und nehmen bald einen schrecklichen Geschmack an. Erste Berichte von Abfüllern bestätigten, dass dies ein Problem war. In der Eile, das Produkt in die Regale zu bringen, ignorierten die Marketingverantwortlichen diese Hinweise. Es ist keine Überraschung, wenn Sie noch nie von dieser Limonade gehört haben. Crystal Pepsi ist in die Geschichte der Produktentwicklung als einer der größten Misserfolge bei neuen Produkten aller Zeiten eingegangen.[17]

Jocelyn Bell konnte nur aufgrund ihrer früheren Ausbildung in Physik und Radioastronomie feststellen, dass mit den von ihr gesammelten Daten etwas nicht stimmte. Jemand ohne diesen Hintergrund hätte nur verschnörkelte Linien gesehen. Aber Bell war in der Lage, selbstbewusst zu sagen: »So etwas sollte ich nicht sehen. Ich wollte verstehen, was es war.«[18] Diese beiden Sätze zeigen, dass sie gut vorbereitet war. Hätte sie ihre Hausaufgaben nicht gemacht, wäre sie schlecht gerüstet gewesen, das Unerwartete zu bemerken. Nur mit einem informierten mentalen Modell darüber, was passieren sollte, ist man in der Lage, eine Anomalie zu beobachten.

Die fünf britischen Teenager – Pietro Pignatti Morano Campori, Matias Paz Linares, Shiven Patel, Seth Rickard und Felix Winstanley – wappneten sich mit Wissen, indem sie bisherige Avocado-Schneider untersuchten. »Wir haben das Vorgehen imitiert«, sagten sie, »das wir von einem Design-Enthusiasten erwarten würden. ... Wir untersuchten eine Vielzahl von Produkten, die es bereits gibt, um die Zubereitung von Obst und Gemüse zu erleichtern. Viele von ihnen waren sperrig und groß, und wir wollten ein schlankes und elegantes Design gestalten. Wir haben mit verschiedenen Formen von Haken experimentiert und waren dann bereit, unser Design in der Praxis zu testen.«[19] Jennifers Student Steve Knutson informierte sich in der wissenschaftlichen Literatur über das Problem, das er zu lösen versuchte, *bevor* er Zeit und Chemikalien in ein neues Experiment investierte – auch wenn das bedeutete, eine obskure Arbeit aus den 1960er-Jahren aufzuspüren.

Ebenso wichtig ist der Wunsch zu verstehen, *warum* das Unerwartete eingetreten ist, wie Jocelyn Bell erläuterte, oder zu erahnen, was bei einem neuen Experiment passieren wird. Gärtner zum Beispiel wollen verstehen, warum ein und derselbe Setzling an einem Standort besser wächst als an einem anderen. Liegt es am Boden? An der Anzahl der Sonnenstunden? Dem Bewässerungsplan? Oder etwas ganz anderem? Lehrerinnen fragen sich, warum das Lernen manchen Schülern schwerer fällt. Und Sie sind vielleicht neugierig darauf, welche Herausforderungen, Möglichkeiten und Erfahrungen auf Sie warten, wenn Sie eine neue Stelle antreten oder an einen neuen Wohnort ziehen. Wir

Menschen sind von Natur aus neugierig, aber mit der Zeit besteht die Gefahr, dass wir unseren Drang verlieren, etwas Neues zu verstehen. Das Lernen fällt schwer, wenn man schon alles weiß.

Deshalb bringen Außenstehende in jedes bestehende System (eine Familie, ein Unternehmen, ein Land) eine so wertvolle neue Sichtweise ein. Sie wissen, dass sie nicht wissen! Der Ingenieur und Erfinder Bishnu Atal erinnert sich daran, wie frustrierend es war, mit seiner Familie zuhause in Indien zu telefonieren, als er 1961 in die Vereinigten Staaten kam, um bei Bell Labs zu arbeiten. Warum, so fragte er sich, war der Audioempfang am Telefon so schlecht? Selbst einfache Gespräche waren nur schwer zu verstehen. Und warum waren Anrufe nach Übersee so kostspielig? Diese Fragen beschäftigten Atal und seine Kollegen in den Bell Labs in den nächsten 20 Jahren. Atals Neugierde führte schließlich zur Entwicklung der »linear-prädiktiven Sprachkodierung«, der heute am weitesten verbreiteten Methode in der Sprachverarbeitung.[20] Ihre Technologie ermöglicht es uns allen, mit dem Mobiltelefon gut verständliche und kostengünstige Gespräche mit Menschen fast überall auf der Welt zu führen.

So klein wie möglich

Dank der Hartnäckigkeit ihres Freundes Bill willigte Mary schließlich in das Blind Date ein. Aber dieses Mal wusste meine praktisch veranlagte Mutter, wie sie das Risiko minimieren konnte. Die Verpflichtung bestand nicht darin, ein ganzes Wochenende mit dem Freund eines Freundes zu verbringen. Es musste nicht einmal ein ganzer Abend sein. Sie willigte ein, sich auf einen Drink zu treffen. Sie würde höchstens ein paar Stunden verlieren und eine langweilige oder anderweitig unbefriedigende Erfahrung riskieren. Angesichts des geringen Zeit- und Energieaufwands war sie bereit, es zu versuchen.

Mary und Bills Freund Bob verstanden sich auf Anhieb gut. Sie heirateten sogar – und der kluge, ernsthafte und freundliche Mann, den sie an diesem Abend kennenlernte, wurde mein Vater. Außerdem fand Amors Pfeil zweimal sein Ziel. Mein Onkel Bill heiratete die Frau, mit der er sich eine Zeitlang getroffen hatte, die Schwester meines Vaters und später meine geliebte Tante Joan.

Da Misserfolge Zeit und Ressourcen verbrauchen, ist es klug, beides mit Bedacht einzusetzen. Misserfolge können auch den guten Ruf gefährden. Wenn man die Wahrscheinlichkeit verringern möchte, dass das Scheitern dem Ruf schadet, kann man hinter verschlossenen Türen experimentieren. Wenn Sie schon einmal ein neues Kleidungsstück anprobiert haben, um zu sehen, ob es Ihnen steht, haben Sie das wahrscheinlich hinter dem Vorhang der Umkleidekabine eines Geschäfts getan.

Ähnlich verhält es sich mit den meisten Innovationsabteilungen und wissenschaftlichen Labors, in denen Wissenschaftlerinnen und Produktdesigner ohne Publikum alle möglichen verrückten Dinge ausprobieren.

Auch durch die Beendigung von Projekten, sobald klar ist, dass sie nicht funktionieren, können Innovatoren den Umfang und die Kosten von Fehlschlägen begrenzen. Für Projektteams ist es verlockend, den Felsbrocken immer weiter den Berg hinaufzuschieben. Das ist reizvoll, aber verschwenderisch. Die klugen, motivierten Mitarbeitenden der meisten Innovationsprojekte könnten besser für das nächste riskante Vorhaben eingesetzt werden. Es ist nicht leicht, in Echtzeit zu erkennen, wann man Geld zum Fenster hinauswirft. Deshalb bin ich der Ansicht, dass die Analyse des Fortschritts eines Projekts ein »Teamsport« sein sollte. Man muss bereit sein, Feedback von Leuten einzuholen, die das Projekt aus unterschiedlichen Perspektiven betrachten. Dadurch kann man den Fehler der »versunkenen Kosten« vermeiden, indem man den gewohnten Anreiz (weiterzumachen) ändert, damit die Leute mit einem guten Gefühl sagen können, dass man lieber aufhören sollte.

Astro Teller, Leiter des Unternehmens für radikale Innovation namens X bei Alphabet (der Muttergesellschaft von Google), gibt Mitarbeitenden, die zugeben, dass ein Projekt nicht funktioniert, eine Erfolgsprämie.[21] Er weiß, dass es kein kluges Scheitern mehr ist, wenn man mitten in der Ausführung erkennt, dass ein Projekt dem Untergang geweiht ist.

Als W. Leigh Thompson, der damalige Chief Scientific Officer des Pharmakonzerns Eli Lilly, in den 1990er-Jahren »Misserfolgspartys« einführte, wollte er damit die überlegten Risiken würdigen, die für den wissenschaftlichen Fortschritt so wichtig sind.[22] Er verstand aber auch, dass diese Rituale den Wissenschaftlern helfen, Misserfolge rechtzeitig anzuerkennen und so Ressourcen für die nächsten Schritte freizusetzen. Er versuchte, das Scheitern so gering wie möglich zu halten! Ich möchte noch hinzufügen, dass eine »Party« sicherstellte, dass andere in der Abteilung von dem Misserfolg erfuhren, um eine Wiederholung zu verhindern – eine weitere bewährte Praxis, um die Kosten des Scheiterns so gering wie möglich zu halten. Ich hoffe, es ist inzwischen klargeworden, dass kluges Scheitern beim zweiten Mal nicht mehr so klug ist.

Ein weiteres bewährtes Verfahren, um Misserfolge so gering wie möglich zu halten, ist die Entwicklung intelligenter Pilotprojekte, um neue Ideen zu testen, bevor eine Innovation in großem Maßstab eingeführt wird.

Pilotprojekte sind sinnvoll: Sie dienen dazu, etwas Neues in kleinen Schritten zu testen, um große, teure und sichtbare Misserfolge zu vermeiden. Aber allzu oft ist diese gute Idee in der Praxis nicht umsetzbar: Auf ein scheinbar erfolgreiches Pilotprojekt folgt ein großer Misserfolg bei der Einführung der

Innovation bei den Kunden. Dies geschieht, wenn die Unternehmensleitung nicht erkennt, dass ihre Anreize einen uneingeschränkten Erfolg begünstigen und kluges Scheitern verhindern.

Menschen sind von Natur aus motiviert, ihre Projekte zum Erfolg zu führen, auch Pilotprojekte, und formelle und informelle Anreize verstärken diesen Wunsch noch. Infolgedessen tun die Verantwortlichen eines Pilotprojekts alles in ihrer Macht Stehende, um die kleine Gruppe der teilnehmenden Kunden zufrieden zu stellen, selbst wenn dies zusätzliche Ressourcen oder Mitarbeitenden erfordert, um alles richtig zu machen. Leider verläuft dann die Einführung des neuen Produkts oder der neuen Dienstleistung in vollem Umfang nicht mehr im idealen Kontext des Pilotprojekts.

Ein Telekommunikationsunternehmen, das ich untersucht habe, erlebte ein peinliches und kostspieliges Fiasko, nachdem das Pilotprojekt für eine neue Technologie perfekt verlaufen war.[23] Das Pilotprojekt des Unternehmens *scheiterte, weil es erfolgreich war* (anstatt erfolgreich zu sein, weil es scheiterte)! Der Pilotversuch hatte das Unternehmen und seine Kunden in die Irre geführt, weil man sich nicht die Mühe gemacht hatte, die Schwachstellen zu entdecken, die vor einer umfassenden Einführung behoben werden mussten.

Die Lösung besteht darin, Anreize zu schaffen, die Pilotprojekte nicht zum Erfolg, sondern zum guten Scheitern motivieren. Ein effektives Pilotprojekt ist übersät mit wertvollen Fehlern – zahlreichen intelligenten Fehlschlägen, die jeweils wertvolle Informationen liefern. Um ein intelligentes Pilotprojekt in Ihrer Organisation zu entwickeln, sollten Sie die folgenden Fragen mit Ja beantworten können:

1. Wird das Pilotprojekt unter typischen (oder besser: herausfordernden) Bedingungen (und nicht unter optimalen) getestet?
2. Ist es das Ziel des Pilotprojekts, so viel wie möglich zu lernen (und nicht, den Erfolg der Innovation vor den Führungskräften zu beweisen)?
3. Ist es klar, dass die Vergütung und die Leistungsbeurteilung nicht von einem erfolgreichen Ergebnis des Pilotprojekts abhängen?
4. Wurden als Ergebnis des Pilotprojekts explizite Änderungen vorgenommen?

Fassen wir noch einmal zusammen. Um intelligent zu sein, muss ein Scheitern auf neuem Terrain stattfinden, beim Verfolgen eines wichtigen Ziels, mit angemessener Vorbereitung und möglichst geringem Risiko (so wenig wie nötig investieren, um zu lernen). Die Kriterien, die in Tabelle 3 zusammengefasst sind, deuten auf einen intelligenten Fehler, wenn man etwas ausprobiert und es nicht funktioniert. Jetzt ist es an der Zeit, so viel wie möglich daraus zu lernen.

Tabelle 3: Wie man erkennt, ob ein Fehler intelligent ist

Merkmal	Diagnostische Fragen
Findet in einem neuen Gebiet statt	Wissen die Leute bereits, wie man das von mir angestrebte Ergebnis erreicht? Gibt es einen anderen Weg, um ein Scheitern zu vermeiden?
Gelegenheitsorientiert	Gibt es eine bedeutsame Möglichkeit, die man verfolgen sollte? Welches Ziel möchte ich erreichen? Ist es sinnvoll, das Risiko des Scheiterns einzugehen?
Informiert durch Vorwissen	Habe ich meine Hausaufgaben gemacht? Verfüge ich über das nötige Wissen, bevor ich experimentiere? Habe ich eine durchdachte Hypothese über das mögliche Geschehen formuliert?
So klein wie möglich	Habe ich die Risiken, die mit dem Betreten von Neuland verbunden sind, durch ein möglichst kleines, aber dennoch aussagekräftiges Experiment minimiert? Hat das geplante Experiment die »richtige Größe«?
Bonus: Sie haben daraus gelernt!	Habe ich die Lehren aus dem Misserfolg gezogen und herausgefunden, wie ich sie in Zukunft nutzen kann? Habe ich dieses Wissen großzügig weitergegeben, um zu verhindern, dass sich ein solcher Misserfolg wiederholt?

So viel wie möglich lernen

Mehr als 50 Jahre nach dem Treffen meiner Eltern nutzten die Menschen das Internet, um sogenannte Blind Dates zu organisieren. Das versuchte auch Amy Webb, die im Alter von 30 Jahren bereits auf dem Weg zu ihrer erfolgreichen Karriere als »quantitative Futuristin« war – die so erfolgreich war, dass das *Forbes* Magazin sie als eine der 50 Frauen, die die Welt verändern, bezeichnete.[24] Webb meldete sich ohne große Erwartungen auf einer Dating-Website an und erstellte ein Profil, um einen Lebenspartner zu finden.[25] Sie beschrieb sich selbst als »preisgekrönte Journalistin, Rednerin und Denkerin«, die »12 Jahre lang mit digitalen Medien gearbeitet hat und jetzt verschiedene Start-ups, Unternehmer, Regierungsbehörden und Medienorganisationen auf der ganzen Welt berät«. Auf die Frage, was ihr Spaß macht, nannte sie JavaScript und Monetarisierung.

Eine ihrer wenigen Verabredungen war ein Abendessen mit einem IT-Fachmann. Im Restaurant bestellte er eine Vielzahl von Gerichten von der Speisekarte und einige Sonderwünsche: Vorspeisen, Hauptgerichte und mehrere Flaschen Wein. Während ihrer Verabredung kam ein Gericht nach dem anderen auf den Tisch. Die Unterhaltung war fade. Als die Rechnung kam, stand ihr Begleiter vom Tisch auf, und sagte, er ginge auf die Toilette – und kam nicht wieder! Webb bezahlte eine Rechnung, die damals für sie fast einer ganzen Monatsmiete entsprach.

Eindeutig ein Misserfolg. Einer, aus dem sie unbedingt lernen wollte.

An diesem Abend bezeichnete sie das Versagen als algorithmisch. Der Dating-Algorithmus, den die Plattform für die Partnervermittlung verwendete, hatte sie enttäuscht. Oder sie hatte ihn enttäuscht? Aber wie genau funktionierte der Algorithmus? Webb startete ein ausgedehntes Experiment, um herauszufinden, was nicht funktioniert hatte.

Ihr Ziel: Daten sammeln. Ihre Methode bestand darin, zehn fiktive männliche Online-Profile zu erstellen, die die wichtigsten Eigenschaften des Mannes enthielten, den sie heiraten wollte: klug, gutaussehend, witzig, familienorientiert und bereit, in weit entfernte Gegenden zu reisen. Dann wartete sie ab, um zu sehen, welche Art von Frauen diese begehrenswerten Männer anziehen würden. Da sie darauf achtete, nicht zu täuschen, kommunizierte sie nur minimal mit ihren Befragten. Sie gab die gesammelten Daten in Excel-Tabellen ein und analysierte auch die Profile der beliebtesten Frauen auf der Website.

Mit ihrem neuen Wissen startete sie ein zweites Experiment, bei dem sie ein neues Profil erstellte, das zwar echt, aber für das neue System des Online-Datings »optimiert« war. Nachdem sie gelernt hatte, dass sie mehr war als ihr Lebenslauf, beschrieb sie sich selbst als »lustig« und »abenteuerlich«. Sie wartete 23 Stunden, bevor sie eine Nachricht beantwortete. Sie stellte neue Fotos ein, auf denen sie Kleidung trug, die ihre Figur eher enthüllte als verbarg. Dieses zweite Profil war ein durchschlagender Erfolg. Sie fand den Mann, den sie liebte und der der Vater ihrer Tochter wurde, und heiratete ihn. Webb behauptet, dass ihr Erfolg darauf zurückzuführen ist, dass sie den algorithmischen Code der Website geknackt hat. Aber sie hätte diesen Code nicht geknackt, wenn sie nicht bereit gewesen wäre, aus Fehlern zu lernen und durchzuhalten.

Der unangenehmste Aspekt intelligenten Scheiterns besteht darin, sich die Zeit zu nehmen, um aus dem Scheitern zu lernen. Nicht alle von uns können dabei so fröhlich bleiben wie Thomas Edison. Sie sind nicht allein, wenn Sie sich enttäuscht oder beschämt fühlen, und es ist leicht, diese Gefühle zu verdrängen. Deshalb ist es wichtig, die Schuldfrage neu zu formulieren, sich gegen Schuldzuweisungen zu wehren und neugierig zu sein. Es ist ganz natürlich, dass man in selbstgerechte Analysen verfällt – »Ich hatte recht, aber irgendjemand im Labor muss etwas verändert haben« –, die uns von der Entdeckung ablenken. Aber der echte Wunsch, aus Fehlern zu lernen, zwingt uns dazu, uns umfassender und rationaler mit den Fakten auseinanderzusetzen. Eine oberflächliche Analyse sollten Sie besser vermeiden – »Es hat nicht funktioniert. Versuchen wir etwas anderes« –, das führt eher zu willkürlichem als zu überlegtem Handeln. Und schließlich sollten Sie die oberflächliche Antwort »Nächstes Mal mache ich es besser« vermeiden, denn damit umgehen Sie echtes Lernen. Es ist notwendig, innezuhalten und sorgfältig darüber nachzudenken, was schiefgelaufen ist, um die nächsten Schritte zu planen. (Oder man beschließt, auf die Gelegenheit zu verzichten, was an sich schon eine wertvolle Erkenntnis ist.) Tabelle 4 zeigt einige der Möglichkeiten, wie wir das Lernen aus Misserfolgen in unserem Leben vermeiden und wie man es besser machen kann.

Eine sorgfältige Analyse der Ergebnisse, um festzustellen, warum ein Fehler aufgetreten ist, ist von größter Bedeutung. Wurde einfach versehentlich die falsche Chemikalie verwendet? Dann handelt es sich um einen grundlegenden Fehler, keinen intelligenten Fehler. War die Hypothese durchdacht, aber falsch? Dann handelt es sich um einen intelligenten Fehler. Analysieren Sie sorgfältig. Fragen Sie: Was ist schiefgelaufen? Und warum? Das *Lernen* aus dem Scheitern führt letztendlich zum Heureka-Moment. Um das Scheitern zu lernen, gestalten wir einen entsprechenden Prozess: wir erkennen eine Gelegenheit in einem neuen Gebiet, erledigen die Hausaufgaben und Entwerfen kleine Experimente, die Zeit und Ressourcen sparen. Dies ist nicht die Arbeit von Philosophen. Es erfordert eine Neigung zum Handeln – schrittweises, sich wiederholendes Handeln.

Tabelle 4: Praktiken für das Lernen aus Misserfolgen

Was man vermeiden sollte	Was man nicht sagen sollte	Was man versuchen sollte
Die Analyse überspringen	*Beim nächsten Mal werde ich mich mehr anstrengen.*	Sorgfältig darüber nachdenken, was schiefgelaufen ist und welche Faktoren dazu beigetragen haben könnten.
Oberflächliche Analyse	*Es hat nicht funktioniert. Ich werde etwas anderes versuchen.*	Die verschiedenen Ursachen für das Scheitern analysieren, um daraus zu lernen, was als Nächstes getan werden sollte.
Selbstgerechte Analyse	*Ich hatte recht, aber irgendjemand oder irgendetwas hat es scheitern lassen.*	Den eigenen (kleinen oder großen) Beitrag zum Scheitern erforschen und akzeptieren.

EINE VORLIEBE FÜR DAS ~~HANDELN~~ WIEDERHOLEN

Kluges Scheitern ist eine Episode mit einem Anfang und einem Ende. Eine *Strategie des klugen Scheiterns,* wie sie von Erfindern, Wissenschaftlerinnen und Innovationsabteilungen auf der ganzen Welt praktiziert wird, reiht mehrere intelligente Fehlschläge aneinander, um Fortschritte bei der Erreichung wertvoller Ziele zu erreichen. Wenn wir experimentieren, hoffen wir, dass unsere Hypothesen richtig sind. Aber wir müssen *handeln,* um uns dessen sicher zu sein. Vielleicht experimentieren Sie eher mit einer neuen Frisur als mit einer Chemikalie zur RNA-Trennung, aber es gibt keinen Ersatz für das Handeln. In

den meisten Fällen wird Ihr Handeln weitere Handlungen erfordern. Hätten Sie die ersten Entwürfe dieses Kapitels gelesen, hätten Sie ein schreckliches Durcheinander gesehen! Die Bereitschaft, sich mit Unzulänglichkeiten auseinanderzusetzen und auf eine schrittweise Verbesserung zu vertrauen – mit reichlich Zugang zu einem Papierkorb (elektronisch oder physisch) –, führt dazu, dass ein Buch Gestalt annimmt. Bei allen unsicheren Unternehmungen ist ein Hang zum Handeln ein guter Anfang, aber echter Fortschritt ist nur durch Wiederholungen und Anpassungen möglich.

Als meine Söhne noch klein waren, verbrachten wir verschneite Wochenenden auf den Pisten von Wachusett Mountain in Massachusetts. Es war eine wahre Freude, meine Söhne zu beobachten, wie sie lernten, ihre Ski mit zunehmender Geschicklichkeit und Anmut – von der Geschwindigkeit ganz zu schweigen – zu manövrieren. Mein jüngerer Sohn schien das Bedürfnis nach ständiger Verbesserung schon früh zu spüren. Einmal, im Alter von etwa acht Jahren, als er noch Skifahren lernte, bat er mich, ihm bei der Abfahrt zuzusehen. Pflichtbewusst starrte ich an einem frühen Winternachmittag den Hügel hinauf und beobachtete, wie eine kleine Figur in einem roten Parka vorsichtig die Unebenheiten und die anderen vorbeifahrenden Skifahrer umschiffte. Als er mich erreichte und fragte: »Wie war ich?« antwortete ich, wie es wohl viele Eltern tun würden, mit einem begeisterten »Das hast du toll gemacht!«

Seine Antwort machte mich stutzig. Statt des strahlenden Lächelns, das ich erwartet hatte, wirkte er verwirrt. Ich sah die Enttäuschung in seinen Augen, als er fragte: »Kannst du mir nicht sagen, was ich falsch gemacht habe, damit ich mich verbessern kann?« Die Psychologin Carol Dweck bezeichnet das als »Growth Mindset« – ein Denken, das Wachstum fördert.[26] Dieses Denken ist selten, vor allem wenn Kinder damit aufwachsen, für jeden ihrer Schritte gelobt zu werden. Die meisten Kinder verinnerlichen mit der Zeit den Glauben an eine unveränderliche Intelligenz und natürlich gegebene Fähigkeiten. Vielleicht weil er einen älteren Bruder hatte, der von Natur aus so viele Dinge besser konnte, hatte Nick einen ungewöhnlichen Wunsch nach ehrlichem Feedback. Ihn begeisterten wertvolle Fehler. Für ihn war jede Abfahrt eine Gelegenheit, besser zu werden.

Wenn Sie sich fragen, ob ich als Elternteil irgendetwas getan habe, um diese Einstellung zu fördern, kann ich nur sagen, dass ich mit Carols Forschungen bestens vertraut war. Deshalb tat ich mein Bestes, um den Prozess (»Mich fasziniert, wie du mit Farbe arbeitest«) und nicht das Ergebnis (»Was für ein schönes Bild!«) zu kommentieren. Wenn auch nicht in diesem speziellen Moment auf der Skipiste. Im Nachhinein hätte ich sagen können: »Du hattest dein Tempo unter Kontrolle, und es sah aus, als ob du Spaß hattest. Wenn du deine Knie ein wenig mehr beugst und deine Brust nach unten gerichtet hältst, wird deine Form besser sein.«

Aus intelligenten Fehlern zu lernen, kann ein langsamer Prozess sein – sei es in unserem Leben oder in der Technologie, die unsere Welt prägt. Manchmal dauert es Jahrzehnte, dass mehrere Menschen auf den Fehlern anderer aufbauen und zu einem neuen Ergebnis kommen. Nehmen wir zum Beispiel die Ampel, eine Erfindung, die ein ähnliches Stop-and-Go durchlief wie der Verkehr, den sie heute regelt.[27] Das von dem Eisenbahnmanager John Peake Knight erfundene und 1868 in London installierte System wurde mit Gaslampen betrieben und erforderte einen Polizisten, der danebenstand und die Ampel bediente. Einen Monat später wurde ein Polizeibeamter »schwer verletzt, als ein Leck in der Gasleitung eine der Ampeln vor seinem Gesicht explodieren ließ«. Die Ampeln wurden als Gefahr für die öffentliche Gesundheit eingestuft und das Projekt eingestellt.

40 Jahre später, als die Automobile auf die Straßen kamen, wurde der Bedarf an Verkehrsampeln noch dringender. In den Vereinigten Staaten wurden in den ersten Jahrzehnten des 20. Jahrhunderts mehrere Varianten ausprobiert, wobei das erste elektrische Verkehrssignal – patentiert von James Hoge, dessen Entwurf die beleuchteten Wörter »Stop« und »Move« anzeigte – 1914 in Cleveland, Ohio, installiert wurde.[28] Es war jedoch dem Erfinder und Geschäftsmann Garrett Morgan zu verdanken, dass er 1923 eine Idee vorstellte, die der heutigen Verkehrsampel am nächsten kam.[29]

Es heißt, Morgan sei Zeuge eines spektakulären Unfalls an einer Kreuzung in der Innenstadt von Cleveland geworden, an der bereits eine Ampel in Betrieb war.[30] Der Fehler – so sah er es – bestand darin, dass die Ampel ohne Pause zwischen Stopp und Gehen umschaltete, sodass die Fahrer keine Zeit für eine Reaktion hatten. Morgans Erfindung, die er patentieren ließ und deren Rechte er an General Electric verkaufte, war ein automatisches Signal mit einer Zwischenwarnleuchte – der Vorläufer der heutigen gelben Ampel.

In anderen Fällen ist der Zeitrahmen für Experimente relativ kurz, auch wenn es auf dem Weg zum Erfolg mehrere Fehlversuche gibt. Chris Stark zum Beispiel wollte eine Verwendung für die heruntergefallenen Äpfel finden, die man jeden Herbst in Neuengland wegwarf.[31] Apfelkuchen backen? Keine praktikable Lösung, denn die Anzahl der Kuchen, die man essen oder lagern kann, ist begrenzt.

Apfelmus? Dasselbe Problem.

Er entschied sich für Apfelcider, weil die Flüssigkeit leicht gelagert und für viele Zwecke verwendet werden konnte.

Und nun zum Handeln. Er hat eine Trommel mit Schrauben konstruiert, um die Äpfel zu zerteilen. Aber wie dreht man das Gerät? Zuerst brachte er eine Fahrradkurbel an. Das scheiterte, weil es mehr Kraftaufwand erforderte, als die Menschen investieren wollten. Dann schloss er die Trommel an ein altes Fahrrad an und nutzte die Pedalkraft. Auch das schlug fehl; die Kette flog ab und machte die Bedienung gefährlich. Bei Versuch Nummer drei befestigte Stark ein Fahrrad auf einer Plattform, sodass es stationär wurde, was den Reiz beim Bau seines »Exerciders« ausmachte.

Es ist besonders wichtig, durch eine sorgfältige Prüfung der Ergebnisse festzustellen, warum ein Fehler aufgetreten ist. Handelt es sich um eine einfache chemische Verwechslung? Dann handelt es sich um einen grundlegenden Fehler und nicht um einen intelligenten. Wenn Sie eine Hypothese hatten und diese falsch war, sollten Sie nicht zu enttäuscht sein, sondern neugierig fragen: Warum war sie falsch? Was habe ich übersehen? Üben Sie, sich mehr für die neuen Informationen zu interessieren, die das Scheitern gebracht hat, als für ihren Fehlschlag. Sie können sich mit der Tatsache trösten, dass es ein intelligenter Fehler war! Aber die Lehren aus intelligenten Fehlern kommen nicht von selbst. Nehmen Sie sich die Zeit, den Fehler sorgfältig zu diagnostizieren. Fragen Sie: Welches Ergebnis hatte ich mir erhofft? Was ist stattdessen passiert? Wie könnte der Unterschied erklärt werden? Diese Arbeit kann mühsam sein, aber sie weist immer auf einen besseren Weg hin. Sie klärt, was man als Nächstes versuchen sollte.

MEISTER DES KLUGEN SCHEITERNS

Wer kann kluges Versagen besonders gut? Wissenschaftlerinnen, wie wir gesehen haben. Erfinder, natürlich. Aber auch berühmte Köche und Leiter von Innovationsteams in Unternehmen, um nur einige zu nennen. Trotz oberflächlicher Unterschiede haben die Experten des Scheiterns viel gemeinsam, und diese Eigenschaften können von jedem von uns nachgeahmt werden.

Es beginnt mit Neugierde. Experten des Scheiterns scheinen von dem Wunsch getrieben zu sein, die Welt um sie herum zu verstehen – nicht durch philosophische Betrachtungen, sondern durch Interaktion mit ihr. Dinge ausprobieren. Experimentieren. Sie sind bereit zu handeln! Das macht sie anfällig für Misserfolge auf ihrem Weg – mit denen sie ungewöhnlich gleichmütig umgehen.

Angetrieben von Neugierde

Der Vater von James West wollte, dass er Medizin studiert.[32] Ein Arzt würde immer Arbeit haben, weil es immer kranke Menschen in Not gab. Als Schlafwagenschaffner und Mitglied der Brotherhood of Sleeping Car Porters erzählte Samuel West seinem Sohn von den promovierten Afroamerikanern, mit denen er zusammenarbeitete, weil sie auf ihrem Gebiet keine Arbeit fanden.[33] James' Mutter, Matilda West, war als Mathematiklehrerin an der Highschool tätig. Zusätzlich arbeitete sie im Langley Research Center als eine der »menschlichen Computer«, die mit Bleistift, Rechenschieber und Rechenmaschine die Zahlen berechneten, mit denen Raketen und Astronauten ins All geschossen wurden. Aber wegen ihres Engagements in der NAACP (National Association for the Advancement of Colored People – Nationale Vereinigung für die Förderung farbiger Menschen) wurde sie entlassen.[34] Offensichtlich war eine Karriere in der Wissenschaft, sogar bei der NASA, für eine Afroamerikanerin riskant. Als Arzt seinen Lebensunterhalt zu verdienen, war so gut wie ohne Risiko.

Doch trotz der Wünsche und Warnungen seines Vaters studierte James Physik an der Temple University. Vielleicht waren die beiden Verwundetenabzeichen, die ihm für seinen Militärdienst im Koreakrieg verliehen wurden, ein Zeichen für seine Risikobereitschaft.[35] Seine Faszination für die Funktionsweise der physikalischen Welt war schon von klein auf offensichtlich. Wie so viele zukünftige Ingenieure war er als Kind ein Schrecken mit dem Schraubenzieher und nahm ständig Dinge auseinander, um zu sehen, wie sie funktionierten – zum Leidwesen der Erwachsenen baute er diese Dinge nicht immer wieder zusammen. Einmal zerlegte er die Taschenuhr seines Großvaters in 107 Teile.[36]

Eine von Wests Lieblingsgeschichten über das Scheitern handelt von einem alten Radio, das er im Alter von etwa acht Jahren reparierte.[37] Offenbar war keiner der Erwachsenen in seiner großen, eng miteinander verbundenen Großfamilie anwesend, um dafür zu sorgen, dass er an jenem Nachmittag nicht in Schwierigkeiten geriet. Allein hantierte er mit dem kaputten Radio und

Werkzeug in der Hand herum, bis er glaubte, es sei repariert. In seinem Haus in Farmville, Virginia, gab es, wie in vielen amerikanischen Häusern in den 1930er-Jahren, nur eine einzige Steckdose in jedem Zimmer – die von der Deckenlampe herabhing. West kletterte auf das Bettgeländer, um das ausgefranste Kabel einzustecken. Er griff nach der Steckdose und hörte plötzlich ein lautes Summen.

Dann merkte er, dass seine Hand an der Decke klebte.

Was ihn mehr schockierte als der elektrische Strom, der durch seinen Körper floss (sein älterer Bruder kam ins Zimmer und konnte ihn vom Strom trennen), war die Art und Ursache dieses Unfalls. Das alte Radio war Neuland für ihn. Es war eine bedeutsame Gelegenheit, es dazu zu bringen, wieder Musik zu spielen. Die Vorbereitung bestand aus all den anderen mechanischen und elektronischen Geräten, die er bereits untersucht hatte. Als Achtjähriger war er der Meinung, dass sich das Risiko darauf beschränkte, ob das Radio den Ton übertragen würde. Doch wie bei jedem intelligenten Scheitern kam es zu einer unbeabsichtigten Wirkung. Warum klebte seine Hand an der Decke? Warum war das passiert? Nun musste er verstehen, wie Elektrizität funktioniert.

Acht Jahrzehnte später, mit mehr als 250 Patenten, darunter eines für die Erfindung des Elektretmikrofons, das den Ton in unseren Smartphones liefert, dachte James West über die beharrliche Neugier nach, die er an diesem Tag verspürte – eine wesentliche Triebfeder für seine späteren Entdeckungen: »Warum verhält sich die Natur auf diese Weise? Was sind die zwingenden Parameter für das Verhalten der Natur? Und wie kann ich die physikalischen Prinzipien, mit denen ich zu tun habe, besser verstehen?«[38] Als ich 2015 gemeinsam mit West auf der Bühne eines Konferenzsaales stand, trugen wir die winzigen beigefarbenen Headset-Mikrofone, die er erfunden hatte.

1957 bewarb sich West auf eine Praktikumsstelle, die an einem Schwarzen Brett des Colleges ausgeschrieben war, um in den Bell Labs zu arbeiten. Das Labor war für seine zahlreichen bahnbrechenden Erfindungen berühmt geworden, damals vor allem für den Transistor. Bell Labs lud ihn für den Sommer ein und wies ihn etwas willkürlich der Forschungsabteilung für Akustik zu. Dort sollte er mit einer Gruppe zusammenarbeiten, die versuchte, das Millisekunden-Intervall zu bestimmen, das als interaurale Zeitverzögerung bekannt ist.[39] Damit wird das Intervall bezeichnet, das in der Zwischenzeit auftritt, wenn wir ein Geräusch im näheren Ohr hören und es dann zeitverzögert im weiter entfernten Ohr wahrnehmen. Das Problem waren die Kopfhörer. Bei einem Durchmesser von 2,5 cm konnten nur wenige Menschen den Ton, der von den Kopfhörern erzeugt wurde, hören. Daraus ergab sich ein zweites Problem: die Schwierigkeit, genügend Probanden für die Tests zu finden. Die Aufgabe für den neuen Praktikanten war klar: »Was können Sie tun, um dieser Gruppe zu helfen, die interaurale Zeitverzögerung von mehr Menschen zu messen?«[40]

West ging in die Bibliothek und las eine Abhandlung von drei deutschen Akustikwissenschaftlern über eine andere Art von Kopfhörern, die di-elektrisch waren und in jeder Größe hergestellt werden konnten.[41] Eine größere Ausführung könnte es mehr Testpersonen ermöglichen, die Klickgeräusche zu hören, die die Akustiker erfassen wollten. Die Maschinenwerkstatt baute die neuen Kopfhörer nach Wests Vorgaben und – Heureka! An eine große 500-Volt-Batterie angeschlossen, funktionierten die größeren Kopfhörer so, wie er es vorausgesagt hatte.[42]

Das Problem war gelöst. Das Forschungsprojekt zur Messung der interauralen Zeitverzögerung konnte fortgesetzt werden. Der Sommerpraktikant verdiente sich ein Lob. Im November jedoch funktionierten die Kopfhörer nicht mehr. Die Akustiker riefen West an, der inzwischen wieder an der Uni war, um ihm mitzuteilen, dass die Empfindlichkeit seiner Geräte auf nahezu Null gesunken war. Irgendetwas stimmte nicht.

West las erneut den Artikel, den er in der Bibliothek gefunden hatte, und erfuhr, dass es nach einiger Zeit notwendig war, die Batterie zu justieren, um die Richtung des elektrischen Stroms zu ändern. Das brachte ein neues Problem mit sich. Die Umkehrung der Polarität der Batterie erzeugte nicht den richtigen Impuls für die Testpersonen der Akustiker. Das Problem konnte nicht über das Telefon gelöst werden. Bell Labs flog West nach New Jersey, um die Situation genauer zu untersuchen.

Während er darüber nachdachte, wie er genügend Schall für den Test der interauralen Zeitverzögerung erzeugen konnte, untersuchte West die Kopfhörer. Er nahm die Batterie heraus und war überrascht, dass der Kopfhörer noch funktionierte. Sein erster Gedanke war, dass der Kondensator noch geladen war – Kondensatoren speichern Energie und geben sie mit der Zeit wieder ab. Versuchsweise entlud er den Kondensator. Aber auch dann funktionierte der Kopfhörer, der immer noch mit einem Oszillatordraht und einem Stück Polymerfolie verbunden war!

Dies war jedoch kein Aha-Moment, sondern eher ein Tappen im Dunkeln. Diese Funktionsweise konnte er sich nicht erklären. Wie Jocelyn Bell, die in den Daten des Radioteleskops etwas sah, das sie nicht verstand und das zur Entdeckung von Pulsaren führte, nahm West dieses unerwartete Ereignis zur Kenntnis und, was ebenso wichtig war, er ließ es nicht mehr los. Es war wie in dem Moment, wo ein ausgefranstes elektrisches Kabel seine Hand an der Decke festgehalten hatte. Er sagt: »Ich musste es herausfinden – ich konnte nichts anderes tun, bis ich herausgefunden hatte, was in diesem Stück Polymer vor sich ging.«[43] Ein weniger belastbarer Praktiker des Scheiterns hätte vielleicht vor diesem offensichtlichen Rätsel die Flucht ergriffen, aber bei West siegten Neugier und Beharrlichkeit. Und so erkannte er die Bedeutung der Elektrete.

Nun begann die eigentliche Arbeit an der Lösung einer neuen Reihe von Problemen. In den folgenden Jahren arbeiteten West und sein Kollege Gerhard Sessler von den Bell Labs daran, die Physik der Elektrete zu verstehen. Ein Durchbruch wurde möglich als West und Sessler sich nicht mehr darauf konzentrierten, wie die elektrische Ladung erzeugt wurde, sondern stattdessen die Polymere erforschten, welche die Ladung aufrechterhalten.[44] Wie Sie immer wieder feststellen werden, sind Experten des Scheiterns in ihrem Denken flexibel. Sie sind bereit, eine Forschungsrichtung aufzugeben, um eine andere in Betracht zu ziehen. Der Heureka-Moment kam, als West und Sessler herausfanden, wie man ein Elektron in der Polymerschicht einfangen kann. Die Auswirkungen waren enorm (ihre Erfindung machte die Batterie überflüssig) und sollten schließlich Millionen von Produkten verändern, die unser Leben beeinflussen. Hochwertige Mikrofone konnten nun in jeder Größe und Form und zu einem Bruchteil der bisherigen Kosten hergestellt werden. Ein Elektretmikrofon wurde erstmals 1968 von Sony hergestellt.[45] Aufgrund ihrer Größe, Langlebigkeit, Effektivität und minimalen Produktionskosten werden heute 90 Prozent aller Mikrofone, Smartphones, Hörgeräte, Babyphone und Audioaufnahmegeräte mit Elektret-Mikrofonen betrieben.[46]

Unerschrockenes Experimentieren

René Redzepi wurde 1977 in Kopenhagen geboren, fast ein halbes Jahrhundert nach James West. Redzepi betrat 2003 die globale Food-Szene mit dem Ziel, eine neue Haute Cuisine zu kreieren, die ausschließlich Zutaten aus Nordskandinavien verwendet.[47] Mit seinen 25 Jahren war er kein Neuling. Der Sohn einer dänischen Mutter und eines Vaters, der aus der mazedonischen Region Jugoslawiens eingewandert war, hatte mit 15 Jahren eine Ausbildung zum Koch begonnen, nachdem er von der Schule verwiesen worden war. Er ging in mehreren Restaurants in die Lehre, darunter im El Bulli in Spanien, das für seine Innovationen in der Molekulargastronomie und die kreative Kombination ungewöhnlicher Zutaten bekannt ist.[48] Aber nur mit Zutaten aus Nordskandinavien zu kochen, erschien *zu* ungewöhnlich, praktisch unmöglich.[49] Selbst seine engsten Freunde verspotteten die Idee als »Schwabelspeck«-Essen.

Redzepi schien von der Skepsis anderer zu profitieren, indem er negative Kritiken abschüttelte oder sie als Ansporn nahm. Schließlich wurde das Restaurant, das er zusammen mit dem dänischen TV-Koch und Unternehmer Claus Meyer gründete, fünf Mal zum besten Restaurant der Welt gewählt.[50] Wie Sie sehen werden, hängt der Erfolg in der Haute Cuisine zum Teil von unkonventionellen Experimenten ab.

»Wir sind Entdecker der essbaren Welt«, schrieb Redzepi in seinem veröffentlichten Tagebuch, das er von 2012 bis 2013 führte, »wir finden neue Methoden und neue Schätze«.[51] Neue Zutaten inspirierten Redzepis Kreationen schon lange; seine Neugier auf kulinarische Kuriositäten wie Wildpflanzen, Seeigel, Seeohren und Ameisen, kombiniert mit experimentellen neuen Methoden wie Fermentation und Dehydrierung, führte zu vielen radikal neuen Gerichten.[52]

Anfangs waren Redzepis Experimente relativ risikoarm – er kochte zum Beispiel nur mit Zutaten, »die in einem Umkreis von 100 Kilometer um sein Restaurant gezüchtet, gefischt oder gesammelt wurden«.[53] Mit der Zeit erweiterte er sein Angebot um Zutaten wie Rüben aus der gefrorenen Tundra und eine einheimische Pflanze, die wie Koriander schmeckte. 2013 war ein entscheidendes Jahr, wie er in seinem Tagebuch erzählt. Damals beschrieb Redzepi sein Restaurant als eine Art Labor, in dem junge Köche wochenlang bestimmte Arten, Samen oder Anbaugebiete studierten, um das Wesen eines Gemüses, beispielsweise einer Karotte, besser zu erfassen.[54] Mit diesem Wissen zauberten sie ein Gericht, das Redzepi verkostete. Er entschied, ob es auf die Abendkarte kommen würde. Die meisten schafften es nicht.

Mit der intensiven, emotionalen und rasanten Atmosphäre von Restaurantküchen können nur wenige Orte mithalten. Es steht viel auf dem Spiel: persönlicher Ruf, Ehrgeiz, Hierarchie und kreative Identität. Das macht das Scheitern für Nachwuchsköche emotional sehr belastend, und Redzepis anfängliche Einstellung war nicht gerade hilfreich. »So viele Versuche, so viel Mist«, schrieb er nach einigen Experimenten mit Karottengerichten in sein Tagebuch. »Die Jungs wurden angespannt, fast ängstlich, als sie einen Misserfolg nach dem anderen produzierten.«[55]

Mit der Zeit lernte Redzepi, das Scheitern ausdrücklich zu unterstützen, um es angenehmer zu machen. Jede Woche setzte er eine besondere Zeit an, damit die Nachwuchsköche experimentieren konnten. Die Möglichkeiten zum Experimentieren förderten eine Kultur, in der das Scheitern als Teil der Innovation akzeptiert wurde, aus der erfolgreiche Gerichte hervorgingen. Mit der Zeit wurde Redzepi zu einem Verfechter des Scheiterns und betrachtete diese experimentellen Zeiten hinter verschlossenen Türen als Chance, »so viel zu scheitern, wie man will, solange man es zu 100 Prozent tut«.[56] Sieben Jahre nach den spannungsgeladenen Fehlschlägen mit Karottengerichten verkörperte Stefano Ferraro, der Chefkonditor des Noma, diese neue Kultur. »Der Schlüssel zu meiner Arbeit«, erklärte er, »besteht darin, aus jedem Fehler zu lernen. Das ist die Voraussetzung für jede Verbesserung.«[57]

Nur durch die Normalisierung der Risikobereitschaft und des Scheiterns konnte Redzepi sein Handwerk kontinuierlich weiterentwickeln. »Gerichte im Restaurant, müssen relevant bleiben. Sie können nicht statisch sein«, schrieb er.[58]

Anders als die Erfindung eines Elektretmikrofons ist das Kochen also unbeständig, wandelbar und subjektiv – zumindest auf Spitzeniveau. Ein großartiges Essen an einem Abend ist keine Garantie für ein großartiges Essen am nächsten Abend. 2016 zog die Crew des Restaurants Noma vorübergehend nach Sydney, Australien. Dort experimentierten Redzepi und sein Team mit Buschtomaten in einer hinter verschlossenen Türen zubereiteten Version eines Gerichts mit Venusmuscheln.[59] Es war großartig. Als das Team es jedoch am nächsten Tag erneut versuchte, waren die aufregenden Aromen des Vortages nicht mehr zu erkennen. Das Gericht konnte nicht serviert werden. »Wir sind Sonderlinge«, sagte Thomas Frebel, der für Forschung und Entwicklung zuständige Küchenchef. »Wir leben für die großartigen Momente, wenn wir es richtig machen. Aber die meiste Zeit geht es darum, zu scheitern, aufzustehen und es wieder und immer wieder zu versuchen.«[60]

Wie bei allen Innovatoren gab es auf dem Weg zum Erfolg Höhen und Tiefen. Im November 2013 erlebte Redzepi einen Misserfolg der besonderen Art, nämlich »rote Zahlen«. Das Restaurant verlor »jede Menge Geld«.[61] Durch sein Engagement für regionale, saisonale Zutaten hatte er viel Geld für deren Beschaffung ausgegeben. Der Winter war besonders schwierig. »Es herrschte knackiger Frost«, schrieb er im Februar 2013 in sein Tagebuch. »Da wir fast keine Produkte mehr hatten, mit denen wir arbeiten konnten, versuchten wir, umfassendere Konzepte des Kochens zu finden, die uns weiterbringen könnten; wir suchten nach einem Weg, dieses schreckliche Wetter zu überlisten.«[62]

Die Buchhalter warnten Redzepi, dass das Noma im Januar 2014 nicht mehr in der Lage sein würde, seine Miete zu zahlen. Die Optionen, die sich anboten, gefielen ihm nicht: die Preise erhöhen, das Personal entlassen oder das Angebot einer (nicht genannten) Softdrink-Firma zum Kauf des Restaurants annehmen. Stattdessen stellte er einen Küchenleiter ein, um die Ausgaben zu überwachen und die Kosten zu senken, wo es möglich war. Schon bald experimentierte Redzepi mit radikalen neuen Wintermenü-Projekten – Kochen mit Abfällen und Trockenküche – und senkte die Kosten.[63] Fischschuppen, getrocknete Rüben und Meerrettich, Kürbis; Breie aus ganzen Kernen und Körnern; geröstete Bucheckern wurden zu ungewöhnlichen Mahlzeiten, die den Reiz des Noma ausmachten. Trotz des allgegenwärtigen finanziellen Abgrunds, den Herausforderungen des Winters und der Möglichkeit, dass ein Gericht nicht erfolgreich wiederholt werden konnte, florierte das Restaurant weiter.

Das Noma wurde mit drei Michelin-Sternen ausgezeichnet, was für ein skandinavisches Restaurant nahezu einmalig ist.[64] Es soll den Tourismus in Kopenhagen angekurbelt haben, da die Gäste eigens für das Noma einflogen.[65] Man musste ein Jahr im Voraus einen Tisch reservieren. Wie lässt sich dieser außergewöhnliche Erfolg erklären? Redzepi erklärt, »wir müssen uns daran erinnern, dass wir alles, was wir erreicht haben, durch Scheitern erreicht haben« und »indem wir von den Fehlern lernen, über die wir täglich stolpern«.[66]

Im Januar 2023 überraschte das Noma die kulinarische Welt mit der Ankündigung, das Restaurant Ende 2024 für immer zu schließen.[67] Das lenkte die Aufmerksamkeit der Medien erneut auf Redzepis Erfolge und Misserfolge. In der Kritik an Top-Restaurants mit ihren langen Arbeitszeiten und niedrigen Löhnen, die einen Großteil der Berichterstattung beherrschte, trat der interessante Kern der Noma-Geschichte in den Hintergrund. Das Noma schloss seine Türen für die Gäste und erfand sich neu als Lebensmittellabor für die Entwicklung und den Verkauf neuer kulinarischer Erfindungen über das Internet. Redzepi wurde vom Küchenchef zum Innovationsexperten. Eines war sicher: Die Bereitschaft zum Scheitern würde sich auch in der nächsten Phase der Reise dieses Experten des Scheiterns als nützlich erweisen.

Sich mit dem Scheitern anfreunden

Die Risikobereitschaft hinter den Kulissen ist für den Erfolg in der Haute Cuisine unabdingbar. Genauso sind auch Unternehmen in aller Welt auf das Scheitern angewiesen, wenn sie innovativ sein wollen. Das Scheitern in Unternehmen als etwas Positives zu bezeichnen, ist heute weniger ungewöhnlich als früher. Aber als ich im Herbst 2002 auf einer Konferenz der Designbranche in Chatham, Massachusetts, einen Vortrag über das Scheitern hielt, war ich mir nicht sicher, wie der Vortrag ankommen würde. Kurz nachdem ich die Bühne verlassen hatte, kam ein Konferenzteilnehmer mit einem verwunderten Gesichtsausdruck auf mich zu. Douglas »Doug« Dayton, so erfuhr ich, war Designer bei IDEO und Leiter des Bostoner Büros des Unternehmens. Auf mich wirkte er ernst und nachdenklich, irgendetwas schien ihn zu bedrücken. Er war mittelgroß, dunkelhaarig, Mitte vierzig und sprach ruhig und bedächtig. Dayton erklärte mir, dass ein Projekt, das eines seiner Teams für den über hundert Jahre alten Matratzenhersteller Simmons durchgeführt hatte, ins Stocken geraten war. Er fragte mich, ob ich ihm und seinem Team helfen könnte, die Lehren daraus zu ziehen. Ich sagte, ich wäre hocherfreut – vor allem, wenn ich darüber eine offizielle Fallstudie für die Harvard Business School schreiben könnte.[68]

Die Tatsache, dass Doug meiner Bitte zugestimmt hat, das Scheitern eines Unternehmens zu untersuchen und darüber zu schreiben, sagt viel über seinen Arbeitgeber aus. Führungskräfte öffnen mir nicht oft ihre Türen, wenn ich sage, dass ich das Scheitern studieren möchte. Kein Unternehmen, das ich kenne, verkörpert das Ethos des intelligenten Scheiterns besser als IDEO.

IDEO ist ein kleines Unternehmen, das bei Innovationen berät.[69] Es genießt weltweite Anerkennung und bestand damals aus zwölf »Studios«, die über die ganze Welt verstreut waren. Das Unternehmen wurde in Palo Alto im Herzen des Silicon Valley gegründet, wo die Philosophie des schnellen Scheiterns weit verbreitet war. Die Geschichte des Unternehmens geht auf das Jahr 1991 zurück, als der Ingenieurprofessor David Kelley von der Stanford University und der bekannte Industriedesigner Bill Moggridge ihre kleinen Firmen zusammenschlossen.[70]

Seitdem haben die Mitarbeitenden von IDEO in interdisziplinären Teams eine bemerkenswerte Bandbreite an Produkten, Dienstleistungen und Umgebungen für Haushalt, Handel und Industrie entwickelt. Zu den am weitesten verbreiteten Innovationen gehören die Computermaus (die zuerst für Apple entworfen und entwickelt wurde), die Daumen-nach-oben/Daumen-nach-unten-Interaktion, die für den persönlichen Videorekorder von TiVo entwickelt wurde und heute auf den Plattformen der sozialen Medien allgegenwärtig ist, sowie ein vorgefüllter Einweg-Insulininjektor für Eli Lilly.[71] Diese kurze Liste veranschaulicht die beeindruckende Bandbreite des Unternehmens – von Computern über medizinische Geräte bis hin zu Benutzeroberflächen. Sicher tragen mehrere Faktoren zum Erfolg von IDEO bei, vor allem das weitreichende technische Know-how des Unternehmens, das Engineering (Mechanik, Elektrotechnik und Software), Industriedesign, Prototypenbau, Human Factors, Architektur und vieles mehr umfasst. Aber die positive Einstellung zum Scheitern ist vielleicht der wichtigste Erfolgsfaktor von allen.

Die Mitarbeitenden werden für ihr technisches Know-how geschätzt, aber noch mehr für ihre Bereitschaft, neue Dinge auszuprobieren, die vielleicht nicht funktionieren. Um die Teams zu ermutigen, lautet eines der Mottos bei IDEO: »Scheitere oft, um früher erfolgreich zu sein«.[72] Von David Kelley, der bis zum Jahr 2000 Geschäftsführer war, heißt es, dass er regelmäßig durch das Studio in Palo Alto lief und aufmunternd sagte: »Scheitere schnell, um früher erfolgreich zu sein.« Die Notwendigkeit des Scheiterns bei Innovationsprojekten scheint auf der Hand zu liegen. Aber Kelley verstand, dass die leistungsstarken jungen Mitarbeitenden des Unternehmens durch eine subtilere emotionale

Abneigung gegen Misserfolge behindert werden konnten. Zu viele von ihnen waren glatte Einser-Schüler gewesen. »Scheitern ist eine nette Idee, aber nichts für mich«, so könnte man ihre Haltung beschreiben. Um die intellektuelle Wertschätzung des Scheiterns in eine emotionale Akzeptanz umzuwandeln, die risikoreiche Experimente zuließ, musste man Kelleys aufmunternden Satz häufig wiederholen. Tim Brown, Geschäftsführer von IDEO von 2000 bis 2019, erklärte 2005 in einem Interview mit mir: »Die vorherrschende Haltung war diese: ›Fang an, finde es heraus, gib dir Mühe! Wir sind hier, um dich zu unterstützen, aber wir glauben, dass du es selbst herausfinden kannst.‹«[73] Die Bereitschaft des Unternehmens, intelligent zu scheitern, ist seit Langem die nicht ganz geheime Triebfeder seines Erfolgs.

Aber wie kann IDEO trotz dieser vielen Misserfolge seinen beneidenswerten Ruf aufrechterhalten? Die Antwort ist einfach. Die meisten Misserfolge von IDEO finden hinter verschlossenen Türen statt. Und sie geschehen durch disziplinierte, anpassungsfähige Teamarbeit, die sich auf mehrere Fachgebiete stützt. IDEO ist auch ein Ort, an dem die Führungskräfte des Unternehmens hart daran gearbeitet haben, ein Umfeld zu schaffen, das psychologische Sicherheit für Risikobereitschaft bietet – allen voran das sichtbare Verhalten von David Kelley, der die Teams ermahnt, schnell und oft zu scheitern.

Anfang November 2002 war ich zum ersten Mal zu Besuch im IDEO-Studio in Boston, das sich damals in Lexington, Massachusetts, befand. Ich stand oben auf dem erhöhten, geschwungenen Steg, der als Insel bekannt ist. Von diesem Aussichtspunkt konnte man das emsige Treiben in dem weitläufigen, chaotischen, farbenfrohen Raum gut beobachten, in dem Designerinnen, Ingenieure und Human-Factors-Expertinnen in kleinen Teams an Innovationsprojekten für Firmenkunden arbeiteten. Hier, hinter verschlossenen Türen, konnten sie Fehler machen, Risiken eingehen, scheitern und es erneut versuchen. Ein Raum, den sie Prototypenlabor nannten, einer der wenigen abgeschlossenen Räume im Büro, war an diesem Tag leer – kein gutes Zeichen. Das lag zum Teil daran, dass es dem Team, das am Simmons-Projekt arbeitete, nicht gelungen war, den Maschinenbauern ein konkretes Ergebnis zu bieten, mit dem sie arbeiten konnten.

Jedes Projekt, das in einer erfolgreichen Innovation mündet, hat auf dem Weg dorthin mehrere Misserfolge zu verzeichnen. Denn die Innovation findet in einem Neuland statt, in dem eine überzeugende Lösung erst noch entwickelt werden muss. Wie wir immer wieder sehen, enden selbst die klügsten Experimente oft mit einem Fehlschlag. Und genau wie im Labor von Jen Heemstra oder in den Bell Labs, wo James West geforscht hat, geschehen fast alle diese Fehlschläge unter Ausschluss der Öffentlichkeit. Sagen wir es so: Die Firmenkunden, die für diese Misserfolge bei IDEO bezahlen, schauen den Designern nicht über die Schulter, um zu sehen, wie sich die Misserfolge entwickeln. Zu dem Zeitpunkt, an dem das Projekt an den erwartungsfrohen Kunden ausgeliefert wird, ist es bereits auf Erfolgskurs. Das ist Teil der Strategie zur Risikominderung jeder erfolgreichen Innovationsabteilung.

Als ich Doug Dayton kennenlernte, versuchte er, das Angebot seines Unternehmens um *Dienstleistungen im Bereich der Innovationsstrategie* zu erweitern. Er wollte Unternehmen dabei helfen, Produktbereiche zu finden, in denen weitere Innovationen möglich sind, anstatt nur auf Designanfragen für ein bestimmtes neues Produkt zu reagieren. Diese Experimente würden letztendlich das Geschäftsmodell des Unternehmens verändern, und solche Experimente mit dem Geschäftsmodell bringen auch Misserfolge auf dem Weg zum Erfolg mit sich.

Doug erklärte, dass in der Vergangenheit »ein typisches Projekt damit begann, dass ein Kunde mit einer drei- bis zehnseitigen Beschreibung kam, in der das benötigte Produkt spezifiziert wurde. Dann wurde gesagt: ›Bitte, entwerft dieses Produkt‹.« Und IDEO hat es entworfen. Doch Anfang der 2000er-Jahre begannen die Kunden, »uns früher in den Prozess einzubeziehen und uns baten uns, den Kontext für das Produkt zu klären«.[74]

Anstatt nach einem neuen Matratzendesign zu fragen, beauftragte Simmons IDEO damit, *neue Möglichkeiten in der Bettenindustrie* zu finden. Trotz der enthusiastischen Reaktion der Führungskräfte von Simmons bei der abschließenden Präsentation der Produktideen von IDEO waren Monate vergangen, ohne dass es eine Fortsetzung gab. Dayton kam widerwillig zu dem Schluss, dass das Projekt ein Fehlschlag war. Die Ideen des Teams schienen kreativ und realisierbar, aber Simmons setzte sie nicht um. Was war schiefgelaufen?

Das Projekt schien ein perfekter Testfall für die neuen Strategieangebote von IDEO zu sein. Es war genau die Art von Herausforderung, die eine Designerin faszinieren würde: Man nehme eine alltägliche Kategorie (Betten) und erweitere sie, um neue Möglichkeiten zu finden. Das Scheitern lag nicht an mangelnder Anstrengung. Durch Interviews mit Kunden aller Altersgruppen, Besuche in Matratzengeschäften und sogar durch Beschattung von Matratzenlieferanten hatte das Projektteam sehr viel über Betten und die dazugehörigen Hilfsmittel zu verschiedenen Zeitpunkten im Leben eines Schlafenden gelernt. In ihrer Arbeit fanden sie eine unterversorgte Gruppe, die »jungen Nomaden« – alleinstehende 18- bis 30-jährige, die Bettwaren als zu sperrig oder zu teuer für ihren hypermobilen Lebensstil betrachteten. Sie wollten keine großen, dauerhaft aufgestellten Betten kaufen. Sie erwarteten, dass sie häufig umziehen würden. Sie lebten in kleinen Wohnungen mit weiteren Mitbewohnern und nutzten die

Schlafzimmer auch für die Freizeit und das Lernen, nicht nur zum Schlafen. Mit diesen Erkenntnissen kam das Team auf radikal neue Produktideen. Eine in sich geschlossene, integrierte Matratze mit Rahmen. Eine Matratze mit optisch unterscheidbaren, faltbaren, leichten Modulen, die einfach zu transportieren ist. Doch Simmons hatte keine der Ideen umgesetzt.

Das Scheitern des Projekts bei Simmons lehrte Doug schließlich eine entscheidende Lektion: Wenn strategische Dienstleistungen den Unternehmen dabei helfen sollten, Ideen in die Tat umzusetzen (zum Beispiel die Einführung einer neuen Produktlinie), konnte die Arbeit nicht länger hinter verschlossenen Türen ohne den Kunden stattfinden. Die Empfehlungen von IDEO mussten berücksichtigen, was der Kunde sich vorstellen konnte und umsetzen wollte. Es wurde klar, dass IDEO lernen musste, wie man Ideen durch die Systeme des Unternehmens schleust, wie Tim Brown es später ausdrückte.[75] Dies würde nur gelingen, wenn das Projektteam ein oder zwei Mitarbeitende des Kunden aufnehmen würde.

Doug und seine Kollegen fanden bald heraus, wie sie Misserfolge in Erfolge verwandeln konnten. Das Unternehmen weitete seine Strategiedienstleistungen aus und begann, seine Kunden in den Innovationsprozess einzubinden. Das Scheitern des Projekts bei Simmons war teilweise darauf zurückzuführen, dass IDEO nicht verstand, worauf die Organisation der Produktion des Kunden ausgelegt war. Der Ansatz hinter verschlossenen Türen, der dem Unternehmen bei den *Angeboten zur Produktinnovation* so gute Dienste leistete und die Kunden vor Fehlern auf dem Weg dorthin schützte, ging bei den *Angeboten zur strategischen Innovation* nach hinten los. Um dem besser gerecht zu werden, stellte man bei IDEO mehr Mitarbeitende mit einem Wirtschaftsstudium ein, um die Fähigkeiten der Experten für Design, Technik und Human Factors zu ergänzen. IDEO arbeitete nun mit den Kunden zusammen, um *ihnen* zu helfen, bessere Praktiker des Scheiterns zu werden.

Man bedenke, wie leicht IDEO dem Kunden hätte vorwerfen können, die Ideen des Teams nicht wertzuschätzen. Sie hätten Simmons die Schuld geben können. Stattdessen überlegten Dayton und seine Kollegen, wie sie zu dem Misserfolg beigetragen hatten und was sie anders machen konnten. Durch diese Lernbereitschaft konnte das Unternehmen sein Geschäftsmodell erweitern, um den Kunden zu helfen, Innovation auf neue Weise voranzutreiben.

West, Redzepi und Dayton, die sich in so unterschiedlichen Kontexten bewegen, vermitteln uns ein tieferes Verständnis für die gemeinsamen Merkmale, die erfahrene Praktiker des Scheiterns auszeichnen. Wie Sie gesehen haben, gehören dazu echte Neugier, die Bereitschaft zu experimentieren und das Scheitern willkommen zu heißen. Was motiviert diese experimentierfreudigen

Experten dazu, das Scheitern anzunehmen und sich mit ihm anzufreunden? Der unablässige Drang, neue Probleme zu lösen, die ihren Tätigkeitsbereich voranbringen.

AUF DIE WEISHEIT DES INTELLIGENTEN SCHEITERNS HÖREN

Die Geschichten und Konzepte in diesem Kapitel heben die Wendungen hervor, die kluges Scheitern im Leben, im Beruf und in Unternehmen nimmt. Das soll Ihnen helfen, besser mit dem Scheitern umzugehen. Sobald Sie die Elemente des intelligenten Scheiterns erkannt haben, können Sie zu mehr Leichtigkeit im Umgang mit Fehlern finden. Das beginnt damit, dass Sie eine Gelegenheit erkennen, die Ihnen wichtig genug ist, um das Risiko des Scheiterns einzugehen. Dann geht es darum, schlechte Risiken zu vermeiden und vernünftige Risiken anzunehmen. Dazu müssen Sie Ihre Hausaufgaben machen und sicherstellen, dass Sie herausgefunden haben, was bekannt ist, was bereits versucht wurde und nicht funktioniert hat. Sie können Experimente gestalten, in denen ein Scheitern nicht übermäßig groß, schmerzhaft oder teuer ist. Heutige Experten des Scheiterns wie Jen Heemstra, James West, René Redzepi und Doug Dayton – wie auch Thomas Edison vor hundert Jahren – wissen, dass ein Scheitern möglich (sogar wahrscheinlich) ist, wenn sie sich in Neuland begeben. Aber wegen der potenziellen Vorteile sind sie bereit, das Risiko einzugehen.

Wenn Sie die Prinzipien des intelligenten Scheiterns kognitiv verstehen und verinnerlichen, können Sie gesunde emotionale Reaktionen entwickeln, die konstruktives und selbstwirksames Handeln ermöglichen. Durch die von Martin Seligman untersuchten förderlichen Attributionsstile verstehen wir, wie wichtig es ist, sich die Zeit für eine Diagnose des Scheiterns zu nehmen. Gleichzeitig können wir uns daran erinnern, dass sich intelligente Fehler *nicht* verhindern lassen. Im Neuland kann man nur durch Versuch und Irrtum vorankommen. Wenn Sie jedoch die Elemente des intelligenten Scheiterns verstehen, werden Sie sich besser fühlen und bei der Arbeit und im Leben effektiver sein. Vielleicht hilft es auch, sich selbst daran zu erinnern, dass intelligente Fehler nicht durch schuldhaftes Handeln verursacht werden. Sie sind zwar enttäuschend, aber kein Grund, sich zu schämen oder Schuldgefühle zu haben. Stattdessen sollten uns intelligente Fehler neugierig machen. Wir können herausfinden, warum sie passiert sind, und überlegen, was man als Nächstes versuchen sollte. Heißt das, dass unsere Amygdala intelligente Fehler mit dem Lob und der Zufriedenheit begrüßt, die sie wirklich verdienen? Ganz und gar nicht. Wir ziehen den Erfolg dem Scheitern bei Weitem vor, selbst dem intelligentesten Scheitern.

In manchen Fällen sollten intelligente Fehler besonders gefeiert werden, weil sie uns den Weg zu einem späteren Erfolg weisen. Sie schließen einen Weg aus und zwingen uns, einen anderen zu suchen. Die Entdeckung, dass etwas nicht funktioniert, ist manchmal genauso wertvoll wie die Entdeckung, dass etwas funktioniert. An dieser Stelle kommen die Misserfolgspartys in Unternehmen wie Eli Lilly ins Spiel: Ein Pionierteam hat dem Unternehmen wertvolle neue Informationen geliefert, und es verdient Anerkennung für seine Arbeit – und könnte etwas Aufmunterung gebrauchen, um mit seiner Enttäuschung fertig zu werden. So geschehen, als Lilly im Jahr 2013 ein experimentelles Chemotherapeutikum namens Alimta entwickelte und viel Geld für klinische Studien ausgab. Leider konnte das Medikament in den Phase-III-Studien die Wirksamkeit bei der Behandlung von Patienten mit Krebs nicht nachweisen.[76] Dies war zweifellos kluges Scheitern; niemand konnte im Voraus wissen, was passieren würde, und die Studie war nur so groß wie nötig, um eine angemessene Datenanalyse zu ermöglichen. Eine Misserfolgsparty war gerechtfertigt.

Die Geschichte hätte hier enden können. Doch der Arzt, der die Studie durchführte, wollte aus dem Scheitern so viel wie möglich lernen. Er fand heraus, dass einige Patienten von dem Medikament profitierten und dass die Patienten, denen es nicht half, einen Folsäuremangel hatten. Daher fügte er dem Medikament in den nachfolgenden klinischen Studien Folsäurezusätze hinzu. Dadurch verbesserte sich die Wirksamkeit erheblich – und das Produkt wurde zu einem Verkaufsschlager mit einem Umsatz von fast 2,5 Milliarden Dollar pro Jahr.[77]

Kluge Fehler sind wertvolle Fehler. Es sollte inzwischen klar sein, dass es nicht nur intellektuell, sondern auch emotional möglich ist, »das Scheitern zu akzeptieren«, wenn wir es auf kluges Scheitern beschränken. Es ist eine Voraussetzung für die Arbeit von Erfindern, Wissenschaftlerinnen, Starköchen und Innovationslabors von Unternehmen. Aber es kann uns allen helfen, ein erfüllteres, abenteuerlicheres Leben zu führen.

Die nächsten beiden Kapitel befassen sich mit weniger intelligenten Fehlern. Nichtsdestotrotz sind weder grundlegende Fehler noch komplexe Fehler ein Ereignis, das man verstecken oder für das man sich schämen muss, sondern vielmehr ein unvermeidlicher Teil des Lebens. Wir müssen also lernen, uns mit ihnen zu konfrontieren und aus ihnen zu lernen.

KAPITEL 3
IRREN IST MENSCHLICH

Der einzige Mensch, der nie einen Fehler macht, ist derjenige, der nie etwas tut.
– Theodore Roosevelt

Am 11. August 2020 kam es zu einer der teuersten Bankenpleiten der Geschichte. Die meisten Insolvenzen im Finanzdienstleistungssektor sind komplex und auf unterschiedliche Kombinationen von Unternehmensanreizen, faulen Krediten, wirtschaftlichen Bedingungen, Fehlverhalten, politischen Ereignissen oder Naturkatastrophen zurückzuführen. Aber nicht in diesem Fall. In diesem Fall haben drei Mitarbeitende der Citibank versehentlich 900 Millionen Dollar – statt der berechtigten 8 Millionen Dollar – an mehrere Unternehmen überwiesen, die einen Kredit für Revlon verwalteten.[1] Wie Bloomberg berichtet, versäumte es der leitende Angestellte, der die Überweisung in der Kreditsoftware genehmigte, alle Kästchen anzukreuzen, die erforderlich waren, um einen automatischen Standardmodus außer Kraft zu setzen. Im Wesentlichen überwies die Bank das Kapital anstelle der Zinsen. Dieser einfache Fehler löste ein fatales Scheitern aus. Und was für ein Scheitern! Wenn man einen derartigen Fehler erlebt, wünscht man sich nichts sehnlicher, als die Uhr zurückzudrehen und es noch einmal zu versuchen.

Die Citibank-Mitarbeiter, denen der Fehler unterlaufen war, versuchten, ihn zu korrigieren. Als sie jedoch versuchten, die Gelder zurückzuerhalten, verweigerten einige Empfänger die Rückgabe, obwohl sie das Geld versehentlich erhalten hatten. Verständlicherweise reichte die Citibank eine Klage ein. Daraufhin traf der Richter eine umstrittene Entscheidung im Sinne von »Wer es findet, darf es behalten«.[2] Das hinderte die Citibank daran, die verlorenen Gelder zurückzuerhalten. Was auch immer Sie von der Entscheidung des Richters halten, Sie haben wahrscheinlich viel Mitgefühl für die Mitarbeitenden, deren Fehler den Verlust von Hunderten von Millionen Dollar ausgelöst hat.

Wir alle erleben Tage, an denen alles schief zu gehen scheint. Oft sind diese kleinen alltäglichen Misserfolge dennoch ärgerlich und führen zu Verlusten. Hätten Sie nur daran gedacht, Ihr Handy aufzuladen. Warum haben Sie nicht besser aufgepasst, als Sie rückwärts aus der Einfahrt gefahren sind? Viele Ausrutscher sind auf *Unachtsamkeit* zurückzuführen. Haben Sie Ihren Freund beleidigt, weil Sie nicht sorgfältig nachgedacht haben, bevor Sie antworteten? *Vorannahmen* sind eine weitere Fehlerquelle. Wie war es bei der neuen Stelle, die Sie sich erhofft haben – konnten Sie Ihren Gesprächspartner nicht beeindrucken? Ihre Zeugnisse, Erfahrungen und Qualifikationen schienen perfekt zu sein. Vielleicht waren Sie *zu selbstsicher*, was zu Fehlern führen kann. Und die verstopften Dachrinnen auf Ihrem Dach, die zu Feuchtigkeit im Keller führten und das Fundament beschädigten? Sie wollten die Dachrinnen reinigen lassen, sobald Sie eine freie Minute haben. *Vernachlässigung* ist eine weitere häufige Ursache für Misserfolge.

Dies sind grundlegende Fehler. Im Gegensatz zu intelligenten Fehlern, die auf unbekanntem Gebiet auftreten, geschehen grundlegende Fehler in bekanntem Gebiet. Grundlegende Fehler sind keine wertvollen Fehler. Auf dem Kontinuum der Fehlertypen sind sie am weitesten von intelligenten Fehlern entfernt. Grundlegende Fehler sind unproduktiv – sie verschwenden Zeit, Energie und Ressourcen. Und sie sind weitgehend vermeidbar. Wie in Abbildung 3 dargestellt, ist die Vermeidbarkeit umso geringer, je größer die Unsicherheit ist. Wir können menschliches Versagen nie ganz ausschließen, aber wir können viel tun, um grundlegende Fehler zu minimieren. Dazu müssen wir die vermeidbaren Fehler verhindern und die übrigen auffangen und korrigieren. Hierbei müssen wir die Verbindung zwischen dem Fehler und dem Scheitern, das er auslösen könnte, wenn er nicht rechtzeitig erkannt wird, unterbrechen.

Denken Sie daran, dass Fehler – gleichbedeutend mit Irrtümern – per Definition unbeabsichtigt sind. Fehler haben oft relativ geringe Folgen, wie beispielsweise eine kleine Delle in der Stoßstange eines Autos, das zu schnell aus der Einfahrt gefahren ist. Es sind die täglichen Fälle von »Huch« und »Oh

Nein«, die wir schnell hinter uns lassen und korrigieren. Wir werden uns bei dem Freund entschuldigen, den wir versehentlich beleidigt haben. Und an diesem Wochenende die Dachrinnen reinigen.

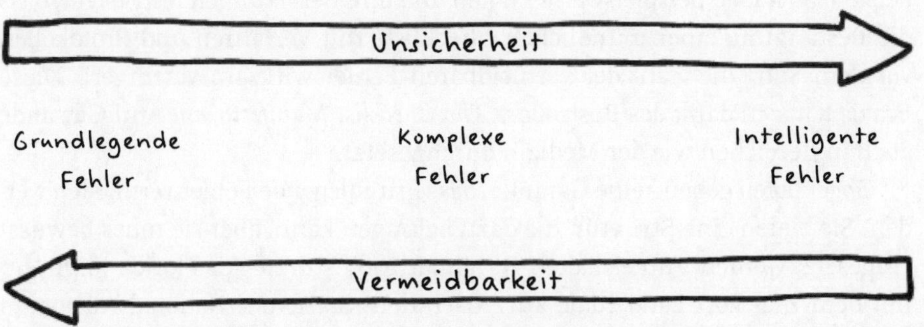

Abbildung 3: Die Beziehung zwischen Unsicherheit und Vermeidbarkeit

Kurz gesagt: Grundlegende Fehler sind alltäglich, und viele haben keine großen Folgen. Aber hin und wieder ist ein grundlegender Fehler katastrophal. Kleine Missgeschicke haben gelegentlich schwerwiegende Folgen. Das sind aber keine intelligenten Fehler. Warum also lohnt es sich, etwas über grundlegende Fehler zu lernen?

Erstens können wir durch sie üben, gut mit der Tatsache umzugehen, dass Fehler passieren werden. Es ist unnütz und ungesund, sich darüber aufzuregen. Fehler und die durch sie ausgelösten Misserfolge sind ein Teil des Lebens. Gelegentlich bringen sie sogar Aha-Momente der Entdeckung mit sich. Eine falsche Abzweigung führt dazu, dass man zu spät zu einem Treffen kommt, aber man entdeckt einen schönen Wanderweg, den man noch nicht kannte.

Zweitens müssen wir bereit sein, uns mit unseren Fehlern auseinanderzusetzen und aus ihnen zu lernen, wenn wir in den Aktivitäten, die wir am meisten schätzen, immer besser werden und unsere Beziehungen vertiefen wollen. Wir müssen unsere Abneigung gegen das Scheitern überwinden.

Aber der beste Grund dafür etwas über die Dynamik grundlegender Fehler zu lernen, besteht darin, so viele Fehler wie möglich zu vermeiden. Einige Erkenntnisse und Praktiken aus der umfangreichen Forschungsliteratur über Fehler und Fehlermanagement können Ihnen dabei helfen.

Vieles von dem, was wir über Fehlermanagement wissen, stammt aus jahrzehntelanger Forschung und Ausbildung in der Luftfahrtindustrie. Die Luftfahrt hat eine beeindruckende Bilanz bei der Entwicklung von Verfahren und Systemen zur Verringerung von Fehlern, die verheerende Fälle von grundlegendem Scheitern verursachen können. Beim Umgang mit grundlegenden Fehlern geht es darum, die »schlechten« Fehler, die zu Problemen führen, zu reduzieren oder zu verhindern. Das Ziel ist nicht, darin etwas Neues zu entdecken. So haben beispielsweise Piloten und ihre Besatzungen festgestellt, dass die Bestätigung einer mündlichen Checkliste mit Verfahren und Protokollen vor dem Start die Zahl der vermeidbaren Fehler wirksam verringert. Diese Praxis hat sich dank des Bestsellers *The Checklist Manifesto* von Atul Gawande auch in Bereichen wie der Medizin durchgesetzt.[3]

Checklisten geben keine Garantie, dass grundlegende Fehler vermieden werden. Sie bieten eine Struktur, die dazu beitragen kann, aber sie muss bewusst eingesetzt werden. Am eiskalten 13. Januar 1982 stürzte Air Florida Flight 90 mit dem Ziel Fort Lauderdale kurz nach dem Start vom National Airport in Washington, D.C., in den eisbedeckten Potomac River.[4] Die Ermittler stützten sich auf eine Tonaufnahme der Piloten im Cockpit und fanden heraus, dass menschliches Versagen zu diesem katastrophalen Scheitern führte. Hier ist ein Ausschnitt aus dieser Aufnahme, in der die Piloten eine routinemäßige Checkliste vor dem Flug durchgehen. Wie üblich las der Erste Offizier jeden Punkt der Checkliste vor, und der Kapitän reagierte, nachdem er die entsprechende Anzeige im Cockpit überprüft hatte:

Erster Offizier: Pitot-Wärme (Druckkontrolle).
Kapitän: An.
Erster Offizier: Enteisung.
Kapitän: Aus.
Erster Offizier: APU (Triebwerk).
Kapitän: Läuft.
Erster Offizier: Starthebel.
Kapitän: Inaktiv.

Ist Ihnen bei den Antworten des Kapitäns etwas aufgefallen? Sie brauchen keine technischen Kenntnisse über das Fliegen eines Flugzeugs, um den Fehler zu erkennen, aber es hilft, wenn Sie mit kaltem Klima vertraut sind. Denn genau darin lag der menschliche Fehler der Piloten von Air Florida.

Da sie es gewohnt waren, unter warmen Klimabedingungen zu fliegen, stand auf ihrer Checkliste normalerweise, dass die Enteisungsinstrumente *ausgeschaltet* sein mussten. Dieser spezielle Check auf der Liste war ihnen zur zweiten Natur geworden. Sie taten es *wie im Schlaf*, wie man so schön sagt. Da sie nicht daran dachten, dass die für sie ungewöhnlichen winterlichen Bedingungen eine Abweichung von ihrer Routine erforderten – die Enteisungsinstrumente hätten *eingeschaltet* sein müssen –, löste die Besatzung ein verheerendes Scheitern aus, das 78 Menschenleben forderte. Ähnlich wie bei dem Software-Fehler der Citibank-Manager haben sie es versäumt, die gewohnte Praxis außer Kraft zu setzen.

GRUNDLEGENDE FEHLER VERSTEHEN

Nahezu alle grundlegenden Fehler lassen sich mit Sorgfalt abwenden, Einfallsreichtum oder Erfindungsgabe sind nicht nötig. Das Wichtigste beim Umgang mit Fehlern ist, dass sie unbeabsichtigt sind, deshalb wird ihre Bestrafung als Strategie zur Vermeidung von Misserfolgen nach hinten losgehen. Sie bewegt die Menschen dazu, Fehler nicht zuzugeben, was ironischerweise die Wahrscheinlichkeit vermeidbarer grundlegender Fehler erhöht. Dies gilt für Familien ebenso wie für Unternehmen.

Auch wenn grundlegende Fehler nicht den Nervenkitzel intelligenter Fehler haben, bieten sie doch Möglichkeiten zum Lernen. Und obwohl sie nicht die Vielschichtigkeit komplexer Fehler aufweisen, können sie ebenso katastrophale Folgen haben.

Nicht alle Missgeschicke führen zu grundlegenden Fehlern. Das mag offensichtlich erscheinen, aber nicht alle Fehler führen automatisch zu einem Scheitern. Das Müsli versehentlich in den Kühlschrank und die Milch in den Schrank zu stellen, ist ein Fehler. Nur, wenn er nicht korrigiert wird, führt er zu (kleinen) grundlegenden Fehlern wie verdorbene Milch und aufgeweichtes Müsli. Manchmal wird einem Patienten irrtümlich das falsche Medikament verabreicht, ohne dass dies irgendwelche Folgen hat. Das könnte man einen Glücksfall nennen.

Wir alle machen Fehler. Wenn man vergisst, sein Handy aufzuladen, ist das kein grundlegender Fehler, wenn man es irgendwo aufladen kann, während man es weiter benutzt. Wenn Sie versehentlich zu viel oder zu wenig Zucker in den Teig geben, schmeckt der Kuchen süßer oder weniger süß als beabsichtigt, aber der Kuchen ist nicht ungenießbar. Eine Baseballmannschaft kann das Spiel gewinnen, obwohl einige Spieler im Strikeout sind. (Als Strikeout bezeichnet man im Baseball jene Spielsituation, in der der Werfer dreimal einen Strike wirft, sodass der gegnerische Schlagmann ausscheidet und somit »Out« ist.) Nie einen Fehler zu machen, ist für niemanden von uns ein realistisches oder gar wünschenswertes Ziel.

Trotzdem ist es so, dass jedes grundlegende Scheitern durch Fehler verursacht wird. Ein verpasster Telefonanruf, der notwendige Informationen zu einer dringenden Angelegenheit liefern sollte, ist ein grundlegender Fehler, der dadurch verursacht werden kann, dass man vergisst, sein Telefon aufzuladen. Ein Kuchen wird ungenießbar sein, wenn Sie versehentlich Salz durch Zucker ersetzen. Eine Baseballmannschaft scheitert, wenn sie nur Strikeouts erhält und keinen Run (Punktgewinn) erzielt. Ein Fehler ist immer das auslösende Ereignis für ein grundlegendes Scheitern.

Was ist mit absichtlichen Fehlern? Ein absichtlicher Fehler ist ein Widerspruch in sich und wird besser als Unfug oder Sabotage bezeichnet. Der Schelm, der die Zucker- und Salzdosen in Ihrer Küche absichtlich falsch beschriftet, macht Unfug. Eine Mannschaft, die bei einem Sportereignis unterdurchschnittliche Leistungen zeigt, damit sie absichtlich verliert, um einen vermeintlichen Gewinn zu erzielen, begeht Sabotage. Bei Fehlern ist die Absicht entscheidend.

WIE MAN EINEN GRUNDLEGENDEN FEHLER ERKENNT

Der Busfahrer verließ den Unfallort in Prospect Lefferts Garden wie betäubt, sein Handgelenk schmerzte und blutete.[5] Er hatte 13 Jahre Erfahrung als Fahrer bei der Metropolitan Transportation Authority in New York City. Jetzt war sein 12 Meter langer blau-gelber Bus im Erdgeschoss eines für Brooklyn typischen Brownstone-Haues eingezwängt. Er erzählte Zeugen, die sich auf dem Bürgersteig versammelt hatten, dass sein Fuß zwischen Bremse und Gaspedal geraten war und er die Kontrolle über den Bus verloren hatte. Der Bus schlingerte vorwärts, prallte gegen andere Fahrzeuge und dann gegen die Seite des Gebäudes, wobei die Glasfenster einer Arztpraxis im ersten Stock zerbrachen. 16 Fahrgäste wurden verletzt, keiner von ihnen schwer. Ein später veröffentlichtes Video zeigte, dass der Fahrer Einkaufstüten zwischen seinen Füßen platziert hatte.[6]

Der Unfall war ein klassisches Beispiel für einen grundlegenden Fehler.

Obwohl es vorschriftswidrig war, Gegenstände in der Nähe der Pedale aufzubewahren, wollte es der 55-jährige Fahrer am Nachmittag des 7. Juni 2021 mit seinen Einkaufstaschen versuchen. Die Ermittler fanden keine mechanischen Defekte am Fahrzeug. Der Bus war auf seiner normalen Route unterwegs gewesen. Das Wetter und die Sichtverhältnisse waren gut. Der Unfall war auf eine einzige, leicht zu identifizierende Ursache zurückzuführen – den eingeklemmten Fuß des Fahrers.

Der Unfall zeigt zwei charakteristische Merkmale von grundlegenden Fehlern: Sie ereignen sich in bekanntem Gebiet. Sie haben in der Regel eine einzige Ursache.

Bekanntes Gebiet

Um als grundlegendes Scheitern eingestuft zu werden, muss der Fehler in einem Bereich auftreten, in dem bereits Wissen darüber vorhanden ist, wie ein gewünschtes Ergebnis erreicht werden kann. Der Fahrer, dessen Bus gegen die Hauswand krachte, hat gegen die Sicherheitsvorschriften verstoßen, indem er die Einkaufstüten zwischen seine Füße stellte. Ähnlich verhält es sich, wenn ein Stuhl zusammenbricht, weil man sich nicht an die Montageanleitung gehalten hat: Die gebrochenen Beine auf dem Boden zeugen von einem grundlegenden Fehler. Richtlinien, Regeln, frühere Nachforschungen und Wissen, das man von Bekannten erhalten hat, sind Beispiele für bekanntes Terrain. Wenn man eine Anleitung im Internet findet, ist das ein bekanntes Gebiet. Kurz gesagt: Vorhandenes Wissen kann ohne Magie oder Wunder genutzt werden. Der Bereich ist zugänglich, eine Ausbildung ist vorhanden. Bauvorschriften und Sicherheitsbestimmungen beschreiben bekanntes Terrain, um Scheitern zu verhindern, und werden oft als Reaktion auf einen früheren Fehler eingeführt.

Einfach ausgedrückt: Ein Scheitern liegt vor, wenn Fehler passieren, weil wir vorhandenes Wissen nicht nutzen – sei es durch Unachtsamkeit, Nachlässigkeit oder Selbstüberschätzung.

Was ist, wenn Sie zum ersten Mal Kekse backen oder einen Couchtisch zusammenbauen und dabei einen Fehler machen? Wenn Sie sich in einer Stadt verirren, deren Sprache Sie nicht beherrschen? Das Scheitern, das sich daraus ergeben könnte, ist grundlegend. Das Wissen darüber, wie man Kekse backt, einen Couchtisch zusammenbaut oder sich in einer fremden Stadt bewegt, war vorhanden. Besorgen Sie sich ein Rezept, folgen Sie den Anweisungen, benutzen Sie einen Stadtplan.

Natürlich enthält mein System der Kategorisierung eine gewisse Beurteilung. Es könnte zum Beispiel sein, dass Sie in einigen Situationen nicht wissen, welche Informationen schon vorhanden sind. Das ist in Ordnung. In diesem Fall ist es angebracht, wenn Sie Ihr Scheitern als intelligent einstufen, da es in einem für Sie neuen Gebiet auftrat. Kinder erleben viele Fehler und häufiges grundlegendes Scheitern (Kleinkinder, die beim Laufenlernen vornüberfallen; Schulkinder, die ihre Hausaufgaben vergessen), weil die Welt, die die Erwachsenen schon kennen, für sie neu ist. Eltern, die ihre Kinder vor Fehlern und Misserfolgen schützen wollen, berauben sie eines wertvollen Lernprozesses, der für ihre Entwicklung entscheidend wichtig ist.

Eine einzige Ursache

Der Busunfall war ein grundlegendes Scheitern mit einer einzigen Ursache – dem eingeklemmten Fuß des Fahrers. Ein Telefon ging aus, weil der Akku leer war. Ein Kuchen war ungenießbar, weil Zucker durch Salz ersetzt wurde. Ein Flugzeug stürzte ab, weil die Enteisungsanlage an einem kalten Tag ausgeschaltet war. Eine Bank hat Geld verloren, weil nicht die richtigen Kästchen angekreuzt wurden.

Manchmal entpuppen sich Fehler, die auf den ersten Blick eine einzige Ursache zu haben scheinen, als Teil eines komplexen Geflechts von Ursachen. So wurde beispielsweise die tragische Hafenexplosion, die Beirut im Jahr 2020 verwüstete, zunächst auf eine einzige Ursache zurückgeführt: 2750 Tonnen unsachgemäß gelagerter Kunstdünger.[7] Weitere Informationen deuteten jedoch auf schlechte Sicherheitsverfahren, mangelnde Aufsicht und eine mögliche Beteiligung der Regierung hin. Wie Sie im nächsten Kapitel erfahren werden, führen mehrere Fehler, zu denen sich manchmal noch eine Prise Pech gesellt, zu einem komplexen Scheitern.

MENSCHLICHE AUSLÖSER DES GRUNDLEGENDEN SCHEITERNS

Die Schlagzeile der *New York Times* vom 31. März 2021 sagte alles: »Verwechslung in der Fabrik ruiniert bis zu 15 Millionen Impfstoffdosen von Johnson & Johnson«.[8] Nachdem ein Großteil der Welt über ein Jahr lang sehnlich auf einen Impfstoff gewartet hatte, suchte man nun eifrig nach Orten, an denen die lebensrettende Impfung verabreicht werden konnte. In den Vereinigten Staaten wurden Dosen in quantifizierbaren Chargen an die Öffentlichkeit abgegeben. Sie wurden nach strengen Richtlinien auf der Grundlage von Beruf, Alter, Gesundheitszustand und Wohnort an Einzelpersonen vergeben.

Wie konnten dabei 15 Millionen Dosen ruiniert werden?

Mitarbeitende des Werks hatten versehentlich eine Charge von Johnson & Johnson mit einem Hauptbestandteil verunreinigt, der zur Herstellung eines anderen Impfstoffs von AstraZeneca verwendet wurde.[9] Der Hersteller Emergent BioSolutions hatte mit beiden Pharmaunternehmen Verträge abgeschlossen und zugelassen, dass an seinem Standort in Baltimore Inhaltsstoffe, die für den einen Kunden bestimmt waren, für den anderen verwendet wurden. Im weiteren Verlauf stieg die Zahl der verschwendeten Dosen bis Juni 2021 auf etwa 60 Millionen an.[10] Dieses grundlegende, entsetzlich verschwenderische Versagen war das Ergebnis unzureichender Wachsamkeit. Einfacher ausgedrückt: Unaufmerksamkeit.

Unaufmerksamkeit

Leichtsinnige Fehler, die auf Unaufmerksamkeit zurückgeführt werden können, sind eine der häufigsten Ursachen für ein grundlegendes Scheitern. Ich habe das auf die harte Tour gelernt. Am 13. Mai 2017 lag ich in der Notaufnahme eines Krankenhauses, während eine Arzthelferin neun Stiche an meiner Stirn in der Nähe meines rechten Auges setzte. Ein unvorsichtiger Fehler von mir hatte das grundlegende Scheitern verursacht, das mich dorthin gebracht hatte.

Nur zwei Stunden zuvor hatte ich auf einem Segelboot im Bostoner Charles River Basin an einer besonderen Regatta für ehemalige Absolventen meiner Hochschule teilgenommen. Ich hatte mich auf eine lockere, unterhaltsame Veranstaltung mit Leuten gefreut, die wie ich vor Jahrzehnten im Segelteam der Hochschule aktiv gewesen waren. Als ich am Steg ankam, wurde mir schnell klar, dass die meisten der Teilnehmenden erst kürzlich ihren Abschluss gemacht hatten – sie waren jung, sportlich und siegesgewiss. Einige von ihnen hatten nationale Meistertitel errungen. Aber nun war ich dabei, gegen sie anzutreten. Schließlich waren Sandy und ich, die wir die Crew unseres Bootes bildeten, erfahrene Seglerinnen. Wir hatten im Sommer jahrelang gemeinsam Regatten (in etwas größeren Booten) bestritten.

Als wir in den ersten beiden Rennen nicht Letzter wurden, fühlte es sich wie ein Sieg an, zumal ich seit 35 Jahren kein Hochleistungssegelboot mehr gesegelt hatte. Diese kleinen Boote fangen den Wind ein und gleiten über die Wasseroberfläche. Sie sind auf Geschwindigkeit ausgelegt, erfordern aber Geschick und Wachsamkeit – und Sandy und ich hatten beides dringend gebraucht, um mit der Flotte Schritt zu halten.

Als alle für eine kurze Pause vor der nächsten Wettfahrt an Land gingen, fühlte ich mich entspannt und genoss die Sonne, die den kühlen Frühlingsmorgen zu erwärmen begann. Da die Anlegestelle genau in Lee lag, war unser Segel so weit draußen, wie es ging. Wie jeder erfahrene Segler weiß, kann die kleinste Änderung der Windrichtung – und auf dem Charles River gibt es ständig Änderungen – den Baum (der Mast, an dem das Segel aufgespannt wird) auf die andere Seite des Bootes fliegen lassen, wenn ein Segelboot vor dem Wind fährt.

Auf dem Weg zum Dock plauderte ich mit Sandy wandte mich für eine Sekunde vom Segel ab. Lange genug, dass der Baum über das Boot flog und mich über Bord warf. Ich war erschrocken, dass ich plötzlich im eiskalten Fluss schwamm, konnte mich aber über Wasser halten. Sandy ergriff die Pinne, drehte sich um und kam mir zu Hilfe. Als ich mich über das Heck ins Boot zog, behindert durch schwere, nasse Kleidungsschichten, sah ich Blut. Eine Menge Blut. Es sammelte sich im Rumpf des Segelboots. (Kopfwunden bluten sehr stark.)

Zitternd und blutend schaffte ich es zum Steg und schämte mich zutiefst. Wer war ich, dass ich dachte, ich sollte hier draußen gegen diese jungen Sportler segeln? Im Krankenhaus, wo ich einen trockenen Kittel trug, hatte ich Zeit, mich noch mehr zu schämen: Ich fühlte mich schlecht wegen des Aufwands. Wegen dem Chaos, das ich verursacht hatte. Weil ich die wertvolle Zeit mehrerer Ärzte in Anspruch genommen hatte. Dass ich Sandy enttäuscht hatte. Die Verletzung schien eine Strafe für die Hybris zu sein, mit der ich mich für die Regatta angemeldet hatte. Ich wollte es gern ungeschehen machen.

Mein Fehler war ein altmodisches Scheitern in einer analogen Welt. Aber das Leben im digitalen Zeitalter schafft zunehmend konkurrierende Anforderungen an unsere Aufmerksamkeit, die unsere menschliche Neigung zu Fehlern nur noch verstärken. Bei Johnson & Johnson wurde zwar nichts von der verunreinigten Charge ausgeliefert, aber der Fehler blieb tagelang unentdeckt, bis er durch eine Qualitätskontrolle aufgedeckt wurde.[11] Dennoch war es eine kolossale Blamage für die Hersteller und ein Rückschlag für Johnson & Johnson – ganz zu schweigen von den Menschen, die auf eine Impfstoffdosis warteten. Es ist leicht zu vergessen, aber damals im Vorfrühling 2021 wurde die Dringlichkeit des COVID-Impfstoffs auf der ganzen Welt deutlich spürbar. Für viele war eine längere Wartezeit lebensbedrohlich.

Wie viele theoretisch vermeidbare Fehler war auch das grundlegende Scheitern in der Fabrik von Emergent BioSolutions kein Einzelfall, sondern Ausdruck einer problematischen Sicherheitskultur, wie weitere gemeldete Vorkommnisse zeigen: Frühere Impfstoffchargen waren ebenfalls wegen Verunreinigungen weggeworfen worden. Schimmelbildung war ein anhaltendes Problem in Bereichen, die eigentlich makellos sauber gehalten werden sollten. Für die vielen neu eingestellten Mitarbeitenden, die für die Bewältigung der umfangreichen Impfstoffproduktion benötigt wurden, gab es nur wenig Aufsicht und Schulung.[12] Obwohl die Impfstoffherstellung bekanntlich ein »unbeständiges« Geschäft ist und einige Fehler unvermeidlich sind, deuteten die Berichte darauf hin, dass ein Muster von Versäumnissen zu der öffentlichkeitswirksamen Verunreinigung von Millionen Impfstoffdosen geführt hatte.[13] Wenn Unachtsamkeit ein kulturelles Merkmal in einer Organisation wird, entsteht ein Nährboden für grundlegende und komplexe Fehler gleichermaßen.

Müdigkeit spielt eine Rolle bei Ausrutschern aufgrund von Unaufmerksamkeit. Die US-amerikanischen Zentren für Krankheitskontrolle und -prävention (U.S. Centers for Disease Control and Prevention, CDC) berichten, dass ein Drittel der erwachsenen Amerikaner nicht genug Schlaf bekommt.[14] Dieser alarmierende Schlafmangel führt nicht nur zu einer Reihe von gesundheitlichen Problemen, sondern auch zu Unfällen und Verletzungen.[15] Um ein Beispiel zu nennen:

Ermittler fanden heraus, dass bei 40 Prozent der Autobahnunfälle Müdigkeit als »wahrscheinliche Ursache, mitwirkender Faktor oder Befund« angegeben wurde, obwohl das National Transportation Safety Board (NTSB) seit den frühen 1970er-Jahren 205 müdigkeitsspezifische Empfehlungen ausgesprochen hat.[16]

Eine andere Studie ergab, dass Assistenzärzte unter Schlafentzug 5,6 Prozent mehr Diagnosefehler machten als ausgeruhte Assistenzärzte.[17] Eine Studie aus dem Jahr 2020 hat ergeben, dass die Zahl der tödlichen Autounfälle in der Woche nach der »Zeitumstellung« um sechs Prozent steigt.[18] Für diejenigen, die am westlichen Rand der Zeitzone leben, war der Anstieg sogar noch höher – etwa acht Prozent.

Wir alle sind anfällig für Schlafprobleme, die auf eine Vielzahl von Faktoren zurückzuführen sind. Deshalb kann mehr Schlaf dazu beitragen, die täglichen Fehler in unserem Leben zu verringern. Aber es ist auch wichtig, einen Schritt zurückzutreten und zu überlegen, was den Schlafmangel verursacht. Medizinische Fehler oder Unfälle von Lkw-Fahrern im Fernverkehr durch Ermüdungserscheinungen können das Ergebnis von zu langen Schichten sein, die von der Zentrale zugewiesen werden – oder, schlimmer noch, von Planungsalgorithmen, die die Effizienz über den gesunden Menschenverstand stellen. Es ist empfehlenswert, nicht nach der Identifizierung der ersten, naheliegendsten Ursache eines Fehlers aufzuhören. Eine scheinbar einfache Ursache (eine müde Mitarbeiterin) auf einen tieferen Grund zurückzuverfolgen (ein problematischer Zeitplan) ist Teil des Systemdenkens, einer Schlüsselpraxis in der Wissenschaft des klugen Scheiterns, die in Kapitel 7 behandelt wird. Es ist wichtig, weil die oberflächlichste Ursache möglicherweise nicht den besten Ansatzpunkt für die Vermeidung ähnlicher Fehler in der Zukunft darstellt.

Unaufmerksamkeit ist nur allzu menschlich. Es ist schwer, wachsam zu bleiben und in den Momenten, in denen es am nötigsten ist, aufmerksam zu sein. Manchmal sind wir uns auch bewusst, dass eine Angelegenheit oder Situation unsere Aufmerksamkeit erfordert, aber wir schieben es auf. Und es passiert nichts Schlimmes, zumindest nicht eine Zeit lang.

Vernachlässigung

Ein beschädigter Fußboden, der durch ein Leck in einem Waschbecken verursacht wurde, das zu lange nicht repariert wurde. Das ist ein einfaches Beispiel für die menschliche Neigung, Situationen zu vernachlässigen, die einen Kipppunkt erreichen können. Vernachlässigung führt in der Regel nicht zu sofortigen Konsequenzen, sondern ermöglicht vielmehr die Anhäufung von Schäden, die schließlich zum Scheitern führen. Wir sind vergesslich und viel beschäftigt, da kann es leicht passieren, dass wir etwas aufschieben. Im Nachhinein ist es leicht zu erkennen, was falsch gelaufen ist. Sie hätten bei der Prüfung besser abgeschnitten, wenn Sie mehr gelernt hätten. Sie hätten einen Regenschirm mitnehmen sollen, weil Regen vorhergesagt war. Glücklicherweise verursachen die meisten dieser »hätte, hätte, hätte«-Fehler in unserem täglichen Leben keinen übermäßigen Schaden. In anderen Fällen kann eine Nachlässigkeit jedoch schwerwiegende Folgen haben.

Fragen Sie einfach Jack Gillum, den verantwortlichen Ingenieur für das Hyatt Regency Hotel in Kansas City, Missouri. Es war ein Gebäude, das ursprünglich mit einem hoch aufragenden Atrium mit vier schwebenden Gängen aus Beton und Glas geplant wurde.[19] Etwa ein Jahr nach der Fertigstellung des Hotels, am 17. Juli 1981, fand im Atrium eine Tanzveranstaltung statt. Die Partygäste drängten sich im Erdgeschoss. Die Leute strömten zu den luftigen Gängen und schauten hinunter auf die tanzenden Paare. Plötzlich begannen die Laufstege im zweiten und vierten Stock zu schwanken – dann brachen sie zusammen und stürzten mit voller Wucht auf die Menge darunter.

20 Jahre später stellte Gillum fest, dass der Konstruktionsfehler der Laufstege so offensichtlich war, dass »jeder Ingenieurstudent im ersten Jahr darauf kommen könnte«.[20] Durch die Nutzung des vorhandenen Wissens hätte der Unfall verhindert werden können. Die ursprünglichen Konstruktionszeichnungen sahen einen langen vertikalen Stahlstab vor, der über die gesamte Höhe des 15 Meter hohen Atriums verlaufen sollte. Während der Bauphase schlug der metallverarbeitende Betrieb Havens Steel Company zwei kürzere Stahlstangen vor, welche die eine lange Stange ersetzen sollten. In einer eilig angefertigten Werkstattzeichnung wurden die Schrauben und Unterlegscheiben eingezeichnet, die für die Montage der kürzeren Stäbe an den Querträgern der Laufstege erforderlich waren. Die Änderung wurde von einem Projektingenieur in einem kurzen Telefonat genehmigt. Die geänderte Konstruktion verband den Laufsteg im zweiten Stock mit dem Laufsteg im vierten Stock und nicht mit dem Dach, wodurch sich die vorgesehene Last verdoppelte. In diesem Moment und in den darauffolgenden Monaten versäumten es alle, die den Bau des Grand Hotels beaufsichtigten, die Auswirkungen auf die Sicherheit zu prüfen. Niemand unternahm etwas, um die Bauarbeiten zu stoppen, denn selbst ein Ingenieurstudent hätte herausfinden können, dass die physikalische Struktur der neuen Zweistabkonstruktion dazu führte, dass die Laufstege »kaum in der Lage waren, ihr eigenes Gewicht zu tragen«.[21]

Es war ein grundlegendes Scheitern, das nur eine Frage der Zeit war. In dieser verhängnisvollen Nacht erwies sich das zusätzliche Gewicht der Feiernden auf den Laufstegen als zu groß.

Gillum, der letztlich die Verantwortung trug, nahm in den späteren Ermittlungen die Schuld auf sich. Ihm wurde wegen grober Fahrlässigkeit die Lizenz entzogen.[22] Aber auch frühere Warnzeichen, die zu einer genaueren Prüfung der Stab- und Balkenkonstruktion hätten führen müssen, wurden vernachlässigt. Mehr als ein Jahr vor dem Einsturz der Stege, als das Hotel noch im Bau war, stürzte das Dach des Atriums ein.[23] Später, als die Stege bereits fertig waren, meldeten Bauarbeiter, die schwere Schubkarren schoben, dass die Stege nicht mehr sicher seien. Sie wurden einfach auf andere Wege geleitet.[24] Viele Gelegenheiten, die Sicherheitsrisiken des architektonisch anspruchsvollen Entwurfs genauer zu untersuchen, wurden verpasst. Der Hoteleigentümer, die Crown Center Redevelopment Corporation, drängte auf Zeit. Man wollte die Ausgaben für ein bereits extrem teures Bauprojekt nicht weiter steigern. Das führte ironischerweise zu Schadensersatzzahlungen in Höhe von über 140 Millionen Dollar.[25]

Einige Jahre später gestand Gillum in Hinblick auf den Hyatt-Einsturz: »Jeden Tag denke ich an diese Tragödie.« Zu diesem Zeitpunkt war er bereits über 70. Wenn er auf Ingenieurskonferenzen sprach, betonte er: »Ingenieure müssen über Misserfolge sprechen. Nur so lernen wir.«[26] Der Einsturz des Hyatt Regency Hotels ist zu einem klassischen Beispiel für ein Scheitern im Bauwesen geworden, das an vielen Universitäten gelehrt wird. Der Verlust von 114 Menschenleben macht diesen Einsturz zu einem der tödlichsten Katastrophen im Bauwesen, das es bisher gab. Aber es handelt sich keineswegs um eine einmalige Angelegenheit. Wie wir in Kapitel 4 sehen werden, gab es ähnliche Diskussionen über Konstruktionsmängel, ignorierte Frühwarnungen und Änderungen in letzter Minute, als am 24. Juni 2021 die Wohnanlage Champlain Towers South in Surfside, Florida, einstürzte.[27] Obwohl die Ursachen dieses Einsturzes zahlreicher und schleichender waren, zeigt dieses (komplexe) Scheitern eine offensichtlichere Mischung von Faktoren, von denen einige mit dem Organisationsverhalten und andere mit der technischen Konstruktion zusammenhängen.

Selbstüberschätzung

Einige grundlegende Fehler sind auf falsch platzierte Stahlstäbe oder ignorierte Vorschriften zurückzuführen. Eine weitere häufige Ursache ist, dass man einfach nicht über die Auswirkungen einer Entscheidung nachdenkt. Die Menschen versäumen es, die verfügbaren Informationen oder sogar den gesunden Menschenverstand zu nutzen. Wenn ein Fehler auftritt, fragen wir: *Was habe ich mir nur dabei gedacht*? Was habe ich mir dabei gedacht, als ich zwei wichtige

Termine zur gleichen Zeit eingeplant habe? Was habe ich mir dabei gedacht, als ich Pullover oder Socken zuhause ließ, wo ich doch in ein kaltes Klima reise? Oft lautet die Antwort, wie Sie vielleicht schon erfahren haben, dass man einfach *gar nicht nachgedacht hat.* Als ich eine Besprechung angesetzt habe, versäumte ich es, in meinen Kalender zu schauen. Vor dem Packen habe ich nicht den Wetterbericht angeschaut, ich war mit anderen Gedanken beschäftigt.

Um die Jahrtausendwende war eine sprechende, singende und scherzende Sockenpuppe das Maskottchen eines neuen Tierfutterherstellers.[28] Man hatte viel in eine preisgekrönte Werbekampagne investiert, die schließlich auch Werbespots während der Übertragung des Super Bowl beinhaltete. Großzügige Risikofinanzierungen von Investoren, zu denen auch Jeff Bezos von Amazon.com gehörte, ermöglichten es dem Start-up unter anderem, große Lagerhäuser zu kaufen und seinen größten Online-Konkurrenten aufzukaufen. Es war auf dem Weg, der größte Tierfutterlieferant im Internet zu werden.

Im Februar 2000 erbrachte der äußerst erfolgreiche Börsengang des Unternehmens 82,5 Millionen Dollar.[29] Was hatte man sich nur dabei gedacht? Offensichtlich hatte niemand auch nur eine rudimentäre Marktforschung durchgeführt, um die tatsächliche Größe des Marktes für Heimtiernahrung und Heimtierprodukte zu ermitteln. Auch war im Geschäftsplan nicht vorgesehen, dass das Unternehmen seine Waren für ein Drittel weniger verkaufen würde, als sie in der Anschaffung gekostet hatten.[30] Nicht einmal ein Jahr später war CEO Julie Wainwright gezwungen, Pets.com aufzulösen.[31] Trotz ihres ansteckenden Charmes war eine sprechende Sockenpuppe keine ausreichende Grundlage, um ein Unternehmen zu führen. Man kann sagen, dass dies ein grundlegender Fehler war. Glücklicherweise lernte Wainwright daraus und begab sich auf eine »Reise der Selbstfindung«, wie sie es später bezeichnete.[32] »Die Tage und Jahre, die auf Pets.com folgten«, erinnert sich Wainwright, »gehörten zu den transformativsten in meinem Leben. Ich suchte verzweifelt nach Normalität. Das habe ich nie erreicht. Aber ich bin dort angekommen, wo ich erfüllter und stärker bin.«[33] Wainwright, die es später im Jahr 2021 auf die Liste der der *Forbes* 50 über 50 (einflussreiche Unternehmerinnen, Führungskräfte und Wissenschaftlerinnen, die älter als 50 Jahre sind) schaffte, scheint sich von ihrem öffentlichen Scheitern nicht beirren zu lassen.[34]

Es gab Entscheidungsträger, die die eklatanten frühen Anzeichen dafür, dass COVID-19 hochgradig ansteckend und potenziell tödlich war, ignorierten oder verschwiegen.[35] Sie machten einige der Fehler, durch die sich die Pandemie so schnell ausbreiten konnte, wie es Anfang 2020 der Fall war. Die mangelnde Bereitschaft der Entscheidungsträger, auf verfügbare Informationen mit geeigneten Maßnahmen im Bereich der öffentlichen Gesundheit zu reagieren, stellt eine vermeidbare Fehleinschätzung dar. Einem Bericht in der Fachzeitschrift *Lancet* zufolge führte diese Untätigkeit zu fast 200.000 vermeidbaren Todesfällen.[36]

Das soll nicht heißen, dass die COVID-Pandemie nicht auch viele komplexe Fehler mit sich brachte. Das war ganz sicher der Fall. Zum Beispiel wurde die Möglichkeit, die Ausbreitung der Infektion zu begrenzen, durch Probleme in der Versorgungskette behindert, wodurch Masken und andere Schutzausrüstungen nicht zu den Bedürftigsten gelangten.[37] Die mangelnde Bereitschaft einiger Verantwortlicher, die zusätzliche Produktion dieser Ausrüstungen zu genehmigen, als sie im Frühjahr und Sommer 2020 darum gebeten wurden, kann als Fehler bezeichnet werden (es gab Kenntnisse, die den dringenden Bedarf an Masken eindeutig aufzeigten).[38] Dieser Fehler trug zu dem immensen komplexen Scheitern bei, das sich in einer weltweiten Pandemie manifestierte.

Bei der COVID-19-Pandemie gab es alles: grundlegendes Scheitern, komplexes Scheitern und schließlich sogar kluges Scheitern. Die verblüffend schnelle und erfolgreiche Entwicklung des Impfstoffs beruhte auf Wissenschaftlern, die wussten, wie man mit hypothesengesteuerten Fehlschlägen im Labor umgeht. Man hätte jedoch den schwerwiegenden Fehler vermeiden können, der von vielen Verantwortlichen begangen wurde. Wäre das vorhandene Fachwissen nicht ignoriert worden, hätte man die Ausbreitung des Virus und die Zahl der Todesopfer möglicherweise erheblich begrenzen können.

Fehlerhafte Annahmen

Annahmen nehmen per Definition in unserem Kopf Gestalt an, ohne dass wir explizit darüber nachdenken. Wenn wir etwas annehmen, konzentrieren wir uns nicht direkt darauf. Wir versäumen es, Annahmen zu hinterfragen, weil sie uns selbstverständlich als wahr erscheinen. Annahmen geben uns daher ein falsches Vertrauen, dass unser Modell oder unsere Denkweise richtig ist, weil es früher schon oft funktioniert hat und Teil unseres Glaubenssystems geworden ist. *Wir haben das schon einmal erlebt. Wir haben es immer so gemacht.* Unser erstes Kind hat sehr gut geschlafen, also wird auch das zweite Baby nachts durchschlafen. Wir sind immer auf dieser Strecke gefahren, warum also nachsehen, ob die Brücke unterspült ist? Falsche Annahmen, die auf dürftigen Beweisen oder schlechter Logik beruhen, sind der Nährboden für grundlegende Fehler. (Alle Kinder sind gleich. Der Sturm war nicht so schlimm.) Wir haben schon immer fossile Brennstoffe verwendet, also müssen die Beweise für ihre negativen Auswirkungen auf die Umwelt falsch oder übertrieben sein. Gestern hat jemand im Kasino den Jackpot geknackt, also ist ein Gewinn wahrscheinlich.

Im Gegensatz zu Urteilsfehlern (ich fand den Film, den ich für großartig hielt, schrecklich), die menschlich und unvermeidlich sind, sind falsche Annahmen die unsichtbare Ursache für Fehlentscheidungen.

Man denke nur an die Enthüllungen im Prozess gegen Elizabeth Holmes. Hochrangige Investoren zeigten einen schockierenden Mangel an Sorgfaltspflicht, als sie davon ausgingen, dass andere die Technologie überprüft hatten. Holmes wurde vorgeworfen, mit ihrem Start-up Theranos eine revolutionäre und potenziell profitable Bluttestmethode versprochen zu haben, obwohl sie wusste, dass diese Behauptung betrügerisch war. Dieser Fall ist ein Lehrstück dafür, wie leicht sich aus oberflächlichen Signalen falsche Annahmen ableiten lassen.[39]

Annahmen sind selbstverständliche Überzeugungen, die sich wie Fakten anfühlen. Da wir uns ihrer nicht bewusst sind, stellen wir sie auch nicht in Frage. Viele Annahmen sind harmlos: Wir können davon ausgehen, dass unser Auto dort geparkt ist, wo wir es am Abend zuvor abgestellt haben. Würden wir jede unserer Annahmen hinterfragen, kämen wir morgens nicht vor die Tür. Aber in unserem Alltag gibt es zahllose kleine grundlegende Fehler, die durch falsche Annahmen verursacht werden. Wenn wir davon ausgehen, dass unsere neuen freundlichen Nachbarn mit unseren politischen Ansichten übereinstimmen und eine von ihnen bewunderte Persönlichkeit des öffentlichen Lebens kritisieren, verursachen wir ein frostiges Verhältnis zu ihnen. Als ich davon ausging (was im Nachhinein unentschuldbar ist), dass ich auf die Abschlussprüfung im multivariablen Rechnen vorbereitet sei, weil ich bei der Zwischenprüfung gut abgeschnitten hatte, verkürzte ich das Lernen und bin bei der Prüfung durchgefallen. Obwohl dies mein Selbstvertrauen hätte erschüttern können, führte der Misserfolg stattdessen zu neuen, besseren Lerngewohnheiten. Inzwischen ist klar, dass fehlerhafte Annahmen zu Misserfolgen führen können – und dass Annahmen schwer zu vermeiden sind. Werfen wir einen Blick auf einige bewährte Praktiken, wann und wie wir Annahmen pausieren, erkennen und in Frage stellen können, sowie auf andere Strategien zur Verringerung grundlegender Fehler in unserem Leben.

Nicht immer ist es gut, schnell und oft zu scheitern

Sie verstehen schon. Wir alle machen Fehler. Irren ist menschlich. Oft sind die Folgen harmlos, manchmal unglücklich, und gelegentlich sind sie katastrophal. Der Hype des Scheiterns – die »Fail fast, fail often«-Kultur, die von uns verlangt, dass wir das Scheitern scheinbar wahllos in Kauf nehmen – wird von den intelligenten Fehlern inspiriert, die zur Innovation gehören. Aber dabei läuft man Gefahr, die große und vielfältige Landschaft des Scheiterns zu beschönigen, zu der auch grundlegende und komplexe Fehler gehören. Manche Fehlschläge *sind* schlecht. Das heißt nicht, dass sie unmoralisch sind, sondern oft schwerwiegende Folgen nach sich ziehen. Ob tragisch (ein verlorenes Leben) oder dumm (verschüttete Milch), solche Folgen können durch die sorgfältige Anwendung guter Fehlerpraktiken reduziert werden. Grundlegende Fehler sind die am häufigsten vorkommenden der drei Arten des Scheiterns. Hervorragende Unternehmen bemühen sich, so viele grundlegende Fehler wie möglich zu vermeiden. Wahrscheinlich möchten Sie das auch.

Aus diesem Grund können wir es uns nicht leisten, Fehler zu ignorieren. Die Allgegenwart grundlegender Fehler ist eine Aufforderung, sich um ihre Minimierung zu bemühen. Mein Ziel ist es, grundlegende Fehler immer seltener zu machen. (Das ist das Gegenteil vom Umgang mit intelligenten Fehlern, die wir meiner Meinung nach viel öfter machen sollten, um Innovation, Lernen und persönliches Wachstum zu beschleunigen.) Aber Verhaltensweisen und Systeme, die grundlegendes Scheitern verhindern, können Leben retten, einen immensen wirtschaftlichen Wert schaffen und persönliche Zufriedenheit bringen.

WIE SIE DIE GRUNDLEGENDEN FEHLER IN IHREM LEBEN REDUZIEREN KÖNNEN

Die Forschung zum Fehlermanagement hat sich in den letzten Jahren erheblich ausgeweitet.[40] Obwohl sie sich im Allgemeinen auf Hochrisiko-Organisationen konzentriert, werden hier Praktiken vorgeschlagen, die Sie anwenden können, um grundlegende Fehler auch in Ihrem eigenen Leben zu reduzieren. Dazu gehört, dass man der Sicherheit Priorität einräumt, Fehler erwartet und auffängt und so viel wie möglich aus ihnen lernt. Das beginnt damit, dass wir uns mit Fehlern – und mit unserer Fehlbarkeit – anfreunden.

Sich mit Fehlern anfreunden

Unsere Abneigung gegen Fehler erschwert, dass wir uns mit ihnen anfreunden. Wir hassen es, uns zu irren. Es ist uns peinlich oder wir schämen uns. Aber es *gibt* einen anderen Weg. Nicht allzu lange nach meinem Segelunfall erkannte ich in Kenntnis der Forschung über heilsame Zuschreibungen, dass ein Fehler nicht der Grund tiefer Scham sein muss. Eine bessere Einschätzung der Situation bestand darin, dass es in der Tat abenteuerlich gewesen war, sich für die Regatta anzumelden – eine wohlüberlegte Entscheidung aus Spaß am Segeln. Ich stellte meine Überzeugung in Frage, dass es falsch und dumm war, sich für die Regatta anzumelden. Mein Fehler war eine Unachtsamkeit in einer gefährlichen Situation gewesen – ganz einfach. Jetzt galt es nur noch, die richtigen Lehren daraus zu ziehen.

Unsere Abneigung gegen Fehler veranlasst die Menschen dazu, ihnen auf herrlich kreative Weise einen Sinn zu geben. Mein Mann zum Beispiel tut seine kleinen Fehler mit dem spontanen Satz ab: »Das wäre jedem passiert.« Jeder wäre über den unebenen Bürgersteig gestolpert. Jeder hätte die falsche Abzweigung in die Sackgasse genommen, die direkt vor der vom Navigationssystem angezeigten Straße lag. Der Fehler war auf einen äußeren Faktor zurückzuführen. Nicht ich habe es vermasselt, sondern der Bürgersteig oder die Navigations-App. Es wurden Fehler gemacht, aber nicht von mir![41] Natürlich haben all diese Faktoren dazu beigetragen – jeder von ihnen hat zweifellos die Wahrscheinlichkeit eines Fehlers erhöht. Aber das menschliche Versagen spielte die Hauptrolle. Autoversicherer hören regelmäßig, wie Menschen versuchen, ihre Unfälle mit solchen Aussagen zu erklären: »Das Stoppschild ist plötzlich vor mir aufgetaucht.«

Wenn wir vor die Wahl gestellt werden, unsere Fehler zuzugeben oder unser Selbstbild zu schützen, ist die Entscheidung leicht. Wir wollen glauben, dass uns keine Schuld trifft, also finden wir jeden Grund, um unser Handeln zu rechtfertigen. Das erschwert das Lernen! Eine psychologische Verzerrung, die als *fundamentaler Attributionsfehler* (Zuschreibungsfehler) bekannt ist, verschärft das Problem noch. Der Stanford-Psychologe Lee Ross hat diese faszinierende Asymmetrie festgestellt: Wenn wir sehen, dass andere versagen, sehen wir spontan ihren Charakter oder ihre Fähigkeiten als Ursache an.[42] Es ist fast schon amüsant zu erkennen, dass wir bei der Erklärung unserer eigenen Misserfolge genau das Gegenteil tun – wir sehen spontan externe Faktoren als Ursache an. Wenn wir zum Beispiel zu spät zu einer Besprechung kommen, geben wir dem Verkehr die Schuld. Wenn ein Kollege zu spät zu einer Besprechung kommt, schließen wir daraus, dass er nachlässig oder faul ist.

Diese kognitive Verzerrung erschwert die wichtige analytische Aufgabe der Fehlerdiagnose. Sie tragen immer *etwas* zum Scheitern bei, auch wenn andere Faktoren ebenfalls eine Rolle spielen. Da Sie aber besser in der Lage sind, Ihr Verhalten zu ändern, ist es praktischer und wirkungsvoller, sich auf das zu konzentrieren, was Sie hätten anders machen können, als sich über die Unzulänglichkeiten Ihrer Umgebung zu beklagen und beispielsweise den Bürgersteig zu reparieren. In einem Artikel der *Texas News Today* mit dem Titel »Colin Powells

Weisheit«, der kurz nach dem Tod des legendären Generals und ehemaligen Außenministers verfasst wurde, hob man Powells Bereitschaft hervor, sich dem Scheitern zu stellen und es zuzugeben.[43] Powell sagte 2012: »Enttäuschungen, Misserfolge und Rückschläge sind ein normaler Teil des Lebenszyklus einer Organisation oder eines Unternehmens, und der Führende muss immer wachsam sein und sagen: ›Wir haben ein Problem, lasst es uns ansehen und lösen.‹«[44] So einfach ist das!

Aber nicht leicht.

Sich mit der Verletzlichkeit anfreunden

Es wird einfacher, zu unseren Fehlern zu stehen, wenn wir die menschliche Fehlbarkeit als Tatsache akzeptieren und diese Akzeptanz zum Lernen und zur Verbesserung nutzen. In den erfolgreichsten Teams, die ich untersucht habe, sprechen die Menschen, insbesondere die Teamleiter, über die immer vorhandene Möglichkeit, dass Dinge schiefgehen. Sie gehen ehrlich und humorvoll mit Fehlern um. Das fördert die psychologische Sicherheit, die nötig ist, um Fehler schnell anzusprechen. Dies ist eine bewährte Praxis – auch in Familien, nicht nur in Arbeitsteams –, wenn Sie grundlegende Fehler reduzieren wollen.

Ich finde diesen Gedankengang hilfreich: Verletzlichkeit ist eine Tatsache. Niemand von uns kann alle zukünftigen Ereignisse vorhersagen oder kontrollieren; deshalb sind wir verletzlich. Der springende Punkt ist aber, ob man sich das eingesteht! Viele befürchten, dass sie dadurch schwach erscheinen. Aber Untersuchungen zeigen, dass ein offener Umgang mit dem, was man weiß und was man nicht weiß, Vertrauen und Beteiligung stärkt.[45] Angesichts von Ungewissheit die eigenen Zweifel zuzugeben, zeugt eher von Stärke als von Schwäche.

Eine weitere bewährte Praxis besteht darin, den eigenen Beitrag zu den auftretenden Misserfolgen anzuerkennen – unabhängig davon, wie groß oder klein er ist. Dies ist nicht nur klug, sondern auch praktisch, und zwar aus zwei Gründen. Erstens wird es dadurch für andere einfacher, das Gleiche zu tun, und die analytische Arbeit der Fehlerdiagnose wird einfacher. Zweitens werden andere Menschen Sie dann als zugänglich und vertrauenswürdig ansehen und eher bereit sein, mit Ihnen zu arbeiten oder mit Ihnen eine Freundschaft aufzubauen.

Sicherheit steht an erster Stelle

Es ist leicht, grundlegende Fehler als banal abzutun, weil durch die Investition von Zeit oder Geld, um sie zu untersuchen, wahrscheinlich keine Rendite erzielt wird. Aber in Wirklichkeit ist der potenzielle Nutzen der Fehlerreduzierung sehr groß. Paul O'Neill wusste das, als er im Oktober 1987 Geschäftsführer des Aluminiumherstellers Alcoa wurde.[46] Nachdem er seine Karriere im U.S. Department of Veterans Affairs und dem Office of Management and Budget begonnen hatte, schien O'Neill ein unwahrscheinlicher Kandidat für die Führung eines globalen Unternehmens zu sein – ein Eindruck, der sich bei seiner ersten Pressekonferenz im Ballsaal eines Hotels in der Nähe der Wall Street nur noch verstärkte. Charles Duhigg berichtet in seinem inspirierenden Buch *Die Macht der Gewohnheit*, dass O'Neill seine Ausführungen vor Investoren und Analystinnen mit den Worten eröffnete: »Ich möchte mit Ihnen über die Sicherheit der Arbeitnehmer sprechen.«[47] In der Erwartung, etwas über Lagerbestände, Marktaussichten, Kapitalinvestitionen oder geografische Expansionspläne zu hören, verfielen die Anwesenden in fassungsloses Schweigen, als O'Neill fortfuhr: »Jedes Jahr verletzen sich zahlreiche Alcoa-Mitarbeitende so schwer, dass sie einen Tag lang nicht arbeiten können.« Duhigg berichtet amüsiert, dass ein Investor zum Telefon eilte und seinem Kunden sagte: »Der Vorstand hat einen verrückten Hippie an die Spitze gesetzt, der wird das Unternehmen ruinieren.« Der Investor riet seinem Kunden, die Aktie sofort zu verkaufen, »bevor alle anderen im Raum ihre Kunden anrufen und ihnen das Gleiche sagen«.[48]

Es ist erwähnenswert, dass Alcoa im Jahr 1987 kein »Sicherheitsproblem« hatte. Die Sicherheitsbilanz des Unternehmens war besser als die der meisten US-amerikanischen Unternehmen. »Vor allem, wenn man bedenkt«, wie O'Neill an jenem Tag im Ballsaal des Hotels erklärte, »dass unsere Mitarbeitenden mit Metallen arbeiten, die 15.000 Grad heiß sind, und mit Maschinen, die einem Menschen den Arm abreißen können.« Mit diesem anschaulichen Bild im Kopf setzte sich O'Neill ein ehrgeiziges Ziel: »Ich beabsichtige, Alcoa zum sichersten Unternehmen in Amerika zu machen. Ich möchte, dass überhaupt keine Verletzungen mehr auftreten.«[49]

O'Neill wusste, dass ein solches Ausmaß von Sicherheit nur dann erreicht werden konnte, wenn sich die Mitarbeitenden des Unternehmens (auf allen Ebenen) zu dem verpflichteten, was er »eine Gewohnheit der Exzellenz« nannte – eine Gewohnheit, die sich positiv auf die Produktionsqualität, die Betriebszeit, die Rentabilität und schließlich auch auf den Aktienkurs auswirken würde. Die Liebe zum Detail sollte dabei eine zentrale Rolle spielen, ebenso wie die Bereitschaft jedes Mitarbeitenden, sich gegen unsichere Praktiken zu wehren und andere auf scheinbar kleine Fehler hinzuweisen. (Ja, das bedeutet, dass O'Neill einen psychologisch sicheren Arbeitsplatz schaffen musste, wenn er sein Ziel erreichen wollte.)

Und wie? Zunächst einmal forderte O'Neill seine Mitarbeitenden auf, Vorschläge zur Verbesserung der Sicherheit oder Instandhaltung vorzubringen. Außerdem schickte er jedem Arbeiter eine Nachricht mit seiner persönlichen Telefonnummer, in der er sie aufforderte, ihn anzurufen, wenn ihre Manager sich nicht an die Sicherheitspraktiken hielten. Wenn jemand ihn anrief, bedankte er sich und widmete sich dem Anliegen. Um den Managern zu helfen, ein psychologisch sicheres Umfeld zu schaffen, ermutigte er sie, sich täglich zu fragen, ob jedes Mitglied ihres Teams drei Fragen mit Ja beantworten könne:[50]

1. Werde ich von allen Kollegen, jeden Tag, bei jeder Begegnung mit Würde und Respekt behandelt – unabhängig von Rasse, ethnischer Zugehörigkeit, Nationalität, Geschlecht, religiöser Überzeugung, sexueller Orientierung, Titel, Gehaltsstufe oder Anzahl der Abschlüsse?
2. Verfüge ich über die Ressourcen – Ausbildung, Schulung, Werkzeuge, finanzielle Unterstützung, Ermutigung –, damit ich einen Beitrag zu dieser Organisation leisten kann, der meinem Leben einen Sinn gibt?
3. Erfahre ich Wertschätzung und Dankbarkeit für meine Arbeit?

Indem er zeigte, dass ihm die Sicherheit wichtiger war als der Profit, beseitigte O'Neill ein großes Hindernis für die Mitarbeitenden, ihre Stimme zu erheben. Wenn ein Sicherheitsvorfall auftrat, egal ob klein oder groß, machte er ihn sofort zu einer Priorität. Er sprach direkt mit den Arbeitern in den Betrieben, in denen sich solche Vorfälle ereignet hatten, um ihre Sicht der Dinge zu erfahren. Als sechs Monate nach seinem Amtsantritt ein Arbeiter bei der Ausführung seiner Tätigkeit getötet wurde, übernahm er die Verantwortung und sagte den Führungskräften: »Das ist mein Führungsversagen. Ich habe seinen Tod verursacht.«[51] O'Neill war der Meinung, dass Mitarbeitende, die respektiert und unterstützt werden, eher bereit sind, sichere Praktiken anzuwenden, sich gegen unsichere Anforderungen zu wehren und Fehler und Sicherheitsverstöße anzusprechen.

Wenn Sie sich fragen, wie gut der Kunde des in Panik geratenen Investmentberaters beraten wurde, lautet die Antwort: gar nicht gut. Als O'Neill Ende 2000 in den Ruhestand ging, hatte sich die Sicherheitsbilanz von Alcoa deutlich verbessert, der jährliche Nettogewinn war auf das Fünffache des Wertes von 1987 angewachsen, und die Marktkapitalisierung des Unternehmens war um 27 Milliarden Dollar gestiegen. Duhigg rechnet vor, dass Sie, wenn Sie an jenem Oktobertag im Jahr 1987 eine Million Dollar in Alcoa investiert hätten, eine weitere Million in Form von Aktiendividenden verdient hätten und die Aktie am Tag des Ausscheidens von O'Neill für 5 Millionen Dollar hätten verkaufen können.[52]

Diese enorme Leistung erforderte in einem ersten Schritt, sich mit menschlichen Fehlern anzufreunden und dann Systeme einzurichten, mit denen diese Fehler routinemäßig erkannt und korrigiert werden können, bevor jemand bei der Arbeit zu Schaden kommt.

Fehler auffangen

Sakichi wurde 1867 im ländlichen Japan geboren. Seine Mutter webte Baumwolle, die in der Region angebaut wurde. Von seinem Vater lernte er das Tischlerhandwerk, aber er hatte den wissbegierigen, neugierigen Geist eines Erfinders und eine Vorliebe für kluges Scheitern. Er bastelte gern mit Holz in einer alten Scheune, wo er sich nicht scheute, seine ersten, gescheiterten Versuche beim Bau einer besseren Webmaschine zu zerstören. Im Alter von 24 Jahren erhielt er sein erstes Patent für einen hölzernen Webstuhl und eröffnete daraufhin ein Unternehmen zur Herstellung von Webstühlen. Nach einem Jahr scheiterte seine Fabrik. Unbeirrt fuhr er fort, Webstühle zu erfinden, zu erneuern und zu verbessern. Im Alter von 30 Jahren hatte er Japans ersten dampfgetriebenen Webstuhl erfunden. Diesmal war sein Unternehmen ein Erfolg. In den 1920er-Jahren stellte Toyoda Automatic Loom Works 90 Prozent der Webstühle in Japan her.[53] 1929 kaufte Platt Brothers, ein führender britischer Textilmaschinenhersteller, die Patentrechte. Toyoda überzeugte seinen Sohn Kiichiro Toyoda davon, dass die Zukunft in der Herstellung von Autos lag; mit dem Verkauf des Patents als Startkapital gründete der Sohn die spätere Toyota Motor Company.[54]

Das vielleicht nachhaltigste Vermächtnis von Sakichi Toyoda war jedoch das Fehlermanagement seines Webstuhls: Wenn ein Kettfaden zufällig riss, hielt die Maschine automatisch an. Um zu verhindern, dass wertvolles Material zerstört wird, startet die Webmaschine erst wieder, wenn eine Person den Faden repariert hat. Um diese Funktion zu beschreiben, prägte Sakichi Toyoda den Begriff *jidoka,* was so viel bedeutet wie »Automatisierung mit menschlicher Note«.[55]

Heute lässt sich *Jidoka* in den Automobilwerken von Toyota am besten an der viel gepriesenen Andon-Schnur erkennen. Wenn ein Teammitglied ein Problem oder auch nur einen Hinweis auf ein *mögliches* Problem in der Fertigung entdeckt, zieht er oder sie an einer Schnur über dem Arbeitsplatz, um zu verhindern, dass sich das Problem verschlimmert.

Obwohl Toyotas Andon-Schnur berühmt ist – und den Führungskräften in US-Automobilunternehmen einst absurd erschien, da sie sich nicht vorstellen konnten, den Arbeitern in der Produktion eine solche Befugnis einzuräumen –, kennen die meisten Menschen eine wichtige Nuance seiner Funktionsweise nicht.[56] Das Ziehen der Schnur sendet sofort ein Signal an den Teamleiter, dass es ein Qualitätsproblem geben könnte.[57] Das Montageband wird *nicht* sofort angehalten, sondern erst nach einer Verzögerung (von etwa 60 Sekunden, der sogenannten Zykluszeit für jede Montageaufgabe). Während dieses kurzen Zeitfensters diagnostizieren das Teammitglied und der Teamleiter gemeinsam die Situation. In den meisten Fällen (elf von zwölf) ist das Problem schnell gelöst, und die Schnur wird ein zweites Mal gezogen.[58] Durch den zweiten Zug wird eine Unterbrechung der Montagestraße verhindert. Wenn ein Problem nicht schnell gelöst werden kann, erfolgt kein zweiter Zug, und das Montageband wird automatisch angehalten, bis das Problem behoben ist. Verschwendung wird vermieden, und am Ende der Fertigungsstraße wird ein perfektes Auto entstehen.

Obwohl sie elegant und praktisch ist, verkörpert die Andon-Schnur für mich eine einfache Führungsweisheit. Sie vermittelt die Botschaft »Wir wollen von Ihnen hören«. Mit *Ihnen* sind diejenigen gemeint, die der Arbeit am nächsten sind und damit am besten in der Lage sind, ihre Qualität zu beurteilen. Die Mitarbeitenden werden nicht gemaßregelt oder bestraft, wenn sie Fehler melden, stattdessen wird ihnen für ihre aufmerksame Beobachtung gedankt und Anerkennung gezollt. Dies mag erklären, warum in einer der vielen Toyota-Fabriken weltweit alle paar Sekunden jemand an einer Andon-Schnur zieht.[59] Es erklärt auch, warum die Qualitätsverbesserungen immer weiter zunahmen und schließlich aus dem kleinen japanischen Webstuhlhersteller ein globales Kraftpaket der Automobilindustrie machten.

Die Genialität der Andon-Schnur liegt zum einen in seiner Funktion als Instrument zur Qualitätskontrolle, um Fehler zu verhindern, und zum anderen in der Umsetzung von zwei wesentlichen Aspekten des Fehlermanagements: (1) das Erkennen kleiner Fehler, bevor sie sich zu einem größeren Scheitern ausweiten, und (2) die Berichterstattung von Fehlern ohne Schuld und Scham, die eine entscheidende Rolle bei der Gewährleistung der Sicherheit in Umgebungen mit hohem Risiko spielt.

Aus Fehlern lernen

Meisterschaft in jedem Bereich setzt die Bereitschaft voraus, aus den vielen Fehlern, die man zwangsläufig macht, auch etwas zu lernen. Als Tanitoluwa Adewumi, ein Zehnjähriger in New York, der neue nationale Schachmeister der Vereinigten Staaten wurde, waren die Worte des Jungen seinem Alter weit voraus – so, wie sein Titel: »Ich sage mir, dass ich nie verliere, sondern nur lerne. Denn man muss einen Fehler machen, um die Partie zu verlieren. Dann lernt man aus diesem Fehler, und so lernt man im Laufe der Zeit. Verlieren bedeutet also, dass man für sich selbst etwas gewinnt.«[60]

Schach ist ein Spiel, das sowohl Übung als auch Geschicklichkeit und Intelligenz erfordert. Es reicht nicht aus, einfach zehn Stunden am Tag die Figuren über das Brett zu schieben. Sie werden zahllose Fehler machen (und zahlreiche Partien verlieren), aber wenn Sie nicht analysieren, *warum* dieser spezifische Fehler zu einer Niederlage geführt hat, werden Sie keine Meisterschaft erlangen.

Profisportlerinnen fallen ebenfalls vom Schwebebalken, verfehlen Schüsse, machen Fehler, stolpern, verlieren und werden Letzte. Aber sie schauen sich Videos von sich selbst und ihren Mitspielerinnen an, die Fehler machen, um herauszufinden, was schiefgelaufen ist und welche Fähigkeiten weiterentwickelt werden können. Die Trainerinnen geben Hinweise, wie sie sich verbessern und diese Fehler seltener machen können. Mit etwas Übung lernen Ruderer, wie sie die Ruder im richtigen Winkel drehen können. Kunstspringerinnen lernen, wie weit sie sich beugen müssen, bevor sie springen. Golfer lernen, wie sie den Ball präzise schlagen können. Wie es Golfprofi Yani Tseng ausdrückt: »Man lernt immer etwas aus Fehlern.«[61] Was können wir aus den Praktiken von Spitzensportlern mitnehmen? Ich habe den Eindruck, dass sie lernen, mit ihren Fehlern umzugehen, indem sie sich auf die Möglichkeiten konzentrieren – auf die Erfolge, die greifbar nahe sind, auch wenn sie ihnen heute entgangen sind. Sie zeigen uns, wie wir uns mehr um das zukünftige Ziel kümmern können als um die Befriedigung des gegenwärtigen Egos.

Die Förderung einer gesunden Einstellung zur menschlichen Fehlbarkeit ist der erste und vielleicht wichtigste Schritt, um Fehler zu erkennen und zu korrigieren. Die Einführung von Systemen zur Fehlervermeidung, die diese Verhaltensweisen ergänzen und unterstützen, kann ihre Erfolgschancen jedoch dramatisch erhöhen.

PRÄVENTIONSSYSTEME

Keines dieser Systeme zur Fehlervermeidung ist revolutionär. Alle entsprechen dem gesunden Menschenverstand. Dennoch nehmen sich nur wenige Unternehmen oder Familien die Zeit, sie einzurichten. Mein Favorit unter diesen Systemen sind Fehlerberichte ohne Schuld und Scham – ein explizites System zur frühzeitigen Erkennung potenzieller Schäden.

Fehlerberichte ohne Schuld und Scham

In der Erkenntnis, dass schlechte Nachrichten nicht gut überdauern, haben viele umsichtige Organisationen und Familien ausdrücklich (oder manchmal auch implizit) Fehlerberichte ohne Schuld und Scham eingeführt. Bedeutet eine solche Regelung eine Toleranz für schlechtes Verhalten oder niedrige Standards? Alles ist erlaubt? Weit gefehlt.

In der Richtlinie wird gefordert, dass Fehler und Probleme schnell gemeldet werden, um zu verhindern, dass sie sich zu größeren Problemen oder einem schwerwiegenden Scheitern entwickeln. Es wird versprochen, dass die Meldung nicht bestraft wird. Es wird jedoch *nicht* versprochen, dass Verstöße nicht geahndet werden, wenn eine nachfolgende Untersuchung eine absichtliche Missachtung von Normen oder ein unethisches oder illegales Verhalten aufdeckt. Die Richtlinie beinhaltet also eine Trennung zwischen Systemen des Lernens und der Bewertung, die manchmal auch formal festgelegt wird. In einigen Institutionen, darunter die U.S. Air Force, geht die Regelung sogar so weit, dass Mitarbeitende bestraft werden, wenn sie ein Problem *nicht* rechtzeitig melden.[62]

Fehlerberichte ohne Schuld und Scham sind auch in Familien möglich. Eltern von Teenagern können zum Beispiel mit ihren Kindern vereinbaren, dass sie zu jeder Tages- und Nachtzeit anrufen können, wenn sie abgeholt werden wollen. Es werden keine Fragen gestellt. Die Risiken, die sich aus der Kombination von Alkohol, Autofahren und Pubertät ergeben, lassen sich nach Ansicht dieser Eltern am besten bewältigen, indem sie dafür sorgen, dass die Kommunikationswege offen sind. Sie wollen, dass ihre Kinder verstehen, dass »keine Fragen stellen« wirklich eine praktikable, straffreie Option ist. Lernen und Sicherheit haben dabei Vorrang vor der Bewertung gefährlicher Situationen.

Fehlerberichte ohne Schuld und Scham werden durch psychologische Sicherheit ermöglicht und die psychologische Sicherheit ermöglicht einen solchen offenen Umgang mit Fehlern. Diese Praxis vermittelt die Botschaft: »Wir verstehen, dass Dinge schiefgehen können, und wir möchten schnell von Ihnen hören, damit wir Probleme lösen und Schaden verhindern können.« Erinnern Sie sich daran, dass die effektivsten Krankenhausteams in meiner Studie ihre Fehler melden konnten, ohne befürchten zu müssen, dafür beschuldigt oder beschämt zu werden.[63] Im Vergleich zu denjenigen, die sich scheuten, Fehler zu melden, waren diese Teams besser in der Lage, aus Fehlern zu lernen und Maßnahmen zu deren Vermeidung zu ergreifen.

Als Alan Mulally 2006 zum neuen Vorstandsvorsitzenden der Ford Motor Company ernannt wurde, erkannte er schnell, dass die zahlreichen Probleme des Unternehmens (das so hoch verschuldet war, dass es in dem Jahr einen Verlust von 17 Milliarden Dollar erwartete), nicht offen angesprochen wurden.[64]

Um die Probleme zu verstehen und zu beheben, führte Mulally eine einfache Struktur für Fehlerberichte ohne Schuld und Scham ein. Er forderte sein Team auf, ihre Berichte grün (auf dem richtigen Weg), gelb (mögliche Probleme oder Bedenken) oder rot (festgefahren oder vom Weg abgekommen) zu kennzeichnen. »Die Daten befreien euch«, sagte Mulally seinem Führungsteam mit einem Lächeln.[65] Indem er betonte, dass Probleme tatsächlich existierten und angegangen werden mussten, hoffte Mulally, dass die Führungskräfte diese Probleme als Team angehen, statt ihnen auszuweichen.[66]

Aber ein neues System für eine wahrheitsgemäße Berichterstattung reicht nicht, die Menschen müssen erfahren, dass sie nicht bestraft oder beschämt werden. Deshalb sind die ersten Reaktionen auf schlechte Nachrichten – sei es von einem Chef oder einem Elternteil – so wichtig.

Bei Ford waren rote Berichte, die auf Probleme hinwiesen, schon viel länger Mangelware, als Mulally gehofft hatte. Um das Team zu ermutigen, die Wahrheit zu sagen, wies er auf die zu erwartenden Milliardenverluste hin. Schließlich enthüllte ein leitender Angestellter namens Mark Field mutig, dass die bevorstehende Einführung des neuen Ford Edge stark verzögert wurde. Der Edge sollte das nächste Erfolgsmodell von Ford werden. Das Team verstummte in Erwartung der emotionalen Zurechtweisung oder Kündigung, die auf diese Nachricht folgen würde. Zu ihrer Überraschung applaudierte Mulally und sagte: »Mark, das ist großartige Offenheit.« Dann fragte Mulally: »Wer kann Mark dabei helfen?«[67]

Schockiert, aber erleichtert tauschten mehrere Führungskräfte Ideen aus, berichteten über frühere Erfahrungen und boten Mitarbeitende aus dem technischen Bereich an, um das Problem zu beheben. Laut Mulally dauerte der gesamte Austausch zwölf Sekunden.[68] Schlechte Nachrichten mit einem Team – oder einer Familie – zu teilen, ist der erste Schritt zur Lösung der Probleme.

Mulally argumentierte, dass Transparenz den Leistungsdruck erhöhe. »Sie können sich das Ausmaß von Verantwortlichkeit vorstellen«, rief er in einem Interview aus und stellte ein hypothetisches Szenario vor, um dies zu verdeutlichen: »Sie werden wohl kaum einen Bericht als rot markieren und eine Woche später Ihren Kollegen sagen: ›Ich war letzte Woche sehr beschäftigt, ich hatte keine Gelegenheit, daran zu arbeiten.‹«[69] Mulally verstand, dass Fehlerberichte ohne Schuld und Scham weder niedrige Leistungsstandards nach sich ziehen, noch den Druck mindert, die Arbeit zu erledigen. Ganz im Gegenteil. Mit größerer Transparenz entsteht ein Gefühl der gegenseitigen Verantwortlichkeit, das die Menschen dazu antreibt, Probleme gemeinsam zu lösen.

Die Fehlerberichte ohne Schuld und Scham sind ein wesentlicher Bestandteil des umfassenden und erweiterten Aviation Safety Reporting System (ASRS), das in den Vereinigten Staaten von der NASA in Zusammenarbeit mit der Federal Aviation Administration (FAA) entwickelt und später international übernommen wurde.[70] Flugbegleiterinnen, Fluglotsen und Wartungspersonal sowie Piloten können Fehler ohne den Namen der Person, die den Fehler gemacht hat, melden. Selbst Flughafennamen und Flugnummern werden nicht genannt.[71] Darüber hinaus garantieren die Vorschriften, dass die Informationen »vertraulich, freiwillig und straffrei« sind.[72] Die Meldungen erfolgen schriftlich in einem offiziellen Formular und enthalten Aufforderungen, die Ereigniskette zu beschreiben, die das Problem verursacht hat, wie es behoben wurde und welche menschlichen Faktoren beteiligt waren, wie zum Beispiel Urteile, Entscheidungen und Handlungen.[73]

Das Ziel der Anonymität ist, die Menschen zu ermutigen, Fehler ohne Angst zu melden. Bei vielen Fehlern handelt es sich um relativ unbedeutende Beinaheunfälle, die keine Schäden oder Ausfälle zur Folge hatten, beispielweise wenn man zu lange brauchte, um die Landebahnlichter zu erkennen. Die Zusammenstellung einer umfangreichen Datenbank von Fehlermeldungen ist wertvoll, da sie analysiert werden kann, um die häufigsten Fehler und Probleme aufzudecken.[74] Daraus können Trainingsszenarien für Piloten konzipiert werden und die Hersteller von Flugzeugen können bei der technischen Entwicklung unterstützt werden.

Kurzum, Fehlerberichte ohne Schuld und Scham sind Teil eines koordinierten Lernsystems. Nur wenn Fehler aufgedeckt werden, können sie angegangen und verhindert werden. Es gab eine Untersuchung von 558 Unfallberichten, die in den Vereinigten Staaten zwischen 1983, als das Fehlertraining erstmals eingeführt wurde, und 2002 gemacht wurden. Dabei zeigte sich, dass die Pilotenfehler, die zu Unfällen führen könnten, um 40 Prozent zurückgegangen waren.[75] Laut dem Luftfahrtjournalisten Andy Pasztor beförderten die US-Fluggesellschaften in den 12 Jahren zwischen 2009 und 2021 mehr als acht Milliarden Passagiere ohne einen tödlichen Unfall.[76]

Vorbeugende Wartung

Was haben Zahnmedizin und Autos gemeinsam? So wie regelmäßiges Zähneputzen schmerzhafte Karies verhindert, verhindert der regelmäßige Ölwechsel in Ihrem Auto einen Motorschaden. In beiden Bereichen ist eine vorbeugende Wartung unerlässlich. Diese Praxis ist ebenso langweilig wie wertvoll. Was ist es also, das uns Menschen so leicht dazu bringt, die vorbeugende Wartung zu vernachlässigen?

Eine Antwort liegt in dem, was Psychologen als zeitliche Diskontierung (*temporal discounting*) bezeichnen, das heißt die Tendenz, die Bedeutung von verzögerten Reaktionen auf Handlungen zu vernachlässigen oder abzuwerten.[77] Studien zeigen, dass Menschen Ergebnissen, die in der Zukunft eintreten werden, weniger Gewicht beimessen als Ereignissen in der Gegenwart. So wie das Angebot eines Dollars in der nächsten Woche weniger aufregend ist als ein Dollar in diesem Moment, fällt es uns schwer, die schlechten Folgen zu bedenken, die eintreten werden, wenn wir eine lästige Aufgabe heute nicht erledigen. Unsere Tendenz, die Zukunft außer Acht zu lassen, erklärt die Häufigkeit vieler ungünstiger Verhaltensweisen – ob wir nun ein zusätzliches Stück Schokoladenkuchen essen oder das Lernen für eine Prüfung aufschieben. Das

Versäumnis, vorbeugende Maßnahmen zu ergreifen, ist ähnlich problematisch. Es fällt uns schwer, eine Autopanne, die nicht passiert ist, ernst zu nehmen. Wir empfinden keine Freude darüber, dass der Motor unseres Autos heute nicht kaputt gegangen ist, wohingegen die Investition von Zeit und Geld in die Wartung spürbare Unannehmlichkeiten verursacht.

In einer unterhaltsamen Folge des beliebten Podcasts *Freakonomics* wurde im Oktober 2016 die Belastung der Wirtschaft durch unsere mangelnde Bereitschaft, in vorbeugende Wartung zu investieren, erläutert.[78] Stephen Dubner und seine Gäste konzentrierten sich auf Städte und Infrastrukturen und nicht auf persönliche Gewohnheiten, aber das Prinzip der Diskontierung der Zukunft gilt gleichermaßen. Wie Dubners Gast, der Wirtschaftswissenschaftler und Städteexperte Edward Glaeser, betonte, sind Politiker motiviert, die Ausgaben in der Gegenwart zu begrenzen, während die Gesellschaft von den heutigen Investitionen profitiert, die die Gemeinschaften in der Zukunft unterstützen. Ironischerweise fielen die Regierungen im alten Rom, die umfangreich und klug in den Aufbau und die Instandhaltung der lebenswichtigen Systeme investierten, von denen die Gemeinschaften abhängen, weniger häufig der zeitlichen Diskontierung zum Opfer als moderne Städte und Staaten. Ohne seine Investitionen in die Infrastruktur wäre Rom weder so bevölkerungsreich noch so dauerhaft gewesen. Trotz unseres größeren Wissens, einer komplexeren Technologie und einer besseren Fähigkeit, Dysfunktionen zu modellieren und vorherzusagen, scheint die Geschwindigkeit des Wandels in unserer modernen Welt unsere übermäßige Konzentration auf die Gegenwart noch zu verstärken.

Festgelegte Handlungsschritte

Restaurantküchen arbeiten mit detaillierten Aufgabenlisten für das Schließen und Öffnen am nächsten Tag. Wenn das Verfahren festgelegt ist, kann es von jedem befolgt werden. Fast-Food-Restaurants verlassen sich auf Prozessschritte, um Effizienz und Einheitlichkeit zu gewährleisten, und hängen oft grafische Schritt-für-Schritt-Anleitungen an die Küchenwand.

Ob bewusst oder unbewusst, die meisten von uns haben sich in einigen Bereichen unseres Lebens zumindest ein halbwegs standardisiertes Verfahren angeeignet. Bevor wir das Haus verlassen, stellen wir sicher, dass der Herd und das Licht ausgeschaltet sind. Wir suchen nach Brieftasche, Schlüssel und Handy und schließen die Tür ab. Eine Freundin bewahrt in ihrem Computer einen Ordner mit detaillierten und individuellen Listen darüber auf, was jedes ihrer vier Kinder für den jährlichen Sommer-Campingausflug der Familie einpacken muss. Da ein Fünfjähriger nicht so selbstständig packen kann wie ein Zwölfjähriger, hat sie die Listen nach Alter geordnet; auf diese Weise muss sie nur alle paar Jahre eine neue Liste für das älteste Kind erstellen. Vor jeder Reise druckt sie die Packlisten für jedes Kind aus und heftet sie neben dem Bett des Kindes an die Wand. So spart sie nicht nur Zeit, sondern verringert auch die Wahrscheinlichkeit, dass jemand seine Zahnbürste oder sein Lieblingskuscheltier vergisst. Sie hat auch Listen für ihren Mann und sich selbst. Damit ist sie nicht allein. Sehr gut organisierte Menschen neigen dazu, viele Aspekte ihres häuslichen und beruflichen Lebens festzulegen. Ich gehöre nicht zu ihnen. Hilfsmittel und Software zur Organisation der Produktivität helfen im Wesentlichen dabei, die Effizienz zu steigern, Verschwendung zu reduzieren und Fehler zu vermeiden.

Keine Diskussion über festgelegte Handlungsschritte ist vollständig ohne den Verweis auf das Buch *The Checklist Manifesto* meines Harvard-Kollegen Atul Gawande.[79] Seit seiner Veröffentlichung im Jahr 2009 hat es dazu beigetragen, die Angewohnheit, eine Reihe von Arbeitsschritten festzulegen, bekannt zu machen und in vielen Bereichen zu etablieren, um Beständigkeit und Detailgenauigkeit zu gewährleisten und Flüchtigkeitsfehler zu vermeiden. Gawande weist als Inspirationsquelle auf Dr. Peter Pronovost hin, der Infektionen bei Patienten auf der Intensivstation des Johns Hopkins Hospital in Baltimore reduzieren oder verhindern wollte. Er erstellte eine Checkliste mit fünf Handlungsschritten, die Ärzte beim Einsetzen eines zentralen Venenkatheters beachten müssen:

1. Hände mit Seife waschen.
2. Die Haut des Patienten mit einem Antiseptikum reinigen.
3. Sterile Abdeckungen über den Körper des Patienten legen.
4. Sterile Maske, Kopfschutz, Kittel und Handschuhe tragen.
5. Einen sterilen Verband über die Stelle, an der der Katheter eingeführt wurde, anlegen.

Obwohl solche Schritte einfach und offensichtlich erscheinen, hat sich die Checkliste als Methode bewährt, um Eile und Gedächtnislücken zu vermeiden, die für menschliche Fehler typisch sind.[80] Um ein Beispiel zu nennen: Ärztinnen und Pflegende in Michigan, die die Checkliste von Pronovost 18 Monate lang befolgten, haben 15.000 Menschenleben gerettet und 100 Millionen Dollar öffentliche Gelder eingespart.[81] Checklisten sind jedoch nicht hundertprozentig sicher. Medizinische Fehler stellen nach wie vor eine enorme Herausforderung für Krankenhäuser und die Gesundheitsberufe dar. Laut Raj Ratwani, Direktor des National Center for Human Factors in Healthcare von MedStar Health, haben uns medizinische Checklisten »nur 20 Prozent des Weges« zur Fehlerreduzierung gebracht.[82] Schätzungen zufolge verursachen Fehler in US-Krankenhäusern jährlich mindestens eine Viertelmillion unnötige Todesfälle von Patienten.[83] Bei der überwiegenden Mehrheit dieser Fehler handelt es sich um komplexes Scheitern, wie wir Sie in Kapitel 4 erforschen werden.

Wie die Piloten von Air Florida am Anfang dieses Kapitels, die so sehr an das Fliegen bei warmem Wetter gewöhnt waren, dass sie nicht an das Enteisungsmittel *dachten*, müssen wir sicherstellen, dass die Checklisten mit eingeschaltetem Verstand verwendet werden. Außerdem müssen die Checklisten aktualisiert werden, wenn sich der Wissensstand weiterentwickelt oder sich die Vorschriften ändern.

Erforderliche Aus- und Weiterbildung

Anfang der 1970er-Jahre begann man, Flugzeuge mit einer »Black Box« auszustatten, die Flugdaten wie Geschwindigkeit und Flughöhe und insbesondere die Stimmen der Besatzung im Cockpit aufzeichnete. Damit konnten die Ermittler im Falle eines Flugzeugunglücks rekonstruieren, was in den letzten Minuten eines Fluges geschehen war – die allzu oft auch die letzten Minuten im Leben von Piloten, Besatzung und Passagieren waren. Mit jedem weiteren Absturz wurde immer deutlicher, dass die meisten Unfälle auf menschliche Fehler der Besatzung im Cockpit zurückzuführen waren.[84] Dabei handelte es sich oft um einfache Fehler, die zu einem grundlegenden, aber tragischen Scheitern führten.

Nehmen wir zum Beispiel den Eastern Air Lines Flug 401 im Dezember 1972. Der Pilot und seine Besatzung im Cockpit waren hochqualifiziert und erfahren; sie hatten zusammen über 50.000 Flugstunden absolviert. Das Wetter auf diesem Routineflug vom John F. Kennedy Airport in New York nach Miami war gut. Was das Flugzeug zum Absturz brachte, war die Fixierung des Piloten und der Besatzung auf eine durchgebrannte Glühbirne am Bugfahrwerk.

Mehrmals wies der Kapitän die anderen im Cockpit an, das Problem mit der Glühbirne zu finden; doch während sie versuchten, dieses Problem zu beheben, bemerkten weder er noch die anderen ein viel dringlicheres Problem – bis es zu spät war: Das Flugzeug verlor schnell an Höhe. Die Lockheed L-1011 stürzte in die Florida Everglades. 101 Menschen verloren ihr Leben.[85]

In den späten 1970er-Jahren war vielen klar, dass etwas für die Sicherheit im Luftverkehr getan werden musste. Wie in der Medizin und bei Kernreaktoren, auf die wir in Kapitel 4 schauen werden, ist die Luftfahrt ein Hochrisikobereich, in dem kleine Fehler katastrophale Folgen haben können. Der NASA Industrial Workshop im Jahr 1979 brachte Luftfahrtexperten aus der Privatwirtschaft und der Regierung mit Psychologen und Forschern zusammen. Seitdem haben mehrere Versionen eines Trainings namens Crew Resource Management (CRM) die Unfallrate gesenkt.[86] Der Berater bei meiner Dissertation arbeitete bei diesem Training, was schließlich zu meiner Forschung über Fehler im Gesundheitswesen in den frühen 1990er-Jahren führte. Zusätzlich zu Fehlerberichten ohne Schuld und Scham und zum Fehlermanagement hat sich das CRM weiterentwickelt. Es umfasst nun auch Schulungen in den Bereichen Führung, Kommunikation, Situationsbewusstheit und gefährliche Verhaltensweisen. Viele der Grundprinzipien des CRM wurden von der Wirtschaft und zunehmend auch von den Gesundheitsberufen übernommen.

Fehlersicherheit

Vor 1967 riskierten Eltern, die ihren kleinen Kindern Tablettenfläschchen zugänglich machten, einen Besuch in der Notaufnahme. So viele Kinder wurden versehentlich vergiftet, dass Dr. Henri Breault, Chefarzt der Pädiatrie und Leiter der Vergiftungszentrale eines Krankenhauses in Windsor, Ontario, eines Morgens nach Hause kam und laut seiner Frau sagte: »Weißt du, mir reicht's! Ich bin es leid, Kindern den Magen auszupumpen, weil sie Pillen geschluckt haben, die sie nicht nehmen sollten! Ich muss etwas dagegen tun.« Das war der Anstoß zur Erfindung eines Verschlusses, der für Kinder zu kompliziert zum Öffnen ist. Die Erfindung, die bei ihrer Einführung in Windsor zunächst »Palm N Turn« genannt wurde, verringerte die Zahl der Vergiftungsunfälle um 91 Prozent.[87]

Das ist ein Beispiel für Fehlersicherheit – das Ergreifen von Maßnahmen zur Verringerung eines bekannten Risikofaktors. Heutzutage sind Kindersicherungen in Haus und Auto gang und gäbe. Beispiele dafür sind nicht nur Medikamentenflaschen, die man nur mit Kenntnis des Verschlusses und mit Kraft beim Drehen und Zusammendrücken öffnen kann, sondern auch um selbstverriegelnde Autotüren, Abdeckungen für Steckdosen, Gurte zur Verankerung von kippeligen Möbeln, Zäune um Swimmingpools und vieles mehr.

Poka-yoke, was auf Japanisch »Fehlersicherung« bedeutet, ist ein Begriff, der auf das Toyota-Produktionssystem (TPS) zurückgeht.[88] Es ist heute eine bewährte Praxis in der modernen Fertigung. Die Tatsache, dass so viele Gegenstände, die wir benutzen, von *Poka-yoke* profitieren, ist ein Beweis für die Allgegenwärtigkeit von grundlegenden Fehlern. Wir alle erleben Momente von Unachtsamkeit. Wir alle können an fehlerhaften Annahmen festhalten und zu selbstsicher sein. Das Ziel ist es, Maßnahmen zu ergreifen, um die Anzahl der grundlegenden Fehler zu reduzieren, die durch diese Tendenzen verursacht werden.

Der renommierte Designforscher Don Norman denkt und schreibt seit den 1980er-Jahren über die Beziehungen zwischen Menschen und den Dingen, die wir benutzen.[89] Seine Arbeit legte den Grundstein für einen Ansatz, der heute als menschzentriertes Design (*human-centered design*) bezeichnet wird.[90] Norman vertritt die Ansicht, dass ein Großteil dessen, was wir als menschliches Versagen bezeichnen, auf schlechtes Design zurückzuführen ist. Als Beispiel führt er das Dropdown-Menü auf Webseiten an, das den Benutzer auffordert, beim Ausfüllen einer Adresse aus einer alphabetischen Liste der 50 US-Bundesstaaten auszuwählen. Es sei zu einfach, so Norman, Mississippi, statt Minnesota auszuwählen, weil sie zu nahe beieinander liegen.[91] Das Design ist nicht fehlersicher.

Normans tiefes Verständnis für die menschliche Denkweise ist eng mit seinen Ideen zum Design verwoben. So weist er zum Beispiel darauf hin, dass wir vertrauten Aufgaben wahrscheinlich weniger Aufmerksamkeit schenken und damit das Risiko erhöhen, dass wir Fehler machen.[92] So erging es den erfahrenen Piloten, die bei einem Flug bei kaltem Wetter vergaßen, die Enteisungsanlage einzuschalten. Als Experten schenkten sie der Checkliste weniger Aufmerksamkeit, als sie verdient hätte. Softwareentwicklerinnen, die die Unvermeidbarkeit menschlicher Fehler akzeptieren, können kontextbezogene Fehlerwarnungen bereitstellen (bei Twitter bzw. X wird man gewarnt, bevor man das Zeichenlimit erreicht), Sicherheitsnetze installieren (die Rückgängig-Funktion für Dokumente) und den Verlust des Kurzzeitgedächtnisses bei Aufgaben mit vielen Informationen unterstützen, indem sie die vorherigen Eingaben einer Person speichern.[93]

Ähnlich wie bei den festgelegten Handlungsschritten können wir kreative Wege finden, um unser tägliches Leben fehlersicherer zu machen. Bringen Sie eine Lampe an der Steinmauer am Ende der Einfahrt an, um die Wahrscheinlichkeit zu verringern, dass Sie rückwärts in die Mauer hineinfahren. Stellen Sie einen Regenschirm in der Nähe der Tür auf, um Sie zu ermutigen, ihn mitzunehmen, wenn es nach Regen aussieht. Verabreden Sie sich mit einer Freundin zum Lernen, um die Wahrscheinlichkeit zu erhöhen, dass Sie sich angemessen auf die Prüfung vorbereiten können. Achten Sie auf Ihre Annahmen. Arbeiten Sie bewusst gegen die zeitliche Diskontierung. Die Möglichkeiten sind endlos.

Und schließlich sollten Sie offen sein für den Fall, dass sich Ihre grundlegenden Fehler als Chance entpuppen.

HEUREKA! WENN SICH GRUNDLEGENDES SCHEITERN IN ERFOLG VERWANDELT

Lee Kum Sheung, ein 26-jähriger Koch in einem kleinen Restaurant in Guangdong, einer südchinesischen Küstenprovinz, der gekochte Austern servierte, hatte an jenem schicksalhaften Tag im Jahr 1888 nicht die Absicht, die Zubereitung zu verändern.[94] Lee ließ einen Topf mit Austern versehentlich zu lange zu einer klebrig braunen Masse köcheln. Als er sie probierte, stellte er fest, dass es köstlich war! Es dauerte nicht lange, bis er beschloss, seine »Austernsauce« absichtlich herzustellen und sie in Gläsern unter der Marke Lee Kum Kee zu verkaufen. Dieser »brillante Fehler« machte Lee und seine Erben schließlich extrem reich. Als Lees Enkel im Jahr 2021 starb, war die Familie mehr als 17 Milliarden Dollar wert.[95] Auch wenn die meisten grundlegenden Fehler nicht zu wertvollen neuen Produkten führen, wurden viele der heutigen Lieblingsnahrungsmittel, darunter Kartoffelchips und Schokoladenkekse, durch Zufall entdeckt.[96]

Obwohl die meisten grundlegenden Fehler nicht zu Milliardengeschäften führen, können wir die Möglichkeit anerkennen, dass es manchmal der Fall ist. Das geht nur, wenn man offen ist und angemessen auf Fehler reagiert.

IRREN IST MENSCHLICH, GRUNDLEGENDES SCHEITERN VERHINDERN IST GÖTTLICH

Fehler werden uns immer begleiten. Oft sind sie harmlos. In anderen Fällen führen sie zu grundlegenden Fehlern, die von einer lustigen Geschichte, die man Freunden erzählen kann (eine verbeulte Stoßstange), bis hin zu einem verheerenden Verlust von Menschenleben (der Einsturz des Hyatt Regency Hotels in Kansas City) reichen. Jeder von uns hat täglich die Möglichkeit, die Kausalkette zwischen Fehler und Scheitern zu unterbrechen. Es fällt uns schwer ein grundlegendes Scheitern zu verhindern, weil wir eine instinktive Abneigung gegen Fehler haben, insbesondere gegen unsere eigenen. Wenn wir uns jedoch mit Fehlern anfreunden, damit wir sie erkennen, kommunizieren und korrigieren können, lässt sich ein folgenschweres Scheitern verhindern.

Ebenso wertvoll ist es, Präventivmaßnahmen aller Art zu ergreifen – von Weiterbildungen bis zur Fehlersicherung. Das ist nicht der Hype klugen Scheiterns – nicht der Trend, mit dem man in den sozialen Medien viele Likes sammelt oder der als die neueste Management-Mode gepriesen wird. Angesichts des enormen Wertes von Methoden zur Verbesserung der Sicherheit (fragen Sie die Aktionäre von Alcoa oder die Passagiere einer Fluggesellschaft!) ist das ein Irrweg. Ein wesentlicher Bestandteil eines klugen Scheiterns ist die Vermeidung von grundlegenden Fehlern. Wenn Sie das Ziel haben, keinen Schaden anzurichten und eine fehlerfreie Arbeit abzuliefern, müssen Sie sich mit menschlichen Fehlern anfreunden.

Ja, Irren ist menschlich. Und zu verzeihen (vor allem uns selbst) ist in der Tat göttlich. Aber es ist möglich und lohnend, einfache Praktiken einzuführen, um grundlegende Fehler in unserem Leben und in unseren Organisationen zu vermeiden. Man könnte sogar sagen, dass es ermächtigend ist.

KAPITEL 4 DER PERFEKTE STURM

Leider warnen uns die meisten Warnsysteme nicht davor, dass sie uns nicht mehr warnen können.
– Charles Perrow

Kapitän Pastrengo Rugiati war ein kräftiger, sympathischer Mann, der die See und die Schiffe, auf denen er gedient hatte, liebte.[1] Er hatte den Ruf, sehr freundlich zu sein. Wenn einer seiner Offiziere die Nachricht von der Geburt eines Kindes erhielt, ordnete Rugiati an, die Schiffspfeife zu blasen, ein blaues oder rosafarbenes Band am Mast zu befestigen und alle nicht im Dienst befindlichen Männer zu einer Feier einzuladen. An jenem Freitagabend im März 1967 hielt er sich nach Mitternacht an Deck der *Torrey Canyon* auf, die sich dem Ziel ihrer einmonatigen Reise von Kuwait nach Milford Haven, Wales, näherte. Die See war ruhig, und für die nächsten Tage war schwacher Seegang vorhergesagt.

Rugiati war bis spät in die Nacht aufgeblieben, um die Details der besonders schwierigen Operation durchzugehen, die vor ihm lag: das Entladen der etwa 119.000 Tonnen Rohöl. Alles musste funktionieren, denn das Schiff stand unter Zeitdruck. Wenn Rugiati Milford Haven nicht bis 23.00 Uhr am nächsten Tag erreichte, musste er weitere sechs Tage auf eine vergleichbare Flut warten, die es bei einem Schiff von der Größe der *Torrey Canyon* erlauben würde, die Fracht zu entladen. Weder er noch die Besatzung noch die liberianische Reederei, bei der sie angestellt waren, konnten sich eine solche Verzögerung leisten. Er nahm die Berechnungen mit besonderer Sorgfalt vor, denn auf dem Schiff fehlte ein Exemplar des »Channel Pilot«, des Standardhandbuchs für die Seefahrt und des besten verfügbaren Wissens für die Navigation in den vor ihnen liegenden Gewässern. Als er sich schließlich in seine Koje begab, bat er darum, gerufen zu werden, wenn die berüchtigten Scilly-Inseln, eine Inselgruppe vor der Südwestküste Englands, steuerbord (rechts vom Schiff) gesichtet würden.

Gegen 6:30 Uhr weckte der Erste Offizier den Kapitän. Er berichtete, dass Meeresströmungen und Wind das Schiff vom Kurs abgebracht hatten. In der Hoffnung, dies zu korrigieren, hatte der Erste Offizier die Richtung des Schiffes geändert. Rugiati war verärgert, dass der Erste Offizier den Kurs ohne seine Erlaubnis geändert hatte. Noch ärgerlicher war, dass die Neuausrichtung die Reise verlängern würde. Rugiati brachte das Schiff wieder auf den ursprünglichen Kurs, den er in der Nacht zuvor so akribisch ausgearbeitet hatte. Obwohl sie nun in der Nähe des Sieben-Steine-Riffs vorbeifahren mussten, einer legendären Gefahr für Seeleute, glaubte Rugiati, dass das Schiff und seine Besatzung sicher sein würden. Im Nachhinein würde sich dies als fragwürdig, ja sogar als Fehler erweisen.

Dennoch hätte Rugiati sein Schiff sicher in den Hafen steuern können, wenn nicht zwei weitere unerwartete kleine Ereignisse kurz hintereinander eingetreten wären. Zunächst tauchten plötzlich zwei Hummerboote im Nebel auf, die den Kapitän zum Abdrehen zwangen. Bei wenig Spielraum zum Manövrieren zählten Sekunden. Zweitens verhinderte ein mechanisches Problem am Steuerrad, dass das Ruder sofort auf Rugiatis Wendeversuch reagierte – eine winzige Verzögerung, aber später von Bedeutung.

Rugiati hat genau hingesehen. Aber er kam zu spät. War zu nahe am Riff. Er hatte kein Glück. Gegen 8:50 Uhr prallte die *Torrey Canyon* mit voller Wucht auf das Riff. Der Boden des massiven Schiffes wurde herausgerissen. 14 Ladetanks wurden aufgerissen und lösten einen verheerenden Ölaustritt von 13 Millionen Gallonen aus. Dieser Samstag, der 18. März 1967, war nur der Anfang dessen, was sich als gewaltiger Fehlschlag herausstellen sollte, der bis heute als die größte Ölpest in der Geschichte Großbritanniens gilt.[2]

Wie Kapitän Rugiati später bei der offiziellen Untersuchung sagte: »Viele kleine Dinge summierten sich zu einer großen Katastrophe.«[3] Der zeitliche Druck, die Strömung, der Nebel, die Hummerboote und die Steueranlage – an einem anderen Tag wäre vielleicht alles gut gegangen. Wäre einer dieser Faktoren nicht gewesen, wäre der Unfall wahrscheinlich verhindert worden.

Rugiati hätte höchstwahrscheinlich noch viele Jahre lang das getan, was er am liebsten tat: Tankern um die Welt steuern. Stattdessen wurde er so zerbrochen wie sein Schiff – er wurde beschämt und beschuldigt – seine Karriere war zerstört.[4] »Für einen Schiffskapitän ist sein Schiff alles, und ich habe meines verloren«, gestand er. In den Augen der meisten Menschen, einschließlich der Schiffseigner und Versicherer, und vor allem in seinen eigenen Augen, war der hochqualifizierte Kapitän ein völliger Versager.

VIELE KLEINE DINGE

Die Tragödie der *Torrey Canyon* ist ein klassisches Beispiel für ein komplexes Scheitern. Die »vielen kleinen Dinge«, die sich zu einem Misserfolg summieren, ob groß oder klein, sind das wesentliche Merkmal dieser dritten Form des Scheiterns. In vielen Geschichten ist es so, dass »kleine Dinge«, die regelmäßig auftreten, ohne dass ein Missgeschick passiert, sich in der falschen Reihenfolge aneinanderreihen, sodass sich ein Misserfolg durch die Leitplanken schleichen kann, die ihn normalerweise verhindern.

Dieses Kapitel befasst sich mit dem Wesen des komplexen Scheiterns und damit, warum sie in fast allen Bereichen des heutigen Lebens zunehmen. Doch zunächst soll uns diese Geschichte daran erinnern, das Thema Scheitern nüchtern zu betrachten. Nicht jedes Scheitern ist ein wertvoller Fehler! Manche sind geradezu katastrophal. Manche sind tragisch. Andere sind lediglich eine Quelle des Ärgernisses. Die Wissenschaft des klugen Scheiterns beginnt mit einer klaren Diagnose der Art des Scheiterns, um es besser zu verstehen, daraus zu lernen und vor allem um so viele destruktive Fehler wie möglich zu vermeiden. Wie das grundlegende Scheitern ist auch das komplexe Scheitern kein wertvoller Fehler.

Aber wenn ich sage, dass ein komplexes Scheitern kein wertvoller Fehler ist, bedeutet *nicht*, dass sie schuldhaft sind. Einige sind es, aber die meisten sind es nicht, wie wir gleich sehen werden. Wie kluges und grundlegendes Scheitern kann auch komplexes Scheitern ein mächtiger Lehrmeister sein, wenn wir bereit sind, die harte Arbeit des Lernens auf uns zu nehmen.

AUF DER SUCHE NACH DEM SCHULDIGEN

Obwohl er sich bei seiner Abreise bester Gesundheit erfreute, beeinträchtigten die körperliche Belastung und der psychische Schock der letzten Reise von Kapitän Rugiati seine Gesundheit. Er nahm zehn Kilo ab, bekam eine Lungeninfektion und durfte außer seiner Frau Anna, die ihn täglich besuchte, niemanden mehr sehen. Aber die Paparazzi fanden ihn in Genua, als die von Liberia eingesetzte Untersuchungskommission, vor der Rugiati und mehrere andere Besatzungsmitglieder ausgesagt hatten, zu ihrem Ergebnis kam: Kapitän Pastrengo Rugiati war allein verantwortlich. Ihm wurde die Lizenz entzogen, und er würde nie wieder zur See fahren. Ein Fotograf machte ein Bild von dem verängstigten Mann unter dem Bett.[5]

Im Nachhinein stellte sich diese alleinige Verurteilung als übereilt heraus. Ein Besatzungsmitglied sagte aus, dass die Navigationsmessungen, die er in den letzten Stunden vor dem Unfall vorgenommen und gemeldet hatte, ungenau gewesen seien. Außerdem hatte jemand an Deck – es war unklar, wer – versehentlich einen seitlichen Hebel am Steuerrad betätigt, wodurch Rugiatis Manöver in diesen letzten, entscheidenden Sekunden verlangsamt wurden. Und dann war da noch das fehlende Exemplar des *The Channel Pilot*, das als Navigationshilfe hätte dienen können. Die Schuld auf eine Person, den Kapitän, zu schieben, war nicht nur eine relativ einfache Antwort auf das Scheitern, sondern auch eine gute Nachricht für die Schiffseigner und Versicherer: zumindest einer Schätzung zufolge ersparte ihnen das Urteil fast 17 Millionen Dollar.[6]

Der Reflex, die Schuld auf eine einzelne Person oder Ursache zu schieben, ist nahezu universell. Leider verringert solch eine Schuldzuweisung die psychologische Sicherheit, die erforderlich ist, um die Wissenschaft des klugen Scheiterns zu praktizieren. CEOs werden gefeuert, wenn ein Unternehmen nicht die erwarteten Ergebnisse erzielt. Ehepartner geben sich gegenseitig die Schuld für das verspätete Abholen der Kinder. Kinder zeigen routinemäßig mit dem Finger auf andere, um der Schuld zu entgehen. Es ist einfach und natürlich, nach einzelnen Ursachen zu suchen und den einzigen Schuldigen zu finden. Bei komplexen Fehlern ist dieser Instinkt jedoch nicht nur wenig hilfreich, sondern auch ungenau. Und es wird schwieriger, offen und logisch darüber zu sprechen, was wirklich passiert ist und wie man es beim nächsten Mal besser machen kann. Später werde ich über Ansätze zur Verringerung von komplexem Scheitern sprechen, aber jetzt möchte ich betonen, dass ein psychologisch sicheres Umfeld entscheidend wichtig ist. In solch einer Atmosphäre wissen die Menschen, dass sie nicht für Fehler oder enttäuschende Ergebnisse verantwortlich gemacht werden. Das ist die Grundlage dafür, dass

Organisationen und Familien weniger wertlose Fehler und mehr wertvolle Fehler erleben.

Wie steht es mit der Verantwortlichkeit? Führungskräfte in so unterschiedlichen Branchen wie Krankenhäusern und Investmentbanken haben mir diese Frage gestellt. Muss nicht jeder Einzelne mit Konsequenzen für sein Scheitern rechnen, um eine allzu laxe Kultur zu vermeiden? Wenn die Menschen nicht für Fehler verantwortlich gemacht werden, wie können sie dann motiviert werden, sich zu verbessern? Diese Sorge beruht auf einem falschen Gegensatz. Tatsächlich kann (und in risikoreichen Umgebungen *muss*) eine Kultur, die das Eingestehen von Misserfolgen ermöglicht, mit hohen Leistungsstandards koexistieren. Eine Kultur der Schuldzuweisung dient in erster Linie dazu, dass die Mitarbeitenden die Probleme *nicht* rechtzeitig ansprechen, um sie zu korrigieren, was natürlich der Leistung nicht zuträglich ist.[7] Aus diesem Grund sind Fehlerberichte ohne Schuld und Scham so wertvoll. Wie Sie sehen werden, ist die ungehemmte, schnelle Meldung von Unregelmäßigkeiten in jedem dynamischen Kontext entscheidend für eine hohe Leistung.

KOMPLEXE FEHLER SIND DIE WAHREN MONSTER

Obwohl grundlegende Fehler gelegentlich verheerend sind, komplexe Fehler sind die wahren Monster, die unser Leben, unsere Organisationen und unsere Gesellschaft bedrohen. Während es sich bei grundlegenden Fehlern um einigermaßen lösbare Probleme mit einzelnen Ursachen handelt, sind komplexe Fehler ihrem Wesen nach anders. Sie treten häufig in Notaufnahmen von Krankenhäusern und in globalen Lieferketten auf, weil mehrere Faktoren und Menschen auf unvorhersehbare Weise zusammenwirken. Zunehmend unbeständige Wettersysteme sind ein weiterer Nährboden für komplexes Scheitern. Meine jahrelange Beschäftigung mit komplexen Fehlern im Gesundheitswesen, in der Luft- und Raumfahrt und in der Wirtschaft hat mich zu einer Reihe von bemerkenswert unterschiedlichen Beispielen geführt, die aber dennoch gemeinsame Merkmale aufweisen. Vor allem haben sie mehr als eine Ursache. Komplexe Fehler ereignen sich in vertrauten Umgebungen, was sie von intelligenten Fehlern unterscheidet. Trotz ihrer Vertrautheit weisen diese Situationen ein hohes Maß an Komplexität auf, bei dem mehrere Faktoren auf unerwartete Weise zusammenwirken können. In der Regel gehen komplexen Fehlern subtile Warnzeichen voraus. Und schließlich ist oft mindestens ein externer, scheinbar unkontrollierbarer Faktor beteiligt.

Vertraute Situationen

Im Gegensatz zu intelligenten Fehlschlägen, die sich in einem neuen Gebiet ereignen – wie die Suche nach einem Lebenspartner oder die Durchführung von Akustikexperimenten, die zu einem bahnbrechenden Elektretmikrofon führen –, geschehen komplexe Fehlschläge in einem Umfeld, in dem viel Vorwissen und Erfahrung vorhanden ist. Auch wenn Kapitän Rugiati auf seiner letzten Reise vielleicht nicht genau die gleiche Route bei den gleichen Wetterbedingungen gefahren ist, so war doch das Grundwissen für eine erfolgreiche Reise vorhanden. Ein gesellschaftliches Ereignis, eine Urlaubsreise oder ein Schulsemester sind Beispiele für vertraute Situationen, in denen wir alle schon das eine oder andere komplexe Scheitern erlebt haben könnten. Bei den meisten Unfällen, Tragödien und Katastrophen, die täglich in den Nachrichten erscheinen, handelt es sich um komplexes Scheitern in einigermaßen vertrauten Situationen.

Nehmen wir das Filmset von *Rust* in New Mexico, wo die Kamerafrau Halyna Hutchins am 21. Oktober 2021 eine tödliche Schusswunde erlitt. Die Bonanza Creek Ranch war bereits von anderen Filmemachern genutzt worden und dem Team, das dort mehrere Tage lang gearbeitet hatte, einigermaßen vertraut. Alle Mitarbeitenden der Produktion waren mit den notwendigen Prozessen und Vorsichtsmaßnahmen vertraut, die ihre Branche für die Produktion eines Films mit Schusswaffen festgelegt hatte. Dennoch hielt der Schauspieler und Produzent Alec Baldwin aus irgendeinem Grund eine Waffe in der Hand, die versehentlich die tödliche Kugel abfeuerte – mit einem »Geräusch, das wie ein Peitschenschlag gefolgt von einem lauten Knall« klang.[8] Der Regisseur Joel Souza, der neben Hutchins stand, erlitt eine Schulterverletzung. Ein tragisches komplexes Versagen.

Bei den anschließenden Ermittlungen wurde deutlich, dass die festgelegten Sicherheitsverfahren für den Umgang mit Schusswaffen am Drehort nicht strikt eingehalten worden waren.[9] Die 24-jährige Waffenmeisterin Hannah Gutierrez-Reed, die für die Überwachung der Sicherheit und Verwendung der Waffen am Set zuständig war, sagte den Ermittlern, dass sie am Tag des Unfalls das Protokoll befolgt habe. Sie habe sich vergewissert, dass die für die Dreharbeiten an diesem Tag vorgesehene Munition nur »Attrappen« und keine »scharfen Patronen« oder echten Kugeln enthielt. Der assistierende Regisseur David Halls, der als letzter die Waffe auf ihre Sicherheit überprüfte, bevor er sie Baldwin übergab und verkündete, dass sie »kalt« sei, erklärte den Ermittlern jedoch, dass er an diesem Tag einen Fehler gemacht habe, indem er nicht alle Patronen überprüft habe – ein schwerer Verstoß gegen die Sicherheitsregeln. Darüber hinaus war unklar, wie die scharfe Munition, die normalerweise auf einem Filmset verboten ist, überhaupt auf das Gelände gelangt war.[10] Schlimmer noch: Eine Woche zuvor war es zweimal zu »versehentlichen Entladungen« gekommen, ohne dass die Sicherheitspraktiken am Filmset genauer unter die Lupe genommen worden wären.[11]

Es ist diese Vertrautheit, die komplexe Fehler so verhängnisvoll macht. In vertrauten Situationen hat man das Gefühl, mehr Kontrolle zu haben, als es tatsächlich der Fall ist – zum Beispiel, wenn man nach Hause fährt, obwohl man auf einer Party Alkohol getrunken hat. Man kann sich leicht in falscher Sicherheit wiegen. Kapitän Rugiati hatte das Gefühl, die Kontrolle über sein Schiff zu haben, weil er am Vorabend alles genau geplant hatte und über jahrelange Erfahrung verfügte. Bestimmt fallen Ihnen Beispiele aus Ihrem eigenen Leben ein, auf die das zutrifft. Vielleicht fühlten Sie sich zuversichtlich, ein Projekt im Team leiten zu können, weil Sie es schon oft getan haben. Dann sahen Sie sich aber mit unerwarteten Herausforderungen konfrontiert, deren Schwierigkeit Sie unterschätzt hatten. Vielleicht fühlten Sie oder jemand, den Sie kennen, sich einigermaßen immun gegen COVID, aufgrund von Vorsichtsmaßnahmen, die Ihnen angemessen erschienen. Und dann wurden Sie doch infiziert. Allgemeiner ausgedrückt: Wenn Sie denken, »Das kann ich im Schlaf«, sollten Sie aufpassen! Übermäßiges Selbstvertrauen ist ein Vorläufer für komplexes Scheitern, genauso wie für grundlegendes Scheitern.

Komplexe Fehler sind nicht immer katastrophal. Wir alle haben schon Erfahrungen gemacht, bei denen ein kleiner »perfekter Sturm« unsere Pläne vereitelte. Sie stellen den Wecker auf nachmittags und nicht auf morgens, sodass Sie zu spät aus der Tür kommen; Ihr Tank ist fast leer, sodass Sie anhalten, um ihn aufzufüllen. Dann sorgt ein Unfall auf der Autobahn für ungewöhnlich viel Verkehr, sodass die Fahrt zur Arztpraxis länger dauert als erwartet. Sie kommen 30 Minuten nach dem vereinbarten Termin an, und der Arzt, der zu einem unerwarteten Notfall ins Krankenhaus gerufen wurde, ist nicht mehr da. Der verpasste Termin ist zwar relativ harmlos, aber dennoch ein komplexes Scheitern.

Viele Ursachen

Komplexe Fehler haben mehr als eine Ursache, von denen keine für sich allein genommen das Scheitern verursacht hat. In der Regel kollidiert eine Mischung aus internen Faktoren wie Verfahren und Fähigkeiten mit externen Faktoren wie dem Wetter oder der Verzögerung eines Lieferanten. Manchmal wirken die verschiedenen Faktoren zusammen und verschlimmern sich gegenseitig; manchmal kommen sie einfach zusammen, wie der letzte Tropfen, der das Fass zum Überlaufen bringt. In den Prozessen und Schuldzuweisungen, die sich nach dem

Schussunfall auf der Bonanza Creek Ranch häuften, wurde eines deutlich: Wäre auch nur *einer* der kleineren Fehler erkannt oder vermieden worden, hätte der tragische Unfall verhindert werden können. Vielleicht hätte die Kugel Hutchins verfehlt, wenn sie in einem etwas anderen Winkel hinter der Kamera gestanden hätte. Hätte Baldwin den Revolver langsamer oder weniger energisch gezogen, wäre er vielleicht nicht abgefeuert worden. Wäre die Munition nie am Set zugelassen worden. Wenn der assistierende Regisseur nicht lautstark verkündet hätte, dass die Waffe kalt sei. In diesem Fall, wie in so vielen anderen, war das System mit seinen vorgesehenen Protokollen schwach, seine Ausführung nachlässig.

Der Einsturz der Champlain Towers South am 24. Juni 2021, der als »einer der tödlichsten Fälle technischen Versagens« in der Geschichte der USA bezeichnet wird, war ein tragisches komplexes Scheitern, das 98 Menschenleben forderte.[12] Auf der Suche nach den Ursachen könnten wir bis in die 1890er-Jahre zurückgehen, als ehrgeizige Bauherren beschlossen, eine Stadt auf einem Stück Sumpfland zu errichten, das als Miami Beach bekannt ist. Als Nächstes sollten wir die Zerstörung der Mangrovenwälder in Betracht ziehen, die als »natürliche Sturmwälle« dienten, um Schäden durch die Gezeiten abzumildern und das Wasser zu blockieren. Die dort erbauten Gebäude waren also von Beginn an anfällig, und das gilt umso mehr bei den heutigen verstärkten Stürmen und dem steigenden Meeresspiegel.[13] Hinzu kam, dass die Wohnungseigentümer wahrscheinlich nicht bereit waren, die teuren – und für sie unerwarteten – Instandhaltungskosten für das 39 Jahre alte Gebäude zu tragen. Da die örtlichen Vorschriften eine Neuzertifizierung solcher Bauwerke nach 40 Jahren vorschreiben, stellte ein Ingenieur bei der Inspektion der Türme anderthalb Jahre vor dem Einsturz fest, dass sich aufgrund der Konstruktion einer Betondecke unter einem dem Hochhaus vorgelagerten Poolbereich im Fundament des Gebäudes Wasser sammeln konnte. Er sah auch kleine Risse und Erosionen, die scheinbar keine unmittelbare Gefahr darstellten. Die geschätzten Kosten von neun Millionen Dollar für die Behebung des Problems am Fundament – die weit über die Rücklagen des Gebäudes hinausgingen – führten zu Verzögerungen, hitzigen Auseinandersetzungen unter den Mietern und dem Rücktritt einiger Vorstandsmitglieder. Auch wenn es verlockend ist, einen einzelnen Schuldigen zu suchen – die Bauherren, die Eigentümer, die Stadtverwaltung oder den Klimawandel –, wird das der Situation nicht gerecht.

Externe Faktoren

Bei komplexen Fehlern kommt oft ein externer oder unkontrollierbarer Faktor hinzu. Man kann dies als Pech bezeichnen. Das Scheitern der *Torrey Canyon* wurde durch eine tragische Kombination aus unvorhergesehenen externen Faktoren (unerwartet auftauchende Hummerboote) und unkontrollierbaren Faktoren (Meeresströmungen) verursacht. Im Lager der Waffenmeisterin befindet sich eine scharfe Kugel. Der steigende Wasserstand im Gebiet von Miami verschlimmert die strukturelle Alterung der Champlain Towers. Ein Teenager fährt von einer Party nach Hause, wobei sein gestörtes Urteilsvermögen auf einer plötzlich vereisten Straße noch verstärkt wird. Ein Virus mit einer bisher unbekannten chemischen Zusammensetzung wird ebenso unkontrollierbar wie das menschliche Verhalten.

Manchmal verschwimmt die Grenze zwischen einem grundlegenden und einem komplexen Fehler. Was auf den ersten Blick als grundlegender Fehler erscheint, wie beispielsweise das versehentliche Laden eines echten Geschosses anstelle einer Platzpatrone, entpuppt sich bei näherer Betrachtung als komplexer Fehler, wenn die ursprünglich offensichtliche Einzelursache weitere Ursachen offenbart.

Nehmen wir zum Beispiel den kleinen, aber verhängnisvollen Fehler eines 35-jährigen Marineoffiziers namens Brian Bugge, der gern tauchte. Obwohl er normalerweise sehr sorgfältig und aufmerksam war, stieg er beim letzten Tauchgang eines Fortgeschrittenenkurses aus dem Boot und tauchte in der Nähe von Honolulu in den Ozean, ohne die Sauerstoffzufuhr zu seinem Kreislaufgerät eingeschaltet zu haben. Innerhalb weniger Minuten wurde er hypoxisch und ertrank, während sein Tauchlehrer und seine Mitschüler nur wenige Meter entfernt waren.[14]

Obwohl sein Fehler, die Sauerstoffzufuhr nicht einzuschalten, auf ein grundlegendes Scheitern hindeutet, können wir bei näherem Hinsehen die vielfältigen Ursachen erkennen, die dieses Scheitern komplex machen. Zum einen war der Ausbilder neu in einem hektischen Ausbildungsprogramm, in dem sich die Zeitpläne häufig und in letzter Minute änderten.[15] Und warum wurden keine Buddy Checks durchgeführt? Warum wurde Brians Ausrüstung nicht doppelt überprüft, bevor er an diesem Tag tauchte? Vielleicht war es Selbstüberschätzung. Brian war ein erfahrener Taucher, und der Tauchgang fand in einem buchstäblich vertrauten Gebiet statt – die Klasse war zuvor genau an dieser Stelle getaucht. Ein weiterer externer Faktor: Die meisten Tauchschüler waren Offiziere, die es gewohnt waren, Hierarchien zu respektieren, und die sich nicht trauten, die Autorität des Ausbilders in Frage zu stellen. Laut Brians Witwe, Ashley Bugge, hatte er schließlich Zweifel, ob er diesen Tauchgang am frühen Sonntagmorgen durchführen sollte. Am Abend zuvor hatte er angeboten, auf den Tauchgang zu verzichten und stattdessen den Tag mit Ashley und ihren beiden kleinen Kindern zu verbringen. Da sie selbst begeisterte Taucherin ist, hatte sie ihn ermutigt, mitzugehen. »Ich sah ihm in die Augen und sagte ihm, er solle es einfach tun«, erinnerte sich Ashley später.[16] »Ich sagte ihm, ich wüsste, dass er den Kurs eigentlich nicht verpassen will.«

Verständlicherweise hat Ashley seitdem oft darüber nachgedacht, wie anders die Dinge verlaufen wären, wenn sie Brian nicht zu diesem letzten Tauchgang gedrängt hätte und stattdessen darauf bestanden hätte, dass er zuhause bleibt. Aber sie sagt: »Für mich geht es nicht darum, wer die Schuld trägt und wer dies oder das getan hat. Für mich geht es nicht um Schuldzuweisungen.«[17] Das ist ein wichtiger Punkt. Der alleinige Fokus auf Schuldzuweisungen nimmt uns aus der Verantwortung. Das bedeutet, dass wir die Faktoren, die dazu beigetragen haben, nicht sorgfältig untersuchen müssen, was für die Vorbeugung künftiger komplexer Fehler unerlässlich ist. Dies gilt insbesondere, wenn das Ziel die Gewährleistung eines sicheren Betriebs in inhärent komplexen Umgebungen ist, wie später in diesem Kapitel erläutert wird.

Warnhinweise

Schließlich gehen komplexen Fehlern in der Regel kleine Warnzeichen voraus, die übersehen, ignoriert oder heruntergespielt werden. Am Set von *Rust* war zwar niemand verletzt worden, als in der Woche zuvor versehentlich die Requisitenpistolen ausgelöst wurden. Aber die Crewmitglieder, die sich zur Sicherheit geäußert hatten, wurden nicht ernst genommen – offensichtlich waren keine zusätzlichen Sicherheitsvorkehrungen getroffen worden. Stattdessen beschrieben die Crewmitglieder, dass sie sich gehetzt fühlten, um den Film innerhalb des vorgeschriebenen Drehplans fertigzustellen. Auch andere Arbeitsbedingungen waren suboptimal. Der Crew waren Hotelzimmer im nahegelegenen Santa Fe versprochen worden – und sie hatten auch darum gebeten –, aber stattdessen waren sie gezwungen, nach 12- bis 13-stündigen Arbeitstagen am Drehort eine Stunde pro Strecke nach Albuquerque zu pendeln. Das Gehalt wurde nicht immer pünktlich überwiesen. Genervt und frustriert verfassten fünf Mitglieder des Kamerateams in der Nacht vor den Dreharbeiten E-Mails, in denen sie ihre Absicht erklärten, zu kündigen.[18]

Sicherlich haben Sie schon einmal nach einer größeren Panne zurückgeblickt und überlegt, wie sie hätte vermieden werden können. Hätten Sie das klappernde Geräusch des Automotors nicht ignoriert, bevor Sie sich auf eine lange Fahrt begeben haben, bei der es nur wenige Werkstätten gibt, stünden Sie jetzt vielleicht nicht am Straßenrand. Hätten Sie nach dem schlechten Abschneiden bei der Zwischenprüfung mit Ihrem Professor darüber gesprochen, wie Sie sich verbessern können, *und* wäre nicht ein familiärer Notfall eingetreten, der Ihre Zeit und Aufmerksamkeit in Anspruch genommen hätte, wären Sie besser auf die Abschlussprüfung vorbereitet gewesen und hätten den Kurs bestanden. Für die Vermeidung von Fehlern ist es wichtig zu verstehen, warum wir Signale, die uns vor Misserfolg warnen, oft übersehen. Das werden wir später in diesem Kapitel noch vertiefen.

Eine gründliche Diagnose eines komplexen Fehlers zeigt in der Regel, welche Signale übersehen wurden. Das gibt uns ein tieferes Verständnis dafür, wer und was dafür verantwortlich war. Der Ingenieur bei der Inspektion der Champlain Towers South sah kleine Risse im Beton und leichte Erosionen an den Bewehrungsstäben – beides keine eindeutigen Anzeichen für eine unmittelbare Gefahr. Allzu oft ist die Fehleranalyse nur oberflächlich, und die Maßnahmen, die zur Behebung der Situation ergriffen werden, verschlimmern sie letztendlich.

WENN DIE SITUATION VERSCHLIMMERT WIRD

In den Tagen und Wochen nach dem Auseinanderbrechen der *Torrey Canyon* am Seven Stones Reef wurde aus einem tragischen Fehler ein noch viel schlimmeres und weitaus komplexeres Scheitern. Wie es Stephen J. Hawkins ausdrückte, ein Wissenschaftler, der die Auswirkungen der Ölverschmutzung durch den Tanker auf die Tierwelt untersuchte: »Das Heilmittel war schlimmer als die Krankheit.«[19] Ein Blick auf die Kette von Ereignissen – und auf die Überlegungen, die zu einer Reihe von gescheiterten Versuchen führten, die anhaltende Tragödie zu stoppen – ist hier hilfreich. Ein multikausales Scheitern kann sich verheddern und lässt sich nur schwer wieder entwirren, wie ein verknotetes Seil, das nur noch fester wird, je mehr man daran zieht. Diese Dynamik ist nicht nur bei der Katastrophe der *Torrey Canyon* zu beobachten. Das Verständnis der Architektur komplexen Scheiterns ist Teil der Suche nach dem Schlüssel zu ihrer Verhinderung.

Zunächst dachten die Eigentümer der *Torrey Canyon*, das Schiff könne geborgen werden. Sie beauftragten ein niederländisches Unternehmen, das Schlepper und Retter an Bord schickte, um zunächst das Öl ins Wasser abzupumpen und den dadurch leichterten Tanker von den Felsen zu ziehen. Kapitän Rugiati und die Besatzung blieben tapfer bei ihrem Schiff. Doch der Tanker steckte zu tief in den Felsen, als dass er hätte herausgezogen werden können. Sein gewaltiger Rumpf brach weiter auseinander. Das Öl lief weiterhin aus, drohte zu brennen und zwang alle an Land. Als Nächstes leitete die British

Petroleum Company 2,6 Millionen Liter eines industriellen Reinigungsmittels namens BP1002 ins Wasser.[20]

Niemand wusste, wie gefährlich die Chemikalie für die Tier- und Pflanzenwelt im Meer waren. Die Strände in West Cornwall waren mit einem »dicken Teppich aus schwarzem Glibber« bedeckt, wie es ein Reporter beschrieb.[21] Etwa 15.000 Seevögel starben schließlich daran. Die britische Regierung und die Royal Navy waren unschlüssig, wie sie mit der Katastrophe umgehen sollten, und weigerten sich zunächst, die Schwere der Tragödie zuzugeben, was das Chaos noch vergrößerte. Das Schiff befand sich in internationalen Gewässern, sodass unklar war, wer genau die Verantwortung trug und was wirklich legal war. Schließlich bombardierte die Royal Navy den Supertanker zehn Tage nach seiner ersten Grundberührung.[22] Nur 23 der 41 Bomben, die eine halbe Tonne schwer waren, trafen das Ziel.[23] Außerdem wurde Napalm abgeworfen, das fünf Kilometer hohe schwarze Rauchschwaden aufsteigen ließ, die noch in 160 Kilometern Entfernung zu sehen waren. Am 30. März schließlich, fast zwei volle Wochen nach dem ersten Ölaustritt, begann die *Torrey Canyon* zu sinken.

Große Katastrophen wie bei der *Torrey Canyon*, die Schlagzeilen machen, setzen sich oft aus mehreren kleineren Fehlern und einer Mischung verschiedener Fehlerarten zusammen. Niemand wusste, wie man das havarierende Schiff und das auslaufende Öl unter Kontrolle bringen konnte, und niemand wusste, wie man mit den vielen Tonnen Rohöl umgehen sollte, die sich über Hunderte von Kilometern unberührter Küste ergossen. Eine Sache ging schief, dann folgte eine andere und noch eine. »Viele kleine Dinge summierten sich zu einer großen Katastrophe.« Während grundlegende Fehler einigermaßen lösbare Probleme darstellen, sind komplexe Fehler etwas ganz anderes, wie diese Tragödie zeigt. Leider gehören diese perfekten Stürme nicht der Vergangenheit an. Und manchmal entwickeln sie sich über Jahrzehnte.

WENN ES SICH ÜBER JAHRZEHNTE ANBAHNT

13 Minuten nach dem Start vom Flughafen Jakarta stürzte am 29. Oktober 2018 der Lion Air-Flug 610 in die Javasee. Eine erste Untersuchung ergab ein technisches Problem mit einem der beiden Sensoren der Boeing 737 MAX, das fälschlicherweise ein automatisches System auslöste, das die Nase des Flugzeugs hart und schnell nach unten drückte. Nach dem Sinkflug mit über 800 Kilometern pro Stunde gab es keine Überlebenden.[24] In den USA teilte die FAA (Federal Aviation Administration) Boeing mit, dass das Sicherheitsrisiko gering

genug sei, um die Flotte der Boing 737 weiter zu betreiben. Boeing erhielt sieben Monate Zeit, um das automatische Softwaresystem zu testen und zu überarbeiten. Boeing wurde zudem gebeten, die Piloten darüber zu informieren, wie sie mit der Störung umgehen sollen, falls sie erneut auftritt.

Problem gelöst?

Leider nein. Nur fünf Monate später, im März 2019, stürzte eine weitere 737 MAX aus genau demselben Grund ab. Ethiopian Airlines Flug 302 startete von Addis Abeba, der Hauptstadt Äthiopiens, und stürzte innerhalb weniger Minuten mit 900 Kilometern pro Stunde auf den Boden und zerbrach beim Aufprall.[25] Dieses Mal verhängte die FAA ein Flugverbot für die gesamte 737 MAX-Flotte.[26] Tiefergehende und umfassendere Untersuchungen sollten bald mehrere Ursachen für dieses komplexe Versagen finden. Sicherlich waren die Konstruktion und das neue Softwaresystem suboptimal – ein wichtiger Grund, um zu verstehen, wie es zu diesen Ausfällen kam. Wenn man jedoch genauer hinsieht, spielte die Unternehmenskultur von Boeing zusammen mit dem breiteren Branchenumfeld eine entscheidende Rolle bei diesen Fehlern, was es zu einem klassischen Fall von komplexem Scheitern macht.

Ich las diese Schlagzeilen im Jahr 2019 mit einem gewissen Gefühl der Vertrautheit. Meine akademische Laufbahn war dem Verständnis von vermeidbaren Fehlern in komplexen Organisationen gewidmet. Wie bei der Pistole, die auf dem Set von *Rust* fehlzündete, und der Sauerstoffflasche beim Tauchen, die nicht richtig eingestellt war, ist es verlockend, die beiden Abstürze auf Softwarefehler zurückzuführen, sodass schließlich die automatischen Sensoren nicht richtig funktionierten. Spezifische Ausfälle bei einer komplexen Technologie. Wenn man jedoch genauer hinsieht, erkennt man einige der üblichen Ursachen, die für komplexes Scheitern verantwortlich sind: mehrere Ursachen in einem einigermaßen vertrauten Umfeld, das ein falsches Sicherheitsgefühl vermittelt, übersehene Signale und die Komplexität in einem sich verändernden Geschäftsumfeld. Manchmal kann ich die Häufigkeit dieser wiederkehrenden Geschichten nicht ertragen. Meine Forschungen haben Aufschluss darüber gegeben, warum dies geschieht – ich habe die kognitiven, zwischenmenschlichen und organisatorischen Ursachen untersucht, die komplexe Fehler so schwerwiegend machen. Diese Vielzahl von Faktoren bedeutet auch, dass Sie viele Hebel in der Hand haben, mit denen Sie den ansonsten unaufhaltsamen Fluss des Scheiterns unterbrechen können. Das bedeutet, dass jeder von uns zum *Verhinderer* komplexer Fehler werden kann.

Der Silberstreif am Horizont eines jeden perfekten Sturms ist dieser: Jedes komplexe Scheitern birgt mehrere Möglichkeiten zur Prävention. Denken Sie an den verpassten Arzttermin: Sie hätten nur überprüfen müssen, ob Ihr Wecker richtig gestellt oder der Tank Ihres Autos ausreichend voll ist. Eine einzige Maßnahme hätte das Scheitern verhindert.

Manchmal muss man Jahrzehnte zurückgehen, um die Ursprünge eines komplexen Scheiterns zu verstehen – und damit die vielen Möglichkeiten zur Prävention zu erkennen. Bei den Ursachen für die Abstürze der Boeing 737 MAX können wir auf einen bedeutenden Faktor im Jahr 1997 verweisen.[27] Das war das Jahr, in dem Boeing seinen wichtigsten amerikanischen Konkurrenten McDonnell Douglas für 13,3 Milliarden Dollar in Aktien übernahm – und damit Veränderungen in der Unternehmensführung (eine weitere Ursache) einleitet: weg von Boeings traditioneller Betonung des Ingenieurwesens (Wert auf Erfindungen und Präzision) hin zu McDonnell Douglas' traditioneller Betonung des Finanzwesens (Priorität auf Gewinne und Shareholder Value).[28] Vor der Übernahme kamen die Topmanager von Boeing in der Regel aus dem Ingenieurwesen und teilten mit den Boeing-Mitarbeitenden eine gemeinsame technische Sprache und Sensibilität.[29] Diese gemeinsame technische Sensibilität trug nicht zuletzt dazu bei, dass sich die Ingenieure im gesamten Unternehmen sicher genug fühlten, um beispielsweise Probleme mit der Geschwindigkeit, der Konstruktion, der Treibstoffeffizienz und insbesondere der Sicherheit eines Flugzeugs anzusprechen. Ingenieure und Führungskräfte konnten sich auch außerhalb der Arbeit informell austauschen, um neue Ideen oder Vorschläge zu diskutieren. Nach der Übernahme kamen immer mehr Führungskräfte aus dem Finanz- und Rechnungswesen. Die Journalistin Natasha Frost bezeichnete sie spöttisch als »Erbsenzähler«, weil ihnen das technische Verständnis für die Funktionsweise von Flugzeugen fehlte.[30] Verschärft wurde dieser Kulturwandel durch die Verlegung der Unternehmenszentrale von Seattle nach Chicago im Jahr 2001. Die leitenden Angestellten arbeiteten nun mehr als 3000 Kilometer entfernt von den Ingenieuren, welche die Flugzeuge entwarfen, was zu einer weiteren Entfremdung zwischen den beiden Gruppen führte.

Spulen wir vor in das Jahr 2010. Das war das Jahr, in dem Airbus, der größte europäische Konkurrent von Boeing, seinen neuen A320-Jet (vierter Grund) vorstellte, der aufgrund seiner verbesserten Treibstoffeffizienz ein deutlich kostengünstigeres Flugzeug versprach.[31] Die Unternehmensleitung von Boeing war fassungslos – Airbus hatte seinen neuen Jet unter größter Geheimhaltung entwickelt – und befürchtete zu recht, Boeing könnte treue Kunden verlieren. Sie sehen, wie die Szenerie für die folgende Katastrophe aufgebaut wurde. Bühne rechts: eine Kultur, welche die Ingenieure entmachtet und die Erbsenzähler ermächtigt. Bühne links: drohender Wettbewerb, die zu negativen finanziellen Folgen für die Aktionäre und damit zu einer Schädigung des Rufs führen könnte. Von hier an ist das Drehbuch auf irritierende Weise vorhersehbar.

Als Reaktion auf die unerwartete Bedrohung durch Airbus verzichteten die Boeing-Führungskräfte auf die teure und langwierige Forschung zur Entwicklung eines völlig neuen Modells und aktualisierten stattdessen ihre bestehenden Flugzeuge vom Typ 737.[32] Plötzlich war die Geschwindigkeit der Markteinführung das Wichtigste. Die Führungskräfte versprachen, dass die neue 737 MAX acht Prozent sparsamer sein würde als der neue Airbus.[33] Theoretisch war die Idee der Führungskräfte, ein bestehendes Design in einem einigermaßen vertrauten Umfeld anzupassen, eine umsichtige Nutzung von Ressourcen. In Wirklichkeit aber war die technische Herausforderung der Modifizierung der 737 beträchtlich. Um die neuen, treibstoffeffizienteren Triebwerke unterzubringen, mussten die Ingenieure die Triebwerke »weiter vorn und höher auf der Tragfläche« anbringen, was sich auf das Verhalten des Flugzeugs beim Steigflug in steilem Winkel auswirkte.[34] Um die neue Flugdynamik zu kompensieren, entwickelten die Ingenieure ein automatisches System zur Verhinderung von Überziehvorgängen, das MCAS.

Hier wurden die Konflikte zwischen den Boeing-Ingenieuren und der Geschäftsleitung zu einem folgenschweren Problem. Die Vorschriften der FAA verlangten von den Piloten ein Training am Flugsimulator, wenn sich die Konstruktion eines Flugzeugs erheblich von früheren Modellen unterschied. Solch ein Training war teuer, ein Problem für die Fluggesellschaften (die treuen Kunden), denn es nahm wertvolle Ressourcen (Piloten) aus dem regulären Flugverkehr. Um die Verordnung zu umgehen, entwickelten die Boeing-Manager eine clevere, wenn auch ethisch problematische Strategie, um die Konstruktionsunterschiede der 737 MAX herunterzuspielen.[35] Sie stellten die MCAS-Software und ihre Schwierigkeiten für die Piloten als gering dar. Im Pilotenhandbuch wurde das neue MCAS-System zur Vermeidung von Überziehvorgängen nicht erwähnt. Der leitende technische Pilot fühlte sich unter Druck gesetzt, eine Erklärung darüber abzugeben, dass ein Training im Flugsimulator unnötig sei.[36] Erst nach dem zweiten Absturz wurden frühere E-Mails zwischen Ingenieuren öffentlich, in denen Sicherheitsbedenken geäußert wurden. Ein Mitarbeitender hatte geschrieben: »Würdest du deine Familie in eine MAX setzen? ... Ich nicht.«[37] Ein anderer Ingenieur behauptete, dass die Manager die von ihm vorgeschlagenen Konstruktionsverbesserungen »wegen der Kosten und der möglichen Auswirkungen auf die Ausbildung der Piloten« abgelehnt hätten.[38] In einer klassischen Beschreibung der Atmosphäre in einem Unternehmen mit geringer psychologischer Sicherheit schrieb ein Ingenieur: »Es gibt eine unterdrückende kulturelle Haltung gegenüber Kritik an der Unternehmenspolitik – vor allem, wenn diese Kritik das Ergebnis tödlicher Unfälle ist.«[39]

Wie es in großen Unternehmen häufig der Fall ist, beschränkte sich eine

»unterdrückende kulturelle Haltung gegenüber Kritik an der Unternehmenspolitik« nicht auf diejenigen, die direkt mit den defekten Boeing 737 zu tun hatten. Intensive Untersuchungen nach den beiden tödlichen Abstürzen ergaben, dass die Mitarbeitenden des Werks in South Carolina, wo der Boeing 787 Dreamliner produziert wird, sich unter Druck gesetzt fühlten, einen übermäßig ehrgeizigen Produktionsplan einzuhalten. Sie hatten Angst, ihren Arbeitsplatz zu verlieren, wenn sie Qualitätsprobleme ansprachen.[40] Obwohl sie nicht in dem Werk arbeiteten, in dem die verunglückten Modelle der 737 hergestellt wurden, sind die Erfahrungen der Beschäftigten in South Carolina ein Paradebeispiel für die weit verbreitete Überzeugung, dass das Aussprechen von Bedenken eher Bestrafung als Anerkennung hervorrufen würde. Im Dezember 2019, etwas mehr als ein Jahr nach dem ersten Absturz der Lion-Air-Maschine, feuerte Boeing seinen CEO und stellte die Produktion der 737 MAX ein. Die Aktien des Unternehmens fielen, der Wert des Unternehmens sank. Schlimmer noch: Drei Jahre später klagte das US-Justizministerium Boeing wegen kriminellen Betrugs an, was das Unternehmen mehr als 2,5 Milliarden Dollar an Geldstrafen und Entschädigungen für die Opfer kostete.[41]

Es ist verlockend, angesichts der Tragödien der *Torrey Canyon* und der 737 MAX wütend zu werden. Aber bedenken Sie, dass man hinterher immer klüger ist. Wie man es besser machen kann, liegt erst im Nachhinein auf der Hand. Jeder von uns muss sich klarmachen, dass durch Ungewissheit und wechselseitige Abhängigkeit in fast allen Bereichen unseres heutigen Lebens komplexe Fehlschläge zunehmen. Die akademische Forschung kann uns helfen, die Gründe dafür zu verstehen. Sie kann uns, wie Sie sehen werden, auch dabei helfen, es besser zu machen. Wenn Sie erst einmal die auslösenden Faktoren und ihre Bedeutung für Ihr Unternehmen und Ihr Leben verstanden haben, mag es sich zunächst entmutigend anfühlen – aber in Wirklichkeit ist es ermutigend. Wenn man die Welt um sich herum *in ihrer Neigung dazu sieht, komplexe Fehler zu begünstigen,* ist man gut gerüstet, um eine ungewisse Zukunft zu meistern.

KOMPLEXES SCHEITERN NIMMT ZU

Die offensichtlichste Ursache für komplexe Fehler in unserer modernen Welt ist die immer komplexer werdende Informationstechnologie, die jedem Aspekt des heutigen Lebens und Arbeitens zugrunde liegt. Fabriken, Lieferketten und Abläufe in vielen Branchen beruhen auf ausgeklügelten Computersteuerungen, bei denen eine kleine Panne in einem Teil des Systems außer Kontrolle geraten kann. Vielleicht erinnern Sie sich noch an die Meldung des Kreditauskunftsunternehmens Equifax, als die Sozialversicherungsnummern, Adressen und Kreditkartennummern von fast 150 Millionen Amerikanern von der Softwareplattform des Unternehmens gestohlen worden wurden.[42] Laut der Aussage von CEO Richard Smith vor dem US-Kongress im Oktober 2017 ist »die Sicherheitslücke sowohl auf menschliches Versagen als auch auf technische Fehler zurückzuführen«. Die Hacker verschafften sich Anmeldedaten für drei Server, die den Zugang zu 48 weiteren Servern ermöglichten. Das komplexe Scheitern eskalierte, weil der Einbruch ins System 76 Tage lang unentdeckt blieb, was den Hackern reichlich Zeit gab, das System durchzustöbern und persönliche Daten sowie sensible Informationen über das Datendesign und die Infrastruktur von Equifax zu bekommen.[43]

Vielleicht haben Sie schon einmal wertvolle Informationen auf Ihrem Computer verloren, weil Sie es versäumten, eine Sicherungskopie Ihrer Daten zu erstellen, obwohl Sie wussten, dass dies wichtig war. Hoffentlich sind die Auswirkungen des Datenverlusts nicht so schlimm wie die Folgen, die ein walisischer Systemingenieur namens James Howells erlebt hat. Im Jahr 2013 warf er versehentlich eine Festplatte weg, die zu einem alten Computer gehörte (die Festplatte, die er herausgenommen hatte, nachdem eine verschüttete Limonade seinen Gaming-Laptop zerstört hatte).[44] Zu spät stellte er fest, dass er den privaten Schlüssel mit 64 Zeichen verloren hatte, der seine ehemals bescheidene Bitcoin-Investition zugänglich machen konnte. Trotz seiner unermüdlichen Bemühungen um die Erlaubnis, seine kostbare Festplatte von der städtischen Müllabfuhr zurückzuerhalten, war er auch acht Jahre später nicht in der Lage, auf die halbe Milliarde Dollar, die seine Bitcoin-Investition nun wert war, zuzugreifen.

Die sozialen Medien haben Wirtschaft, Politik und Freundschaften verändert und den Ausspruch *viral gehen* weithin bekannt gemacht. Die globale Finanzindustrie vernetzt jede Bank und zahllose Haushalte in jedem Land und macht uns anfällig für menschliche Fehler, die am anderen Ende der Welt passieren. Wie meine Freundin, die Professorin für Strategie Rita McGrath von der Columbia University, erklärt, waren vor Jahren die meisten unserer Institutionen voneinander getrennt und damit von den Auswirkungen von Fehlern außerhalb ihrer Mauern abgeschirmt. Das ist nun vorbei. Die Digitalisierung riesiger Informationsmengen hat exponentiell zugenommen, während die Kosten für die Rechenleistung gesunken sind. Die Entwicklung intelligenter Systeme, die unabhängig voneinander kommunizieren, führte zu einer unendlichen Vielfalt potenzieller Fehler. Diese wechselseitige Abhängigkeit ist der Nährboden für komplexes Scheitern. Wie Rita es ausdrückt, »wird es viel schwieriger vorherzusagen, was als Nächstes passieren wird, wenn Dinge, die früher getrennt waren, gegeneinanderstoßen (mit anderen Worten, wenn einst *komplizierte* Systeme nun *komplex* werden)«.[45] Die IT schafft neue Anfälligkeiten, weil die Vernetzung die Auswirkungen kleinerer Fehler sofort vergrößert.

Das Coronavirus aus dem Jahr 2019, das im chinesischen Wuhan seinen Ursprung hatte und sich schnell in der ganzen Welt verbreitete, ist ein gutes Beispiel dafür, wie die globale Vernetzung komplexe Fehlschläge wahrscheinlicher macht. Betrachten Sie dieses kleine Beispiel. Anfang 2020, als die Nachfrage nach Schutzmasken plötzlich weltweit in die Höhe schnellte, begannen Fabriken in China, die Produktion hochzufahren, die Masken auf Frachtschiffe zu verladen und weltweit zu verschiffen. Infolgedessen stapelten sich die leeren Schiffscontainer in diesen weit entfernten Ländern genau dann, als China sie am dringendsten für den Export weiterer Masken benötigte.[46]

Die Ermittlung von Kontaktpersonen, das heißt der Versuch, die Ausbreitung des Virus zu begrenzen, indem man die Personen ausfindig macht, mit denen eine infizierte Person Kontakt hatte, um alle Beteiligten zu isolieren, beruht auf der Erkenntnis, dass es sich um ein komplexes Scheitern handelt. Jede infizierte oder exponierte Person ist potenziell eine von vielen Ursachen für das Scheitern, das eine laufende Pandemie darstellt. Meine Freunde Chris Clearfield und András Tilcsik haben ein Buch über komplexes Scheitern geschrieben und erklären darin, warum es zunimmt.[47] *Meltdown*, ihr fesselndes und manchmal erschreckendes Buch, beschreibt die »gemeinsame DNA von Atomunfällen, Twitter-Shitstorms, Ölverschmutzungen, Kursabstürzen an der Wall Street und sogar Verbrechen«. Wie ich wurden auch Chris und András von dem Soziologen Charles Perrow beeinflusst, der Risikofaktoren identifiziert hat, die bestimmte Arten von Systemen anfällig für Zusammenbrüche machen.

WIE SYSTEME KOMPLEXES SCHEITERN HERVORBRINGEN

Die Überlegungen, aus denen sich schließlich mein Bezugssystem für die Kategorisierung von Fehlern entwickelte, nahmen vor 30 Jahren Gestalt an. In meinen Forschungen ging es um die Frage, warum selbst in erstklassigen Krankenhäusern immer wieder medizinische Fehler auftraten – und zwar selbst dann noch, als die Aufmerksamkeit der Experten und der Öffentlichkeit für dieses Problem bereits explodiert war.[48] Die Entdeckung der Häufigkeit unbeabsichtigter Schäden in Krankenhäusern war Ende der 1990er-Jahre ein Schock für die Öffentlichkeit und die medizinische Fachcommunity.[49] Schätzungen zufolge verursachen solche Fehler in US-Krankenhäusern jährlich eine Viertelmillion unnötige Todesfälle bei Patienten.[50] Wie konnten so viele gut ausgebildete und wohlmeinende Mitarbeitende des Gesundheitswesens, die erklärtermaßen keinen Schaden anrichten wollten, dies dennoch tun? Ein Hauptgrund, so fand ich heraus, liegt in der Natur des komplexen Scheiterns.[51]

Aufgrund meines technischen Interesses war ich begeistert von Charles Perrows bahnbrechendem Buch *Normale Katastrophen,* das 1984 erstmals veröffentlicht wurde und das Denken der Experten über Sicherheit und Risiko nachhaltig beeinflusst hat.[52] Perrow konzentrierte sich darauf, wie *Systeme,* und nicht Einzelpersonen, Folgefehler verursachen. Die Bedeutung dieser Unterscheidung darf nicht unterschätzt werden. Wenn man versteht, wie Systeme zu Fehlern führen – und vor allem, welche Arten von Systemen besonders fehleranfällig sind –, kann man die Schuldfrage aus der Gleichung herausnehmen. Es hilft auch, uns auf die Verringerung von Fehlern zu konzentrieren, indem wir das System ändern, anstatt eine Person, die in einem fehlerhaften System arbeitet, zu ändern oder zu ersetzen.

Ich habe mich an Perrows Arbeit orientiert, um herauszufinden, wie man die Hartnäckigkeit von medizinischen Unfällen erklären kann. Perrow beschrieb eine *normale Katastrophe* – ein Begriff, der provozieren soll – als eine vorhersehbare (normale) Folge eines Systems mit interaktiver Komplexität und fester Kopplung. *Interaktive Komplexität* bedeutet, dass mehrere Teile auf eine Weise interagieren, die es schwierig macht, die Folgen von Handlungen vorherzusagen. So brachte beispielsweise eine geringfügige Änderung des Schiffskurses Kapitän Rugiati auf einen Weg, auf dem das plötzliche Auftauchen zweier Hummerboote eine anschließende plötzliche und schwer auszuführende Wende erforderte, die in einem fatalen Unfall gipfelte. *Feste Kopplung* ist ein Begriff aus dem Ingenieurwesen und bedeutet, dass eine Aktion in einem Teil des Systems unweigerlich zu einer Reaktion in einem anderen Teil führt. Es ist nicht möglich, die Kette der Ereignisse zu unterbrechen. Wenn die mechanische Hardware eines Geldautomaten Ihre Bankkarte einzieht, sind die Software, die den Automaten steuert, und die Bankanwendung fest gekoppelt. Sie arbeiten zusammen, um Ihre Transaktion abzuschließen. Fällt eine Komponente aus, so ist das gesamte System betroffen. Fest gekoppelte Systeme haben keinen Spielraum.

Wenn Perrow eine Katastrophe als normal bezeichnet, will er damit sagen, dass bestimmte Systeme wie Katastrophen funktionieren, die nur darauf warten zu passieren. Ihr Design macht sie gefährlich. Es ist nur eine Frage der Zeit, bis solche Systeme versagen. Im Gegensatz dazu wäre ein System mit geringer interaktiver Komplexität und loser Kopplung – zum Beispiel eine Grundschule –

nicht anfällig für normale Katastrophen. Bei einem System mit hoher Komplexität, aber ohne feste Kopplung (zum Beispiel eine große Universität mit vielen akademischen Fachbereichen, die relativ unabhängig voneinander arbeiten), könnte in einem Bereich etwas schiefgehen, ohne dass dies automatisch zu einem größeren Ausfall des gesamten Systems führt.

Wie Perrows Schüler Chris und András in ihrem Buch *Meltdown* darlegen, haben sich im Laufe der Zeit immer mehr unserer Systeme in die von Perrow beschriebene Gefahrenzone bewegt: »Als Perrow 1984 *Normale Katastrophen* veröffentlichte, war die von ihm beschriebene Gefahrenzone noch sehr klein. Sie umfasste Systeme wie Kernkraftwerke, Chemieanlagen und Raumfahrtmissionen. Seitdem sind alle Arten von Systemen – von Universitäten und Wall-Street-Firmen bis hin zu Staudämmen und Ölplattformen – komplexer geworden und eng miteinander verbunden.«[53]

Perrow schrieb sein Buch nach einem Vorfall im Kernkraftwerk auf Three Mile Island in Pennsylvania im Jahr 1979, bei dem es beinahe zu einer Kernschmelze kam. Es war ein sehr sichtbares Scheitern, das die Aufmerksamkeit der Menschen auf sich zog. Perrow ist Soziologe und kein Nuklearingenieur, er mag einige technische Nuancen übersehen haben, als er Kernkraftwerke als fest gekoppelt und interaktiv komplex einschätzte, was sie von Natur aus unsicher macht.[54] Das ist eine Einschätzung, die Experten später in Frage gestellt haben. Aber seine Ideen halfen vielen von uns, die sich für Sicherheit und Unfälle interessierten, auf neue und nützliche Weise über die von uns untersuchten Zusammenhänge nachzudenken. Abbildung 4 zeigt das klassische Modell von Perrow mit neuen Bezeichnungen, die ich für jeden Quadranten erstellt habe. Oben rechts ist Perrows Kerngedanke dargestellt, dass interaktive Komplexität und feste Kopplung, wie sie in Kernkraftwerken vorkommen, eine Gefahrenzone schaffen. Perrow benutzte Eisenbahnen, um die Kombination aus fester Kopplung und linearen Interaktionen in dem Bereich zu veranschaulichen, den ich als *Kontrollzone* bezeichne. In einem typischen Produktionsbetrieb gibt es eine lose Kopplung und lineare Interaktionen. Da das klassische Management in solchen Kontexten sehr gut funktioniert, bezeichne ich dies als die *Managementzone*. In einer Universität schließlich verbinden sich komplexe Interaktionen mit loser Kopplung und ständigen Verhandlungen, um die Abläufe zu organisieren und am Laufen zu halten, was ich als *Verhandlungszone* bezeichne.

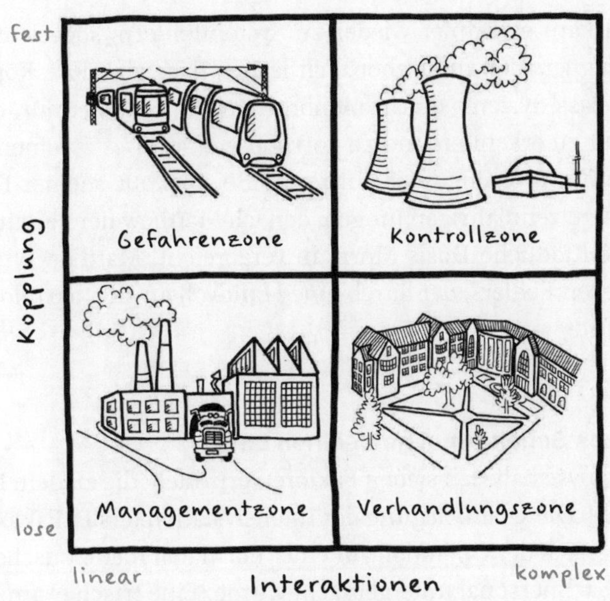

Abbildung 4: Das Modell von Charles Perrow in meiner Überarbeitung

In meiner Studie über medizinische Unfälle habe ich mich gefragt, ob die Systeme der Patientenversorgung in Krankenhäusern interaktiv komplex und fest gekoppelt sind. Wenn die Antwort auf beide Fragen »Ja« lautete, dann waren Fehler in der Patientenversorgung in Krankenhäusern nach Perrows Ideen unvermeidlich und nicht zu reduzieren.

Lose Kopplung in Krankenhäusern

Damals, im Jahre 1996, war meine Antwort auf diese Fragen Ja und Nein.[55] Heute sind meine Antworten unverändert. Die Patientenversorgung im Krankenhaus ist sehr komplex und interaktiv. So stellt beispielsweise eine Ärztin ein Rezept aus, das von einem Apotheker abgefüllt wird. Es wird von einer anderen Mitarbeiterin auf die Station gebracht und von mehreren Pflegenden während des Krankenhausaufenthalts verabreicht. Ich habe jedoch festgestellt, dass die Glieder dieser Kette nur lose miteinander verbunden sind. Ein Fehler in einem Teil des Systems kann jederzeit erkannt und korrigiert werden. Dies ist der Silberstreif am Horizont des komplexen Scheiterns: Die Verbindungsübergaben werden von Menschen durchgeführt. Ich kam zu dem Schluss, dass Krankenhäuser nicht in Perrows Quadranten der Katastrophen passten. Das bedeutet, dass es möglich sein sollte, schädigendes Verhalten vollkommen zu vermeiden.

Trotzdem kam es immer wieder zu Systemfehlern, sodass ich beschloss, mir die Sache genauer anzusehen. Ich lernte, dass eine lose Kopplung nicht ausschließt, dass Systeme zusammenbrechen. Es bedeutet nur, dass es möglich ist, Fehler zu erkennen und zu korrigieren, bevor es zu einem komplexen Scheitern kommt. Nehmen wir ein reales Beispiel aus meiner Forschung in Kliniken. Einem zehnjährigen Jungen, den ich Matthew nenne, wird irrtümlich eine potenziell tödliche Dosis Morphin verabreicht. Matthew wird das Opfer eines komplexen Fehlers, der durch eine Handvoll an sich harmloser Faktoren verursacht wird.

Ein komplexes Scheitern nimmt seinen Lauf

In meiner Analyse habe ich sieben Faktoren ermittelt, die zu dem Unfall beigetragen haben.[56] Die Überbelegung der Intensivstation (erster Faktor) bedeutete, dass Matthew nach der Operation auf einer normalen medizinischen Abteilung mit weniger Fachpersonal untergebracht wurde. Eine frisch examinierte Krankenschwester (zweiter Faktor), die auf der Station Dienst hatte, beugte sich vor, um die elektronische Infusionspumpe zu programmieren, die sich in einer dunklen Ecke des Zimmers befand (dritter Faktor), um die vorgeschriebene Menge an Morphin zur Linderung der postoperativen Schmerzen abzugeben. Da sie mit dem Gerät nicht vertraut war (vierter Faktor), bat die Krankenschwester eine Kollegin um Hilfe. Die Kollegin, eine erfahrene Krankenschwester, hatte es eilig (fünfter Faktor), blieb aber stehen, um zu helfen, und untersuchte die Eingabetasten des Geräts. Für die Programmierung der Pumpe mussten zwei Werte korrekt eingegeben werden: die Morphinkonzentration und die Infusionsgeschwindigkeit. Das Etikett war in der Apotheke gedruckt und so um die Medikamentenkassette gewickelt worden, dass die Konzentration teilweise verdeckt war (sechster Faktor). Die erfahrene Krankenschwester nutzte die sichtbaren Informationen, um die Maschine mit der ihrer Meinung nach richtigen Konzentration zu programmieren. Die erste Krankenschwester schaute der zweiten Krankenschwester über die Schulter, um die Zahlen zu überprüfen, anstatt selbständig Berechnungen anzustellen (siebter Faktor). Jeder dieser sieben Faktoren stellte eine einzigartige Präventionsmöglichkeit dar.

Innerhalb weniger Minuten färbte sich Matthews Gesicht blau, und seine Atmung war sichtlich erschwert. Die erste Krankenschwester schaltete das Infusionsgerät ab, rief den Arzt und begann, das Kind mit einem Beatmungsbeutel zu beatmen. Der Arzt traf innerhalb weniger Minuten ein und bestätigte, dass Matthew eine Überdosis Morphin verabreicht worden war – ein Vielfaches dessen, was angemessen gewesen wäre. Der schnell reagierende Arzt verabreichte ein Medikament, dass dem Morphin entgegenwirkte, und innerhalb von Sekunden kehrte Matthews Atmung in den Normalzustand zurück.

Die Beseitigung eines der Faktoren, die daran beteiligt waren, hätte dieses nicht tödliche, aber dennoch folgenschwere medizinische Versagen abwenden können. Dieser kleine perfekte Sturm von etwas ungewöhnlichen Ereignissen führte dazu, dass es trotz der gut gemeinten harten Arbeit aller Beteiligten zu einem Fehler kam. Experten für Fehler in der Gesundheitsversorgung verwenden heute das sogenannte Schweizer-Käse-Modell, um diese Art von Systemversagen zu erklären.

Schweizer Käse

Das Schweizer-Käse-Modell wurde 1990 von Dr. James Reason, einem Fehlerexperten an der Universität von Manchester, eingeführt.[57] Es lenkt die Aufmerksamkeit auf die Schutzmechanismen, die normalerweise Folgefehler in komplexen Systemen wie Krankenhäusern verhindern. Die Löcher im Schweizer Käse werden mit kleinen Prozessdefekten oder Fehlern gleichgesetzt. Ein Loch in Ihrem Stück Schweizer Käse kann als Fehler angesehen werden – ein leerer Raum, der nicht zu Ihrer Ernährung beiträgt. Glücklicherweise sind die Löcher im Käse klein und begrenzt, sagt Reason, sodass der Käse unversehrt bleibt. Aber gelegentlich reihen sich die Löcher aneinander und bilden einen Tunnel – eine Reihe von Mängeln, die sich zu einem folgenschweren Unfall summieren. Hätte eine Krankenschwester Matthews Notlage nicht sofort bemerkt, hätte die Abfolge der kausalen Ereignisse möglicherweise in einem weitaus schlimmeren Unfall geendet, der unumkehrbar gewesen wäre.

Die Darstellung des Käses mit seinen Löchern hilft uns, die Rolle des Zufalls zu verstehen. Und wir können die immer vorhandene Möglichkeit sehen, kleine Defekte zu erkennen und zu korrigieren, bevor sie sich zu einer Katastrophe auswachsen. Reason betonte, dass Systemfehler häufig vorkommen, aber durch die vielen Verteidigungsschichten eines Systems verhindert werden können (und in der Regel auch werden). Wenn Sie heute das Büro eines Krankenhausleiters betreten, sollten Sie sich nicht wundern, wenn Sie eine kleine schwammige Nachbildung eines Schweizer Käsestücks sehen. Es soll alle daran erinnern, dass etwas schiefgehen kann und deshalb bemerkt und korrigiert werden muss, bevor Schaden entsteht.

Das Ziel, in komplexen Systemen wie Krankenhäusern keinen Schaden anzurichten, bedeutet nicht, menschliches Scheitern auszuschalten. Irren ist menschlich. Fehler werden uns immer begleiten. Aber wir können soziale Systeme so gestalten, dass sich jeder der Unvermeidbarkeit von Fehlern bewusst ist und bereit ist, sie zu erkennen und zu korrigieren, bevor sie Schaden anrichten. Das bedeutet, dass wir verstehen müssen, dass die Löcher eines Schweizer Käses sich manchmal aneinanderreihen – auch wenn sie durch Zeit oder Entfernung voneinander getrennt sind – und einen Tunnel bilden, durch den komplexes Scheitern ungehindert seinen Lauf nehmen kann.

Komplexe Fehler reichen von kleinen bis hin zu katastrophalen Ausfällen. Ihre Komplexität und ihre zunehmende Häufigkeit scheinen uns wenig Anlass zu der Annahme zu geben, dass sie zu verhindern sind. Doch ein wachsender Wissensbestand kann helfen. Es beginnt mit einer akademischen Theorie, die 1989 als ausdrückliche Widerlegung der Auffassung von Perrow eingeführt wurde, der davon ausging, dass bestimmte Systeme einfach zu gefährlich sind, um sicher zu funktionieren.

WIE MAN KOMPLEXE FEHLER REDUZIERT

Perrows Idee, dass Organisationen mit interaktiver Komplexität und fester Kopplung nicht sicher funktionieren könnten, war unvollständig, weil viele solcher Organisationen tatsächlich jahrelang, ja sogar jahrzehntelang ohne Zwischenfälle funktionierten. Kernkraftwerke funktionierten fast die ganze Zeit ohne Zwischenfälle. Das Gleiche gilt für Flugsicherungssysteme, nukleare Flugzeugträger und eine Vielzahl anderer, von Natur aus riskanter Vorgänge. Eine kleine Gruppe von Forschern unter der Leitung von Karlene Roberts von der University of California, Berkeley, machte sich daran zu untersuchen, wie sie das geschafft haben. Was sie entdeckten, war eher dem Verhalten als der Technik zu verdanken.[58]

Der Begriff *High Reliability Organization* (HRO) fasst den Kern der Theorie zusammen. HROs sind Organisationen, die auch in komplexen und sehr risikoreichen Umgebungen zuverlässig agieren. Sie sind verlässlich sicher, weil sich jeder in ihnen für Praktiken verantwortlich fühlt, mit denen Abweichungen konsequent erkannt und korrigiert werden, um größere Schäden zu verhindern. *Wachsamkeit* ist ein Wort dafür. Aber es ist mehr als das.

Für mich ist der interessanteste Teil der Forschung über HROs die Beobachtung, dass die Menschen in diesen Organisationen das Scheitern nicht verharmlosen, sondern davon besessen sind. Meine Kollegen Karl Weick, Kathie Sutcliffe und David Obstfeld haben eine bahnbrechende Arbeit verfasst, in der sie die Kultur von HROs mit mehreren Merkmalen beschreiben: Diese Organisationen beschäftigten sich mit dem Scheitern, lehnen Vereinfachungen ab, achten sehr sensibel auf den laufenden Betrieb (und erkennen schnell subtile unerwartete Veränderungen), haben sich der Resilienz verschrieben (Fehler werden aufspürt und korrigiert, anstatt fehlerfreie Abläufe zu erwarten) und die Expertise ist wichtiger als der Rang in der Hierarchie.[59] Mit anderen Worten: HROs sind seltsame Orte. Anstatt sich zurückzuhalten, um zu sehen, was der Chef denkt, zögern die Leute dort nicht, sich sofort zu Wort zu melden. Um eine Krise abzuwenden, kann eine Mitarbeitende vor Ort dem Geschäftsführer sagen, was zu tun ist. Das Scheitern wird eindeutig als ein allgegenwärtiges Risiko angesehen, das jedoch konsequent abgewendet werden kann.

Aus der Forschung über komplexe Systeme, menschliches Versagen und HROs ziehe ich den Schluss, dass komplexes Scheitern ein würdiger Gegner ist. Wir sollten die Herausforderung, die vor uns liegt, nicht unterschätzen – aber wir sollten auch nicht davor zurückschrecken. Unabhängig davon, ob Sie sich mehr für das Modell des Schweizer Käses oder für die kulturellen Eigenschaften von HROs interessieren, es gibt eine einheitliche Botschaft, die sich durch diese Perspektiven von Experten zieht: Wir können das Auftreten komplexer Fehler in unserem Leben reduzieren, indem wir eine Reihe einfacher (nicht leichter!) Praktiken befolgen. Das beginnt damit, dass wir so viel wie möglich aus den komplexen Fehlern lernen, die bereits aufgetreten sind.

Aus komplexen Fehlern der Vergangenheit lernen

Katastrophale, komplexe Fehler sind oft der Weckruf, der Untersuchungen und Veränderungen in Ausbildungscurricula, der Technologie oder den Vorschriften auslöst. Kurz nach der Katastrophe der *Torrey Canyon* legten internationale Notfalleinrichtungen neue Vorschriften fest, die einen besseren Schutz für Öltankschiffe vorschrieben.[60] Das beinhaltete die Konstruktion (Doppelhüllen anstelle von Einzelhüllen) und neue Ausrüstungen zur besseren Kontrolle des Öls. Schiffseigner wurden streng haftbar gemacht, während sie zuvor nur bei Fahrlässigkeit haftbar gemacht werden konnten. Der Oil Pollution Act, der 1990 in den Vereinigten Staaten verabschiedet wurde, führte rechtliche Verfahren für die Reaktion auf katastrophale Ölverschmutzungen, Vorschriften für die Öllagerung und Anforderungen für die Planung von Notfällen ein.[61] Heute wissen wir viel mehr darüber, wie man Ölverschmutzungen mit weniger giftigen Inhaltsstoffen beseitigt und wann man die betroffenen Gebiete in Ruhe lässt. Das liegt zum Teil daran, wie Frankreich an seinen Küsten mit der Ölpest umging, die durch die *Torrey Canyon* verursacht wurde: Es wurde kein Reinigungsmittel verwendet, die Meeresfauna wurde nicht so stark geschädigt und das Öl wurde effektiver zersetzt.[62]

Die Ölpest, die durch die *Torrey Canyon* verursacht wurde, löste in den 1970er-Jahren ein Bewusstsein und einen Aktivismus aus, der direkt zur heutigen Umweltbewegung führte. Freiwillige Helfer kamen zuhauf an die Strände, um ölverschmierte Vögel zu retten und zu säubern. Reporter und Meeresbiologinnen lenkten die Aufmerksamkeit der Öffentlichkeit auf das Sterben nicht nur der Seevögel, sondern der meisten Meeresbewohner von der Südküste Großbritanniens bis zur Küste der Normandie in Frankreich. 50 Jahre später schildert Martin Attrill, Direktor des Meeresinstituts an der Universität Plymouth, wie dieses Scheitern unser Denken über natürliche Ressourcen verändert hat: »Zu der Zeit, als die *Torrey Canyon* unterging, betrachteten wir das Meer immer noch als den wichtigsten Ort, um unseren Abfall zu entsorgen. Die Hauptsorge galt dem Schiff und der Frage, ob es geborgen werden kann.«[63] Auch der Unfalltod von Halyna Hutchins löste in der Filmindustrie eine Diskussion über strengere Regeln und Kontrollen für den Umgang mit Schusswaffen am Drehort aus.[64] Heute setzen sich die Taucher aktiv für eine strengere Sicherheitskultur ein, um Unfälle und den Tod durch Ertrinken, wie es Brian Bugge passiert ist, zu verhindern.[65]

Obwohl Untersuchungen nach Katastrophen wichtig sind, zeigt uns die zunehmende Häufigkeit und Schwere komplexer Fehler, dass wir es uns nicht leisten können, erst im Anschluss an die Katastrophe zu handeln. Die Verringerung komplexer Fehler beginnt damit, dass man auf das achtet, was ich mehrdeutige Bedrohungen nenne. Während eindeutige Bedrohungen (ein Hurrikan der Kategorie 5 wird morgen Ihre Nachbarschaft treffen) leicht zu Korrekturmaßnahmen führen (evakuieren Sie Ihr Haus), neigen wir dazu, mehrdeutige Bedrohungen herunterzuspielen – und verpassen so die Chance, Schaden zu verhindern. Die Verharmlosung mehrdeutiger Bedrohungen ist das Gegenteil dessen, was in Organisationen mit hoher Zuverlässigkeit (HROs) geschieht. Ich habe diese Verharmlosung in verschiedenen Bereichen beobachtet, vom NASA Space Shuttle Programm über die Wall Street bis hin zur pharmazeutischen Medikamentenentwicklung. Was haben diese unterschiedlichen Bereiche neben der Komplexität gemeinsam? Es steht viel auf dem Spiel und der Wille zum Erfolg ist so stark, dass er die Menschen für subtile Warnsignale blind macht.

Achten Sie auf Frühwarnungen

Am 1. Februar 2003 brach die Raumfähre *Columbia*, der älteste von fünf Raumgleitern der Space-Shuttle-Flotte, beim Wiedereintritt in die Erdatmosphäre auseinander. Dabei kamen alle sieben Astronauten ums Leben. Spätere Untersuchungen ergaben, dass sich beim Start ein großes Stück Isolierschaumstoff von dem Außentank des Shuttles gelöst hatte, das Shuttle traf und ein großes Loch in der Tragfläche verursachte, was zum Scheitern der Mission führte.[66] Vielleicht wissen einige von Ihnen noch, wo sie waren, als sie diese Nachricht hörten – oder die Nachricht von der Tragödie beim Start der Raumfähre *Challenger* 17 Jahre zuvor. Ich erinnere mich lebhaft an diese Momente, vielleicht auch wegen der wagen Befürchtung, dass diese Art von Scheitern hätte verhindert werden können.

Wie Sie zweifellos schon erlebt haben, kommen Misserfolge manchmal aus heiterem Himmel – das heißt, niemand hat sie kommen sehen oder sich auch nur ein bisschen Sorgen über die Möglichkeit überhaupt gemacht. Das Scheitern des Space-Shuttle *Columbia* war nicht solch ein Fall!

Am 17. Januar 2003, einen Tag nach dem scheinbar erfolgreichen Start der Raumfähre *Columbia* und 15 Tage, bevor sie auseinanderbrach, sah sich Rodney Rocha, ein NASA-Ingenieur, das Video vom Start an. Irgendetwas sah nicht richtig aus. Als er auf dem Video einen körnigen Fleck sah, konnte Rocha nicht mit Sicherheit sagen, was es war, aber er befürchtete, dass ein Stück Isolierschaum vom Außentank der Raumfähre abgefallen sein und den linken Flügel getroffen haben könnte.[67] Kurz gesagt, er hatte eine mehrdeutige Bedrohung identifiziert. Ein Frühwarnsignal. Um mehr herauszufinden, würde er Bilder des Shuttleflügels von Spionagesatelliten benötigen, die er nur mithilfe des Verteidigungsministeriums erhalten konnte. Rochas Bitte um Bilder wurde von den NASA-Managern abgelehnt, vor allem wegen der allgemeinen Überzeugung, dass kleine Schaumstoffstückchen nicht gefährlich seien. Hätte man diese Flügelbilder erhalten, hätte die Katastrophe vielleicht vermieden werden können.

Eine mehrdeutige Bedohung ist genau das: mehrdeutig. Es könnte eine echte Bedrohung oder auch ungefährlich sein. Vielleicht fährt Ihr Auto problemlos, Ihr Sohn oder ihr Tochter verhält sich verantwortungsbewusst, und der Kurseinbruch an der Börse ist vielleicht gar nicht so schlimm. Im Nachhinein scheint die Erosion, die bei der Inspektion der Champlain Towers South durch den Ingenieur festgestellt wurde, ein klares Signal für einen bevorstehenden Einsturz zu sein – aber zum damaligen Zeitpunkt war sie unbestreitbar mehrdeutig. Mehrdeutige Bedrohungen sind problematisch, weil der Mensch von Natur aus dazu neigt, sie herunterzuspielen. Es ist natürlich und angenehmer, davon auszugehen, dass alles in Ordnung ist, und eine abwartende Haltung einzunehmen. Vielleicht haben Sie schon einmal von einem Bestätigungsfehler gehört – unsere Tendenz, das zu sehen, was wir erwarten.[68] Dadurch bestätigen wir eine bestehende Überzeugung oder Vorhersage, indem wir auf bestätigende Daten achten und nicht bestätigende Daten übersehen. Wie Sie im nächsten Kapitel sehen werden, müssen wir lernen selbstkritischer zu werden, um Frühwarnungen zu bemerken – und aktiv nach nicht bestätigenden Daten zu suchen, nur für den Fall der Fälle. Aber es ist ganz natürlich, eine abwartende Haltung einzunehmen, anstatt neugierig zu werden und sich ein subtiles Signal der Unregelmäßigkeit genauer anzusehen. Die Finanzindustrie hat kollektiv die Augen vor dem Risiko durch Hypotheken gesicherter Wertpapiere verschlossen.[69] Diese Wertpapiere bestanden aus wackeligen Krediten, die an Menschen vergeben wurden, die weder über Vermögen noch über ein Einkommen verfügten, das die Rückzahlung gewährleistet hätte. Als die Immobilienblase platzte, löste sie einen weiteren perfekten Sturm aus, als ein riesiges Netz von Finanzanlagen, die mit Hypotheken verbunden waren, im Wert einbrach. Boeing-Führungskräfte spielten das Risiko von Fehlfunktionen einer neuen Software herunter, um kostspielige Pilotenschulungen zu umgehen. Bei meinen Nachforschungen habe ich festgestellt, dass es ganz natürlich ist, subtile Risikosignale herunterzuspielen, aber das bedeutet nicht, dass es uns egal ist. Unsere Zuversicht, dass alles glatt läuft, wird durch Hoffnung, Erwartungen und frühere Erfahrungen gestärkt, dass die Dinge meist so funktionieren, wie sie sollten.

Ein Vorteil der Untersuchung des Scheiterns im öffentlichen Sektor ist die Verfügbarkeit von Informationen. Nachdem das *Columbia* Accident Investigation Board (CAIB) der US-Regierung am 26. August 2003 einen langen und detaillierten Bericht veröffentlicht hatte, machten mein Kollege Mike Roberto und ich uns daran, das Scheitern der Shuttle-Mission aus organisatorischer Sicht zu analysieren.[70] Wir nahmen bald einen weiteren Kollegen in das Team auf, den Arzt Richard Bohmer. Zu dritt verbrachten wir viele Monate damit, Protokolle und E-Mail-Korrespondenz rund um die *Columbia*-Katastrophe zu studieren. Schließlich erkannten (und benannten) wir das Phänomen der mehrdeutigen Bedrohungen als wesentlich für das Verständnis des Geschehens. Eine mehrdeutige Bedrohung entsteht, wenn mindestens eine Person ein potenzielles Risiko wahrnimmt – ein Risiko, das keineswegs eindeutig ist. Der Motor Ihres Autos macht ein komisches Geräusch, was bedeuten kann, dass er bald kaputt geht. Aber es kann auch sein, dass nichts passiert. Ihr Sohn nimmt an großen Partys teil, bei denen Alkohol im Spiel sein könnte. Ein Anstieg der Zwangsvollstreckungen von Immobilien könnte ein Zeichen für einen finanziellen Zusammenbruch sein. Rodney Rocha hat im Video vom *Colombia*-Start einen körnigen Fleck gesehen.

Die langjährigen Erfolge des Space-Shuttle-Programms – mehr als 110 erfolgreiche Missionen in den 17 Jahren seit dem misslungenen *Challenger*-Start –, die der *Columbia*-Mission vorausgingen, trugen zu der Nachlässigkeit bei, mit der die NASA-Leitung die mehrdeutige Bedrohung herunterspielte. Die

Ingenieure verfügten nicht über ausreichende Daten, dachten aber, dass das Video auf ein größeres Stück Schaum hinweisen könnte, das auf die Tragfläche des Shuttles zuraste. Leitende Angestellte betrachteten Schaumeinschläge als Wartungsprobleme, die zwar ärgerlich, aber nicht katastrophal waren. Die Stärke der gemeinsamen Überzeugung der Führenden verhinderte weitere Untersuchungen.

Sowohl die menschliche Wahrnehmung als auch organisatorische Systeme unterdrücken subtile Gefahrensignale, was komplexe Fehlschläge wahrscheinlicher macht. Die NASA-Manager wiesen die Bedenken der Ingenieure zurück, weil die Voreingenommenheit und Protokolle der Manager die Überzeugung verstärkten, dass Schaumeinschläge schlimmstenfalls ein Ärgernis seien. Shuttle-Missionen waren jahrelang trotz kleinerer Schaumeinschläge sicher zur Erde zurückgekehrt. Dieselben kognitiven Faktoren erklären, warum so viele Führungskräfte nicht begriffen, dass ein neuartiges Coronavirus die Welt zum Stillstand bringen und Millionen unnötiger Todesopfer fordern könnte. Wären sie in der Lage gewesen, die Bedrohung durch COVID-19 schneller zu erkennen, hätten sie früher und mit größerer Überzeugung vorbeugende Maßnahmen für die öffentliche Gesundheit ergreifen können.

Wie können wir angesichts der inhärenten Herausforderung, auf mehrdeutige Bedrohungen zu reagieren, um komplexe Fehlschläge in unserem Leben zu verhindern? Um diese Frage zu beantworten, können wir einen Blick auf einige ungewöhnliche Organisationen werfen, denen das gelingt.

Das Reaktionsfenster nutzen

Um unserer Neigung entgegenzuwirken, mehrdeutige Bedrohungen herunterzuspielen, sollten Sie sich das Zeitfenster vor Augen führen, in dem eine wirksame Antwort noch möglich ist, bevor ein komplexer Fehler auftritt. Das Zeitfenster öffnet sich, wenn jemand ein – wenn auch noch so schwaches – Signal erkennt, dass ein Scheitern bevorstehen könnte. Es schließt sich, wenn der Fehler auftritt. Die Reaktionsfenster können zwischen Minuten und Monaten liegen. Wenn sie erkannt werden, bieten sie entscheidende Gelegenheiten zur Identifizierung, Bewertung und Reaktion – zunächst, um mehr über das Geschehen zu erfahren, und dann gegebenenfalls korrigierende Maßnahmen zu ergreifen. Hätte die NASA beispielsweise Satellitenbilder angefordert, wäre klar gewesen, dass der Schaden durch den Schaumeinschlag eine echte Gefahr für die Besatzung darstellte.[71] Stattdessen hat die NASA das Zeitfenster für die Bergung verstreichen lassen. Auch die Woche zwischen dem ersten versehentlichen Auslösen einer Schusswaffe am Filmset von *Rust* und dem tragischen

Unfall, der zum Tod von Halyna Hutchins führte, bot ein Zeitfenster für eine entsprechende Reaktion, das verpasst wurde. Das Gleiche gilt für die Monate zwischen dem ersten und dem zweiten Absturz der Boeing MAX, obwohl die Piloten dem anonymen Meldesystem der NASA (ASRS) vier Berichte über ihre Bedenken vorgelegt haben. Das Simulatortraining für Piloten, die später die neue Boeing 737 MAX flogen, hätte Erfahrungen mit Fehlfunktionen des MCAS-Systems geliefert. Dadurch hätten die Piloten gewusst, wie sie reagieren können, wenn das Flugzeug zu stürzen begann.

Reaktionsfenster können als wertvolle Gelegenheiten für schnelles Lernen betrachtet werden. Dies gilt selbst dann, wenn sich eine Bedrohung als harmlos herausstellt. Wenn Eltern beispielsweise offen mit ihren Teenagern über die Gefahren von Alkohol am Steuer sprechen und sie wissen lassen, dass sie jederzeit anzurufen können, um abgeholt zu werden, ohne sich rechtfertigen zu müssen, ist dies eine kluge Reaktion auf eine mehrdeutige Bedrohung und kann einen tragischen Unfall verhindern. Aber diese Reaktionsfenster hängen von der Bereitschaft ab, sich zu äußern, ohne die Gewissheit zu haben, dass ein Scheitern bevorstehen könnte. Auf diese Weise trägt ein psychologisch sicheres Umfeld dazu bei, wertlose Fehler zu verhindern.

Fehlalarme sind willkommen

Wie können wir komplexe Fehler erkennen, bevor sie eintreten? Die eigentliche Natur eines komplexen Scheiterns – die vielfältigen Faktoren, die auf einzigartige, noch nie dagewesene Weise zusammenwirken – lässt diese Idee wie eine vergebliche Mühe erscheinen. Doch es gibt einfache, elegante Möglichkeiten, es zu versuchen.

Es beginnt damit, dass Sie Ihre Einstellung zu Fehlalarmen ändern.

Erinnern Sie sich daran, dass jeder Arbeiter in einer Toyota-Fabrik eine Andon-Schnur ziehen kann, um einen Teamleiter auf einen möglichen Fehler aufmerksam zu machen, bevor dieser zu einem Produktionsausfall führt. Der Teamleiter und das Teammitglied untersuchen das potenzielle Problem, wie klein es auch sein mag, und beheben es gemeinsam oder erkennen, dass keine Gefahr besteht. Wenn nur einer von zwölf Zügen an der Andon-Schnur das Fließband wegen eines echten Problems anhält, könnte man meinen, das Unternehmen sei verärgert, weil es die Zeit der Vorgesetzten damit vergeudet, den elf Fehlalarmen nachzugehen.

Aber das Gegenteil ist der Fall ist. Eine gezogene Andon-Schnur, die keinen tatsächlichen Fehler erkennen lässt, wird als nützliche Übung betrachtet. Der Fehlalarm wird als wertvoller Lernmoment empfunden, als willkommene Aufklärung darüber, wie Dinge schiefgehen können und wie man sich anpassen kann, um diese Möglichkeit zu verringern. Dies ist keine kulturelle Feinheit, es ist ein praktischer Ansatz. Jedes Ziehen an der Andon-Schnur wird als wertvolle Episode betrachtet, die langfristig Zeit spart und die Qualität fördert.

Ein ähnlicher Ansatz wird bei einer faszinierenden Innovation im Gesundheitswesen verfolgt, dem Rapid Response Team (RRT). Sie wurden entwickelt, um auf Hilferufe einer Pflegekraft am Krankenbett zu reagieren, die eine subtile Veränderung bei einem Patienten beobachtet (zum Beispiel Hautblässe oder Stimmung), die auf eine unmittelbare Gefahr wie einen Herzinfarkt hindeuten könnte – aber nicht muss. Innerhalb von Minuten kommen spezialisierte Ärzte und Pflegende am Krankenbett zusammen, um die Situation zu beurteilen und gegebenenfalls einzugreifen. Vor der Einführung der RRTs forderten die Pflegenden ein externes Team nur bei wirklichen Notfällen an, beispielsweise bei einem echten Herzinfarkt, der eine Reanimation erforderte.

Die vor zwei Jahrzehnten in Australien eingeführten RRTs haben die Häufigkeit von Herzinfarkten verringert.[72] Zehn Jahre später betreuten Mike Roberto, David Ager und ich eine preisgekrönte Bachelor-Arbeit von Jason Park an der Harvard University über vier Krankenhäuser in den Vereinigten Staaten, die sich schon früh für den Einsatz von Rapid Response Teams entschieden hatten.[73] Wir begannen, RRTs als ein Instrument zu betrachten, das mehrdeutige Bedrohungen verstärkt. So wie Menschen, die mit einem Megafon zu einer Menschenmenge sprechen, ihre Stimme verstärken, so verstärken RRTs und die Andon-Schnur mehrdeutige Signale eines komplexen Scheiterns. Verstärken bedeutet nicht übertreiben; aber durch das Verstärken können wir auch ein leises Signal hören.

Die Verstärkung eines mehrdeutigen Anzeichens, dass bei einem Patienten etwas nicht in Ordnung sein könnte, führte letztlich zu einer Verringerung der Fälle von Herzversagen. Erstens wurde es unwahrscheinlicher, dass Pflegende – Mitarbeitende vor Ort mit relativ geringem Einfluss in der Krankenhaushierarchie – ignoriert wurden, wenn sie ein Frühwarnsignal meldeten, wie zum Beispiel Veränderungen in der Atmung oder der Wahrnehmungsfähigkeit eines Patienten.[74] RRTs legitimierten solche Anrufe. Zweitens fühlten sich selbst unerfahrene Pflegende sicherer, wenn sie etwas über einen Patienten sagten, das nicht richtig aussah oder sich nicht richtig anfühlte – selbst eine Veränderung der Stimmung konnte ausreichen.

Vielleicht kennen Sie die Fabel »Der Junge, der Wolf rief« von Äsop, in der ein Hirtenjunge häufig, aber fälschlicherweise vor einem nahenden Wolf warnt. Als der Wolf schließlich auftaucht, hört niemand auf ihn, und alle Schafe (und in einigen Versionen auch der Junge) werden gefressen. Die Botschaft an unzählige Generationen von Kindern? Vielleicht sollte sie lauten: »Lüg nicht«, aber mir scheint, dass viele von uns die Botschaft so verinnerlicht haben: »Sag nichts, wenn du dir nicht sicher bist«.

Niemand möchte für dumm gehalten werden, wenn er auf ein Gefühl aufmerksam macht, das sich als unbegründet herausstellt. Bestimmt fällt Ihnen ein, dass Sie einmal eine Sorge nicht erwähnt haben, weil Sie befürchteten, es handele sich um einen falschen Alarm. Vielleicht dachten Sie, man würde Sie auslachen oder für naiv halten, weil Sie das Thema ansprechen. Es ist immer einfacher, abzuwarten, ob jemand anderes es erwähnt. Um diese allgegenwärtige Tendenz zu überwinden, enthielten die Best Practices für RRTs eine Liste von Frühwarnsignalen, die das Pflegepersonal zur Legitimierung seiner Anrufe heranziehen konnte. Diese Liste half den Pflegenden, ihre vage Vermutung zu äußern – denn sie hielten sich einfach an das Protokoll. Wenn das RRT auftauchte, kamen mehrere geschulte Augen an das Krankenbett, um zu beurteilen, ob die Patientin in Not war.

Das ist mehr als Wachsamkeit. Wenn Menschen die Erlaubnis erhalten, schwache Signale zu verstärken und zu bewerten (zum Beispiel mit einer Andon-Schnur oder einem Rapid Response Team), werden sie aufgefordert, sich mit ganzem Herzen auf ihre Arbeit einzulassen. Dazu gehört auch die unvermeidliche Ungewissheit, die ihnen zeigt, dass das, was sie sehen, hören und denken, eine wichtige Rolle spielt. Gut durchdachte RRT-Systeme fördern die Inklusion, weil sie betonen, dass die für die Diagnose benötigte Zeit eine lohnende Investition ist, wenn die Zahl der Todesopfer verringert werden kann. Je früher ein sich anbahnendes Problem erkannt wird, desto größer ist die Möglichkeit, es zu lösen und Schaden abzuwenden. Eine Studie der Stanford University ergab eine 71-prozentige Reduzierung von Reanimationen und eine 16-prozentige Verringerung der risikobereinigten Sterblichkeit nach der Einführung von RRT's.[75] Interessanterweise konnte in anderen Studien keine Verbesserung festgestellt werden. Woher kam der Unterschied?

Es reicht nicht aus, einfach ein RRT-Programm anzukündigen. Es kommt darauf an, wie es umgesetzt wird. Wenn das Krankenhauspersonal erwartet, dass RRT's jedes Mal eine versteckte tödliche Bedrohung aufdecken, werden alle bald der Fehlalarme überdrüssig sein und das Programm wird auslaufen. Wenn Fehlalarme jedoch als nützliche Trainingseinheiten gefeiert werden, die die Teamfähigkeit stärken, dann sind Fehlalarme keine Zeitverschwendung, sondern als wertvoll – wie es bei Toyota vorgelebt wird.[76] In seinem aufschlussreichen Buch *Know What You Don't Know* beschreibt Mike Roberto die den RRTs zugrunde liegende Denkweise und erklärt, dass dadurch Rauch erkannt wird, um später nicht das Feuer bekämpfen zu müssen.[77]

Wie würden Sie diese Idee in Ihrem Team – oder Ihrer Familie – umsetzen? Es ist genauso einfach, wie andere dafür zu würdigen, dass sie sich mit einem Anliegen zu Wort melden – unabhängig davon, ob sich dieses Anliegen als echt oder eingebildet herausstellt. Wenn man sich bei anderen dafür bedankt, dass sie das kleine Risiko auf sich nehmen, sich zu äußern, ohne sich sicher zu sein, wird dieses Verhalten bestärkt, und es werden regelmäßig schwere Unfälle vermieden.

Über das Problem hinausdenken

Das Aufspüren und Korrigieren von Fehlern, um wirklich sichere Arbeitsplätze zu schaffen – sei es in einer Fabrik, einem Krankenhaus oder einem Flugzeug –, erfordert eine Kultur der Wachsamkeit. Die Einführung der Andon-Schnur, die verhindert, dass kleine Fehler zu großen werden, trägt zum Aufbau einer solchen Kultur bei, ebenso wie die Konsequenzen für das Schlafen am Arbeitsplatz. Denn wir wissen ganz genau, dass etwas schiefgehen kann.

Kürzlich führte ich ein Interview mit Aaron Dimmock, einem ehemaligen Marinepiloten, über ein Ereignis, bei dem er erfolgreich einen komplexen Fehler vermieden hat. Als pensionierter Lehrpilot bei der *Naval Air Training and Operating Procedures Standardization* flog Dimmock zahllose Einsatz- und Ausbildungsflüge, darunter auch solche zur Beurteilung der Einsatzbereitschaft von Flugzeugen. Er erzählte mir von einem routinemäßigen Wartungsflug in Puerto Rico vor einigen Jahren, bei dem er und sein Team überprüfen mussten, ob das Flugzeug gut genug funktionierte, um einsatzfähig zu sein. Neben Aaron bestand die Besatzung aus einem zweiten Piloten, einem Flugingenieur und einem Beobachter.

Während des Fluges traten vier unerwartete Probleme auf: (1) nach dem Start fuhr das Fahrwerk nicht ganz hoch; (2) ein Triebwerk, das nach dem Abschalten wieder anlaufen sollte, lief nicht wieder an; (3) ein zweites Triebwerk versagte; und (4) das Fahrwerk war beim Landeanflug defekt. Hätten sich diese Abweichungen wie bei einem Schweizer Käse aneinandergereiht, hätte das daraus resultierende komplexe Scheitern wahrscheinlich zum Absturz, einem massiven Verlust von Ausrüstung oder sogar dem Tod der Besatzung geführt. Stattdessen sind Aaron und seine Crew sicher gelandet, weil sie an jedem der Löcher des Schweizer Käses korrigierend eingegriffen haben. Wie, fragte ich, sind Sie dabei vorgegangen?

Aaron erklärte, dass er und sein Team in jedem der Fälle, in denen etwas schiefgelaufen war, in der Lage waren, »über das Problem hinauszudenken«. Anstatt in dem »Problem« oder dem unmittelbaren Fehler zu verharren, konnten sie darüber hinausdenken« und zusammenarbeiten, um sich dem sogenannten »Erkennen und Korrigieren« zu widmen.

Wie geht dieser Prozess vor sich? Zunächst stellten sie in jedem Fall fest, dass etwas nicht in Ordnung war – mit dem Fahrwerk oder den Triebwerken. Das ist der Aspekt des *Erkennens* bei diesem Vorgehen. Zweitens reagierten sie auf jeden Fehler systematisch und sorgfältig, sobald er auftrat. »Wir sind zuversichtlich, aber nicht übermütig«, fuhr Aaron fort, »und wir sind in der Lage, im Flugzeug die Ruhe zu bewahren, sodass wir alle vier zu dem Gespräch über eine mögliche Lösung beitragen können. ›Wie sieht das Triebwerk aus? Was hören Sie?‹ Alle vier von uns teilen so genau wie möglich mit, was wir sehen, und dann fügen wir diese Informationen zusammen, um eine Entscheidung zu treffen. Wir schaffen einen sicheren Raum, in dem wir uns gegenseitig herausfordern und austauschen können.«

Das ist der Aspekt der *Korrektur* in dem Prozess von »Erkennen und Korrigieren«.

»Ich muss dafür sorgen, dass jeder sich äußern kann«, sagte Aaron, als ich ihn nach seiner wichtigsten Aufgabe als Teamleiter fragte. »Es gab Zeiten, in denen es großartig war, die Meinung des Flugingenieurs zu hören, aber es gab auch Momente, wo er seine Sichtweise als das A und O betrachtete.« Das war der Zeitpunkt, an dem Aaron sich einmischte. Er forderte die anderen Besatzungsmitglieder auf, ihre Meinung zu sagen. »Tom, was denkst du?« »Petty Officer Robbins, was ist mit Ihnen?« Dies ist ein wichtiger Punkt in Bezug auf die psychologische Sicherheit: Sie muss kultiviert werden, damit wichtige Stimmen nicht verloren gehen. Dafür zu sorgen, dass jeder gehört wird, ist keine Frage des guten Benehmens oder der Integration um ihrer selbst willen. Vielmehr ist es nötig, um ein Flugzeug in der Luft zu halten und sicher zu landen.

Im Gegensatz dazu war der Ingenieur Rodney Rocha im Vorfeld des Starts der Raumfähre *Columbia*, bei dem die Risiken der Raumfahrt eskalierten, mit einer Unternehmenskultur konfrontiert, in der es schwierig war, seine Meinung zu äußern. Aus den Sitzungsprotokollen geht eindeutig hervor, dass die NASA-Manager nicht aktiv nach abweichenden Meinungen suchten. Die Ingenieure berichteten, dass sie sich kaum in der Lage fühlten, offen über potenzielle Gefahren zu sprechen, schwierige Fragen zu stellen oder Ansichten zu äußern, die im Widerspruch zu denen ihrer Vorgesetzten standen. Dasselbe gilt für Ingenieure bei Boeing vor dem Scheitern des MAX-Modells.

DIE MÖGLICHKEIT VON FEHLERN AKZEPTIEREN, UM DAS AUFTRETEN VON FEHLERN ZU VERRINGERN

Meine jahrzehntelange Faszination für Fehler und Scheitern sowie deren Folgen hat mich angesichts der Komplexität dieser Themen bescheiden gemacht. Die Vielzahl von Faktoren – Technologie, Psychologie, Management, Systeme – ist der Grund dafür, dass niemand von uns jeden Aspekt des relevanten Wissens beherrschen kann, um das Gefühl zu bekommen, »es im Griff zu haben«. Aus meiner Arbeit haben sich jedoch einige einfache Praktiken herauskristallisiert, die dazu beitragen können, komplexe Fehler zu vermeiden. Mit ihnen haben wir alle die Macht, etwas zum Positiven zu verändern – in unserem eigenen Leben und in den Organisationen, die uns wichtig sind.

Es beginnt damit, einen *Verständnisrahmen* zu setzen. Wenn man die Komplexität oder die Neuartigkeit einer Situation explizit hervorhebt, wird man in den richtigen Geisteszustand versetzt. Andernfalls neigen wir zu der Erwartung, dass alles glatt läuft. »Ich habe noch nie einen perfekten Flug gesteuert«, sagte Kapitän Ben Berman, vom dem Sie in Kapitel 6 wieder lesen werden. Da er weiß, dass seine Crew-Mitglieder aufgrund seines Ranges zögern könnten, ihre Meinung zu sagen, verringert er dieses Risiko, indem er sie wissen lässt, dass er damit rechnet, Fehler zu machen. Er gibt dem vermeintlichen Routineflug, der vor ihm liegt, den Verständnisrahmen, dass es alles andere als Routine ist, ein Flugzeug sicher ans Ziel zu bringen.

Achten Sie außerdem darauf, schwache Signale zu *verstärken*, anstatt sie zu unterdrücken. Stellen Sie sich vor, Sie stehen vor einer Menschenmenge und versuchen, gehört zu werden. Ihre Stimme wird vom Wind fortgetragen, Ihre Worte werden nicht gehört. Sie brauchen ein Megafon, damit die Leute Sie hören können. Das Gleiche gilt für ein Team, eine Organisation oder eine Familie. Wir kennen die menschliche Tendenz, schwache Signale zu ignorieren (am Set von *Rust*) oder herunterzuspielen (bei der Boeing 737 MAX oder der *Columbia*-Katastrophe), die auf komplexe Fehlschläge hindeuten können. Deshalb liegt es an uns, sie lange genug zu verstärken, um zu hören, was sie zu sagen haben. Verstärken bedeutet nicht, dass wir übertreiben oder uns endlos damit aufhalten; es bedeutet einfach, *dafür zu sorgen, dass ein Signal gehört werden kann.* Und wenn die Botschaft am Ende lautet: »Alles ist gut«, müssen wir lernen, trotzdem froh zu sein, dass wir gefragt haben.

Und als letzten Punkt: Machen Sie es sich zur Gewohnheit, *zu üben.* Musikerinnen, Sportler oder Schauspieler proben und trainieren vor einem Auftritt, um so gut wie möglich vorbereitet zu sein. In Unternehmen mit herausragenden Sicherheitsbilanzen – wie zum Beispiel Alcoa unter Paul O'Neill – sollten Sie sich nicht wundern, wenn die Mitarbeitenden regelmäßig Probeläufe oder Übungen durchführen. Diese Unternehmen sind nicht deshalb so erfolgreich, weil sie herausgefunden haben, wie man menschliches Scheitern ausschalten kann. Nein, sie erreichen beeindruckende Erfolge, weil sie Fehler erkennen und korrigieren. Das erfordert Übung. Es hilft auch, eine Kultur zu schaffen, in der Übungen einen hohen Stellenwert haben. Flugsimulatoren, Brandschutzübungen, Schießübungen und Rapid Response Teams sind Beispiele dafür, um besser auf Probleme vorbereitet zu sein, wenn sie tatsächlich auftreten. Es ist nicht möglich, für jeden Fehler Notfallpläne zu erstellen. Aber es ist möglich, sich emotional und im Verhalten vorzubereiten, um auf menschliches Versagen und unerwartete Ereignisse schnell und gelassen zu reagieren.

Alle drei hier vorgestellten Praktiken werden durch Kompetenzen ermöglicht und gefördert, die ich als Selbstbewusstheit, Situationsbewusstheit und Systembewusstheit bezeichne – die Themen, denen wir uns als Nächstes zuwenden.

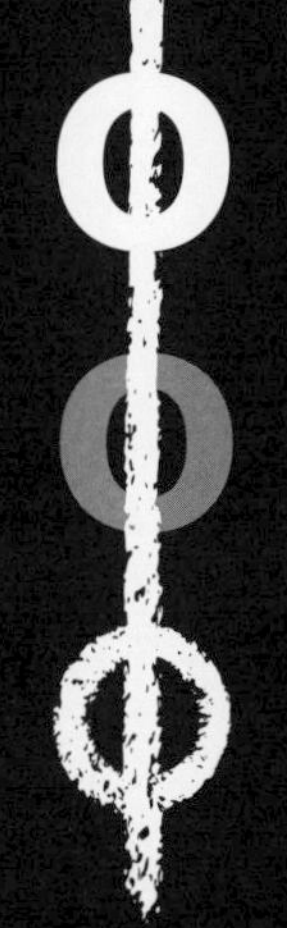

TEIL 2

Die Wissenschaft des klugen Scheiterns in der Praxis anwenden

KAPITEL 5

WIR HABEN DEN FEIND GETROFFEN

Zwischen Stimulus und Reaktion gibt es einen Raum. In diesem Raum liegt unsere Macht, unsere Reaktion zu wählen. In unserer Reaktion liegen unser Wachstum und unsere Freiheit.
– Viktor E. Frankl (zugeschrieben)

Er setzte jeden Penny, den er hatte, auf eine Wirtschaftsprognose, die sich als völlig falsch herausstellte. Als Unternehmer mit beneidenswerter Energie und Intelligenz, ausgestattet mit einem MBA von Harvard, hatte Ray Dalio gelernt, Erfolg zu erwarten. Bridgewater Associates, das Investmentunternehmen, das er im Alter von 26 Jahren gegründet hatte, verzeichnete sieben Jahre lang phänomenale Renditen.[1] Das machte Dalio zu einem häufigen Gast in Nachrichtensendungen, in denen über die Geschäftswelt oder den Aktienmarkt diskutiert wurde. Besonders stolz war er auf seine Fähigkeit, langfristige Trends genau vorherzusagen. Aber plötzlich, im Jahre 1982 und im Alter von 33 Jahren, war er plötzlich nicht mehr in der Lage, die Rechnungen seiner Familie zu bezahlen.

Dalio war davon überzeugt, dass die US-Wirtschaft aufgrund der anhaltenden Turbulenzen auf eine Krise zusteuerte. Er war sich bewusst, dass seine Vorhersage umstritten war, war sich jedoch absolut sicher, dass er recht hat. Die meisten Menschen, so hatte er sich eingeredet, lagen einfach falsch. Also ging er ein enormes Risiko ein und unternahm eine Investition, von der er sich enorme Erträge versprach. Aber anstatt in eine Rezession zu geraten, erlebte die US-Wirtschaft eine der längsten Wachstumsperioden ihrer Geschichte.[2]

Inzwischen werden die Leser und Leserinnen dieses Buches verstehen, dass es zum Leben in einer komplexen und unsicheren Welt gehört, sich zu irren. Es ist keine Schande, beim Blick in die Zukunft falsch zu liegen. Egal wie gut wir unsere Hausaufgaben machen und egal, wie viele Überlegungen wir in unsere Vorhersagen einfließen lassen, einige von ihnen werden sich als falsch erweisen. Fragen Sie einfach Thomas Edison. Oder Jennifer Heemstra. Wer nichts wagt, der nichts gewinnt – vor allem, wenn es um kluges Scheitern geht. Es ist jedoch erwähnenswert, dass Dalios Scheitern nicht alle Kriterien erfüllt, um als klug bezeichnet zu werden. Ja, er verfolgte eine *Gelegenheit* in einem *neuen Gebiet,* und er hatte seine *Hausaufgaben* gemacht (nur wenige haben das Marktverhalten besser studiert als Ray Dalio). Indem er jedoch sein ganzes Vermögen setzte, missachtete Dalio ein entscheidendes Kriterium für kluges Scheitern – nämlich *kleine* Risiken einzugehen. Sein Einsatz war einfach zu hoch, um angesichts der inhärenten Ungewissheit bei der Wirtschaftsentwicklung als klug zu gelten.

»Diesen Einsatz zu verlieren, war wie ein Schlag mit einem Baseballschläger gegen meinen Kopf«, erinnert sich Dalio. »Ich ging bankrott und musste mir von meinem Vater 4000 Dollar leihen, um die Rechnungen meiner Familie zu bezahlen.«[3] Schlimmer noch, so Dalio weiter, »ich war gezwungen, die Leute zu entlassen, die mir so viel bedeuteten – bis mein Unternehmen nur noch einen einzigen Mitarbeiter hatte: mich.« Dalios Geschichte des Scheiterns ist eine der beeindruckendsten, die mir begegnet ist. Gleichzeitig hat sie zu einer der dramatischsten persönlichen Kehrtwendungen geführt.

Heute nennt Dalio dieses Scheitern als eine der Hauptursachen für seinen baldigen außerordentlichen Erfolg, einschließlich der Tatsache, dass seine Firma zum größten und profitabelsten Hedgefonds der Geschichte wurde: »Rückblickend war dieses Scheitern eines der besten Dinge, die mir je passiert sind. Er gab mir die Demut, die ich brauchte, um meine Aggressivität auszugleichen und meine Denkweise von ›Ich habe recht‹ auf ›*Woher weiß ich,* dass ich recht habe?‹ umzustellen.«[4]

Woher weiß ich, dass ich recht habe?

Das ist eine wichtige Frage. Wenn wir klug scheitern – und gut leben – wollen, ist es wichtig, dass wir von Grund auf bescheiden und neugierig werden. Das ist ein Zustand, der für Erwachsene nicht selbstverständlich ist. Psychologinnen und Neurowissenschaftler haben herausgefunden, dass wir viel zu oft, wenn es um unsere Gesundheit und unseren Erfolg geht, von einer Art automatischem Gefühl geblendet werden, dass wir im Recht sind – der sogenannte Bestätigungsfehler. Wir übersehen Hinweise, die darauf hindeuten, dass wir falsch liegen. In anderen Fällen sind wir uns insgeheim bewusst, dass wir eine Situation falsch eingeschätzt haben, aber wir geben es nur ungern zu. Ray Dalio betrachtete sein großes und öffentliches Scheitern aus genau diesem Grund als ein Geschenk: Es war unmöglich, es zu ignorieren: »So falsch zu liegen – und das in aller Öffentlichkeit – war unglaublich demütigend und kostete mich so ziemlich alles, was ich bei Bridgewater aufgebaut hatte.«[5]

Er hatte keine andere Wahl, als daraus zu lernen.

Die meisten von uns haben nicht so viel Glück. Wir gehen unserer Arbeit und unserem Leben nach, behindert durch einige gut dokumentierte menschliche Schwächen, die es schwierig machen, die wertvollen Lektionen zu lernen, die Misserfolge bieten. Ein Teil des Problems besteht darin, dass wir uns scheuen, unser Scheitern mit anderen zu teilen – eine bekannte Wahrheit, die heute durch die sozialen Medien verschärft wird. Dadurch wird es für uns alle schwerer, daraus zu lernen. Wichtige Informationen gehen verloren, und wir sind dazu verdammt, Fehler zu wiederholen, anstatt sie zu verhindern.

Für manche muss ein Scheitern so groß sein, dass es nicht zu leugnen ist, um daraus zu lernen. Wie häufig brauchen wir ein böses Erwachen, damit wir innehalten und uns fragen, was wir falsch gemacht haben! Dalios Scheitern war nicht nur in finanzieller, sondern auch in intellektueller und emotionaler Hinsicht verheerend. Die Schuld lag nur bei ihm selbst. Er war zu oft der Klügste von allen, was es umso schmerzhafter machte, nun so drastisch danebengelegen zu haben. Dafür war es umso hilfreicher für die spätere Herangehensweise an seine Arbeit.

Aber solch ein öffentliches Fiasko ist nicht nötig, um unsere Denkweise zu ändern, damit wir besser mit den Unannehmlichkeiten und Peinlichkeiten des gewöhnlichen, alltäglichen Scheiterns umgehen können. Wir müssen nur eine neue Denkweise lernen, in der Lernen wichtiger ist als Wissen.

WER, ICH? DAS KANN NICHT SEIN!

Es ist ein guter Anfang, den Instinkt zu überwinden, jemanden oder etwas zu finden, dem man die Schuld für jeden noch so kleinen Fehler geben kann. Vielleicht erinnern Sie sich noch an das Lied »Wer hat den Keks aus der Dose geklaut?« aus Ihrer Kindheit – ein Lied, das in einer Endlosschleife gesungen wird, wobei jede Strophe direkt in die nächste übergeht und der Refrain nie endet. Jemand singt: »Wer hat den Keks aus der Dose geklaut?«, und schon geht es los, wobei ein Kind nach dem anderen die Anschuldigung enthusiastisch zurückweist (»Wer, ich? Das kann nicht sein!«) und weitergibt, bis alle des Liedes überdrüssig sind. Das Ritual des Leugnens und der Weitergabe der Schuld bringt Lachen und Anerkennung. Wir weichen instinktiv der Schuld aus. Erinnern Sie sich an den dreijährigen Sohn meines Freundes Sander, der nach dem kleinen Zusammenstoß seines Vaters mit einem geparkten Auto sofort seine Unschuld beteuerte.

In den vorangegangenen Kapiteln wurden Menschen vorgestellt, die aus allen möglichen Fehlern – von denen viele intelligent waren – mit Neugierde und Widerstandsfähigkeit gelernt haben. Menschen wie James West, Jennifer Heemstra und Clarence Dennis setzten die Lehren, die sie aus schmerzhaften Rückschlägen zogen, geschickt ein, um ein erfolgreiches und erfülltes Leben zu führen. Aber es fällt uns nicht leicht, uns klug mit dem Scheitern auseinanderzusetzen; *wir müssen es lernen*. Dieses Kapitel geht der Frage nach, wie uns spontanes Denken daran hindert, selbst den klügsten Fehlschlägen konstruktiv zu begegnen. Und es werden Praktiken beschrieben, die dabei helfen können. Diese Verhaltensweisen können von jedem angewandt werden, der sich in die Riege der Experten des Scheiterns einreihen will, die wir in diesem Buch kennengelernt haben. Diese Handlungsweisen gelten gleichermaßen für Ihr privates und berufliches Leben. Sie wurden von Psychologinnen, Künstlern, Sportlerinnen, Wissenschaftlern und Ärztinnen entwickelt oder angewandt. Und sie haben eines gemeinsam: Niemand kann es Ihnen abnehmen, sie selbst zu kultivieren.

WIE WIR GEPRÄGT SIND

Unsere Abneigung gegen Misserfolge wird in verschiedenen Bereichen untersucht, von den Neurowissenschaften bis hin zum Organisationsverhalten. Ich habe zum ersten Mal 1987 in Daniel Golemans klugen Buch *Lebenslügen: Die Psychologie der Selbsttäuschung* etwas über die zusammenhängende Dynamik unserer Gehirne und sozialen Systeme gelernt.[6] Ich war sofort begeistert. Goleman schrieb über Mechanismen auf drei Ebenen – Kognition, Gruppendynamik und institutionelle Systeme –, die sich gegenseitig verstärken und uns für unangenehme Wahrheiten blind machen. Scheitern ist sicherlich eine unangenehme Wahrheit. Diese mehrstufigen Selbstschutzmechanismen heben unsere Stimmung im Moment, schaden aber langfristig unserem Leben und unseren Beziehungen.

Glauben heißt sehen

Zunächst einmal sind unsere Gehirne so geprägt, dass wir unsere Fehler leicht übersehen und uns oft gar nicht bewusst sind, dass wir versagt haben. Ich spreche hier nicht von vorsätzlicher Verleugnung, es ist eher so, dass wir entscheidende Signale übersehen, die auf die Notwendigkeit von Korrekturmaßnahmen hinweisen. Selbst wenn Sie mit dem Konzept der Bestätigungsfehler vertraut sind, halten Sie wahrscheinlich selten inne, um darüber nachzudenken, welche Rolle sie in Ihrem täglichen Leben spielen. Sind Sie schon einmal mit dem Auto unterwegs gewesen, überzeugt davon, dass Sie auf Ihr Ziel zusteuern, und haben dann plötzlich festgestellt, dass Sie sich verfahren haben? Haben Sie möglicherweise rätselhafte Signale entlang der Strecke übersehen (»Wie seltsam, sie haben das Schild versetzt«), die darauf hinwiesen, dass Sie sich verfahren haben? Mir ist das schon passiert. Für mich liegt es irgendwo zwischen Peinlichkeit und Lachen, wenn die Wahrheit meines Irrtums plötzlich unbestreitbar wird (der Sonnenuntergang war doch immer in einer ganz anderen Richtung zu sehen, ich muss mich wohl verfahren haben).

Selbst Experten auf dem Gebiet der Datenauswertung können sich von ihren Überzeugungen täuschen lassen. Wir alle nehmen leicht Signale wahr, die unsere bestehenden Überzeugungen bestärken, und blenden unbewusst Signale aus, die sie in Frage stellen. Dies gilt sowohl für bestimmte Situationen (die Richtung, in die ich gerade fahre) als auch für allgemeine Meinungen über die Welt (der Klimawandel ist ein Scherz). Um zu sehen, wie das funktioniert, können Sie darauf achten, dass Sie wahrscheinlich Nachrichten-Feeds bevorzugen, die Ihnen Updates liefern, die Ihre bestehende Interpretation bestimmter Ereignisse bekräftigen.[7] Denken Sie daran, wie hartnäckig Ray Dalio die Signale übersehen haben muss, die seine Interpretation der wirtschaftlichen Entwicklung in Frage gestellt hätten. Er war anfällig dafür, nur die Signale zu bemerken, die seine Vorhersage bestätigten. Überlegen Sie, während Sie dieses Kapitel lesen, wo in Ihrem Leben der Bestätigungsfehler auftaucht. Die Chancen stehen gut, dass sich jeder von uns einiger selbstverschuldeter Fehler nie bewusstwird (die Bemerkung, die in einer Besprechung schlecht ankommt) und von anderen Fehlern überrascht wird (weil er die Signale übersehen hat), die nicht zu übersehen waren (zum Beispiel eine Kündigung).

Die Sunk Cost Fallacy (die Falle der versunkenen oder irreversiblen Kosten) – die Tendenz, an einer verlustreichen Handlung festzuhalten, nachdem man Zeit oder Geld in sie investiert hat, obwohl es vorteilhafter wäre, damit aufzuhören – ist eine Art Bestätigungsfehler. Wir können nicht glauben, dass wir uns in unserer ersten Einschätzung geirrt haben, wollen es nicht überdenken und bleiben deshalb dabei, weshalb wir noch mehr in die Irre gehen – wir werfen Geld aus dem Fenster, wie man so schön sagt. Der Unwille zu glauben, dass unsere anfängliche Einschätzung falsch ist, ist einer der Gründe dafür, dass ansonsten intelligente Fehler im Neuland – zum Beispiel bei einem Innovationsprojekt eines Unternehmens – weniger intelligent werden: Die Teams machen weiter, obwohl sie sich zunehmend unausgesprochen bewusst sind, dass das Projekt zum Scheitern verurteilt ist.

Bestätigungsfehler werden durch unsere natürliche Motivation genährt, unser Selbstwertgefühl aufrechtzuerhalten. Deshalb blenden wir Signale aus, die darauf hinweisen, dass wir falsch liegen könnten. Menschen, die stark narzisstisch veranlagt sind, haben eine größere Neigung zu Selbstbestätigung.[8]

Wie mein Kollege Tomas Chamorro-Premuzic feststellt, »Die Werte für Narzissmus sind seit Jahrzehnten gestiegen«.[9] Aber jeder Mensch – nicht nur die irrationalen Egozentriker und Selbstüberschätzerinnen – neigt dazu, sich von seinem Ego von etwas abhalten zu lassen, das klug ist und in unserem besten Interesse liegt: zu lernen, sich zu verbessern. Klug, ja, aber mühsam.

Schnelle Verarbeitung

In der neurowissenschaftlichen Forschung werden zwei grundlegende Wege im Gehirn identifiziert – die schnelle Verarbeitung (Low Road) und die langsame Verarbeitung (High Road).[10] Daniel Kahneman, der Psychologe, der gezeigt hat, dass unsere Abneigung gegen Verluste größer ist als unsere Vorliebe für Gewinne, hat diese Unterscheidung in seinem 2011 erschienenen Buch *Schnelles Denken, langsames Denken* bekannt gemacht.[11]

Die langsame Verarbeitung ist durchdacht, rational und genau, während die schnelle Verarbeitung instinktiv und automatisch erfolgt. Warum sind diese Unterscheidungen wichtig? Es ist einfach und natürlich für uns, einen Misserfolg durch schnelle, instinktive, automatische Bahnen der schnellen Verarbeitung in unserem Gehirn abzutun. Das Problem dabei ist, dass die schnelle Verarbeitung eine sofortige Reaktion auf ein Scheitern in der Amygdala des Gehirns auslöst (das *Angstmodul* zum Selbstschutz, das uns in der heutigen Welt manchmal von der Risikobereitschaft abhält). Wie wir bereits gesehen haben, wirkt sich unsere Interpretation der Ereignisse auf unsere emotionalen Reaktionen aus. Glücklicherweise können wir lernen, wie wir Ereignisse in unserem Leben umdeuten können, um nicht in unproduktiven negativen Gefühlen zu verharren. Dazu müssen Sie die Amygdala mit ihrem schnellen Weg von der wahrgenommenen Bedrohung zur Angst außer Kraft setzen, um die automatischen Reaktionen der Amygdala durch Informationen und Argumente zu widerlegen.

Um zu sehen, wie das funktionieren könnte, denken Sie an eine Zeit, in der Sie eine intensive emotionale Reaktion auf ein unerwartetes Ereignis bei der Arbeit erlebt haben. Vielleicht haben Sie gesehen, wie Ihre Teammitglieder in der Mittagspause weggingen, und dachten, Sie seien absichtlich ausgeschlossen worden. Wenn Sie dann erfahren würden, dass einer der Kollegen einen Zahnarzttermin hatte, eine andere einen Elternabend und der dritte wollte sich noch ein Sandwich holen wollte, würden Sie sich wahrscheinlich sofort besser fühlen. Oft erhalten Sie Informationen nicht schnell genug, um Ihre erste Reaktion zu widerlegen und Ihr Gleichgewicht wiederherzustellen. Aber Sie können lernen, innezuhalten und Ihre erste Reaktion zu hinterfragen. Im Gegensatz dazu werden Sie, wenn Sie auf der Straße fahren und plötzlich ein Auto auf einer Kreuzung auftaucht, auf die Bremse treten, um einen Unfall zu vermeiden. Diese Reaktion wird zum Teil durch eine von der Amygdala ausgelöste intensive Angstreaktion unterstützt. In diesem Fall war die schnelle Verarbeitung lebensrettend. Heutzutage ist es jedoch wahrscheinlicher, dass Sie häufiger durch eine wahrgenommene Bedrohung als durch eine echte Bedrohung in Angst versetzt werden.

Die Amygdala, die uns in prähistorischen Zeiten vor vielen realen Bedrohungen geschützt hat, arbeitet nach der Logik »Vorsicht ist besser als Nachsicht«. Stellen Sie sich vor, Sie gehen nachts durch den Wald und sehen eine große, hünenhafte Gestalt vor sich. Ist es ein Bär? Oder ein Felsbrocken? Aus einer Überlebensperspektive heraus ist es für einen Organismus besser, auf einen Fehlalarm übermäßig stark zu reagieren – wegzulaufen oder sich zu verstecken, weil es sich um einen gefährlichen Bären handeln könnte –, als es gar nicht zu tun, indem Sie fröhlich weitergehen, nur um von einem Bären zerfleischt zu werden. Aber heute sind wir aufgrund desselben Angstmoduls nicht mehr bereit, zwischenmenschliche Risiken einzugehen, die unser Überleben nicht mehr gefährden, sondern vielmehr unsere Karriere und unser Leben weiterbringen.

Zurückgehalten von vorbereiteten Ängsten

Wir sind mit dem belastet, was Psychologen als vorbereitete Ängste bezeichnen. Dazu gehören Ängste vor gefährlichen Tieren, lauten Geräuschen und plötzlichen Bewegungen. Zu dieser Liste der vorbereiteten Ängste kommt noch die Angst hinzu, vom Stamm ausgestoßen zu werden. James »Jim« Detert, Professor an der University of Virginia, und ich betrachten die Ablehnung durch eine Gruppe als eine vorbereitete Angst, die eng mit unserem Überlebensinstinkt zusammenhängt.[12] Das Risiko, in den Augen einer Autorität, wie beispielsweise des eigenen Chefs, schlecht dazustehen, löst im Gehirn die vorbereitete Angst aus, aus dem Stamm ausgestoßen zu werden – eine Realität, die vor langer Zeit vielleicht zum Tod durch Erfrieren oder Verhungern geführt hätte. Aber wenn wir heute Angst haben, über Misserfolge zu sprechen, entgehen unseren Kollegen wertvolle Gelegenheiten, durch unsere Erfahrungen zu lernen. Außerdem verpassen wir Möglichkeiten, vermeidbare Fehler zu verhindern.

In der Zwischenzeit sind wir durch irrationale, vorbereitete Ängste abgelenkt und übersehen Signale für längerfristige Gefahren, die ein langsameres Denken erfordern, aber eine echte Bedrohung für das Überleben darstellen, wie beispielsweise die Auswirkungen des Klimawandels auf die Nahrungsmittelversorgung und den Meeresspiegel. Schnelles, automatisches Verarbeiten von Fehlentwicklungen fördert den Bestätigungsfehler, ermutigt zur Selbstgefälligkeit und verbirgt die nützlichen Lehren aus Misserfolgen. Langsame Verarbeitung findet statt, wenn wir innehalten, um automatische Reaktionen zu hinterfragen und überlegen, was gerade geschieht und was es bedeuten könnte. Am wichtigsten ist, dass wir innehalten und uns fragen: Wie könnte ich zu dem Misserfolg beigetragen haben?

An der Unterscheidung zwischen automatischem und überlegtem Denken fasziniert mich, dass die Lösungen, die Experten entwickelt haben, um die gewohnheitsmäßige menschliche Kognition außer Kraft zu setzen, im Kern ähnlich sind. Sie kommen aus so unterschiedlichen Bereichen wie der Psychologie, den Neurowissenschaften und dem Organisationsverhalten und weisen durchweg auf eine Möglichkeit hin: *innezuhalten, um zu wählen, wie wir reagieren wollen.* In diesem Kapitel werden einige meiner Lieblingsdenker vorgestellt, die Praktiken entwickelt haben, um diese wichtigen Entscheidungen zu ermöglichen. Doch zunächst muss ein weiterer Stolperstein auf unserem Weg zum Umgang mit dem Scheitern näher betrachtet werden: Selbst, wenn wir wissen, dass wir gescheitert sind, lernen wir vielleicht nicht, was wir lernen müssen, um es nicht noch einmal zu tun.

WENN WIR NICHT AUS MISSERFOLGEN LERNEN

Wir leben in einer Gesellschaft, die sich dafür einsetzt, dass man aus Fehlern wertvolle Lehren ziehen kann. Doch in der Praxis ist es schwer, aus Fehlern zu lernen, die wir ignorieren oder verstecken. Was wäre, wenn eine häufige Reaktion auf Misserfolge darin besteht, nicht mehr aufzupassen, anstatt etwas Wertvolles zu lernen? Die Verhaltenswissenschaftlerinnen Lauren Eskreis-Winkler und Ayelet Fishbach sagen, dass genau das passiert.

Eskreis-Winkler und Fishbach führten fünf Studien durch, um die Hypothese zu testen, dass Scheitern das Lernen nicht fördert, sondern es sogar aufhebt.[13] In einer Studie stellten sie den Teilnehmenden eine Reihe von Fragen. In einer ersten Frage sollten sie erkennen, welches von zwei Symbolen aus einer fiktiven antiken Schrift ein Tier darstellt. Danach wurde einer Gruppe von Studienteilnehmern gesagt: »Sie haben recht« (Erfolgsfeedback). Der anderen Gruppe wurde gesagt: »Sie liegen falsch« (Misserfolgsfeedback). Um festzustellen, wie gut sie aus den einzelnen Rückmeldungen gelernt haben, wurde den Teilnehmenden ein weiterer Test vorgelegt. Diesmal sollten sie sich genau dieselben Symbole ansehen und herausfinden, welches davon ein nicht lebendes Wesen darstellt. Klingt ziemlich einfach, oder? Doch die Teilnehmenden, denen gesagt wurde, dass sie in der ersten Runde richtig lagen, schnitten im zweiten Test besser ab als diejenigen, denen gesagt wurde, dass ihre Antworten falsch waren. Immer wieder zeigte sich, dass Menschen weniger lernten, wenn man ihnen mitteilte, was sie falsch gemacht hatten, als wenn man ihnen sagte, was sie richtig gemacht hatten.

Lag es daran, dass das Erfolgsfeedback einfach leichter anzuwenden war? Um diese Erklärung zu testen, wurde in der nächsten Studie das Misserfolgsfeedback so gestaltet, dass weniger »mentale Schlussfolgerungen« und Verfahrensschritte erforderlich waren, um es in den nächsten Aufgaben zu verwenden. Das heißt, die Forscherinnen machten das Misserfolgsfeedback weniger kognitiv anstrengend als das Erfolgsfeedback. Dennoch schnitten die Teilnehmenden mit Misserfolgsfeedback weiterhin schlechter ab! Die Ergebnisse zeigten auch, dass sich das Muster nicht änderte, selbst wenn finanzielle Anreize die Verwendung des Misserfolgsfeedbacks begünstigten. Erfolgsfeedback war im Vergleich zu Misserfolgsfeedback *immer noch* effektiver, wenn es darum ging, Menschen beim Lernen zu helfen.

Die Forscherinnen kamen zu dem Schluss, dass ein Misserfolg »eine Bedrohung für das Ego darstellt, was dazu führt, dass man sich ablenkt«.[14] Weitere Unterstützung für diese Erklärung lieferte die fünfte Studie, bei der die Teilnehmenden andere bei ähnlichen Tests beobachteten, anstatt sie selbst zu absolvieren. Diesmal lernten sie aus den Misserfolgen (und dem Feedback zum Misserfolg) genauso viel wie aus den Erfolgen. Ohne die Ego-Bedrohung wurden die Unzulänglichkeiten des Misserfolgsfeedbacks ausgelöscht. Es scheint, dass wir ziemlich gut aus den Misserfolgen anderer Menschen lernen können! Im wirklichen Leben hören wir jedoch oftmals nichts von ihnen.

Eskreis-Winkler und Fishbach haben auch gezeigt, dass die Wahrscheinlichkeit, dass Menschen Informationen über ihre Misserfolge weitergeben, geringer ist, als dass sie über ihre Erfolge berichten.[15] Das ist nicht überraschend.

Der erste Grund liegt auf der Hand: Die Menschen wollen vor anderen nicht schlecht dastehen. Der zweite Grund ist jedoch etwas subtiler. Als die Forscherinnen 57 Lehrerinnen und Lehrer an öffentlichen Schulen fragten, ob sie lieber über vergangene Misserfolge oder Erfolge berichten würden, entschieden sich 68 Prozent der Teilnehmenden für den Erfolg. Obwohl die Geschichten anonym weitergegeben wurden, um das Risiko auszuschalten, vor anderen schlecht dazustehen, entschieden sich die Lehrer für die Erfolgsgeschichten. Und warum? Sie glaubten, dass Misserfolge ihnen zeigten, was sie nicht tun sollten, aber nicht unbedingt, was sie tun müssen, um beim nächsten Mal erfolgreich zu sein. Eskreis-Winkler und Fishbach kamen zu dem Schluss, dass es schwierig ist, aus Misserfolgen zu lernen, wenn man nicht weiß, welche nützlichen Informationen sie enthalten. Sie entwarfen daher ein Experiment, bei dem den Teilnehmenden geholfen wurde, die nützlichen Informationen in ihren Misserfolgen zu erkennen, damit sie eher bereit waren, sie mitzuteilen.

In einer anderen Studie mit ähnlichen Schlussfolgerungen untersuchten meine Kollegen Bradley »Brad« Staats und Francesca Gino – damals Professoren an der University of North Carolina –, wie 71 Chirurgen bei insgesamt 6.516 Herzoperationen in zehn Jahren aus Misserfolgen oder Erfolgen lernten. Die Chirurgen lernten mehr aus ihren eigenen Erfolgen als aus ihren eigenen Misserfolgen.[16] Sie lernten aber mehr aus den Misserfolgen anderer als aus den Erfolgen anderer. Dieser Effekt – wiederum zum Schutz des Egos – war weniger ausgeprägt, wenn ein Chirurg in der Vergangenheit selbst erfolgreich war. Misserfolge schmerzen vermutlich weniger stark, wenn man ein Polster aus früheren Erfolgen hat.

Es ist zu beachten, dass die Arbeit von Eskreis-Winkler, Fishbach, Staats und Gino, wie die aller Forschenden, die in akademischen Zeitschriften veröffentlichen, einer Peer-Review unterzogen wurde, bei der sie von Kollegen auf Schwächen und Unzulänglichkeiten untersucht wurden. Aus eigener Erfahrung weiß ich, wie psychologisch brutal dieser besondere »Lernprozess« sein kann. Gut gemeinte Kritik, die eine Arbeit verbessern soll, ist eine Art Misserfolgsfeedback. Es ist leicht, abzuschalten mit Gedanken wie »Warum soll ich die Studie überarbeiten, wenn sie so schlecht ist?« Oder, noch kontraproduktiver: »Die haben doch keine Ahnung, wovon sie reden!« Mit der Zeit habe ich mühsam gelernt, die wenig hilfreichen Gedanken zu unterbrechen, um die Kritik zur Verbesserung meiner Arbeiten zu nutzen.

Wahrscheinlich haben Sie in Ihrem Leben schon einige Situationen erlebt, in denen Sie beinahe gescheitert sind, die aber zum Glück nicht schlimm endeten. Sie konnten gerade noch rechtzeitig ausweichen, um einen Zusammenstoß mit dem anderen Auto zu vermeiden. Wenn Sie fünf Minuten später gekommen wären, hätten Sie Ihren Flug verpasst. Beinahe hätten Sie einen schweren sozialen Fauxpas begangen, aber schnelles Denken hat Sie in letzter Minute gerettet. Es ist leicht einzusehen, dass es für das Ego als weitaus weniger bedrohlich erlebt wird, wenn Sie beinahe scheitern, als wenn Sie tatsächlich scheitern. Sie haben sich nicht blamiert oder gar etwas Schlimmeres erlebt. Bedeutet dies, dass wir in der Lage sind, verhinderte Fehlschläge leidenschaftsloser zu betrachten als tatsächliche Misserfolge, und daher eher aus ihnen lernen? Eine wachsende Zahl von Forschungsarbeiten – zu denen ich zum Teil beigetragen habe – untersucht diese Idee.[17] Aus dieser Forschung können Sie lernen, dass *der Verständnisrahmen eine Rolle spielt*. Was haben Sie zum Beispiel über dieses verhinderte Scheitern gedacht? Haben Sie es als Misserfolg (ein Fehler, der fast passiert wäre) oder als Erfolg (ein vermiedener Fehlschlag) betrachtet? Wenn Sie das verhinderte Scheitern als Erfolg gewertet haben, werden Sie eher Ihren Kollegen oder Ihrer Familie davon erzählen, damit Sie alle mehr daraus lernen können.

Was sollten wir aus dieser akademischen Forschung über das Lernen aus Misserfolgen mitnehmen? Aus Misserfolgen zu lernen, ist aus einer Vielzahl von Gründen schwierig. Manchmal übersehen wir die Misserfolge, manchmal bedrohen sie unser Selbstwertgefühl, oder sie scheinen keine wertvollen Informationen zu enthalten, oder wir sprechen nicht darüber. Diese größtenteils kognitiven Barrieren werden durch die unangenehmen Emotionen, die ein Scheitern hervorruft, noch verstärkt. Insbesondere dann, wenn wir uns mit anderen vergleichen.

DIE STILLE MACHT DER SCHAM

In einer Welt, die vom Erfolg besessen ist, können wir leicht nachvollziehen, dass ein Misserfolg bedrohlich sein kann. Viele Menschen leben nicht so sehr ein Leben der stillen Verzweiflung, sondern der stillen Scham. Niemand hat mehr dazu beigetragen, den damit verbundenen emotionalen Schmerz zu erklären und zu lindern als Brené Brown.

Die Scham vertreiben

Brown ist Professorin an der University of Houston und hat ihre Forschung über Scham, Verletzlichkeit und Empathie in einer Reihe von Büchern, Podcasts und TED-Talks bekannt gemacht. Wir alle haben schon erlebt, was Brown

»die warme Dusche der Scham« nennt, wenn wir in den Augen von uns selbst oder anderen versagt haben.[18] Sie definiert Scham als »ein sehr schmerzhaftes Gefühl oder eine Erfahrung, die uns glauben lässt, dass wir fehlerhaft und daher unwürdig sind, akzeptiert zu werden und dazuzugehören«.[19] Einige Forscherinnen sehen Scham als »die Hauptursache für emotionales Leid in unserer Zeit«.[20] Niemand möchte lange in dieser zutiefst schmerzhaften warmen Dusche bleiben.

Wenn wir Misserfolge als beschämend empfinden, versuchen wir, sie zu verbergen. Wir sehen sie uns nicht genau an, um aus ihnen zu lernen. Brown unterscheidet zwischen Scham und Schuld. Scham ist die Überzeugung, dass »ich schlecht bin«. Schuld hingegen ist die Erkenntnis, dass »mein Handeln schlecht ist«. »Ich bin schlecht, weil ich meine Hausaufgaben nicht gemacht habe« erzeugt Gefühle der Scham. Wenn ich aber meine Handlungen als schlecht erkenne (Schuldgefühle), fördert dies die Verantwortlichkeit. Es ist also besser, sich schuldig zu fühlen als sich zu schämen; wie Brown sagt: »Scham hängt zuinnerst mit Sucht, Depression, Gewalt, Aggression, Mobbing, Selbstmord, Essstörungen zusammen, ... [während] Schuldgefühle in umgekehrtem Verhältnis zu diesen Verhaltensweisen stehen.«[21]

Was passiert, wenn wir Scheitern auf diese Weise überdenken? Wir können uns selbst dabei helfen, aus Misserfolgen zu lernen, wenn wir eine Situation einfach umformulieren – zum Beispiel von »Ich wurde nicht befördert, weil ich ein Versager bin« zu »Ich habe es nicht geschafft, die Beförderung zu bekommen«. Unser Verhältnis zum Scheitern verbessert sich, wenn wir die Überzeugung »Ich bin eine schlechte Krankenschwester, weil ich diesen Fehler gemacht habe« ablegen und stattdessen verstehen, dass »ich einen Fehler gemacht habe«. Dann können wir uns fragen: »Was kann ich daraus mitnehmen, um zu vermeiden, dass ich in Zukunft den gleichen Fehler mache?«

Liken und Teilen

Die sozialen Medien machen sich unsere uralte Abneigung gegen das Teilen von Misserfolgen zunutze. Die unerbittlichen Bilder der sozialen Medien machen es leicht, sich darauf zu konzentrieren, wie wir auf andere wirken. Und wir schämen uns, wenn wir irgendwie nicht den Vorstellungen von Perfektion in einer sozialen Gruppe entsprechen. So beschrieb eine Studentin ihre Gefühle bei der Nutzung von Instagram:

> Ich passte einfach nicht in die damaligen Instagram-Standards, und das verursachte eine Menge Unbehagen. ... Ich habe ein Bild gepostet, und

> es hat mir gefallen. Und je mehr ich mein Bild bearbeitete, desto mehr Likes bekam ich. Wenn ich so viele Likes bekomme, dann bin ich wertvoll. ... Und wenn man nicht die Anzahl an Likes bekommt, die man sich erhofft, fühlt man sich ein bisschen zurückgewiesen. ... Instagram sollte eigentlich ein Ort sein, an dem man verschiedene Aspekte seines Lebens mit anderen teilen kann, aber genau das ist es nicht mehr. Man teilt nur noch, was gut aussieht. Du teilst die Höhen. Man sieht nur die guten Seiten.[22]

Mehrere Studien sind zu dem Schluss gekommen, dass die Nutzung sozialer Medien für das Selbstgefühl von Teenagern – insbesondere Mädchen – schädlich ist, Probleme mit dem Körperbild verursacht und zu einem geringen Selbstwertgefühl beiträgt.[23] Facebook führte zwei Jahre lang interne Untersuchungen über die Auswirkungen seiner Instagram-App auf Probleme mit dem Körperbild durch – bevor sie im Jahr 2021 durch eine interne Quelle bekannt wurden. Forschende des Unternehmens stellten immer wieder fest, dass die Nutzung von Instagram schädlich ist, insbesondere für Mädchen im Teenageralter. Eine interne Präsentation aus dem Jahr 2019 drückt es unverblümt aus: »Wir verschlimmern die Probleme mit dem Körperbild bei einem von drei Mädchen im Teenageralter.«[24] Ein späterer interner Bericht stellte fest, dass 32 Prozent der »Teenager-Mädchen sagten, dass sie sich durch Instagram noch schlechter fühlten, wenn sie sich wegen ihres Körpers schlecht fühlten«.

Eine Studentin schrieb von »überwältigenden Gefühlen der Unzulänglichkeit«, als sie »durch Bilder von Mädchen mit straffen, flachen Bäuchen«, »trendigen Outfits und ständigen Urlauben an den glamourösesten Orten der Welt« scrollte.[25] Man könnte sagen, dass es sich um eine weitere Verkörperung unserer angeborenen Angst handelt, von einer Gruppe abgelehnt zu werden. Dabei hat man das Gefühl, dass die Vermeidung von Ablehnung von der Fähigkeit abhängt, das eigene Erscheinungsbild für andere zu manipulieren.

Wissenschaftliche Studien bestätigen, was aus erster Hand berichtet wird. Die Forschung zur Nutzung sozialer Medien, zur psychischen Gesundheit und zum Körperbild ist umfangreich und nimmt zu. Eine 2018 im *Journal of Social and Clinical Psychology* veröffentlichte Studie ergab, dass man sich besser fühlt, wenn man weniger Zeit mit sozialen Medien verbringt.[26] Die Studienleiterin Melissa Hunt von der University of Pennsylvania kommentierte die Studie in einem Interview in *Forbes* mit den Worten: »Es ist schon ein wenig ironisch, dass man sich weniger einsam fühlt, wenn man die Nutzung sozialer Medien reduziert.«[27]

Soziale Vergleiche sind natürlich. Als eines der allgegenwärtigsten und dauerhaftesten Merkmale der menschlichen Gesellschaft hat der soziale Vergleich den Menschen seit unzähligen Generationen geholfen, sich kooperativ und gesund zu verhalten.[28] Diese natürliche menschliche Tendenz wird jedoch durch die die sozialen Medien verfremdet, weil sie die Vergleichsmöglichkeiten erweitern und gleichzeitig den Inhalt systematisch in Richtung unrealistischer Standards verzerren. Die voyeuristische Natur der sozialen Medien, die es uns ermöglicht, die Beiträge anderer privat zu lesen, ohne gesehen zu werden, verzerrt auch die Funktionalität des sozialen Vergleichs. Wenn man mit Menschen direkt interagiert, sei es mit Freunden oder Arbeitskolleginnen, hat man einen relativ klaren Blick auf deren Verhalten, Hoffnungen und Sorgen. Man vergleicht sich ganz natürlich mit ihnen, und das funktioniert zum Teil deshalb, weil es auf Gegenseitigkeit beruht! Jeder Mensch orientiert sich ständig an dem, was akzeptabel und wünschenswert ist, und unterstützt so die Funktionsfähigkeit der Gruppe. Im Gegensatz dazu geht durch das distanzierte Lesen der auf Hochglanz manipulierten Beiträge anderer Menschen das authentische Geben und Nehmen des wirklichen Lebens verloren. Dadurch wird das eigene Erleben verzerrt. Das Anstarren der trügerischen Bilder und Erfolgsmeldungen anderer bedroht unser Wohlbefinden. Wie Hunt es in Anlehnung an die Aussagen von Teenagermädchen formulierte: »Wenn man sich das Leben anderer Leute ansieht, vor allem auf Instagram, kommt man leicht zu dem Schluss, dass das Leben der anderen cooler oder besser ist als das eigene.«[29]

Es liegt auf der Hand, dass die sozialen Medien unser Verhalten in einer Weise prägen, die das Teilen von Problemen, Fehlern und Misserfolgen schwieriger denn je macht. Sowohl in der Forschung als auch in Erfahrungsberichten wird auf die schädlichen Auswirkungen hingewiesen, die sich ergeben, wenn wir ständig den Erfolg, den Spaß und das durch Photoshop manipulierte perfekte Aussehen anderer sehen. Explizite Erwähnungen von Fehlern oder der Vermeidung von Misserfolgen sind selten, und die Betonung von makellosen Erfolgen in den sozialen Medien hemmt eine gesunde Einstellung zum Scheitern noch weiter. Wenn wir viel Zeit in den sozialen Medien verbringen, besteht die Gefahr, dass wir uns im Vergleich zu dem unechten, manipulierten Leben der anderen als Versager sehen.

Verletzlichkeit anerkennen

In Anbetracht dessen, was wir über den Druck wissen, nur die »guten Seiten« zu zeigen, um in der Öffentlichkeit perfekt dazustehen, ist die Bereitschaft einiger Top-Athleten, sich zu outen und ihre Verletzlichkeit zuzugeben, umso bewundernswerter. Der Schwimmer Michael Phelps, »der höchstdekorierte

Olympionike aller Zeiten«, hat offen über seine schweren Depressionen gesprochen.[30] Die 24-jährige Simone Biles, »die höchstdekorierte Turnerin aller Zeiten«, hat aufgrund von »Twisties« – einer psychosomatischen Störung, die mit Orientierungslosigkeit in der Luft einhergeht – nicht an den Olympischen Spielen in Tokio 2021 teilgenommen.[31] Biles beschrieb, was ihr während einer Trainingseinheit passierte: »Es ging im Grunde um Leben und Tod. Es ist ein Wunder, dass ich auf meinen Füßen gelandet bin. Jede andere Person wäre auf einer Bahre rausgetragen worden. Ich ging sofort zu meinem Trainer und sagte: ›Ich kann nicht weitermachen‹.«[32] Nach einem Leben, in dem sie immer wieder an ihre körperlichen und geistigen Grenzen gestoßen ist, hat Biles beschlossen, aufzuhören. Da sie mit den weltweiten Medien und den endlosen Likes in den sozialen Medien aufgewachsen ist, teilte sie ihr Scheitern. Sie war nicht perfekt. Aber sie hat ihre Niederlage erhobenen Hauptes zugegeben und die Gelegenheit genutzt, den Erfolg ihrer Teamkolleginnen von ganzem Herzen zu unterstützen.[33]

Biles' außergewöhnliche Fähigkeit, Niederlagen zu verkraften, ließ sie über die Erfolgsbotschaften triumphieren, die uns die Gesellschaft von Geburt an vermittelt. Wie Brené Brown über Eltern sagt: »Wenn man ein vollkommenes kleines Baby in der Hand hält, ist es nicht unsere Aufgabe zu sagen: ›Schaut mal, sie ist perfekt. Meine Aufgabe ist es, dafür zu sorgen, dass sie perfekt bleibt – dass sie in der fünften Klasse ins Tennisteam kommt und in der siebten Klasse ans College nach Yale.' Das ist nicht unsere Aufgabe. Unsere Aufgabe ist, ihm in die Augen zu sehen und zu sagen: »Weißt du was? Du bist unvollkommen, und du wirst es nicht leicht haben, aber du bist es wert, Liebe und Zugehörigkeit zu erfahren.‹«[34]

LERNEN IST WICHTIGER ALS WISSEN

Ob Forschung oder Ihre eigenen Lebenserfahrungen, Ihnen ist inzwischen wahrscheinlich klargeworden, dass es nicht so einfach ist, eine unbeschwerte, lernorientierte Beziehung zum Scheitern zu entwickeln – eine Beziehung, die dieses Buch fördern will. Die Ängste und Schutzmechanismen, die uns vor den unangenehmen Seiten des Scheiterns bewahren und unser Selbstwertgefühl stärken wollen, schränken auch unsere Entwicklung und Entfaltung ein. Die gute Nachricht ist, dass wir lernen *können*, anders zu denken – um erfüllende und freudvolle Wege zu finden, das Leben in einer unsicheren und sich ständig verändernden Welt zu meistern. Adam Grant, Professor an der Wharton School der University of Pennsylvania, hat sein fesselndes Buch *Think Again* dem Gedanken gewidmet, dass wir mit bewusster Anstrengung tatsächlich lernen können, unser automatisches Denken zu hinterfragen.[35] Es folgen einige durch die Forschung gestützte Vorschläge, wie Sie Ihre Grenzen erweitern und sich besser fühlen können, wenn Sie unweigerlich scheitern.

Die übergreifende Fähigkeit, welche die verschiedenen Selbstdisziplinen des guten Scheiterns miteinander verbindet, ist das Framing – oder genauer gesagt das *Reframing*. Framing beschreibt die Deutung, also das Einbetten in einen Verständnisrahmen. Es ist eine natürliche und wesentliche kognitive Funktion und ermöglicht uns, der ständigen, überwältigenden und verwirrenden Flut von Informationen, die auf uns einströmen, einen Sinn zu geben. Einen Verständnisrahmen können wir uns als eine Ansammlung von Annahmen vorstellen, die auf subtile Weise die Aufmerksamkeit auf bestimmte Merkmale einer Situation lenken – so wie ein physischer Rahmen um ein Gemälde die Aufmerksamkeit auf bestimmte Farben und Formen im Werk des Künstlers lenkt. Wir erleben die Realität gefiltert durch unsere kognitiven Verständnisrahmen, was weder schlecht noch gut ist. Aber es bringt uns in Schwierigkeiten, wenn wir nicht in der Lage sind, die Verständnisrahmen zu hinterfragen, die uns nicht guttun. Einen Misserfolg halten die meisten von uns automatisch für schlecht, was Selbstschutzreflexe auslöst und die Neugier versiegen lässt.

Glücklicherweise ist ein *Reframing* möglich, das heißt, wir können eine Situation umdeuten und einen neuen Verständnisrahmen schaffen. Das bedeutet, dass man lernen muss, lange genug innezuhalten, um automatische Assoziationen zu hinterfragen. Wenn Sie merken, dass Sie zu einem wichtigen Termin zu spät kommen, können Sie die spontane Panikreaktion hinterfragen: Sie können tief durchatmen und sich daran erinnern, dass Sie diesen Fehler wiedergutmachen können, und dass Ihr Überleben nicht auf dem Spiel steht. Ein weitaus dramatischeres Beispiel finden wir bei Viktor Frankl, der das Konzentrationslager Auschwitz überlebte. In seinem zeitlosen Buch *... trotzdem Ja zum Leben sagen* vermittelt er den Lesern die Kraft der Umdeutung.[36] Frankl überlebte das Konzentrationslager zum Teil dadurch, dass er sich vorstellte, wie er in der Zukunft den Mut, den er bei anderen sah, mit der Welt teilen würde. Als ausgebildeter Psychiater und Psychotherapeut erinnert er sich, dass dies ein Moment der Transformation war – ein Wandel von der Angst und dem Leiden von Minute zu Minute zur Hoffnung, die auf einer plausiblen Zukunftsvision beruhte. Frankls bemerkenswerte Geschichte der Resilienz zeigt, wie eine neue Sichtweise auf dieselbe Situation das Leben bereichern kann.

REFRAMING

Psychologen haben eine Handvoll gegensätzlicher kognitiver Verständnisrahmen identifiziert, von denen die einen gesünder und konstruktiver sind, die anderen aber häufiger vorkommen. Im Wesentlichen sind die konstruktiveren Einstellungen lernbereit und akzeptieren Rückschläge als notwendige und sinnvolle Lebenserfahrung. Im Gegensatz dazu interpretieren die üblicheren und natürlicheren Verständnisrahmen Fehler und Misserfolge als schmerzhaften Beweis dafür, dass wir nicht gut genug sind.

Eines der populärsten und wirkungsvollsten dieser Konzepte, das von Carol Dweck an der Stanford University entwickelt wurde, stellt die unflexible Denkweise (*Fixed Mindset*) der wachstumsorientierten Denkweise (*Growth Mindset*) gegenüber.[37] In zahlreichen experimentellen Studien haben Dweck und ihre Kollegen gezeigt, dass Menschen, vor allem Kinder im Schulalter, mit einer »unflexiblen« (manchmal auch als »leistungsorientiert« bezeichneten) Denkweise risikoscheuer und weniger bereit sind, Hindernisse zu überwinden, als Menschen mit einer »wachstumsorientierten« Denkweise. In einem leistungsorientierten Denken glauben wir zum Beispiel: »Ich bin nicht gut in Mathe, also werde ich nicht einmal versuchen, besser zu werden.« In einer wachstumsorientierten Denkweise sagen wir: »Mathe ist schwierig, aber wenn ich aufpasse und Fragen zu meinen Fehlern stelle, kann ich lernen, es besser zu machen.« Die Wachstumsmentalität, die herausfordernde Aufgaben als Chance zum Lernen und Wachsen betrachtet, führt dazu, dass Kinder bei schwierigen Aufgaben länger durchhalten. Außerdem lernen diese Kinder mehr als ihre Altersgenossen. Leider wird nach einigen Jahren der Sozialisierung in den meisten Schulsystemen der Leistungsgedanke zum vorherrschenden Verständnisrahmen.

Ich hatte die Gelegenheit, mit Carol Dweck in Washington, D.C., zu sprechen, als wir beide zu einem Treffen mit Arne Duncan, dem Bildungsminister unter Präsident Barack Obama, eingeladen wurden, um die Auswirkungen unserer jeweiligen Forschungsgebiete auf die Schulen zu erkunden. Wir saßen um einen langen, rechteckigen Konferenztisch aus Mahagoniholz in einem Konferenzraum, der an das Büro von Minister Duncan angrenzte. Wir sprachen beide kurz über unsere jeweilige Arbeit, bevor sich das Gespräch auf eine gemeinsame Erforschung der Herausforderungen konzentrierte, denen sich die Schüler heute im Informationszeitalter gegenübersehen. Carol vermittelt Schülerinnen eine wachstumsorientierte Denkweise, was ihnen dabei hilft, schwierige Aufgaben anzunehmen und durchzuhalten. Meine Arbeit konzentriert sich darauf, wie es durch ein psychologisch sicheres Umfeld leichter wird, Fragen zu stellen und Fehler zuzugeben. Ich war begeistert, als ich feststellte, wie sehr sich unsere beiden Ansätze ergänzen und überschneiden. Wir haben beide untersucht, wie Menschen inmitten von Herausforderungen und Widrigkeiten lernen können, anstatt sich ängstlich zurückzuziehen. Minister Duncan hörte aufmerksam zu und stellte viele gute Fragen. Seine Entschlossenheit, die Bildung der nächsten Generation zu verbessern, war spürbar. Seit diesem Tag habe ich viel darüber nachgedacht, wie sich Lernen, Denkweisen und Lernumgebung gegenseitig verstärken – in Schulen, Unternehmen und Familien.

Eine Führungspersönlichkeit, die sich Carols Arbeit zu Herzen genommen hat, ist der CEO von Microsoft, Satya Nadella. Er hat hart daran gearbeitet, die Kultur in seinem Unternehmen so zu verändern, dass sie eine wachstumsorientierte Denkweise verkörpert. In einem vorab aufgezeichneten Video für einen Kurs, den ich im Januar 2022 unterrichtete, erinnerte sich Nadella: »Ich hatte Glück, dass ich eine Metapher gewählt habe, die das anspricht, was die Menschen wollen. Die Wachstumsmentalität hilft ihnen, bei der Arbeit und zuhause besser zu sein – ein besserer Manager, ein besserer Partner. Sie sind in der Lage, sich selbst zum Lernen zu motivieren und die Organisation um sie herum besser zu machen. Das ist sehr kraftvoll.« Er fügte hinzu: »Die Schaffung der psychologischen Sicherheit, die es den Menschen ermöglicht, sich selbst zu fordern, hat die entscheidende Wende gebracht.«[38] Wie Nadella mit seinem herzlichen und bescheidenen Auftreten meinen Studierenden an der Wirtschaftshochschule verdeutlichte, wird die Umstellung auf eine wachstumsorientierte Denkweise in einem Kontext, in dem Lernen und Wachstum wertgeschätzt werden, wahrscheinlich besser gelingen.

Die von Carol untersuchten Denkweisen beruhen auf Annahmen über das Gehirn, die wir als selbstverständlich hinnehmen. Kinder mit einer unflexiblen Denkweise haben die weit verbreitete Überzeugung verinnerlicht, dass Intelligenz festgelegt ist. Entweder ist man von Geburt an intelligent oder nicht. Um sich davor zu schützen, als *weniger* intelligent entdeckt zu werden, scheuen diese Kinder vor anspruchsvollen Aufgaben zurück. Sie ziehen Aufgaben vor, von denen sie wissen, dass sie diese gut lösen können. Eine viel kleinere Gruppe von Kindern hatte jedoch eine andere Überzeugung verinnerlicht: Sie sahen das Gehirn als einen Muskel an, der durch Gebrauch verbessert wird. Sie verstanden, dass anspruchsvolle Aufgaben sie klüger machen würden. Diese Wachstumsmentalität erlaubte es ihnen, Misserfolge mit Neugier und Entschlossenheit zu erleben.

Chris Argyris, der mittlerweile verstorbene Professor von der Harvard University, war einer meiner akademischen Mentoren, der meine Arbeit entscheidend geprägt hat. Er unterschied zwischen Modell 1 und Modell 2 als »Gebrauchstheorien« (die in etwa den Verständnisrahmen entsprechen), die unser

Verhalten bestimmen. Das Denken nach Modell 1 zielt implizit darauf ab, eine Situation zu kontrollieren, zu gewinnen und als rational zu erscheinen. Wenn wir die Welt durch den Verständnisrahmen von Modell 1 sehen, bilden wir routinemäßig Annahmen über die Motive anderer, von denen viele wenig schmeichelhaft sind. Und was noch schlimmer ist: Wir fragen uns nicht, was uns entgeht oder was wir lernen können. Modell 2 dagegen strahlt Neugier aus. Wir sind uns bewusst, dass es Lücken in unserem Denken gibt, und wir sind begierig zu lernen. Chris vertrat die Ansicht, dass Modell 2 selten ist, aber mit viel Mühe erlernt werden kann.[39] Voraussetzung ist die Bereitschaft, die eigenen Unzulänglichkeiten, aber auch die eigenen Erfolge anzuerkennen. Maxie Maultsby, ein Psychiater, den Sie später in diesem Kapitel kennenlernen werden, unterscheidet zwischen »rationalen« und »irrationalen« Überzeugungen.

Jeder dieser Denker – mit ganz unterschiedlichem Hintergrund – sieht die auf Selbstschutz ausgerichtete Weigerung, etwas zu lernen, als die Norm für die meisten Erwachsenen. Das oft diskutierte *Hochstapler-Syndrom*, das vor allem unter Leistungsträgern weit verbreitet ist, ist ein Ergebnis dieses Verständnisrahmens. Auch wenn wir es hinter einem Schleier aus Positivität oder Humor verbergen, sind die meisten von uns in ihrer Kindheit von unbefangener Neugier und Lernbereitschaft zu Abwehrmechanismen und Selbstschutz übergegangen. Wir haben die wenig hilfreiche Vorstellung verinnerlicht, dass wir recht haben oder erfolgreich sein müssen, um wertgeschätzt zu werden.

Aber wir können diese Haltung hinter uns lassen. Fragen Sie einfach Dr. Jonathan Cohen, einen Anästhesisten am Moffitt Cancer Center in Florida, der auf Twitter (heute X) folgende Frage stellte: »Wie fühlt es sich an, wenn mich jemand auf meinen Fehler hinweist?« Seine überraschende Antwort: »Eigentlich ziemlich gut.« Und weiter: »Nur um das klarzustellen, es hat sich nicht immer so angefühlt.«[40] Als ich im März 2022 mit ihm sprach, erklärte Dr. Cohen, dass er sich angewöhnt hatte, in dem Moment, wo ihn jemand auf einen Fehler hinwies, zu denken, dass dadurch »die Patienten eine sicherere Versorgung erhalten«. Er hatte sich vorgenommen, seine automatische Abneigung gegen den Hinweis auf einen Fehler zu überwinden, weil diese Abneigung eine Gefahr für die Patienten darstellte. Dr. Cohen brachte sich selbst bei, Fehler als Teil des Lernens zu sehen, das zur Verbesserung der Patientenversorgung beiträgt – ganz ähnlich wie die Pflegenden, die ich vor langer Zeit studiert hatte und die sich psychologisch sicher genug fühlten, Fehler zuzugeben, um ein besseres Team zu bilden. Ironischerweise zeigt Cohens Geschichte, dass ein Verständnisrahmen des Lernens nicht nur gesünder ist, sondern auch ein angemessener Verständnisrahmen für gute Leistung. *Eine Lernmentalität ist besser auf die Ungewissheit und die ständigen Herausforderungen in jedem Leben oder Be-*

ruf abgestimmt. Wir können uns nicht vor Enttäuschungen und Misserfolgen schützen. Aber wir können gesunde, produktive Reaktionen auf Rückschläge und Erfolge gleichermaßen lernen.

WIE WIR DENKEN; WIE WIR FÜHLEN

Vor etwa 60 Jahren war ein junger Versicherungsvertreter in Minneapolis namens Larry Wilson unglücklich. Jedes Mal, wenn er von einem potenziellen Kunden abgewiesen wurde, fühlte er sich wie ein schrecklicher Versager, ein ängstlicher Verlierer, der nicht bereit war, das nächste Telefonat zu führen. Man könnte sagen, er verfiel in eine unflexible Denkweise: Warum sollte er sich die Mühe machen, einen Anruf zu tätigen, wenn er doch wieder scheitern würde? Er war bereit, seinen Job zu kündigen. Doch dann brachte ihm sein Chef einen einfachen Trick bei: Er konnte seine *Denkweise* über die Ablehnungen ändern.[41] Ein angehender Verkäufer benötigte etwa 20 Anrufe, bevor er einen Verkauf abschließen konnte, und die durchschnittliche Provision betrug 500 Dollar. Das bedeutete aber, dass ein Anruf im Durchschnitt 25 Dollar wert war. Wenn Larry nun eine Absage erhielt, dachte er aufmunternd: »Danke für die 25 Dollar«. Durch diese einfache Änderung fühlte er sich nicht nur besser, sondern konnte auch seine Arbeit besser erledigen. Er konnte sich auf die Kunden konzentrieren, anstatt sich darüber Gedanken zu machen, wie miserabel er sich fühlte. Schon bald brauchte er im Durchschnitt zehn Anrufe für einen Abschluss mit einer Provision von 1.000 Dollar. Immer wenn er abgewiesen wurde, dachte er: »Danke für die 100 Dollar«. Im Grunde hatte er seinem Denken über das Scheitern einen neuen Verständnisrahmen gegeben. Larry wurde als Vertreter für Lebensversicherungen so erfolgreich, dass er das damals jüngste Mitglied (mit 29 Jahren) des Million Dollar Round Table der Branche wurde. Dann begann er, Schulungsprogramme zu entwerfen.

Als ich Larry 1987 kennenlernte, war er ein Serienunternehmer geworden. Sein neuestes Projekt bewegte sich in der Beratung zur Steigerung der Teameffizienz und zur Veränderung der Unternehmenskultur. Ich wurde als Forschungsleiterin eingestellt. Das bedeutete, dass ich mir Notizen über die Äußerungen Larrys in Sitzungen machte, und sie in brauchbare Texte für Vorschläge und Berichte verwandelte. Larry war ein eifriger Leser von philosophischer und psychologischer Literatur und lernte unermüdlich Neues über die menschliche Natur. Er knüpfte Freundschaften mit Autorinnen und Denkern, die er verehrte, und führte sie zusammen. So kam es, dass der Psychiater Dr.

Maxie Maultsby im Pecos River Learning Center in New Mexico eintraf, um darüber zu sprechen, wie man seine rationale Verhaltenstherapie (Rational Behavior Therapy, RBT) bei Schulungsprogrammen in Unternehmen anwenden könnte.[42]

Bei endlosen Tassen Kaffee verbrachte ich viele Stunden mit Larry und Maxie auf dem großen Balkon mit Blick auf das Konferenzzentrum, wo die braunen Lehmziegelgebäude im Kontrast zum tiefblauen Himmel von Santa Fe standen. Die beiden engen Freunde ermöglichten mir eine Studie über die Gegensätze ihrer Persönlichkeiten. Larry mit seinem offenen Lächeln und seiner überschwänglichen, ausdrucksstarken Art ließ sich leicht von Ideen und Möglichkeiten anstecken. Maxie war wachsam und nachdenklich, unerbittlich rational und wollte ein Thema aus allen Blickwinkeln betrachten, um alle Nuancen zu erforschen. Zusammen waren sie eine starke Kombination, die meine Arbeit unauslöschlich geprägt hat. Beide waren von der Vorstellung beseelt, dass wir Menschen glücklicher und erfolgreicher leben können, wenn wir lernen, über unser Denken nachzudenken.

Maultsbys revolutionäre Idee war, dass Menschen mit gesundem Gehirn – das heißt, ohne größere biologische Defekte oder Verletzungen – sich selbst helfen können, ohne eine formelle klinische Therapie ihrem emotionalen Leid zu entkommen. Maxie war ein Schüler des Psychologen Albert Ellis, der die kognitive Verhaltenstherapie entwickelt hatte, und entwickelte diesen Ansatz nach und nach weiter.[43] Er glaubte, dass die Menschen lernen könnten, ihre Gedanken und Einstellungen zu kontrollieren, um glücklicher und gesünder zu werden. Er formulierte es folgendermaßen: Die menschlichen Emotionen, die im Thalamus und in der Amygdala fest eingeprägt sind, werden durch unsere *Bewertungen* äußerer Reize aktiviert – nicht durch die Reize selbst. Diese Bewertungen finden in der Hirnrinde statt und lösen Emotionen aus, die wiederum zu Verhaltensimpulsen führen. Das Entscheidende ist, wie wir über Ereignisse *denken*, nicht die Ereignisse selbst.[44] Leider ist unser Denken meistens »irrational, aber glaubhaft« wie es Maxie bezeichnete. Dieses Denken sei schädlich, denn wenn wir denken, dass Ereignisse die unmittelbare Ursache unserer Gefühle sind, sehen wir uns als Opfer.

Maxie setzte sich dafür ein, den Zugang zu einer besseren psychiatrischen Versorgung für alle zu verbessern. Für den 1932 in Pensacola, Florida, geborenen afroamerikanischen Jungen war die Psychiatrie – ganz zu schweigen vom Verfassen einer Reihe von Selbsthilfebüchern – kein naheliegender Karriereweg. Maultsbys Mutter war Grundschullehrerin in einer Schule mit Rassentrennung auf einer Terpentin-Plantage. Sein Vater arbeitete auf der Plantage, kochte das von den Bäumen geerntete Harz und destillierte es zu Terpentin.

Maxie wuchs im Klassenzimmer seiner Mutter auf und zeichnete sich schon früh als guter Schüler aus. Mit 18 Jahren wurde er am Talladega College, einer traditionell schwarzen Hochschule in Alabama, angenommen. Nach seinem Abschluss im Jahr 1953 erhielt er ein Stipendium für ein Medizinstudium an der Case Western Reserve University.

Nach seinem Abschluss an der medizinischen Fakultät und der Eröffnung einer eigenen Praxis verbrachte Maultsby vier Jahre in der US-Luftwaffe, wo er durch die Erzählungen von kriegstraumatisierten Patienten und deren Familien zum Studium der Psychiatrie inspiriert wurde.[45] Dennoch sagte Maxie, dass das größte Hindernis, dem er sich in seinem Leben gegenübersah, die »unterdrückenden, rigide durchgesetzten Regeln der Rassentrennung und die daraus resultierenden minderwertigen Bildungserfahrungen waren, die afroamerikanische Kinder ertragen mussten«.[46] Sein ganzes Leben lang war er bestrebt, das Leiden der Afroamerikaner zu lindern, und er sah die RBT als besonders geeignet für dieses Ziel an. »Die kurzfristige Effizienz und die langfristige Wirksamkeit der RBT machen diese Therapieform für Afroamerikaner und andere minderbemittelte Patientinnen unabhängig von ihrer Rasse doppelt attraktiv.«[47]

Maxie war ein Idealist mit dem Ziel, menschliches Leid zu lindern. Und er war zuversichtlich, dass Menschen die damit verbundenen Herausforderung annehmen können. Aber er war auch einer der rationalsten Menschen, die ich je kennengelernt habe, und immer auf richtige Daten bedacht. Die wichtigste Lektion, die Sie von Maxie mitnehmen können, ist die Beherrschung der Pause.[48] Damit ist es möglich, Ihre automatischen Reaktionen zugunsten gesünderer, produktiverer Reaktionen in Frage zu stellen – eine Angewohnheit, die ich mit einer von Maxies eigenen Geschichten illustrieren möchte. Als Maxie 2016 starb, hinterließ er 12 Bücher, Dutzende von wissenschaftlichen Artikeln und ein florierendes Netzwerk von Kliniken, Labors und Zentren, die von Ärztinnen und Wissenschaftlern gegründet wurden, die er als Mentor betreut hatte. Doch die Geschichten, die Maxie über gewöhnliche Menschen erzählte, die ihr Denken verändern konnten, sind mir am meisten im Gedächtnis geblieben.

Scheitern beim Bridge

Jeffrey war ein kluger, gutaussehender und beliebter Highschool-Footballspieler, der in seinen ersten 17 Lebensjahren viel Erfolg gehabt hatte. Jeffrey hatte hart für seine akademischen, sozialen und sportlichen Leistungen gearbeitet, aber zusammen mit seinen Lehrern und Freunden bildete er die Erwartung, dass er in allem, was er versuchte, gut abschneiden würde.[49] In den Winterferien, als das kalte Wetter die Freizeitmöglichkeiten einschränkte, überredeten ihn drei seiner Freunde, Bridge zu lernen – ein Spiel, das sie sehr liebten. Bridge ist ein kompliziertes Kartenspiel, das von vier Personen in zwei konkurrierenden Paaren gespielt wird. Es ist nicht leicht, es als Anfänger gut zu spielen.

Jeffrey war nicht sofort begeistert. In der Erwartung, dass das Spiel mit seinen Freunden Spaß machen würde, war er überrascht, dass er sich bald beim Spielen unglücklich fühlte. Jedes Mal, wenn er einen Fehler machte, wurde er frustriert und wütend. Jeffrey gab jedoch nicht seinen Freunden oder gar dem Spiel die Schuld, sondern ärgerte sich über seine eigene »Dummheit«. Seine Frustration wuchs noch, als sie weiterspielten und sein Ärger ihn (und seine Freunde) daran hinderte, den Spaß zu erleben, der eigentlich das Ziel des Ganzen war. Nach dem dritten Bridge-Abend hasste Jeffrey das Spiel und wollte damit aufhören.

Das hätte das Ende der Geschichte sein können. Aber Jeffreys Highschool bot einen Kurs in Maultsbys rationaler Selbstberatung an, und Jeffrey meldete sich an. Nicht, weil er einen Zusammenhang zwischen seiner Bridge-Erfahrung und dem Kursinhalt sah, sondern weil der Kurs interessant zu sein schien und er mehr über sich lernen wollte. Schon bald begann Jeffrey, das Gelernte bei sich selbst anzuwenden. Er öffnete seinen Geist für die Idee rationaler Gedanken im Gegensatz zu dem, was Maultsby als irrationale (und »lediglich glaubhafte«) Gedanken bezeichnete. Jeffrey erkannte, dass sein Glaube, er müsse auf Anhieb gut im Bridge sein, irrational war. Diese Annahme basierte nicht auf der objektiven Realität. Fehler waren kein Beweis für Dummheit, sondern eher für Unerfahrenheit. Fehler waren ein notwendiger Bestandteil des Lernens von etwas Neuem – besonders von etwas Schwierigem.

Jeffrey versuchte es erneut mit Bridge. Als Neueinsteiger machte er weiterhin Fehler, aber er machte sich keine Vorwürfe mehr darüber. So wurde es leichter für ihn, aus ihnen zu lernen. Wenn wir mit schmerzhaften negativen Emotionen überflutet werden, so Maultsby, sind wir alle kognitiv weniger in der Lage, die Lehren aus unseren Fehlern zu ziehen und uns daran zu erinnern. Jetzt, da Jeffrey seine Fehltritte überlegter und mit weit weniger negativen Emotionen anging, wurde er besser. Es dauerte nicht lange, bis er genauso gut Bridge spielte wie seine Freunde. Aber noch wichtiger war, dass es ihm Spaß machte und seine Freunde gern mit ihm spielten.

Jeffreys Erkenntnis, dass sein Denken irrational war, löste sein Problem nicht sofort. Es gab keinen Aha-Moment, nach dem er ein nachdenklicher, ausgeglichener junger Mann wurde, der nicht mehr frustriert und verärgert war. Er musste die Gewohnheit der rationalen Selbstberatung durch wiederholtes Üben erlernen. Er musste immer besser darin werden, sich selbst rechtzeitig zu ertappen, um die spontanen negativen Emotionen bei Fehlern zu stoppen und umzulenken. Mit der Zeit gelang es ihm, schmerzhafte Emotionen aufzufangen und zu korrigieren, bevor sie sich festsetzen konnten. Er konnte sogar über die Irrationalität des Gedankens lachen, dass ein Misserfolg bei einem neuen Unterfangen auf Dummheit hindeutet.

Jeffreys Geschichte gleicht den Erlebnissen vieler erfolgreicher Highschool-Schüler, die auf spätere Hürden stoßen und die Schuld auf äußere Faktoren schieben oder sich von neuen herausfordernden Aktivitäten abwenden, wodurch ihre Entwicklung gehemmt wird. An der Harvard University, wo ich unterrichte, haben viele Studierenden, die es gewohnt sind, in der Highschool zu den Besten ihrer Klasse zu gehören, zum ersten Mal mit akademischen Schwierigkeiten zu kämpfen. Mehr als der Lernstoff sind es Gedanken über ihre Unzulänglichkeit, die ihnen das Lernen erschweren.

Anhalten. Hinterfragen. Wählen.

Larry Wilson hat es einfach ausgedrückt: *Spielen Sie, um zu gewinnen? Oder spielen Sie, um nicht zu verlieren?*[50] Spielen um zu gewinnen bedeutet die Bereitschaft, Risiken einzugehen, um herausfordernde Ziele und befriedigende Beziehungen zu erreichen. Spielen, um nicht zu verlieren, was die meisten von uns die meiste Zeit tun, bedeutet, Situationen zu vermeiden, in denen ein Scheitern möglich ist. Spielen, um zu gewinnen, so Larry, führt zu großen Fortschritten und großer Freude, bringt aber zwangsläufig auch Rückschläge mit sich.

Beim Spielen, um nicht zu verlieren, geht man auf Nummer sicher und gibt sich mit Aktivitäten, Jobs oder Beziehungen zufrieden, bei denen man das Gefühl der Kontrolle hat. Es war im Wesentlichen eine kognitive Entscheidung, so würde Larry schnell erklären. Man konnte sich dazu entschließen, auf Sieg zu spielen, und so den Weg zu einer Änderung des Denkens eröffnen.

Larry, der schon immer ein Meister der Vereinfachung war, brachte Maultsbys mehrstufige Praxis der rationalen Selbstberatung auf den Punkt: Anhalten – Hinterfragen – Wählen. *Anhalten* bedeutet innehalten. Durchatmen. Seien Sie bereit, Ihr spontanes, meist wenig hilfreiches Denken zu *hinterfragen*. Ist es rational? Fördert es Ihre Gesundheit und hilft es Ihnen, Ihre Ziele zu erreichen? Wenn die Antwort nein lautet, ist dies ein Signal dafür, eine rationalere Reaktion zu *wählen* – wie Maxie es nennen würde. Das ist eine Reaktion, die Ihnen eher beim Erreichen Ihrer Ziele hilft. Es geht nicht um richtig oder falsch. Es geht um das, was Ihnen bei der weiteren Entfaltung hilft. Tabelle 5 enthält weitere Einzelheiten zu jeder der drei kognitiven Gewohnheiten.

Wie könnte das funktionieren? Als Jeffrey nicht mehr mit seinen Freunden

Bridge spielen wollte, musste er *anhalten* und sich fragen, was der Grund seiner Frustration war. Die Antwort: Er kam sich dumm vor. Als er seine Gedanken *hinterfragte*, erkannte er, dass es keinen Grund dafür gab, dass er sofort gut im Bridge sein sollte. Bridge erfordert Übung. Fehlschläge sind notwendig, um zu lernen. Erst dann konnte er *wählen*, mit seinen Freunden weiterzuspielen, aus seinen unvermeidlichen Fehlern zu lernen und das Spiel zu genießen.

Diese Praxis half auch Melanie, die am Boden zerstört war, als ihr alter, aber selbstständiger Vater durch einen Schlaganfall plötzlich bewegungsunfähig wurde. Seine Persönlichkeit und seine kognitiven Fähigkeiten hatten sich nicht verändert, aber er war an einen Rollstuhl gefesselt und brauchte rund um die Uhr Pflege. Monatelang versuchte Melanie, alles in ihren Kräften Stehende zu tun, um sein Leben zu verbessern. Sie nahm ihn zu Arztterminen mit und stellte Pflegekräfte ein. Sie kochte seine Lieblingsgerichte, besuchte ihn täglich oder rief ihn an, ermunterte Freunde zu Besuchen, suchte nach Hörbüchern und Filmen, die ihm gefallen könnten, kümmerte sich um seine Rechnungen, bereitete seine Steuern vor, kaufte ihm Geschenke und vieles mehr. Dennoch konnte sie nicht genug tun. Ihr Vater war traurig. Er beklagte sich darüber, wie eingeschränkt sein Leben geworden war. Nach etwa sechs Monaten merkte Melanie, dass sie ausgebrannt war. Sie hatte sich so sehr in die Details des Lebens ihres Vaters vertieft, dass sie ihre eigene Arbeit und Familie vernachlässigt hatte. Ihr Blutdruck stieg. Es musste sich etwas ändern.

Melanie *hielt an* und überlegte, was sie da tat. Sie trat einen Schritt zurück. Sie machte einen langen Spaziergang mit einer Freundin und sprach über ihren Stress und ihre Sorgen. Wenn sie so weitermachte wie bisher, würde nicht nur ihr Leben darunter leiden, sondern sie wäre auch nicht mehr gesund genug, ihrem Vater weiterhin zu helfen. Mithilfe ihrer Freundin *hinterfragte* sie ihre spontane Sichtweise der Situation und stellte fest, wie viel sie bereits getan hatte, anstatt nur zu sehen, wie viel mehr noch getan werden könnte. Sie hatte dafür gesorgt, dass ihr Vater in Sicherheit war und gut versorgt wurde. Sie war eine gute Tochter. Ganz gleich, wie viel sie auch tat, er würde seine früheren Fähigkeiten nicht wiedererlangen. Seine Behinderung war ein Verlust, den sie akzeptieren musste. Jetzt konnte sie *wählen*, wie sie auf die Krankheit ihres Vaters reagieren wollte, um ihm zu helfen und gleichzeitig ihr eigenes Leben weiterleben zu können. Sie brachte ihn weiterhin zu Arztterminen, besuchte ihn aber nur noch ein- bis zweimal pro Woche statt täglich. Sie kochte gelegentlich für ihn. Sie bat ihre Geschwister um mehr Hilfe, damit sie die Verantwortung teilen konnten. Bald kam ihre Schwester, die nicht in der Stadt wohnte, zu einem längeren Besuch, und ihr Bruder übernahm die Steuern und Rechnungen. Ihr Vater war froh, mehr Kontakt zu all seinen Kindern zu haben. Endlich konnte

Melanie Urlaub machen. Außerdem hatte sie gelernt, ihre eigenen Bedürfnisse mit den Wünschen der anderen in Einklang zu bringen.

Die Stärke des Ansatzes »Anhalten – Hinterfragen – Wählen« liegt in seiner Einfachheit. Dieses Vorgehen unterstützt dabei, einen neuen Verständnisrahmen zu finden und steht somit im Einklang mit den Erkenntnissen, die ich während meines Studiums bei Chris Argyris gewonnen habe, der Untersuchungen mit Teams von Führungskräften in Unternehmen durchgeführt hat.[51] Um die darin enthaltende Weisheit einfach auszudrücken, könnte man sagen, dass die grundlegende menschliche Herausforderung die folgende ist:

Es ist schwer, etwas zu lernen, wenn man es schon weiß.

Leider sind wir darauf programmiert, uns so zu fühlen, als wüssten wir Bescheid – als sähen wir die Realität selbst und nicht eine Version der Realität, die durch unsere Vorurteile, unseren Hintergrund oder unser Fachwissen gefiltert wird. Aber wir können uns die Gewohnheit des Wissens abgewöhnen und unsere Neugierde neu entfachen.[52]

Tabelle 5: Kognitive Gewohnheiten bei der Reaktion auf Misserfolge

Gewohnheit	Was es bedeutet	Wie man es umsetzt	Nützliche Fragen
Anhalten	Halten Sie inne, um automatische emotionale Reaktionen auf situative Reize zu unterbrechen, um die spontanen emotionalen und verhaltensbezogen Reaktionen umzulenken.	Atmen Sie tief durch und bereiten Sie sich darauf vor, Ihr Denken zu überprüfen und zu überlegen, wie es sich auf Ihre Fähigkeit auswirkt, auf eine Weise zu reagieren, die (1) Ihre Gesundheit langfristig unterstützt und Ihnen (2) mehr Handlungsoptionen eröffnet.	• Was geschieht gerade? • Was ist der größere Kontext? • Wie habe ich mich gefühlt, bevor das passiert ist?

Gewohnheit	Was es bedeutet	Wie man es umsetzt	Nützliche Fragen
Hinterfragen	Betrachten Sie den Inhalt Ihrer spontanen Gedanken, um ihre Qualität und Nützlichkeit für das Erreichen Ihrer Ziele zu begutachten.	Sagen Sie (sich selbst), was in Ihrem Kopf als Reaktion auf diese Situation vor sich geht. Fragen Sie sich, welche Gedanken (1) die objektive Realität widerspiegeln, (2) Ihre Gesundheit und Effektivität unterstützen und (3) wahrscheinlich eine produktive Reaktion hervorrufen werden. Finden Sie alternative Interpretationen der Situation, die auf der objektiven Realität beruhen und Ihnen eher helfen, eine produktive Reaktion zu finden. Das heißt, sie geben der Situation bewusst einen neuen Verständnisrahmen, der Ihnen hilft, weiterzugehen und sich besser zu fühlen.	• Was rede ich mir selbst ein (oder was glaube ich) über die Ursache meiner Gefühle? • Welche objektiven Daten stützen oder widerlegen meine Interpretation? • Welche andere Interpretation der Situation ist möglich? • War meine Interpretation auf der Grundlage aller zugänglichen Informationen zu meinem besten langfristigen Interesse?
Wählen	Sagen oder tun Sie etwas, dass Sie dem Erreichen Ihrer Ziele näherbringt.	Reagieren Sie so, wie es Ihr neuer Verständnisrahmen vorschlägt, damit Sie Dinge sagen und tun, die Sie weiterbringen.	• Was will ich wirklich? • Was wird mir am besten helfen, meine Ziele zu erreichen?

Lernen wählen

Wenn wir bescheiden genug sind, um unser Nichtwissen zuzugeben, sind wir bereit, Situationen auf eine neue Art anzugehen. Jeffrey musste erkennen, dass er nicht bei allem, was er versuchte, auf Anhieb erfolgreich sein konnte. Melanie musste ihre Verluste und Grenzen akzeptieren. Erinnern Sie sich an Ray Dalio, der sich so sicher war, dass er genau wusste, wohin sich die Wirtschaft bewegen würde, bis er sich katastrophal irrte. Daraufhin änderte er seine Denkweise: vom Gedanken ›Ich habe recht‹ hin zur Frage »*Woher weiß ich,* dass ich recht habe?«[53] Eine kraftvolle Frage, um Selbsterkenntnis zu kultivieren. Seine neue Denkweise war offen für das Lernen. Sie brachte Dalio dazu, »die klügsten Leute aufzusuchen, die anderer Meinung waren als ich, damit ich versuchen konnte, ihre Argumente zu verstehen«, und half ihm, »zu wissen, wann man *keine* Meinung äußern sollte«.[54] Bevor Dalio sein Unternehmen erfolgreich wieder aufbauen konnte, musste er die Version der Realität loslassen, die ihm sein eigenes Denken vorgab, um auch von anderen lernen zu können. Genauso musste Melanie die Version der Realität loslassen, in der sie ihren Vater »retten« konnte.

Chris Argyris nannte dies die Aufdeckung der »häufigsten Theorien zur Vermeidung des Lernens«, die unser Ego schützen, uns aber daran hindern, wirklich effektiv zu sein (insbesondere in schwierigen Gesprächen mit anderen). Dalio lernte, seine eigene Denkweise zu verändern, indem er erklärte: »Ich will nur die richtige Lösung – es ist mir egal, ob die richtige Antwort *von mir* kommt.«[55] Indem er sein Bedürfnis, recht zu haben, losließ, konnte er effektivere Entscheidungen treffen. So wie auch Jonathan Cohen bewusst beschloss, sich mehr um die Sicherheit seiner Patienten zu kümmern als darum, recht zu haben. Chris hat unsere kognitive Programmierung (die Art, wie wir denken) als einen wichtigen Ansatzpunkt identifiziert, um lernorientierter und effektiver zu werden – und, so möchte ich hinzufügen, auch freudvoller. Die Freude kommt aus der Erkenntnis, dass wir die Verbindung zwischen den Ereignissen und unseren Reaktionen darauf unterbrechen können. Wir können einen neuen Verständnisrahmen finden. Wie es Viktor Frankl einmal ausdrückte: »In unserer Antwort liegt unser Wachstum und unsere Freiheit.«[56]

Maxie und Chris hatten beide eine unerbittlich rationale Haltung, hinter der sich ihr gemeinsames, aufrichtiges und leidenschaftliches Engagement für die Linderung von Leiden und Verschwendung verbarg, das sich darin zeigt, dass sie Menschen beim Lernen und Wachsen halfen. Diese beiden brillanten, engagierten Forscher erkannten, dass jeder von uns zu einer Art von Lernen und Wachstum fähig ist, die in der Schule nicht gelehrt wird. Beide öffneten meinen Geist für die Möglichkeit, klug zu scheitern. Wenn Lernen wichtiger wird als Wissen, dann entwickeln wir Weisheit und Gleichmut. Es öffnet eine Tür, die nur wenige sehen, um fürsorglicher, weiser und respektvoller zu werden. Dann sind wir bereit, Bestehendes zu hinterfragen (vor allem uns selbst), und können letztlich erfüllter leben. In der Zeit, die ich mit Maxie und Chris verbrachte, begann ich zu verstehen, wie sehr es sie schmerzt, dass wir uns selbst im Weg stehen. Dass wir zulassen, dass unser Ego das Lernen und die Wahrnehmung unserer Verbundenheit verstellt.

Wenn ich an meine Zeit in New Mexico zurückdenke, bin ich dankbar für das, was ich von Maxie und Larry gelernt habe. Es hat mein Denken und meine anschließende Forschung entscheidend geprägt. Beide Männer glaubten, dass Menschen lernen können, gewohnheitsmäßige Denkmuster zu ändern, und dass dies ein Schlüssel zu ihrem Erfolg und Glück ist. Dies war der Hintergrund, der mich an die Universität führte. Ich fühlte mich dem Denken der beiden verbunden – und fragte mich, ob es mir gelingen würde, neue Erkenntnisse zu einem bereits umfangreichen und wertvollen Forschungsfundus beizutragen. Außerdem wollte ich helfen, dieses Wissen nützlich zu machen.

Heute lautet meine Antwort: Lernen ist wichtiger als wissen.

Es spielt keine Rolle, ob Sie sich zu Carol Dwecks Growth Mindsets, Maxie Maultsbys gesunden Denkgewohnheiten, Chris Argyris' Modell-2-Theorien oder Viktor Frankls kraftvollen Memoiren hingezogen fühlen. Die Botschaft ist dieselbe. Halten Sie inne, um die automatischen Gedanken zu hinterfragen, die zu Leid und peinlichen Situationen führen. Finden Sie dann einen neuen Verständnisrahmen für diese Gedanken, in dem Sie das Lernen dem Wissen vorziehen. Schauen Sie nach außen und finden Sie Energie und Freude, wenn Sie erkennen, was Sie übersehen haben. Beim Reframing, dem Finden eines neuen Verständnisrahmens geht es im Grunde um die Worte, die wir verwenden, um unsere Gedanken auszudrücken – innerlich im Stillen oder laut gegenüber anderen Menschen. Scheitere ich, oder entdecke ich etwas Neues? Glaube ich, dass ich es besser hätte machen *sollen* – und dass ich schlecht bin, weil ich es nicht getan habe –, oder akzeptiere ich, was passiert ist, und lerne so viel wie möglich daraus? Komme ich mit dem Unbehagen zurecht, das mit neuen Erfahrungen einhergeht? Gebe ich mir die Erlaubnis, ein Mensch zu sein? Gebe ich mir die Erlaubnis zum Lernen?

DIE ERLAUBNIS ZUM LERNEN

Wie die Comicfigur Pogo vermeintlich sagte, haben wir den Feind getroffen und festgestellt, dass wir es selbst sind. Unsere verzerrten, unrealistischen Erwartungen an die Vermeidung aller Misserfolge sind in der Tat der Übeltäter. Die Beherrschung der Wissenschaft des klugen Scheiterns muss daher damit beginnen, uns selbst zu betrachten. Die Selbstbewusstheit ist die erste und wichtigste der drei Kompetenzen, die wir entwickeln müssen. Die beiden anderen, die Situationsbewusstheit, die im nächsten Kapitel behandelt wird, und die Systembewusstheit, die unmittelbar darauffolgt, können nur entwickelt werden, wenn wir uns selbst die Erlaubnis geben, immer weiter zu lernen.

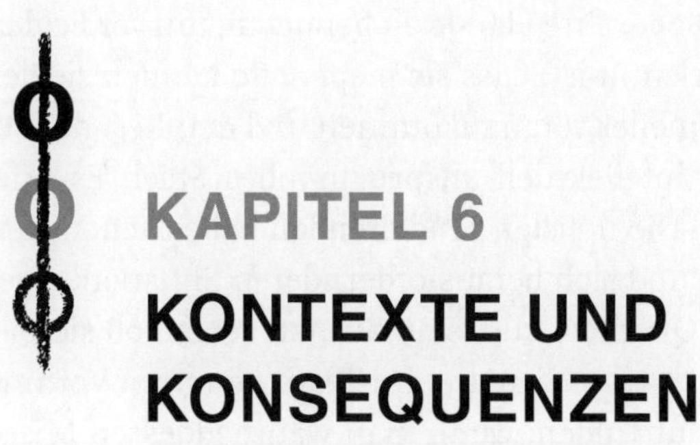

KAPITEL 6
KONTEXTE UND KONSEQUENZEN

Wir können den Wind nicht lenken,
aber wir können die Segel setzen![1]
– Dolly Parton

Stellen Sie sich vor, Sie stehen in einem großen Raum auf einem drei mal zwei Meter großen, grau-schwarzen, gittergemusterten Teppich. Sie sehen neun Reihen mit sechs identischen Quadraten. Ihnen wird gesagt, dass jedes Quadrat entweder laut piept oder stumm bleibt, wenn Sie darauf treten. Ihre Aufgabe besteht nun darin, einen Pfad aus zusammenhängenden, nicht piependen Quadraten von einem Ende des Teppichs zum anderen zu finden. Sie haben 20 Minuten Zeit, um den Weg zu finden, wobei es Bonuspunkte gibt, wenn Sie es schneller schaffen. Der Pfad kann nicht durch Betrachten des Teppichs entdeckt werden. Die einzige Möglichkeit, ihn zu entdecken, liegt im Ausprobieren und Scheitern.

Dieses sogenannte elektrische Labyrinth wurde vor mehr als drei Jahrzehnten von dem Erfinder Boyd Watkins entwickelt, einem afroamerikanischen Elektroingenieur mit zwei Abschlüssen an der Berkeley University.[2] Wenn ich meinen Studierenden diese Übung vorschlage, teile ich sie in Teams ein und gebe ihnen einige Regeln vor: Immer nur eine Person kann den Teppich betreten. Wenn ein Teammitglied auf ein piependes Quadrat tritt, muss das Teammitglied den Teppich verlassen, und die nächste Person ist an der Reihe. Jedes Mal, wenn ein Feld einen Piepton abgibt, muss das Team wieder bei der ersten Reihe beginnen. Ich gebe den Studierenden ein paar Minuten Zeit, um miteinander zu sprechen, bevor die Übung beginnt. Sobald die Übung startet, müssen sie fortfahren, ohne zu sprechen. Es steht ihnen frei, auf die ruhigen Felder zu zeigen oder ihre Hände zu benutzen, um vor Feldern zu warnen, von denen bereits bekannt ist, dass sie piepen. So können sie der Person im Labyrinth helfen, schneller voranzukommen und den Rest des Weges zu finden.

Das ist kein intellektuell anspruchsvolles Spiel. Es erfordert auch keine Fachkenntnisse. Die meisten Studierenden haben schon weitaus schwierigere Probleme gelöst und sich herausfordernderen Situationen gestellt. Es geht nur darum, auf die Quadrate zu treten, um zu sehen, ob sie piepen, und sich zu merken, welche es tun. Niemand im Team kennt im Vorhinein den Weg, also kann man ihn nur finden, wenn man währenddessen Misserfolge (Pieptöne) erlebt.

Dennoch passiert Folgendes. Der erste Mitspieler wagt sich auf den Teppich und tritt, sagen wir, auf ein nicht piependes Feld. Dann zögert die Person, bevor sie auf das nächste Feld tritt. Mit einem Fuß in der Luft scheint der Mitspieler zu erstarren, als ob er hofft, herauszufinden, welche Felder sicher sind, ohne sie betreten zu müssen. Denken Sie daran, dass die Teamleistung zeitabhängig ist. Zögern ist kostspielig. Mit einem Fuß in der Luft zu stehen, ist keine kluge Nutzung der Zeit, aber es ist verständlich. Stellen Sie sich vor, Sie stehen auf dem Teppich und treten nach vorn auf ein piependes Quadrat. Ihre Teammitglieder stöhnen auf. Oder Sie treten auf ein lautloses Feld und sie jubeln! Ironischerweise verstärken die Reaktionen des Teams das Zögern: Die nächste Person im Labyrinth zögert noch mehr, und schließlich läuft dem Team die Zeit davon. Meiner Erfahrung nach schaffen es die meisten Teams nicht, in 20 Minuten einen Weg ohne Piepen zu finden.

ICH WOLLTE KEINEN FEHLER MACHEN

Um den Teilnehmenden zu helfen, die Gründe für ihr Scheitern beim Lösen der Aufgabe zu verstehen, frage ich bei der Nachbesprechung der Übung: »Was haben Sie gedacht, als Sie vor einer neuen Reihe von Quadraten standen, und zögerten, einen Schritt zu machen?« Die Antwort ist immer die gleiche: »Ich wollte keinen Fehler machen.« Wenn sie näher darauf eingehen, gestehen sie, dass es ihnen peinlich war, auf ein piependes Feld zu treten, anstatt auf ein lautloses.

Inzwischen sollte klar sein, dass es kein Fehler ist, auf ein neues piependes Feld zu treten. Es ist einfach eine Information über den möglichen Weg. Es ist ein wertvoller Fehler. Wenn auf unbekanntem Gebiet etwas schiefgeht (sei es ein piependes Viereck oder eine misslungene erste Verabredung), ist es ein Misserfolg, aber kein Fehler. Denken Sie daran, dass etwas nur dann ein Fehler ist, wenn Sie bereits wissen, wie Sie es vermeiden können. Die Tatsache, dass man im Labyrinth nur dann gut abschneidet, wenn man so schnell wie möglich Informationen darüber sammelt, welche Quadrate piepen, lässt sich nicht so leicht in die Praxis umsetzen. Logischerweise sollten die Teams ihren Kolleginnen applaudieren, egal ob sie lautlose oder piepende Quadrate entdecken. Beides liefert wichtige neue Informationen über den Weg. Stattdessen empfinden die Menschen das winzige intelligente Scheitern eines neuen Pieptons als Fehler und schämen sich dafür – eine Peinlichkeit, die durch die Reaktionen der anderen noch verstärkt wird. Der Kontext wird nicht verstanden.

Ein neuer Piepton ist ein wertvoller Fehler. Nennen wir es einen »Piepton auf dem Weg nach vorn«. Das ist eine Metapher für die Fehltritte in unserem Leben in ungewohnten Situationen. So wie das Labyrinth eine Aufgabe darstellt, die nur durch das Betreten von piependen Feldern gelöst werden kann, so müssen wir auf Fehltritte vorbereitet sein, wenn wir in unserem Leben mit neuen Kontexten konfrontiert werden und uns auf neuem Terrain bewegen. Es mag irrational (aber menschlich) sein, sich für einen neuen Piepton im Labyrinth zu schämen oder sich vor ihm zu fürchten. So ist es ebenfalls irrational, sich von den »Pieptönen auf dem Weg nach vorn« in unserem Leben aus dem Gleichgewicht bringen zu lassen.

Was wäre, wenn ein Team im elektrischen Labyrinth methodisch vorgehen würde, um die piependen Felder so schnell wie möglich zu finden und ein Zögern zu vermeiden? Dann kann eine Lösung in weniger als sieben Minuten gefunden werden. Wenn ein Team nicht in der Lage ist, diese Aufgabe in 20 Minuten zu bewältigen, dann liegt der Grund darin, dass es *den Kontext falsch verstanden hat.* Dieser Kontext erfordert Experimente, und es ist hilfreich, sich als Team zusammenzuschließen und sich gegenseitig bei den unvermeidlichen Misserfolgen zu unterstützen. Stattdessen reagieren die Studierenden emotional auf die Pieptöne – als ob sie eine Routineaufgabe mit einem klaren Ablauf zu bewältigen hätten, der genau vorgibt, wo und wann sie einen Schritt setzen müssen. Sie haben das Labyrinth spontan als einen Test betrachtet, den sie beim ersten Mal richtig machen sollten. *Sie sind einer Lernaufgabe mit einer Ausführungsmentalität begegnet.*

Die Psychologieprofessorin Fiona Lee von der University of Michigan und ich haben das Labyrinth in einem Psychologieexperiment verwendet, um zu zeigen, wie diese Denkweise funktioniert.[3] Wir wiesen den Teilnehmenden nach dem Zufallsprinzip eine Person zu, von der sie glaubten, dass es sich um ein Teammitglied handelte. In Wirklichkeit war es ein Laborassistent, der eingestellt wurde, um entweder eine *Ausführungsorientierung* (mit der Betonung, dass es wichtig ist, richtig zu liegen und Fehler zu vermeiden) oder eine *Lernorientierung* (mit der Betonung, dass es wichtig ist, zu experimentieren und zu lernen) zu vermitteln. Die Teilnehmenden in der Lernhaltung schnitten besser ab als die, die sich auf die Ausführung konzentrierten. Die Anweisungen ihres Teampartners stimmten mit dem Kontext der Aufgabe überein, und es fiel ihnen leichter zu experimentieren, was für den Erfolg entscheidend war. Im Gegensatz dazu war für die Teilnehmenden, denen eine Ausführungsmentalität aufgezwungen wurde, die Aufgabe schwieriger, weil diese Haltung in dem Kontext nicht angemessen war.

Die meisten von uns stehen nicht vor einem Labyrinth und versuchen, den richtigen Weg zu finden. Aber die Übung liefert eine treffende Metapher für unser Leben. Wir alle sind mit Ungewissheit konfrontiert, die sowohl Risiken als auch Chancen für neue Entdeckungen mit sich bringt. Wir alle können davon profitieren, wenn wir in entscheidenden und weniger entscheidenden Momenten unseres täglichen Lebens innehalten und den Kontext betrachten. Zu viele Misserfolge im Leben und in Unternehmen entstehen, weil wir nicht auf den Kontext achten. Außerdem sind zu viele Misserfolge emotional schmerzhafter, als sie sein müssten.

Das Ziel des elektrischen Labyrinths ist es, die psychologischen Hindernisse für Innovation zu ergründen. Wir mögen keine Pieptöne, aber ohne sie wird es keine Innovation geben. Das elektrische Labyrinth ist ein Beispiel für Neuland, aber die Teilnehmenden haben immer noch das Gefühl, dass sie die Antworten kennen müssen. Ziel dieses Kapitels ist es, Ihnen eine neue Denkweise über den Kontext zu vermitteln. Sie kann Ihnen helfen, bestimmte Arten von Misserfolgen zu vermeiden und gleichzeitig die emotionale Belastung durch intelligente Fehler zu verringern. Zu viele vermeidbare Misserfolge – im Leben und in Unternehmen – entstehen, weil dem Kontext nicht genügend Aufmerksamkeit geschenkt wird.

Um die Wissenschaft des klugen Scheiterns zu praktizieren, können wir uns zwei Dimensionen des Kontextes vergegenwärtigen:

1. wie viel man weiß und
2. was auf dem Spiel steht.

Die erste Dimension betrifft den Grad der Neuheit und Unsicherheit. Bei der zweiten geht es um das Risiko – physisch, finanziell oder in Bezug auf den guten Ruf. Grob gesagt: Steht viel oder wenig auf dem Spiel? Auf ein Quadrat zu treten, das in einer Seminarübung piept, wäre ein gutes Beispiel für ein geringes Risiko. Ein Space Shuttle in die Umlaufbahn zu bringen, ist ein großes Risiko. Hier handelt es sich also häufig um eine subjektive Einschätzung: Was für mich ein hoher finanzieller Einsatz ist, kann für Sie gering sein. Die Ungewissheit zu beachten und zu wissen, was in einer Situation auf dem Spiel steht – ob subjektiv oder nicht –, ist eine entscheidende Kompetenz für Experten klugen Scheiterns.

DIE UNTERSCHIEDLICHEN KONTEXTE IN UNSEREM LEBEN

Werden Sie heute scheitern?

Das hängt in hohem Maße von den Situationen ab, in denen Sie sich befinden. Die Wahrscheinlichkeit, zu scheitern, ist je nach Grad der Unsicherheit sehr unterschiedlich. Auch die *Bedeutung* eines Fehlschlags ist unterschiedlich. Ist die Sicherheit von Menschen in Gefahr? Könnte ein Misserfolg ernsthafte finanzielle oder rufschädigende Folgen haben?

In diesem Kapitel untersuchen wir, wie kontextbezogene *Un*kenntnis in manchen Situationen zu vermeidbaren Fehlern und in anderen zu ungerechtfertigter Angst führt. Die kontextuelle Bewusstheit hingegen ermöglicht es Ihnen, Wachsamkeit zu üben, wenn es nötig ist, und sich zu entspannen, wenn wenig auf dem Spiel steht. Es ist eine Möglichkeit zum »Anhalten – Herausfordern – Wählen«, um die Situation zu bewerten, Ihre automatischen Überzeugungen zu hinterfragen und die richtige Denkweise zu wählen. Ruft die Situation nach extremer Wachsamkeit oder spielerischem Experimentieren? Wenn Sie lernen, diese Analyse gewohnheitsmäßig durchzuführen, werden Sie nicht nur in einer Vielzahl von Situationen effektiver sein, sondern reduzieren auch die emotionale Last, die so viele von uns durch unnötige Ängste tragen. Wenn Sie lernen, Ihre automatischen Reaktionen zu unterbrechen, können Sie überlegter vorgehen – Sie sehen keine Gefahr, wo keine ist, und üben sich in Wachsamkeit, wenn es eine gibt.

Der Kontext wird teilweise durch den Grad der Unsicherheit bestimmt. An einem Ende des Spektrums stehen Aufgaben, für die es bewährte Rezepte gibt, wie beispielsweise die Zubereitung von Schokokeksen, bei denen die Ergebnisse so gut wie garantiert sind. Am anderen Ende des Spektrums gibt es Aufgaben, für die es keine Spielregeln gibt. Stellen Sie sich vor, Sie sitzen vor dem leeren Bildschirm Ihres Computers und wollen einen Roman schreiben. Bei den Keksen wissen Sie genau, was zu tun ist, und ein Scheitern ist unwahrscheinlich. Bei der letztgenannten Aufgabe stehen Ihnen unendlich viele Möglichkeiten offen, und endlose kleine Misserfolge (Pieptöne auf dem Weg nach vorn) warten auf Sie. Vielleicht haben Sie noch nicht einmal eine Idee für eine Geschichte. Oder vielleicht haben Sie nur eine Idee. Sie wissen nicht, wo Sie anfangen sollen und das gewünschte Ergebnis – ein veröffentlichtes Buch, das Leser fern und nah anspricht – ist alles andere als garantiert. Genau wie Edisons frühe Versuche, einen Akku herzustellen. Zwischen diesen beiden Extremen liegt eine riesige Landschaft von Situationen.

Von beständig bis neuartig

Beständige Kontexte bieten die Sicherheit, die neuen Kontexten fehlt. Wenn das Verfahrenswissen gut entwickelt ist – wie beim Befolgen des Keksrezepts –, ist die Unsicherheit und die Wahrscheinlichkeit eines Fehlschlags gering. Im Gegensatz dazu ist das Wissen darüber, wie man das gewünschte Ergebnis erreicht, in neuen Kontexten nicht vorhanden oder unvollständig, zum Beispiel wenn man ein Buch schreiben, ein neues Produkt entwerfen oder einen Weg ohne Piepton durch ein elektrisches Labyrinth finden will. Wenn die Unsicherheit groß ist, sind Misserfolge so gut wie garantiert. Aber diese Misserfolge müssen nicht schmerzhaft sein. Sie liefern wertvolle Informationen, und die Bewusstheit für den Kontext macht es einfacher, sie wertzuschätzen.

Um zu verstehen, wie sehr sich die Kontexte in Ihrem Leben unterscheiden, denken Sie an Ihre bisherigen Jobs: Inwieweit waren diese Arbeitsaufgaben mit Anweisungen für das Erreichen der erwarteten Ergebnisse verbunden? In den meisten Unternehmen gibt es eine Reihe von Kontexten – von der Routineproduktion (sich wiederholende Arbeiten mit hohem Volumen, wie in einem Fast-Food-Restaurant oder am Fließband in der Automobilindustrie) bis hin zu Forschung und Entwicklung (in wissenschaftlichen Labors oder Produktdesign-Teams).[4] Dazwischen liegen die veränderlichen Kontexte, wie beispielsweise in einem Krankenhaus, wo man zwar über ein solides Wissen darüber verfügt, wie man gute Ergebnisse erzielen kann, aber ständig Anpassungen vornehmen muss, die auf kleinen Schwankungen der Situationen beruhen. Eine Ärztin in der Notaufnahme kann beispielsweise an einem Tag mit mehreren ungewöhnlichen Patienten konfrontiert werden und am nächsten Tag relativ routinemäßig vorgehen. Auch in Ihrem persönlichen Leben begegnen Sie *beständigen, veränderlichen* und *neuartigen* Kontexten. Es geht nicht darum, feste Grenzen zu zwischen Kategorien zu ziehen, die einander nicht überschneiden. Vielmehr können wir lernen, die Ungewissheit gewohnheitsmäßig zur Kenntnis zu nehmen, weil davon das weitere Vorgehen beeinflusst wird.

Können Sie es im Schlaf?

Kürzlich erregte ein Bericht in den Nachrichten mein Interesse. Es ging um ein kleines Kind, das in einem Taxi zurückgelassen wurde. Eine Familie hatte ein Taxi vom Flughafen nach Hause genommen, und erst nachdem das Taxi weggefahren war, bemerkten die Eltern, dass ihr Sohn fehlte. Der Junge wurde nach ein paar Stunden gefunden – unverletzt und immer noch schlafend in der dritten Reihe des Minivans, der nun auf einem Parkplatz am Stadtrand geparkt war. Ich dachte darüber nach, wie es zu diesem Fehler gekommen sein könnte. Ich konnte mir die Szene aus der Sicht der Eltern vorstellen: Es ist spät, es ist dunkel, das Ende einer langen Reise, und alle sind müde. Die anderen Kinder brauchen Betreuung. Das Gepäck muss verladen werden. Wo sind die Hausschlüssel? In diesem Chaos konnte man leicht annehmen – wie die Eltern es taten –, dass sich der andere um den Vierjährigen kümmert.[5]

Die Geschichte ist ein Beispiel dafür, wie leicht wir dazu neigen, die Veränderlichkeit herunterzuspielen. Obwohl eine Fahrt vom Flughafen nach Hause vorhersehbar und vertraut zu sein scheint und daher keine Aufmerksamkeit erfordert, würde ich argumentieren, dass der Kontext – mehrere Gepäckstücke, mehrere Kinder, die späte Stunde – die Familie anfällig für Fehler machte. Hätten sie erkannt, dass die Fahrt nach Hause nicht völlig vorhersehbar, sondern mäßig veränderlich war, hätten sie ihr vielleicht mehr Aufmerksamkeit geschenkt. Der Taxifahrer versäumte es ebenfalls, einer scheinbar routinemäßigen Aufgabe – dem Ausparken seines Wagens am Ende der Schicht – seine volle Aufmerksamkeit zu widmen. Er hat sich nicht vergewissert, dass das Fahrzeug leer ist. Alle trugen zu einem vermeidbaren komplexen Versagen in einem veränderlichen Kontext bei.

Routinen sind charakteristisch für einen beständigen Kontext. Vielleicht nehmen Sie jeden Tag denselben Weg zur Arbeit oder räumen den Geschirrspüler aus, indem Sie das saubere Geschirr an einen bestimmten Ort zurückstellen, damit Sie immer wissen, wo es zu finden ist. Vielleicht joggen Sie gern eine bestimmte Runde in einem Park in Ihrer Nachbarschaft. Vielleicht haben Sie eine Schwester, einen Bruder oder eine beste Freundin, auf die Sie sich immer verlassen können, wenn es Ihnen schlecht geht. Wenn Sie gern kochen, haben Sie wahrscheinlich eine Reihe von Rezepten, auf die Sie sich jedes Mal verlassen können. Diese Aktivitäten und Beziehungen bilden die beständigen

Kontexte, die relativ immun gegen stressige Entscheidungen darüber sind, was Sie tun sollten und wie Sie es tun sollten.

In beständigen Kontexten in Ihrem Leben spüren Sie keine Ängste, dass Sie ein gewünschtes Ergebnis nicht erreichen können. In diesen Situationen können Sie mit Zuversicht sagen: »Ich schaffe das.« Ich möchte nicht behaupten, dass das Ausräumen des Geschirrspülers freudige Ausgelassenheit auslöst. Es ist vielmehr beruhigend vertraut, ganz zu schweigen von der Befriedigung, die wir empfinden, wenn alles wieder an seinem Platz ist. Das Problem besteht darin, dass wir Situationen allzu bereitwillig als beständig einschätzen, obwohl sie veränderlich oder manchmal sogar neuartig sind. Die Familie, die vom Flughafen nach Hause kam, ließ deshalb ein schlafendes Kind im Taxi zurück. Wann immer ich meinen Seminarraum an der Harvard Business School übermütig betrete, weil ich im Vorjahr dieselbe Fallstudie unterrichtet habe, begehe ich denselben Fehler. Ich habe es mit neuen Studierenden zu tun, die andere Erfahrungen und Erwartungen mitbringen. Die Welt um uns herum wurde durch die jüngsten Ereignisse verändert, und die Diskussion in der Klasse wird sich anders entwickeln als zuvor. Um den bestmöglichen Unterricht zu gestalten, muss ich jederzeit auf Nuancen achten. Nur wenige unserer Kontexte sind wirklich beständig und vorhersehbar, aber trotzdem tun wir so, als ob sie es wären. Wenn wir sagen, »Das kann ich im Schlaf«, dann meinen wir damit, dass wir es schon sehr oft gemacht haben, weshalb wir nicht mehr aufpassen müssen.

Vertraut und doch veränderlich

Die *veränderlichen Kontexte* in unserem Leben lassen uns wachsam sein. Vielleicht sind Sie eine geübte Tennisspielerin, die das Spiel immer besser beherrscht, bei dem jede Gegnerin oder jede Doppelpartnerin und erst recht jedes Match neue Wendungen mit sich bringt, die Ihre volle Aufmerksamkeit erfordern. Vielleicht bietet Ihr Job einen veränderlichen Kontext, in dem Sie ein bestimmtes Fachwissen in einer Reihe von verschiedenen Situationen im Laufe des Tages anwenden, so wie eine Ärztin oder ein Anwalt. Oder Sie arbeiten mit unterschiedlichen Kollegen zu verschiedenen Zeiten an mehreren Projekten. In veränderlichen Kontexten setzen wir unser Wissen oder unsere Erfahrung ein und passen gleichzeitig unsere Handlungen sorgfältig an die momentanen Gegebenheiten an. Veränderliche Kontexte bringen mehr Unsicherheit mit sich als wirklich beständige Kontexte, aber trotzdem sind Sie meistens gut in der Lage, sich in der Situation zurechtzufinden.

Aufgrund der Komplexität unserer Welt sind die meisten Situationen, denen wir tagtäglich begegnen, veränderlich. Sie erfordern zumindest einen Teil unserer Aufmerksamkeit. Selbst Situationen, die beständig zu sein scheinen, können veränderlicher sein, als Sie denken. Vielleicht haben Sie das Soufflé zuhause schon unzählige Male zubereitet, aber Sie wissen nicht, wie es in einem fremden Ofen gelingen wird, wenn Sie am Wochenende bei Freunden zu Besuch sind. Häusliche Projekte wie das Aufhängen von Bildern an den Wänden sind ebenfalls veränderlich – Sie müssen sorgfältig Maß nehmen, um Ihre Daumen oder die Wände nicht zu beschädigen.

Neuland

Wie bei IDEO, wo alle an Innovationsprojekten arbeiteten, bieten die neuartigen Kontexte in Ihrem Leben viele Möglichkeiten, es gibt aber keine Garantie für Ergebnisse. Um in diesen Kontexten erfolgreich zu sein, muss man zwangsläufig etwas Neues ausprobieren, und es ist unwahrscheinlich, dass es beim ersten Mal perfekt funktioniert. Vielleicht wollen Sie ein neues Gericht erfinden, bei dem Sie unbekannte Zutaten mischen. Sie wissen genug über das Kochen, um zu glauben, dass sich die Aromen harmonisch verbinden werden, aber Sie müssen es ausprobieren, um sicher zu sein. Vielleicht sind Sie gerade dabei, zum ersten Mal ein Haus zu kaufen, und erkunden verschiedene Stadtteile, gehen zu Besichtigungen, durchforsten das Internet und informieren sich so gut wie möglich über Finanzierungsmöglichkeiten. Oder wie ist es, wenn Sie zu einem Blind Date gehen? Oder mit dem Tauchen anfangen? Das sind allesamt neuartige Kontexte.

Wenn wir uns nicht ab und zu in neue Kontexte begeben, laufen wir Gefahr, zu stagnieren. Wir verpassen die Chance, eine ungewohnte Tätigkeit auszuprobieren oder ein neues Ziel zu erreichen. Genau wie die Wissenschaftlerinnen in den Labors müssen wir Misserfolge im Neuland verkraften. Man kann sie nicht vermeiden, aber man kann die Gelegenheit nutzen, um aus ihnen zu lernen. Vielleicht haben Sie sich auf ein Haus festgelegt und verlieren die Gelegenheit an einen höheren Bieter. Ihr Mittagsgericht könnte enttäuschend oder sogar furchtbar sein. Das Blind Date? Sprechen wir nicht darüber. All diese Beispiele stellen geringe Risiken dar, die es wert sind, eingegangen zu werden. Das liegt daran, dass das Schlimmste, was passieren kann, gar nicht so schlimm ist.

WAS STEHT AUF DEM SPIEL?

Beim Üben der Situationsbewusstheit können Sie als zweiten Aspekt bedenken, was auf dem Spiel steht – in finanzieller oder körperlicher Hinsicht oder für

Ihren Ruf. Eine gute Faustregel ist, Misserfolge mit geringen Folgen gelassen hinzunehmen und Maßnahmen zu ergreifen, um Misserfolge mit hohem Risiko zu verhindern. Situationen werden durch eine Kombination aus Ungewissheit und möglichen Folgen definiert. Wenn schwerwiegende physische, finanzielle oder rufschädigende Folgen auftreten könnten, steht viel auf dem Spiel. Tabelle 6 auf Seite 206 zeigt Beispiele für Situationen in allen drei Dimensionen, bei denen mehr oder weniger auf dem Spiel steht.

Das Ausräumen des Geschirrspülers, das Kochen oder der Versuch, über einen piependen Teppich zu navigieren, sind Situationen mit geringem Risiko, in denen ein Fehler wahrscheinlich keine ernsthaften Folgen hat. Wenn Ihnen beim Ausräumen des Geschirrspülers ein Teller herunterfällt, ist das ein ziemlich unbedeutender Fehler in einem vorhersehbaren Kontext. Es ist gesund, daraus »keine große Sache« zu machen und schnell weiterzugehen – vielleicht halten Sie inne, um sich daran zu erinnern, dass Sie aufpassen müssen, wenn Ihre Hände nass sind. In einer Situation, in der wenig auf dem Spiel steht und das Schlimmste, was passieren kann, ein in sich zusammengefallenes Soufflé ist, sollten Sie Ihren Fehler mit der Einstellung begegnen: »Na ja, so etwas kann passieren«. Es gelten die Redewendungen »Mach dich deswegen nicht fertig« oder »Was passiert ist, ist passiert«.

Julia Child, die bahnbrechende Köchin, die die französische Küche einem breiten amerikanischen Publikum nahebrachte, war berühmt dafür, dass sie Fehler in der Küche ihrer Fernsehshow in den 1960er-Jahren fröhlich abtat. Nachdem sie einen Pfannkuchen gewendet hatte, der auf den Küchentisch und nicht in die Pfanne gefallen war, gab sie folgenden Rat: »Wenn das passiert, schaufeln Sie den Pfannkuchen einfach zurück in die Pfanne. Denken Sie daran, dass Sie allein in der Küche sind und niemand Sie sehen kann.«[6] Weil sie trotz ihrer Leistungen und ihres Fachwissens so unbeschwert scheitern konnte, wirkte die berühmte Köchin nicht nur sympathisch, sondern ermutigte die Zuschauerinnen, unbekannte Rezepte auszuprobieren, die ihnen sonst vielleicht zu abschreckend vorgekommen wären.

Viel Spaß beim Experimentieren

Experten des Scheiterns wie Julia Child nutzen Situationen mit geringem Risiko in neuartigen Kontexten, um zu experimentieren. Im besten Fall werden Sie etwas Neues entdecken. Und im schlimmsten Fall? Es ist einfach nur ein Piepton auf dem Weg nach vorn. Eine wichtige Erkenntnis aus dem elektrischen Labyrinth ist, dass man *Spaß am Experimentieren haben sollte, wenn wenig auf dem Spiel steht.* Das Sammeln von Erfahrungen mit Fehlschlägen in einer

Umgebung mit geringem Risiko hilft, den Perfektionismus zu vermeiden. Sie können lernen, innezuhalten und zu überlegen, ob wirklich viel auf dem Spiel steht. Genauso wie wir spontan die Unsicherheit unterschätzen, überschätzen wir spontan, was auf dem Spiel steht. Für die meisten von uns wäre ein Auftritt im Fernsehen ein hohes Risiko. Nicht so für Julia! Für sie war (zu recht) ein Pfannkuchen auf der Theke oder sogar ein Brathähnchen auf dem Boden ein geringes Risiko – ein Fall von menschlichem Versagen, der weder peinlich noch beschämend war.

Es verbessert unser Lebensgefühl entscheidend, wenn wir uns angewöhnen, das Risikoniveau vieler unserer Aktivitäten einzuschätzen und zu überlegen, wie viel wirklich auf dem Spiel steht. Indem wir diese Gewohnheit kultivieren, verringern wir die emotionale Belastung. Es gibt mehr als genug Situationen in unserem Leben, in denen Wachsamkeit unerlässlich ist. Wenn das nicht der Fall ist, können wir spielerischer und unbeschwerter vorgehen – selbst wenn wir Dinge tun, die uns wichtig sind (Kochen, einen Aufsatz schreiben, eine neue Sprache lernen). In beständigen Kontexten, in denen wenig auf dem Spiel steht (Wäsche zusammenlegen, joggen gehen), ist eine beiläufige, routinierte Vorgehensweise in Ordnung. Indem wir innehalten, um zu überlegen (oder neu zu ermessen), was auf dem Spiel steht, können wir unsere Wachsamkeit dosieren und so die emotionale und kognitive Belastung verringern.

Die Wachsamkeit dosieren

Wenn dagegen viel auf dem Spiel steht – vor allem für die Sicherheit von Menschen –, sollten Sie einen Ansatz wählen, der von einer aufmerksamen Ausführung über ein sorgfältiges Vorgehen bis hin zu vorsichtigen Experimenten reicht, wie in Abbildung 5 dargestellt. Der graue Kasten umfasst Situationen, in denen Fehlschläge wahrscheinlich sind und viel auf dem Spiel steht. Das graue Feld stellt den Bereich dar, der besondere Sorgfalt erfordert. Ein Impfstoffhersteller muss mit größter Sorgfalt vorgehen, damit nicht zwei verschiedene Impfstoffchargen miteinander kombiniert werden, denn ein Fehler könnte Menschenleben, den Ruf des Unternehmens und viel Geld kosten. Vielleicht halten Sie bei der Arbeit eine Präsentation, die sich auf einen Verkaufsabschluss oder eine Beförderung auswirken wird. Das ist ein veränderlicher Kontext und eine Situation, in der relativ viel auf dem Spiel steht, weil der Verkaufsabschluss oder die Beförderung für Sie wichtig ist. Hier sollten Sie Vorsicht walten lassen, indem Sie zum Beispiel Ihre Präsentation vorher üben. Nehmen wir an, Sie halten dieselbe Präsentation vor einer völlig neuen Gruppe. Da sich der Kontext in einem neuartigen Kontext annähert, können Sie vorsichtig mit kleinen

Änderungen an Ihrer Präsentation experimentieren, um das neue Publikum besser zu erreichen.

Tabelle 6: Drei Dimensionen möglicher Folgen

	Hohes Risiko	Niedriges Risiko
physisch	Tätigkeiten, bei denen es um Leben oder Tod geht oder bei denen die Gefahr schwerer Schäden besteht, wie zum Beispiel das Fliegen eines Flugzeugs oder die Durchführung einer Operation.	Eine neue Sportart ausprobieren, bei der es zu Muskelkater oder kleinen Verletzungen kommen kann.
finanziell	Eine große Summe Geld in eine riskante Investition zu geben.	Eine Kinokarte kaufen, ohne etwas über den Film zu wissen.
rufschädigend	Tätigkeiten, die einer breiten öffentlichen Kontrolle unterliegen und auf die Sie möglicherweise nicht ausreichend vorbereitet sind oder für die Sie nicht qualifiziert sind.	Eine kontroverse Meinung auf einer Party gegenüber jemandem äußern, den Sie nicht gut kennen.

Natürlich sollte man in gefährlichen Situationen nicht leichtsinnig handeln. Aber es ist auch ein Fehler, sich in Situationen, in denen wenig auf dem Spiel steht, mit übermäßiger Wachsamkeit zu belasten. Dieser Fehler wird von fast allen Teilnehmenden beim elektrischen Labyrinth begangen. Wenn Sie übermäßig besorgt darüber sind, wie andere Sie sehen, könnten Sie den Kontext fälschlicherweise als hohes Risiko betrachten und nicht als eine Möglichkeit, Ihren Schutz abzulegen und authentisch mit anderen in Kontakt zu treten.

Wenn Wachsamkeit notwendig ist, weil viel auf dem Spiel steht, muss es nicht schmerzhaft oder anstrengend sein. Äußerst intensive Aufmerksamkeit kann sehr belebend sein. Wenn ich zum Beispiel ein Segelboot gegen den Wind segle, fallen Ablenkungen und Sorgen weg, weil ich gezwungen bin, von Augenblick zu Augenblick mit den Herausforderungen von Wind, Geschwindigkeit und Gleichgewicht umzugehen. Als ich in New Mexico lebte und am Wochenende kletterte, machte ich eine ähnliche Erfahrung. Die Konzentration, die veränderliche Situationen manchmal erfordern (vor allem, wenn Spitzenleistungen gefragt sind), darf nicht mit unerbittlicher harter Arbeit und Quälerei gleichgesetzt werden!

Abbildung 5: Sich in verschiedene Arten von Kontexten auf der Grundlage von hohem oder niedrigem Risiko orientieren

UNKENNTNIS DER SITUATION UND VERMEIDBARES SCHEITERN

Mangelnde Situationsbewusstheit kann zu einer Vielzahl von vermeidbaren Misserfolgen führen – in der Regel aufgrund einer kognitiven Verzerrung, die als *naiver Realismus* bezeichnet wird. Wie der Psychologe Lee Ross von der Stanford University beschrieben hat, vermittelt der naive Realismus das falsche Gefühl, dass man die Realität unmittelbar wahrnimmt – und nicht eine Version der Realität, die durch die Brille des eigenen Hintergrunds oder Fachwissens gefiltert wurde.[7] Er ist eine Quelle der Selbstüberschätzung, die zu vermeidbaren Fehlern führen kann. Naiver Realismus bringt uns dazu, dass wir eine veränderliche oder neuartige Situation als vorhersehbar interpretieren. Wir haben bereits Beispiele dafür gesehen, wie das Kind, das im Taxi sitzen gelassen wurde, oder meine Erfahrungen im Hörsaal. Vielleicht haben Sie aber auch schon einen Verkaufsabschluss verloren, den Sie für sicher hielten, oder geglaubt, dass eine Verabredung gut verlaufen ist, aber dann haben Sie nie wieder etwas von der Person gehört. Wenn man die Vertrautheit einer Situation überschätzt und ihre Ungewissheit unterschätzt, führt das zu Fehlern, die eher vermeidbar als intelligent sind.

Situationsbewusstheit bedeutet in der Fehlerforschung, den Grad der Ungewissheit festzustellen und zu erkennen, was das bedeutet. Wir können innehalten – wenn auch nur kurz –, um zu überlegen, wo sich die Situation im Kontinuum zwischen beständig bis neuartig befindet, um dann mit einem angemessenen Handeln fortzufahren. Wir können lernen, das Unerwartete zu erwarten, um vermeidbare Fehler zu vermeiden und genug Risiken einzugehen, um einige intelligente Fehlern zu produzieren. Wir können uns darüber im Klaren sein, was jeweils auf dem Spiel steht.

Wenn wir die Gefahr unterschätzen

Jay war Ingenieur- und Designstudent und arbeitete in einer Metallwerkstatt, die große Außenskulpturen für öffentliche Parks, Privatanwesen und Kunstgalerien herstellte. In seinen ersten Arbeitswochen im Juni 2020 hatte er Anweisungen erhalten, wann und wie er Schutzbrillen, Helme, Atemschutzmasken, Stahlkappenstiefel und Handschuhe benutzen sollte. Jay nahm die Maßnahmen ernst und befolgte sie gewissenhaft. Er hatte auch gelernt, wie man sicher mit den großen Maschinen umgeht, die Stahl und Aluminium schneiden. Er wusste, dass er Abstand zu den scharfen Klingen, den rotierenden Zahnrädern und der schneidenden Hitze der Schweißgeräte halten sollte. Nachdem er die Metallteile aneinander befestigt hatte, glättete er die Schweißnähte häufig mit einem handgeführten Winkelschleifer, der mit einer scharfkantigen und schnell laufenden Scheibe ausgestattet war.

Doch eines Nachmittags, nachdem er schon fast ein Jahr in der Werkstatt gearbeitet hatte, beugte sich Jay zu weit in eine enge Ecke, um eine raue Schweißnaht zu glätten. Für den Bruchteil einer Sekunde war sein Kopf zu nahe an der kraftvoll surrenden Schleifmaschine. Er hatte die Situationsbewusstheit verloren und konzentrierte sich eher auf die störende Schweißnaht als darauf, wo er im Verhältnis zu dem gefährlichen Werkzeug stand.

Plötzlich sprang ihm der Winkelschleifer aus der Hand und ritzte ihm die Unterlippe auf.

Sein Chef fuhr ihn in die Notaufnahme und sagte streng: »Jay, du hast vergessen, dass du dich in einer gefährlichen Situation befindest.«

Jay hatte, wenn auch nur für einen Moment, eine veränderliche Situation mit einer routinemäßigen Situation verwechselt. An die Arbeit mit dem Winkelschleifer gewöhnt, hatte er mehr automatisch als bewusst gearbeitet. Vor allem aber hatte er nicht innegehalten, um zu erkennen: *Das ist eine gefährliche Situation. Ich könnte verletzt werden.* Hätte er innegehalten, um den Kontext zu erkennen – wie er es schon viele Male zuvor bei Aufgaben mit Verletzungspotenzial getan hatte –, hätte er vielleicht seinen Kopf bewegt oder wäre so weit zurückgetreten, dass er sich nicht verletzt hätte.

Obwohl nicht alle vermeidbaren Fehler körperliche Schäden nach sich ziehen, zeigt dieses Beispiel, was passieren kann, wenn wir vergessen, innezuhalten und den Kontext zu bewerten. Wir verlieren die Chance, die für den jeweiligen Kontext am besten geeignete Vorgehensweise zu wählen. Denn wenn man erkennt, dass man sich in der Grauzone befindet, in der Dinge schiefgehen können und manchmal auch schiefgehen, kann man mit besonderer Vorsicht und Sorgfalt vorgehen.

Wenn wir die Veränderlichkeit unterschätzen

Was wäre, wenn Sie die Aufgabe hätten, eines der bestehenden Produkte Ihres Unternehmens auf einem neuen Markt – beispielsweise in einem neuen Land – einzuführen? Man könnte leicht in die Falle tappen, dies als eine Aufgabe zu betrachten, die routinemäßig ausgeführt werden kann. Es handelt sich um ein eingeführtes Produkt, und es ist nur natürlich, die mögliche Veränderlichkeit herunterzuspielen. Schauen wir uns an, wie Coca-Cola im Jahr 2004 in diese Situation geriet.[8] Die Firma erlebte ein komplexes Scheitern, das von Wirtschaftsjournalisten als »Fiasko« und »PR-Katastrophe« bezeichnet wurde.[9]

Das Wasser der Marke Dasani wurde in den späten 1990er-Jahren in den Vereinigten Staaten populär, als abgefülltes Wasser zunehmend als praktische und gesunde Alternative zu zuckerhaltigen Limonaden angesehen wurde. In England hingegen war der Markt für in Flaschen abgefülltes Wasser etablierter als in den USA. Allerdings wurde abgefülltes Wasser auf beiden Seiten des Atlantiks unterschiedlich gesehen. In England wurde Mineralwasser in Flaschen nicht einfach als bequeme Trinkwasserquelle betrachtet, sondern als wohltuend und erfrischend, da es von einem alpinen Gletscher oder aus einer natürlichen Quelle stammte. Zur Veranschaulichung dieses kulturellen Unterschieds parodierte die weit verbreitete BBC-Fernsehkomödie *Only Fools and Horses* 1992 in einer Folge, dass man Wasser in Flaschen kaufen könnte. In der Sendung verkaufte eine Figur abgefülltes Wasser direkt aus dem Wasserhahn. Es war also eine Idee, aus der man Comedy machen konnte – wozu auch gehörte, dass sich später in der Sendung herausstellte, dass das Leitungswasser verunreinigt war. Die Folge, die während eines Feiertags ausgestrahlt wurde, sahen 20 Millionen Menschen, und viele Menschen mehr in Wiederholungen.[10]

Hätte die Markteinführung von Dasani in England nur die negativen Assoziationen überwinden müssen, die durch eine Fernsehsendung hervorgerufen wurden, wäre sie vielleicht trotzdem erfolgreich gewesen. Nur wenige hätten das neue Wasser von Coca-Cola aufgrund der Comedy-Episode abgelehnt. Tatsächlich verkaufte sich das Dasani-Produkt in den ersten Wochen ganz gut.

Coca-Cola hatte jede Dasani-Flasche mit der richtigen Bezeichnung »gereinigtes Wasser« (chemisch behandeltes Leitungswasser) versehen, um es von Mineralwasser zu unterscheiden. Im Vorfeld der Markteinführung stellte das Branchenmagazin *The Grocer* fest: »Ein führender Einkäufer warnte, dass einige Verbraucher durch die fehlende Herkunftsbezeichnung des Wassers abgeschreckt werden könnten«.[11] Aber niemand nahm das Problem ernst, was vielleicht an den tief verwurzelten Annahmen über abgefülltes Wasser lag.

Doch manchmal ist das Leben erfindungsreicher als jede Kunst. Ein Test zeigte, dass die Chemikalien, die in der Wasseraufbereitungsanlage im Südosten Londons verwendet wurden, darauf hindeuteten, dass Dasani-Wasser den gesetzlichen Grenzwert für die krebserregende Substanz Bromat überschritt. Obwohl die Mengen offenbar ungefährlich waren, ließ sich die negative Publicity nicht vermeiden. Coca-Cola war gezwungen, eine halbe Million Flaschen Dasani zurückzurufen – ein teurer und wahrscheinlich vermeidbarer komplexer Fehler.[12] Das Produkt wurde nie wieder auf den britischen Markt gebracht, und das Unternehmen schrieb sieben Millionen Pfund für die Werbekampagne zur Markteinführung ab.[13]

Es ist leicht, den Grund für dieses Scheitern auf Pech zurückzuführen. Der »perfekte Sturm« bildete sich aus einer TV-Show, die im Gedächtnis blieb, dem Versäumnis, die Wasserquelle im Voraus sorgfältig zu testen, und einem allzu sorglosen Umgang mit den Unterschieden zwischen den beiden Märkten. Das komplexe Zusammentreffen dieser Faktoren führte zum Scheitern des Produkts. Hätte das Unternehmen die Veränderlichkeit erkannt, die ein neuer Markt für ein altes Produkt zwangsläufig mit sich bringt, hätte der Misserfolg vielleicht vermieden werden können. Ein vorsichtiges Vorgehen, um das Wasser (und den Markt) zu testen, hätte die Risiken vielleicht früher aufgedeckt. Das Unternehmen hätte die britische Skepsis gegenüber einem Produkt, das in den USA und anderswo sehr positiv aufgenommen wurde, vorhersehen und darauf reagieren können. Wie der Journalist Tom Scott abschließend feststellte, »ich glaube nicht, dass das Dasani-Desaster unvermeidlich war«.[14]

Wenn wir die Neuartigkeit unterschätzen

Die neue Website wurde über zwei Jahre mit einem Finanzvolumen von über einer Milliarde Dollar entwickelt und sollte 50.000 bis 60.000 Nutzerinnen gleichzeitig bedienen können.[15] In den ersten Stunden nach dem lang erwarteten Start schien alles ordnungsgemäß zu funktionieren. Aber bald tauchten Berichte auf, dass die wenigen Nutzer, die sich einloggen konnten, nur leere Bildschirme vorfanden, von der Website verwiesen wurden oder stundenlang auf den Zugang warten mussten. Nur sechs Personen konnten die Website am ersten Tag richtig nutzen. Nur fünf Prozent der erwarteten Nutzer konnten im ersten Monat der Nutzung der Website bedient werden. Beobachter kritisierten die Technologie weithin als »kontraintuitiv, schwer zu navigieren und allgemein kaum zu überblicken«.[16]

HealthCare.gov war die Online-Plattform, die geschaffen wurde, um den Affordable Care Act (ACA) umzusetzen. Das war ein hart umkämpftes Gesetz in den USA, das Millionen von zuvor unversicherten oder unterversicherten Amerikanern den Zugang zur Gesundheitsversorgung ermöglichte. Die Website war das öffentliche Portal, auf dem sich jeder und jede anmelden konnte, um das landesweite Angebot für Gesundheitsfürsorge zu durchsuchen und ein Angebot auszuwählen. Doch der Start war ein kläglicher Fehlschlag, der einen großen Medienrummel auslöste. Wie kann es sein, dass eine Regierung, die allen Menschen den Zugang zur Gesundheitsversorgung ermöglichen will, nicht in der Lage ist, die grundlegende Möglichkeit zur Anmeldung zu gewährleisten?

Als die Einzelheiten über dieses Scheitern bekannt wurden, erfuhren wir, dass zwei wichtige Faktoren eine Rolle spielten. Zunächst hatten sich die Verantwortlichen in Washington, D.C., die den ACA zu einem Erfolg machen wollten, auf die Verabschiedung des Gesetzes konzentriert – und die Umsetzung der Regelung vernachlässigt. Es wurde weniger darüber nachgedacht, wie man die Technologie entwickelt, um Millionen von Nutzern mit Tausenden von Unternehmen zu verbinden, die unterschiedliche Angebote der Gesundheitsfürsorge anbieten, die jeweils komplexen bundesstaatlichen Vorschriften unterliegen.[17]

Eine Website einzurichten ist nicht schwer. Vielleicht gehören Sie sogar zu den Millionen von Menschen, die eine einfache Website, einen Blog oder ein E-Commerce-Geschäft über vorkonfigurierte Software-Systeme eingerichtet haben und damit innerhalb weniger Stunden online gegangen sind. Der Aufbau einer Plattform, auf der zehntausende Nutzer gleichzeitig online sind, von denen jeder individuelle Pläne benötigt, stellt jedoch einen ganz anderen Schwierigkeitsgrad dar – und erfordert vor allem ganz andere Fähigkeiten als die von Politikern. In diesem Zusammenhang haben Präsident Obama und sein Team den Grad der Neuheit von HealthCare.gov nicht erkannt. Da sie es einfach als eine weitere Webseite ansahen, gelang es ihnen nicht, ein Team und einen Prozess zu schaffen, die für ein solch neuartiges Projekt erforderlich waren. Ich nutze diese Fallstudie in meinem Kurs an der Harvard University, damit die Studierenden erkennen, dass Visionen und Charisma nicht ausreichen. Herausragende Manager zeichnen sich dadurch aus, dass sie den Kontext erkennen, um Menschen und Ressourcen entsprechend zu organisieren. Andernfalls riskieren sie peinliche und vermeidbare Misserfolge.

Das Scheitern von HealthCare.gov war mehr als peinlich. Es warf ein schlechtes Licht auf das gesamte Vorhaben. Obwohl es offensichtlich ein technologisches Versagen war – die Software funktionierte nicht –, wurde es durch seine Sichtbarkeit zu einem »gut dokumentierten Desaster«, wie Präsident Obama es später nannte.[18]

Die meisten neuen technologischen Plattformen werden hinter verschlossenen Türen entwickelt. Die Softwareentwickler rechnen damit, dass sie nicht auf Anhieb funktionieren, und planen mehrere Versionen, in der Regel mit einer kleinen Gruppe ausgewählter Benutzer, bevor sie in großem Maßstab einsatzbereit sind. Sie wissen, dass sie sich in einem neuartigen Kontext bewegen, in dem möglicherweise viel auf dem Spiel steht. Aber in diesem Fall hatten die Verantwortlichen den Kontext als veränderlich und vertraut missverstanden, obwohl es sich in Wirklichkeit um etwas vollkommen Neues handelte. Sie erkannten nicht, wie viel Arbeit und wie viele Wiederholungen nötig sein würden, um erfolgreich zu sein. So als würde ein früher Entdecker, der in die Antarktis aufbricht, sein Gepäck für einen Wochenendausflug an einen vertrauten Ort zusammenstellen und nur Mütze und Handschuhe mitnehmen, falls es kalt werden sollte. Angesichts des extremen, unvorhersehbaren Wetters und des dringenden Bedarfs an spezieller Ausrüstung und genauer Orientierung wäre die Expedition bald zum Scheitern verurteilt. Analog dazu war die Schaffung und der Start einer umfangreichen Internetplattform keine Aufgabe, die man einfach so erledigen konnte, sondern vielmehr ein anspruchsvolles Innovationsprojekt.

Ein Journalist berichtete, dass die Bundesbeamten »die enorme Bedeutung des Vorhabens nicht erkannten. Sie waren schlecht organisiert und fragmentiert, wurden durch verspätete und sich ändernde ACA-Richtlinien behindert, machten Fehler bei der Einstellung von Mitarbeitenden und ignorierten Probleme, bis es zu spät war.«[19] Schlimmer noch: Warnungen, dass die Technologie nicht funktionierte, wurden ignoriert. Probleme wurden nicht in der Hierarchie nach oben gemeldet. Niemand hielt es für sicher, seinen Vorgesetzten zu sagen, dass die Webseite nicht richtig funktionierte.

Glücklicherweise wurde sehr bald ein Team von Tech-Superstars aus dem Silicon Valley rekrutiert, um die Website zu reparieren. Das Team hatte die Erfahrung, die Situation zu diagnostizieren und das Know-how, sie entsprechend neu zu gestalten. Die Experten arbeiteten daran, sowohl die Kultur als auch die Technologie wiederherzustellen. Viele der ursprünglichen Software-Ingenieure wurden übernommen. Doch diesmal experimentierten alle unermüdlich und systematisch, um herauszufinden, was funktioniert und was nicht. Mikey Dickerson von Google leitete das Team von Programmierern, das den Code der Webseite überarbeitete. Er hielt zweimal täglich kurze Besprechungen ab, in denen das Team in einer psychologisch sicheren Kultur ohne Schuldzuweisungen die Probleme diskutierte, Fehler eingestand und Fragen stellte.[20] Er hing eine kurze Liste mit Regeln für die täglichen Meetings an die Wand[21]:

> Regeln
>
> Die Einsatzzentrale und die Besprechungen sind dazu da, Probleme zu lösen.
>
> »Es gibt genügend andere Orte, an denen die Leute ihre kreative Energie darauf verwenden, sich gegenseitig die Schuld für Fehler zu geben.«

In einer Sitzung applaudierte Dickerson einem Softwareentwickler, der zugab, dass sein Kodierungsfehler zu einem Ausfall der Webseite geführt hatte.[22]

Der Start von HealthCare.gov war ein komplexes Scheitern in einem neuartigen Kontext und *kein* wertvoller Fehler. Gefahrensignale wurden übersehen. Es wurden keine Experimente durchgeführt, die auf Hypothesen beruhen. Aus kleinen Fehlern wurde nicht gelernt, was dazu führte, dass das Projekt in einem weitaus größeren, öffentlichkeitswirksamen und rufschädigenden Ausmaß scheiterte, als notwendig gewesen wäre. Beim Start von HealthCare.gov begab man sich auf neuartiges Gebiet. Das ist auch bei Intelligente Fehlern so, aber sie führen nicht zu einem schmerzhaften Fiasko, es sind kleine, kontrollierte Enttäuschungen.

DIE LANDSCHAFT DES SCHEITERNS VERMESSEN

Die Beziehung zwischen der Art Kontextes und der Art des Fehlers ist Ihnen wahrscheinlich schon aufgefallen. Zum Beispiel gehen neuartige Kontexte und intelligente Fehler Hand in Hand. Eine 70-prozentige Fehlerquote (fast alle Fehlschläge sind intelligent) ist nicht untypisch für Wissenschaftlerinnen an der Spitze ihres Fachgebiets. In neuartigen Kontexten muss man experimentieren, um Fortschritte zu erzielen, und intelligente Fehlschläge gehören dazu.

Jedes Scheitern ist eine nützliche Entdeckung. Auch wenn Autoren ihre Fehlerquote nicht ohne Weiteres bemessen können, werde ich bis zur Fertigstellung dieses Buches mehr Wörter gestrichen haben als schließlich übriggeblieben sind. In neuartigem Gebiet lässt sich das nicht vermeiden. Aber stellen Sie sich vor, die meisten Linienflüge kämen nie an ihr Ziel oder die meisten Mahlzeiten bei McDonald's schmeckten nicht wie erwartet. Die Kunden wären verärgert. Selbst bei einer Fehlerquote von 1 % in diesen großvolumigen, relativ konstanten Kontexten wären die Unternehmen bald aus dem Geschäft.

Mit zunehmender Ungewissheit steigt auch die Wahrscheinlichkeit eines Fehlschlags, und die Art des Scheiterns unterscheidet sich entsprechend.

Vorhersehbar und grundlegend

In vorhersehbaren Kontexten kommt es häufig zu grundlegenden Fehlern, weil wir versucht sind, es »wie im Schlaf« zu tun. Fehler schleichen sich ein, obwohl man genau weiß, was man tun muss, um das gewünschte Ergebnis zu erzielen. Vielleicht vergisst man, die Uhr zu stellen, und die Kekse verbrennen. Es ist zwar häufig, dass wir uns für kleine Fehler bestrafen, aber das ist nicht hilfreich. Die gesunde Reaktion besteht darin, den Fehler zur Kenntnis zu nehmen, daraus zu lernen und dann nach vorne zu schauen, anstatt zurück. Das gilt sogar für Fehler, die schwerwiegende Folgen haben, zum Beispiel wenn eine SMS am Steuer zu einem Autounfall führt. Aus kleinen und großen Rückschlägen zu lernen, ist Teil der Wissenschaft des klugen Scheiterns.

Veränderlich und komplex

Komplexe Fehler treten besonders häufig in veränderlichen Kontexten auf. Sie werden viele Ihrer Tennisspiele verlieren. Wenn die Sonne hinter der Wolke geblieben wäre, Ihr Knie Sie nicht geplagt hätte und Ihr Gegner den Aufschlag nicht unerwartet zurückgeschlagen hätte, wäre das Ergebnis anders ausgefallen. Das Spiel zu verlieren, war ein komplexes Scheitern, aber kein tragisches.

Um in den unterschiedlichen Kontexten unseres Lebens erfolgreich zu sein, müssen wir wachsam *und* widerstandsfähig sein. Ich bin sicher, Sie können sich an komplexe Fehler in Ihrem Leben erinnern – und Sie werden sie besonders häufig bei Flugreisen finden. 1990 reiste ich für ein Vorstellungsgespräch für die Hochschule von New Mexico, wo ich für Larry Wilson arbeitete, nach Boston. Aufgeregt wegen des Vorstellungsgesprächs kam ich auf dem Flughafen von Albuquerque an, der 90 Minuten von meinem Zuhause entfernt war, parkte mein Auto und flog nach Dallas, wo die erste Etappe meiner Reise ohne Zwischenfälle verlief. Doch dann lösten dramatische Gewitter und die daraus resultierenden Flugverspätungen und -annullierungen einen massiven Zusammenbruch des Flugverkehrsmanagements am Flughafen Dallas-Fort Worth aus. An jedem Terminal gab es ein Flugzeug, das nicht abfliegen konnte, weil seine Besatzung die zulässigen Arbeitszeiten überschritten hatte, und neue Besatzungen waren wegen der Blockierung aller Flugsteige nicht verfügbar. Der Flughafen füllte sich mit gestrandeten Fluggästen, den Flughafenrestaurants ging das Essen aus, und alle Hotelzimmer in der Gegend waren ausgebucht. Ich befand mich mitten in einem komplexen Scheitern in einem veränderlichen Kontext. Ich musste die Nacht ausgestreckt auf dem Boden des Terminals verbringen und auf den Morgen warten, an dem die Fluggesellschaften das Chaos beseitigen würden. Dieses Scheitern wurde nicht durch etwas verursacht, was ich getan oder nicht getan habe (außer dass ich keinen Puffertag eingeplant hatte, um rechtzeitig in Boston anzukommen). Glücklicherweise nahmen mir meine Gesprächspartner dieses komplexe Versäumnis nicht übel – dass ich einen Tag zu spät in der Stadt ankam, hatte keinen Einfluss auf meine Chancen auf die Aufnahme in das Doktorandenprogramm.

Neuartig und intelligent

Wenn wir uns in Neuland wagen – in eine andere Stadt ziehen, eine Beziehung eingehen, eine Sprache lernen, ein Rezept entwickeln –, sind Misserfolge unvermeidlich. Wissenschaftlerinnen, die neue chemische Reaktionen oder den neuesten galaktischen Himmelskörper entdecken, rechnen mit einer hohen Fehlerquote auf dem Weg zum gelegentlichen spektakulären Erfolg. Selbst in Pharmaunternehmen scheitern über 90 Prozent der neu entwickelten Medikamente im Versuchsstadium und kommen nie auf den Markt.[23] Die meisten von uns sind in ihrem täglichen Leben nicht mit so hohen Fehlerquoten konfrontiert. Aber wir müssen lernen, den Wert von Experimenten in unserem Leben zu schätzen, damit wir die Lehren aus intelligenten Fehlern in neuartigen Kontexten ziehen können.

Mein Mann ist ein guter Koch. Er ist auch ein Wissenschaftler, der häufig zu anderen Universitäten reist, um seine Arbeit vorzustellen. Besonders begeistert ist er, wenn er von einer Reise nach Hause kommt, auf der er von seinen Gastgebern in ein Spitzenrestaurant mitgenommen wurde. Oft fragt er sich dann, ob er ein exquisites Gericht, das er genossen hat, vielleicht nachkochen kann. Vor einigen Jahren machte er sich daran, den Oktopus, den er in einem berühmten New Yorker Restaurant gegessen hatte, nachzuahmen. Vielleicht wissen Sie bereits, wie schwierig es ist, Tintenfisch zu kochen – aber es war definitiv kulinarisches Neuland für ihn. Leider waren die Ergebnisse miserabel. Ich erinnere mich, dass er mit einem Rezept begann und dann die Zutaten und die Zubereitungsmethode in einer Weise variierte, die für ihn sinnvoll erschienen. Das Gericht als zäh und gummiartig zu bezeichnen, wäre richtig, aber untertrieben. Es war ungenießbar. (Ich wünschte, ich könnte sagen, dass meine Reaktion auf den Misserfolg so freudig und unterstützend war, wie sie hätte sein sollen, aber ich schweife ab). War es dennoch einen Versuch wert? Ja, natürlich. Hat er es jemals wieder versucht? Ja. Obwohl es nie mein Lieblingsgericht geworden ist, schmeckt sein Oktopus heute sehr gut.

Unser Leben ist voll von grundlegenden, komplexen und (wenn wir uns genug anstrengen) intelligenten Fehlern. Ein Zusammenhang zwischen dem Kontext und der Art des Scheiterns ist leicht zu erkennen: In neuartigen Kontexten kommt es zu intelligenten Fehlern, in beständigen Kontexten zu grundlegenden Fehlern und in veränderlichen Kontexten zu komplexen Fehlern.

Das ist richtig, aber unvollständig.

Die restliche Landschaft vermessen

Wie Sie sicher schon bemerkt haben, kann man in einem beständigen Kontext kluges Scheitern erzeugen. Aber Sie können auch ein grundlegendes Scheitern in einem neuartigen Kontext erleben. Nennen wir sie »nicht-diagonale Fehler«. Denn wie Sie sehen werden, ist jede andere Kombination ebenfalls möglich. Wenn wir die drei Fehlerarten mit den drei Kontextarten kombinieren, erhalten wir neun Kombinationen von Fehlern und Kontexten, wie in Abbildung 6 dargestellt. Entlang der Diagonale sind die drei klassischen Fehlertypen in ihrem angestammten Kontext dargestellt. Werfen wir nun einen Blick auf sechs weitere Fehlergeschichten, um ein Gefühl für den Rest der Fehlerlandschaft zu bekommen.

Der Leiter einer Produktionslinie in einer Fabrik führt vielleicht von Zeit zu Zeit ein kleines Experiment durch, um eine Verbesserungsidee zu testen, nur um dann festzustellen, dass sie nicht funktioniert. Das ist ein kluges Scheitern in einem beständigen Kontext. Oder ein reibungsloser Produktionsprozess wird durch einen Hurrikan unterbrochen, der einen weit entfernten Lieferanten benötigter Teile lahmlegt, während eine plötzliche Grippe ein Viertel der Belegschaft ausschaltet, die sonst in der Lage wäre, die fehlenden Teile herzustellen. Zuhause könnte ein Blech Ihrer Lieblingskekse durch einen Stromausfall ruiniert werden. Beides sind komplexe Fehler in beständigen Kontexten.

Die Piloten von Air Florida, die bei einem Schneesturm in Washington, D.C., während des Durchgehens der Checkliste vor dem Flug irrtümlich »Enteisung aus« bestätigten, zeigten, wie leicht ein grundlegendes Scheitern in einem veränderlichen Kontext auftreten kann. Der Forscher H. Clayton Foushee setzte Pilotenteams in den bewusst hergestellten veränderlichen Kontext eines Flugsimulators und forderte sie auf, nach überraschenden Fehlfunktionen sicher zu landen. Dabei trugen intelligente Fehler dazu bei, die Sicherheit des Passagierflugverkehrs zu verbessern. Wenn Sie beim Tennis mit einem neuen Rückhandschlag experimentieren und nach einer gewissen Zeit des Ausprobierens feststellen, dass Sie damit schlechter spielen, ist das ebenfalls kluges Scheitern in einem veränderlichen Kontext.

Schließlich sollte klar sein, dass es in neuartigen Kontexten – also dort, wo kluges Scheitern die Ideen und Produkte vorantreibt, die unsere Welt verändern – weder an komplexen noch an grundlegenden Fehlern mangelt. Erinnern Sie sich daran, wie Jen Heemstra die Pipette falsch benutzte und damit ein Experiment ruinierte. In neuartigen Kontexten können alle möglichen komplexen Fehler geschehen, trotz der sorgfältigsten Planung und Hypothesenbildung. Fragen Sie einfach die Wissenschaftler, deren Forschungsprogramme in eine Sackgasse geraten sind, als eine weltweite Pandemie die Versorgungsketten unterbrochen hat und die Teammitglieder nach Hause geschickt werden mussten.

Die Entwicklung von Kontextbewusstheit ist wichtig, um unerwünschte Misserfolge zu vermeiden. Und wir werden ermutigt, mehr Spaß am Experimentieren zu haben, wenn wir dies gefahrlos tun können. Wenn Sie Ihren Ansatz anpassen, können Sie in jedem Kontext erfolgreich sein. Beständige Kontexte geben uns die Möglichkeit, eine verlässliche Situation zu genießen und unsere Fähigkeiten im Bewährten kontinuierlich zu verbessern. In veränderlichen Kontexten können wir uns inspirieren, wenn wir durch erhöhte Wachsamkeit angeregt werden. Die Freude über rechtzeitig verhinderte Fehler – die Umdeutung eines Beinaheunfalls von schlecht zu gut – stärkt unser Bewusstsein dafür, dass Dinge schiefgehen *werden*. Aber unsere Fähigkeit, Fehler zu bemerken und zu korrigieren, bevor wirklicher Schaden entsteht, ist das Wichtigste. Neuartige Kontexte, vor allem wenn wenig auf dem Spiel steht, bieten die Möglichkeit, vorsichtig zu experimentieren und die Lehren aus intelligenten Fehlern zu ziehen. Wir können lernen, zu lächeln, wenn wir auf dem Weg nach vorn einen Piepton hören.

Kontexte

Arten des Scheiterns	beständig	veränderlich	neuartig
intelligent	Der Test der Verbesserungsidee bei einer Produktionslinie scheitert.	Gut ausgeruhte Crews erreichen keine bessere Leistung als Teams, die mehr Erfahrung bei der Zusammenarbeit haben.	Wenn man zum ersten Mal Tintenfisch kocht, schmeckt das Gericht schrecklich.
komplex	Ein Hurrikan weit weg stört einen Zulieferer, was zu einem Teilemangel führt, der die Produktionslinie lahmlegt.	Stürme, Probleme im Flugverkehr und Mitarbeiterausfälle führen dazu, dass tausende Passagiere stranden.	Durch Engpässe bei Mitarbeitenden und Lieferketten muss während einer globalen Pandemie eine Reihe von Experimenten abgebrochen werden.
grundlegend	Die Austernsauce zu stark kochen erzeugt eine glibberige Masse.	Geistesabwesendes Bestätigen der Meldung »Enteisung aus« auf der Checkliste vor dem Flug während eines Schneesturms führt zum Absturz.	Eine Wissenschaftlerin verwendet in einem Labor die Pinzette nicht ordnungsgemäß und ruiniert ein Experiment.

Abbildung 6: Die Landschaft des Scheiterns

ERWARTEN SIE DAS UNERWARTETE

Ben Berman ist seit Jahrzehnten im Bereich der Flugsicherheit tätig. Der ehemalige Flugkapitän von United Airlines hat in seiner Karriere unter anderem beim National Transportation Safety Board Unfälle untersucht und bei der NASA erforscht, wie menschliche Schwächen wie Ablenkungen, Unterbrechungen und kognitive Fehler die Leistung der Flugbesatzung beeinträchtigen. Er wird nicht müde, die Aufmerksamkeit auf die Veränderlichkeit der Kontexte zu lenken, die bei jeder Flugreise zu erwarten ist. Um diese Wachsamkeit bei den von ihm geleiteten Linienflügen zu erreichen, sagte Kapitän Berman den Mitgliedern einer neu zusammengestellten Cockpitbesatzung routinemäßig: »Ich habe noch nie einen perfekten Flug geflogen.« Berman versteht also, dass selbst der erfahrenste Pilot mit unerwarteten Herausforderungen konfrontiert werden kann. Man kann sich nicht einfach darauf verlassen, dass er perfekt reagiert.

In meiner Forschung habe ich dies als *Framing Statement* bezeichnet, das den jeweiligen Verständnisrahmen explizit anspricht. Erfahrene Führungskräfte sprechen ganz natürlich den aktuellen Verständnisrahmen an. Sie wissen, dass die Menschen Hilfe brauchen, um den Kontext zu erfassen und neu zu verstehen, um möglichst effektiv zu sein. Als ich Anfang Mai 2022 mit ihm sprach, erinnerte sich Berman daran, wie er diese ersten Momente mit jedem neuen Team wahrnahm:

> Ich wollte das Eis brechen und eine Verbindung herstellen. Ich fing an, indem ich sagte: »Nun, ich habe noch nie einen perfekten Flug gesteuert, und ich werde es euch auch dieses Mal beweisen.« Die Crew lachte, und dann sagte ich: »Ich brauche jeden von euch, ich möchte, dass ihr mir sagt, wenn ich etwas falsch mache, denn das wird ganz sicher passieren. Und ich werde das Gleiche bei euch tun.« Und alle nickten und lächelten.

Berman ist der Meinung, dass es keine Routineflüge gibt, und er möchte, dass die Mitglieder der Besatzung keine Angst haben, eine Frage oder ein Problem schnell anzusprechen:

> [Ein Ziel] war, die Crewmitglieder zu einer forschenden Haltung einzuladen und die Kommunikationskanäle zu öffnen. Darüber hinaus wollte ich ihnen die Wahrheit vermitteln, dass ich einen Fehler machen *werde*. Ich *habe* noch nie einen perfekten Flug gesteuert. Manchmal bin ich nahe dran, aber ich ärgere mich immer noch über mich selbst, wenn ich während des Fluges vergesse, einen Knopf zu drücken, und der Kopilot mich daran erinnert. Ich ärgere mich über mich selbst, weil ich nach Perfektion strebe. Ich bin sicher nicht wütend auf den Kopiloten, weil er mich auf einen Fehler hinweist!

An Bens Ausführungen gefiel mir besonders sein starkes Verständnis für den Kontext, in dem er arbeitete: die mäßige Ungewissheit eines veränderlichen

Kontextes, in dem viel auf dem Spiel steht. Perfektionismus und Egoismus sind in einem solchen Kontext eine Quelle der Gefahr. Er erklärte: »Es gibt genug Dynamik, genug Ablenkungen, genug Müdigkeit, genug Bequemlichkeit. Alles Dinge, die zu Fehlern führen. Das *wird* passieren. Ich werde Fehler machen, und ich brauche die Beteiligung der gesamten Crew. Deshalb habe ich das auch zu ihnen gesagt.«

Expertinnen in fast jedem Bereich berücksichtigen gewohnheitsmäßig den Kontext. Der Rest von uns muss sich daran erinnern. Die Praxis der Situationsbewusstheit bedeutet, dass man wahrnimmt, wo man sich gerade befindet, damit man die richtige innere Haltung für den jeweiligen Kontext und das dementsprechende Risiko einnehmen kann. Vielleicht fällt Ihnen eine Zeit bei der Arbeit ein, in der Sie sich mit der Angst quälten, ob Sie in einer Rolle oder bei einem Projekt erfolgreich sein würden. Ich kenne solche Momente. Während ich dieses Buch geschrieben habe, ist mir das oft passiert! Situationsbewusstheit ermöglicht Ihnen, eine Bestandsaufnahme ihrer momentanen Situation zu erstellen und entsprechend vorzugehen – manchmal, um unnötige Ängste abzubauen, manchmal, um Risiken zu verringern. So können wir die Gewohnheit entwickeln, innezuhalten und zu prüfen – sowohl bei momentanen Reaktionen als auch bei der Planung eines Projekts oder einer Veranstaltung. Dazu sind zwei wesentliche Fragen hilfreich: Wo befinde ich mich auf dem Spektrum der Kontexte? Und was steht auf dem Spiel?

Während Sie die Ungewissheit und das Risiko abschätzen, fragen Sie sich vielleicht: »Habe ich so etwas schon einmal gemacht? Gibt es Experten oder Richtlinien, die ich nutzen kann, um die Erfolgschancen zu erhöhen?« Der Beginn eines neuen Buchprojekts beispielsweise ist mit Ungewissheit verbunden: Es ist völlig offen, wie das Buch strukturiert werden soll und ob es jemand lesen will. Aber während des Schreibens steht wenig auf dem Spiel. Wenn sich das Geschriebene als falsch erweist oder meine Idee nicht klar vermittelt, kann ich es so lange überarbeiten, bis es mein Anliegen besser zum Ausdruck bringt. Die Überarbeitungen kosten nichts, und niemand außer mir muss den Text lesen, bis ich fertig bin. Ich könnte diagnostizieren, dass der Kontext mit der unteren rechten Ecke von Abbildung 5 auf Seite 207 übereinstimmt, wo es in Ordnung ist, »Freude am Experimentieren und Lernen« zu haben.

Ganz allgemein hilft Situationsbewusstheit dabei, Experimente zu wagen, wenn es sicher ist, und vorsichtig zu sein, wenn es geboten ist, um unerwünschte Fehler zu vermeiden.

KAPITEL 7 SYSTEME WERTSCHÄTZEN

Ein schlechtes System wird immer mächtiger sein als ein guter Mensch.[1]
– W. Edwards Deming

Spencer Silver versuchte, einen Klebstoff zu entwickeln, der stark genug für den Einsatz im Flugzeugbau war. Das Jahr: 1968. Der Ort: Das zentrale Forschungslabor von 3M in der Nähe von Minneapolis.[2] Als Silver eines Tages mehr als die empfohlene Menge eines chemischen Reaktanten verwendete, stellte er zu seinem Erstaunen fest, dass er eine dünne, schwache Substanz geschaffen hatte, die sich ebenso leicht von Oberflächen entfernen ließ, wie sie an ihnen haftete.

Aber die seltsame Substanz war nicht stark genug, um ein kaputtes Spielzeug zusammenzukleben, geschweige denn, um den extremen Bedingungen eines fliegenden Metallflugzeugs standzuhalten. Er hatte bei der ihm gestellten Forschungsaufgabe eindeutig versagt. Höchstwahrscheinlich würde der Klebstoff dazu verdammt sein, als Kuriosität im Laborregal zu verschwinden.[3]

Wahrscheinlich wissen Sie bereits, dass Silvers »Fehlschlag« das erste Kapitel einer milliardenschweren Erfolgsgeschichte namens Post-it werden sollte. Aber vielleicht wissen Sie nicht, in welchem Maße 3M ein System aufgebaut hatte, das die Chancen für erfolgreiche Innovationen drastisch erhöhte.

Der Weg, der schließlich einen gescheiterten Flugzeugklebstoff in ein äußerst beliebtes Produkt verwandelte – und wie leicht es ohne eine besondere Kombination aus Beharrlichkeit und kollaborativem Zufall hätte scheitern können –, wirft ein nützliches Licht auf die Natur von Systemen. Zusätzlich zu Systemen von Organisationen wie 3M agieren wir alle in unserem täglichen Leben in Systemen – Familiensystemen, Ökosystemen und Schulsystemen, um nur einige zu nennen. So wird Systembewusstheit – insbesondere das Verständnis dafür, wie Systeme unerwünschte Fehler produzieren können – zu einer entscheidenden Fähigkeit in der Wissenschaft des klugen Scheiterns.

Die Ergebnisse eines Systems werden weniger durch seine Einzelteile bestimmt, sondern vielmehr dadurch, wie die Teile zueinander in Beziehung stehen. Diese einfache, aber wirkungsvolle Idee kann Ihnen helfen, verschiedene Systeme in Ihrem Leben zu analysieren und zu gestalten, um bessere Ergebnisse zu erzielen. Später in diesem Kapitel werde ich darauf zurückkommen, wie 3M ein System entwickelt hat, das wertvolle Fehler erzeugt und dadurch unzählige Innovationen hervorgebracht hat. Doch zunächst wollen wir uns genauer ansehen, wie wir Systeme verstehen können.

SYSTEME UND SYNERGIE

Das Wort *System* stammt aus dem Griechischen und bedeutet »zusammenfügen«. Es bezieht sich auf eine Reihe von Elementen (oder Teilen), die zusammen ein sinnvolles Ganzes bilden, das heißt eine erkennbare Einheit, sei es eine Familie, ein Unternehmen, ein Auto oder ein Baseballteam.

Systeme zeichnen sich durch *Synergie* aus: Das Ganze ist mehr als die Summe seiner Teile. Anders ausgedrückt: Das Verhalten des Ganzen lässt sich nicht durch das Verhalten der einzeln betrachteten Teile vorhersagen. Nur wenn man die *Beziehungen* zwischen den Teilen berücksichtigt, kann man das Verhalten eines Systems erklären. Es gibt vom Menschen geschaffene Systeme und von der Natur geschaffene Systeme. In jedem Fall kommt es vor allem darauf an, wie die Elemente miteinander in Beziehung stehen.

Betrachten Sie den auffälligen Unterschied zwischen Grafit, der weichen grauen Substanz in Bleistiften, und einem Diamanten, dem funkelnden Edelstein, der in Verlobungsringen vorkommt. Obwohl wir sie als grundverschiedene Substanzen kennen, bestehen beide ausschließlich aus Kohlenstoffatomen. Der Unterschied liegt in den geometrischen Beziehungen zwischen den Kohlenstoffatomen.[4] In Diamanten ordnen sich die Atome in einer dreieckigen

Matrixstruktur an, die ein stabiles, festes Material ergibt. In Grafit sind die Kohlenstoffatome hexagonal in Ebenen angeordnet, die sich verschieben können, was Grafit seine Weichheit verleiht.

Buckminsterfullerene, ein drittes natürlich vorkommendes Kohlenstoffsystem, wurde erst 1985 entdeckt. In *Buckyballs,* wie die Wissenschaftler die neue Form spielerisch nannten, verbinden sich sechzig Kohlenstoffatome mit jeweils zwei nahen Nachbarn zu einer geometrischen Kugel, die einem Fußball ähnelt. Die Entdeckung brachte den Wissenschaftlern Robert Curl, Harold Kroto und Richard Smalley 1996 den Nobelpreis ein und führte zu einer Handvoll innovativer Materialien, die in der Medizin, der Elektronik und sogar in Farben verwendet werden.[5] Auch hier werden die Eigenschaften der Buckyballs durch die Beziehungen zwischen den Teilen erklärt – nicht durch die Teile selbst.

Diese und andere obskure Einsichten aus meiner frühen Karriere als Chefingenieurin bei Buckminster Fuller haben mir eine tiefe Wertschätzung für Systeme vermittelt. Fuller wies schon früh darauf hin, dass die meisten Menschen durch ihre Ausbildung nicht darauf vorbereitet waren, Systeme zu sehen. Er war der Meinung, dass die zunehmende Spezialisierung unsere Fähigkeit bedroht, die Funktionsweise von Systemen zu verstehen. Darüber hinaus lernen wir in der Schule, Probleme in Einzelteile zu zerlegen, was uns in vielen Wissensbereichen Konzentration und Fortschritt ermöglicht, uns aber den Blick für größere Muster und Beziehungen verstellt. Traditionelle Managementsysteme zerlegen die Arbeit in ähnlicher Weise in Teile und verhindern Zusammenarbeit und Innovation zugunsten von Zuverlässigkeit und Effizienz.

Wie wir in Kapitel 4 gesehen haben, sind Systeme mit interaktiver Komplexität und enger Kopplung anfällig für Ausfälle. Wenn man sich die Zeit nimmt, um die Funktionsweise eines Systems zu verstehen, können viele komplexe Fehler vermieden werden. Das beginnt damit, dass man versteht, wie die Elemente eines Systems zusammenhängen und welche Schwachstellen durch diese Beziehungen entstehen. Wenn wir sagen, dass ein Unfall nur darauf gewartet hat, zu passieren, meinen wir damit, dass ein System anfällig für Fehler war. Komplexe Fehler haben mehrere Ursachen; dennoch suchen wir allzu oft nach einer einzigen Ursache oder einem einzigen Schuldigen. Wenn wir uns angewöhnen, nach Beziehungen zwischen den Elementen eines Systems zu suchen, können wir alle Arten von Fehlern und Pannen vorhersehen und verhindern, Ebenso wichtig ist, dass wir aus aufgetretenen Fehlern mehr lernen können. Viele von ihnen werden sich als vorhersehbar herausstellen, wenn man sich das System einmal genauer ansieht.

Ihr zwölfjähriger Sohn möchte zusätzlich zur Baseballmannschaft der Stadt, in der er bereits spielt, in einer Mannschaft mitspielen, die regelmäßig auf Reisen geht. Das hört sich nach Spaß an, ganz zu schweigen von der Möglichkeit, seine Fähigkeiten weiterzuentwickeln und seinen geliebten Sport häufiger zu spielen. Ein klares Ja, oder? Moment, nicht so schnell. Überlegen Sie zunächst einmal, wie sich diese Entscheidung auf andere Bereiche im Leben Ihres Sohnes, seiner Geschwister und der Familie auswirken wird. Die zusätzlichen Stunden, die dem Baseballtraining gewidmet werden, müssen irgendwoher kommen. Vielleicht bleibt dann weniger Zeit für die Hausaufgaben, was sich auf lange Sicht auf die Lerngewohnheiten oder die schulischen Leistungen auswirken könnte. Die Spiele finden an mehreren Tagen in der Woche abends statt, sodass die Eltern mit dem Auto fahren müssen und das Abendessen mit der Familie eingeschränkt wird. Die Mitgliedschaft in der Mannschaft kostet auch Geld, das vielleicht für andere Dinge fehlt. Was ist mit den Aktivitäten, an denen Ihre anderen Kinder teilnehmen möchten? Ein klares Ja zum Wunsch des Sohnes in der Gegenwart hat vielfältige Konsequenzen für andere und für die Zukunft. Eine Entscheidung in einem Teil des Familiensystems zu einem bestimmten Zeitpunkt wirkt sich oft auf andere Teile und spätere Zeiten aus. Es geht nicht darum, wahllos zu jeder Veränderung in den Aktivitäten Ihrer Familie Nein zu sagen. Vielmehr geht es darum, die wichtigsten Zusammenhänge abzuschätzen, um mit Bedacht Ja oder Nein sagen zu können. Hier können Sie von zwei einfachen Fragen profitieren:

1. Wer und was ist noch davon betroffen? Und:
2. Was könnte später passieren, wenn Sie das jetzt tun?«

Wenn Sie erst einmal anfangen, Systeme zu sehen – die Verbindungen zwischen den Teilen zu erkennen –, können Sie Wege finden, die wichtigsten Systeme in Ihrem Leben oder Ihrer Organisation zu verändern. So können Sie unerwünschte Fehler reduzieren und mehr Innovation, Effizienz, Sicherheit oder andere wertvolle Ergebnisse fördern. Erinnern Sie sich an die ungenügende Waffensicherheit am Set von *Rust*; die Tragödie hätte durch ein besser durchdachtes System mit wiederholten Kontrollen verhindert werden können, um echte Kugeln aus den fiktiven Kämpfen herauszuhalten.

Systembewusstheit hilft Ihnen auch, sich weniger schlecht zu fühlen, wenn in Ihrem Arbeits- oder Privatleben etwas schiefläuft. Wenn Sie beginnen, Systeme klarer zu sehen, verstehen Sie besser, dass Sie für die meisten Misserfolge nicht *vollkommen* verantwortlich. Sie können sich für Ihren *Beitrag* dazu verantwortlich fühlen – und sich vornehmen, es beim nächsten Mal besser zu machen –, leiden aber weniger unter der Illusion, dass Sie allein die Schuld tragen.

Bei Gestaltung von Systemen geht es nicht nur um die Vermeidung von

Fehlern. Ebenso wichtig ist die Möglichkeit, Systeme durchdacht zu gestalten, um bestimmte Ziele zu erreichen. Im weiteren Verlauf dieses Kapitels werden wir uns zum Beispiel ansehen, wie 3M ein System zur *Förderung* von Innovation entworfen hat, anstatt einfach Innovation als Ziel zu verkünden und auf mehr davon zu hoffen. Dieses Kapitel wird speziellen Bereichen wie dem Systemdenken, der Systemdynamik, ökologischen Systemen, Familiensystemen oder Organisationssystemen nicht gerecht werden.[6] Stattdessen hoffe ich, gerade genug technische Erklärungen zu liefern, um die Rolle der Systembewusstheit in der Wissenschaft des klugen Scheiterns zu beleuchten. Die Fähigkeit, einen Schritt zurückzutreten und eine umfassendere Sichtweise einzunehmen – zu sehen, wie etwas, das einem am Herzen liegt, möglicherweise Teil eines größeren Systems ist – kann mit etwas Übung erlernt werden. Doch werfen wir zunächst einen Blick auf eine klassische Übung, die in Wirtschaftsschulen auf der ganzen Welt eingesetzt wird, um Menschen die überraschende Dynamik von Systemen nahezubringen, damit sie bessere Systemdenker werden können.

SYSTEME ERFAHREN

Ausrufe der Frustration ertönen im Klassenzimmer. Zwanzig Teams mit jeweils vier Studierenden der Harvard Business School sitzen an einem langen Tisch und nehmen an einer typischen Lerneinheit teil, dem sogenannten *Bierspiel* (»MIT Beer Distribution Game«).[7] Einige lachen über die schiere Absurdität ihrer unerwarteten Misserfolge. Es wird zwar kein Bier getrunken, aber das Spiel, das von MIT-Professor Jay Forrester in den 1960er-Jahren entwickelt wurde, ist nach wie vor eine beliebte Übung in der Managementausbildung. Ich habe die Übung erstmals in den späten 1980er-Jahren mit Managern bei Apple durchgeführt und ein Jahrzehnt später mit den Studierenden im ersten Semester der Harvard Business School. Ursprünglich wurde die Simulation mit Stift, Papier, bedruckten Tischtüchern und Pokerchips gespielt und dient dazu, Ihnen beizubringen, Systeme zu sehen. Es soll Ihnen helfen, Ihren Blick von der natürlichen Konzentration auf die Teile zu den Beziehungen zwischen den Teilen zu erweitern. Dadurch können Sie erkennen, dass diese Verbindungen zu unbeabsichtigten Ergebnissen führen können.

Jedes Team besteht aus vier Rollen, in denen die Studierenden jeweils einen Akteur in einer Bierlieferkette symbolisieren: eine Fabrik, ein Vertriebsunternehmen, einen Großhändler und einen Einzelhändler. Einzelhändler bestellen

Bier bei Großhändlern, die bei Vertriebsunternehmen bestellen, die wiederum bei der Fabrik bestellen. Die Studierenden, die die Einzelhändler spielen, sitzen neben einem Kartenstapel, den sie jede »Woche« (jede Runde in der Simulation) umdrehen, um aufzudecken, wie viel Bier der »Kunde« kaufen möchte. Alle Studierenden halten in jeder Runde der »fünfzigwöchigen« Simulation ihren Bestand und ihre Bestellungen in einer Tabelle fest, zusammen mit den damit verbundenen finanziellen Kosten, um ihre Leistung zu verfolgen. Die vier Spieler eines Teams kommunizieren nicht miteinander (außer bei der Bestellung und Auslieferung), aber sie können die Lagerbestände der anderen sehen. Die endgültige Mannschaftspunktzahl ist die Summe ihrer Punktelisten. Die einzige Entscheidung, die die Studierenden während der Simulation treffen müssen, ist die, wie viel Bier sie in jeder Runde bestellen wollen.

Es sind keine weiteren Entscheidungen zu treffen. Die Studierenden, die Großhändler, Verteiler und Fabriken spielen, sehen sich die eingehenden Bestellungen (von ihren nachgelagerten Kunden) an und erfüllen die Aufträge, indem sie die angeforderten Kisten Bier in die Lieferkette schicken. Es dauert drei Wochen, bis der Lagerbestand nach der Anforderung einer Bestellung eingeht. Wenn die Bestände nicht ausreichen, liefern die Zulieferer, was sie haben, und vermerken die Lücke (ausverkauft) in der Bestandsliste. Jede Kiste Bier, die auf Lager ist, kostet fünfzig Cent pro Woche, und ein Fehlbestand kostet doppelt so viel, nämlich einen Dollar pro Kiste und Woche. Diese Kostenstruktur simuliert die negativen Auswirkungen, die es für ein Unternehmen hat, wenn es nicht in der Lage ist, einem Kunden, der bereit ist, an Ort und Stelle dafür zu bezahlen, ein Produkt zu liefern. Das bringt diesen Kunden oft dazu, seine Geschäfte woanders zu tätigen. Die meisten Unternehmen würden lieber die Kosten für eine zusätzliche Lagerhaltung tragen, als einen Verkauf zu verlieren. Daher ist die in das Spiel eingebaute Anreizstruktur sinnvoll. Sobald Sie neue Lieferungen von Ihrem Lieferanten erhalten, können Sie Ihren Kunden verspätet rückständige Kisten liefern.

Woher kommt also die Frustration?

Nach ein paar Spielrunden wird jeder mit einer extremen Schwankung in den Mustern der Bestellungen durch die nachgelagerten Kunden konfrontiert.

Dies führt dazu, dass sie erst zu wenig, dann zu viel und dann wieder zu wenig Lagerbestand haben. Eine schöne »Sinuswelle« von Aufträgen und Beständen. Zu Beginn der Simulation scheinen die Aufträge steil anzusteigen. Vielleicht ist heute Feiertag, denken die Studierenden, und der Bierkonsum hat sich über das Wochenende stark erhöht. Von den Umsatzeinbußen überrascht, beschließen sie, in der nächsten und übernächsten Woche mehr zu bestellen – bis das Bier endlich eintrifft! Leider haben sie schon bald viel mehr Vorräte, als sie verkaufen können. Die Studierenden stöhnen unter der Last der steigenden Kosten in ihren Kalkulationstabellen.

Das ist der sogenannte Bullwhip-Effekt (Peitscheneffekt), mit dem Betriebswirtschaftswissenschaftler eine enorme Verzerrung der Nachfrage bezeichnen, deren Ursache die Gestaltung des Systems ist.[8] Je weiter man sich vom Einzelhändler entfernt, desto stärker ist die Verzerrung. Fabriken haben die größten Schwankungen, weil sie drei Glieder der Lieferkette vom Einzelhändler entfernt sind, dessen Schwankungen zwar relativ gering, aber dennoch größer als nötig sind. Im Laufe der Simulation stöhnen (und lachen) die Studierenden immer wieder, weil sie viel Geld verloren haben.

Woher kommen diese teuren Bestandsausfälle? Die kurze Antwort ist, dass die Ursache das System ist. Jede Akteurin trifft Woche für Woche Entscheidungen, die sie als rational ansieht, um die Kosten zu minimieren. So weit, so gut. Aber in der Kombination führen diese individuellen, im lokalen Kontext rationalen Entscheidungen zu verschwenderischen Kostenüberschreitungen in der Lieferkette des Spiels. Im wirklichen Leben haben diese Schwankungen verheerende Folgen für die Menschen, sie führen oft zu Entlassungen und sogar zum Konkurs von Unternehmen.

Das Bierspiel, das von Jay Forrester erfunden und von Peter Senge populär gemacht wurde, der die Übung in seinem bahnbrechenden Buch *Die fünfte Disziplin* von 1990 beschrieben hat, stellt ein ziemlich einfaches System dar.[9] Es ist eine Lieferkette mit nur vier Einheiten, die durch einfache Kauf- und Verkaufsbeziehungen miteinander verbunden sind. Im wirklichen Leben können Lieferketten mehrere Verteiler für jede Fabrik, Dutzende von Großhändlern und Hunderte oder sogar Tausende von Einzelhändlern umfassen. Dadurch entstehen weitaus komplexere Systeme, die noch größere Verzerrungen hervorrufen können, wie die weltweite Corona-Pandemie gezeigt hat. Darüber hinaus trifft jeder Spieler in diesem Spiel nur eine einzige Entscheidung pro »Woche«: wie viel er bestellt. Trotz dieser Einfachheit – oder vielleicht gerade deshalb – kann man sehen, wie sich ihre individuell rationalen Entscheidungen auf faszinierende Weise verbinden und eine unerwünschte Dynamik erzeugen.

Drei spezifische Merkmale des Bierspiels führen zu einem Systemversagen. Erstens begünstigt die einfache Kostenstruktur die Lagerbestände gegenüber den Fehlbeständen und ermutigt die Studierenden, Pufferbestände zu bestellen, das heißt etwas mehr zu bestellen, als der Kunde in der Vorwoche angefordert hat. Zweitens verleitet die Zeitspanne zwischen der Bestellung und dem Eingang beim Lieferanten die Spieler, die ungeduldig auf den benötigten Bestand warten, dazu, in der nächsten Woche eine etwas höhere Bestellung aufzugeben. Drittens löst ein einmaliger Anstieg der Bestellungen der Kunden des Einzelhändlers in der vierten Woche der Simulation einen kleinen Schock aus, der die Angst vor leeren Lagerbeständen auslöst – was die Überbestellung weiter fördert.

Der wahre Grund für das Versagen des Systems ist jedoch, dass die Teilnehmenden versuchen, ihren eigenen Teil des Systems zu optimieren, und nicht bedenken, wie sich ihre Handlungen auf andere auswirken. Obwohl die Studierenden wissen, dass ihre Leistung als Punktzahl des gesamten Teams berechnet wird, gehen sie mit einer festen Annahme in das Spiel: *das Team wird gut abschneiden, wenn jeder seine eigene Leistung optimiert.* Leider ist das eine falsche Logik. Die Handlungen jedes Einzelnen wirken sich auf andere im System aus: Wenn jemand in einer Rolle *mehr* bestellt, als ein anderer Akteur vorrätig hat, dann verursacht er in dieser Rolle einen teuren Fehlbestand. Nur die wenigsten Studierenden denken darüber nach, welche Auswirkungen eine zu große Bestellung auf den Lieferanten hat, der schließlich auch ein Teammitglied ist, obwohl diese Kosten leicht zu berechnen sind. Wenn ich bei Ihnen mehr bestelle, als Sie auf Lager haben, verursache ich ein teures Problem in Ihrem Unternehmen (und da Sie Teil meines Teams sind, wirken sich Ihre Kosten auf unsere Teamleistung aus). Aber die meisten von uns sind von Natur aus dazu geneigt, sich nur auf ihre eigene Situation zu konzentrieren. Zudem sehen wir nicht, wie sich unsere Handlungen auf das gesamte System auswirken, was wiederum Folgen für uns hat.

Jedes Mal, wenn ich das Bierspiel unterrichte, bitte ich die Studierenden in der Nachbesprechung, das Scheitern zu erklären. Was glauben sie, warum es zu solch enormen Kostenüberschreitungen gekommen ist? Sie antworten schnell, dass der verrückte Kunde, der beim Einzelhändler Bier kaufte, zu viel Bier bestellte, dann eine Durststrecke durchlief und schließlich wieder bestellte.

Die Studierenden schieben die Schuld auch gleich auf das Kartenspiel mit den Bestellungen der Einzelhandelskunden. Ich decke dann auf, dass die Bestellungen der Einzelhandelskunden im Grunde gleichgeblieben sind; nach einem kleinen Anstieg in Woche vier bestellte dieser langweilige Kunde Woche für Woche die gleiche Menge Bier. Die Studierenden sind fassungslos. In Spitzenzeiten hatten einige der Fabriken in der Simulation mehr als das Zehnfache dessen produziert, was der Einzelhandelskunde bestellt hatte. Es waren die eigenen Entscheidungen der Studierenden, die zu diesem kostspieligen Scheitern führten.

Jetzt werden die Studierenden neugierig.

Simulationen wie das Bierspiel sind wirkungsvoll, weil sie uns die Möglichkeit geben, von den unerwarteten Fehlern, die sich aus unseren Vorannahmen ergeben, überrascht zu werden. Sie sind Mikrokosmen, die sonst unsichtbare

Muster sichtbar machen. In meiner langjährigen Lehrtätigkeit habe ich nur *ein einziges Mal* erlebt, dass ein Team spontan die Kosten minimierte, indem es Systemdenken praktizierte. Auf die Frage, warum ihr Team so gut abgeschnitten hatte, sagte eine Studentin: »Ich konnte sehen, dass meine Teammitglieder nicht die von mir gewünschte Menge liefern konnten, und dieser Rückstand hätte uns Geld gekostet.« Also gar nicht so kompliziert! Aber dennoch selten. Wenn unsere Annahmen die Beziehungen und die Dynamik eines Systems nicht widerspiegeln, besteht die Gefahr, dass wir vermeidbare Misserfolge erleben.

Lieferketten sind besonders anfällig für Systemausfälle, wie wir während der COVID-19-Pandemie erlebt haben. Fabrikschließungen und Lieferverzögerungen in einem Teil der Welt beeinträchtigten die Einkaufsmöglichkeiten auf einem anderen Kontinent. Hätten mehr Unternehmen ihre Entscheidungen auf der Grundlage der Kapazitäten anderer Akteure im System getroffen, wären die Schäden vielleicht weitaus geringer ausgefallen. Das Bierspiel macht im Seminarraum die Kosten deutlich, die entstehen, wenn man die Leistung in einem Teil eines Systems maximiert und dabei nicht berücksichtigt, wie dieser Teil mit den Zielen anderer Akteure zusammenhängt. Sobald die Studierenden erkennen, dass ihre eigenen mentalen Modelle – und nicht die angenommenen wilden Bestellmuster der Kunden – die Ursache für ihre schlechte Leistung sind, werden sie hellhörig und aufmerksam. Sie fangen an, sich zu fragen: Wo sonst könnte ich zu den Fehlern beitragen, die ich anderen Menschen oder Situationen zuschreibe, auf die ich keinen Einfluss habe?

SYSTEMDENKEN

Die in Kapitel 3 behandelte zeitliche Diskontierung bezieht sich auf unsere Tendenz, das Ausmaß und die Bedeutung von Ereignissen, die in der Zukunft stattfinden, herunterzuspielen. Wenn man dann noch unsere Unfähigkeit hinzunimmt, innezuhalten und die möglichen unbeabsichtigten Folgen unserer Entscheidungen und Handlungen im Allgemeinen zu bedenken, kann man leicht die Ursache von Problemen erkennen, die von ungewollter Gewichtszunahme bis zum Klimawandel reichen. Systemdenken ist kein Allheilmittel, und wenn man es einfach nur lernt, werden Probleme, die ohne diese Denkweise entstehen, nicht auf magische Weise gelöst. Aber durch wiederholtes Üben können Sie Ihre Denkgewohnheiten ändern und Systembewusstheit in Ihr Leben integrieren.

Systemdenken beginnt damit, dass man sein Blickfeld bewusst von der natürlichen Vorliebe für das *Hier und Jetzt* auf das *Anderswo und Später* erweitert.

Dabei können zwei einfache Fragen helfen:

1. Wer und was wird von dieser Entscheidung oder Maßnahme noch betroffen sein?
2. Welche zusätzlichen Folgen könnte diese Entscheidung oder Handlung in Zukunft haben?

Die meisten von uns wissen, dass sie sich vor der schnellen Lösung hüten sollten – dem Pflaster, das ein darunterliegendes Problem zwar überklebt, aber nicht löst –, aber dennoch nehmen wir diese verlockenden Abkürzungen häufig in Kauf. Dabei ignorieren wir den Teil des Systems, in dem das Problem wieder auftritt oder sich sogar verschlimmert, oder stellen keine Verbindung zu ihm her. Wir sind anfällig dafür, in die Falle dessen zu tappen, was Senge als »scheiternde Lösung« (*the fix that fails*) bezeichnet.[10] Diese klassische *Systemdynamik* beschreibt eine kurzfristige Lösung, die am Ende das Problem, das sie beheben sollte, noch verschlimmert.

Daran sind zum Teil unsere mentalen Modelle schuld. Ein mentales Modell ist eine kognitive Karte, die Ihre intuitiven Vorstellungen darüber festhält, wie etwas in der Außenwelt funktioniert. Seine Macht kommt daher, dass es als selbstverständlich angesehen wird: Wie achten nicht bewusst auf unsere mentalen Modelle, aber sie liegen unserem Verständnis davon zugrunde, wie die Dinge funktionieren. Sie prägen daher unsere Reaktionen auf weitgehend unsichtbare Weise. Am wichtigsten ist, dass mentale Modelle unsere Überzeugungen über Ursache und Wirkung kodieren. Das ist weder gut noch schlecht – es beschreibt nur, wie unser Gehirn funktioniert. Mentale Modelle sind von unschätzbarem Wert, um die komplexe und chaotische Welt um uns herum zu verstehen. Wir können uns besser in der Welt zurechtfinden, ohne angesichts der Komplexität gelähmt zu sein – unfähig, einfache Entscheidungen zu treffen. Aber unsere eingeprägten mentalen Modelle berücksichtigen normalerweise keine Systemeffekte, bis wir lernen, innezuhalten und einige unserer automatischen Denkweisen zu hinterfragen.

Wir neigen dazu, die Dynamik von Ursache und Wirkung in einer Richtung und in einer zeitlich begrenzten, lokalen Weise zu betrachten: X verursacht Y. Wenn ich dem Wunsch meines Sohnes, in der reisenden Baseballmannschaft mitzuspielen, zustimme, macht ihn das glücklich. Schluss, aus, fertig! Wir übersehen, wie ein beabsichtigtes Ergebnis (Y) zu einer Ursache für etwas anderes (Z) wird. Wenn man zum Beispiel Stress am Arbeitsplatz durch Alkohol verringern will, lindert es vielleicht die Angst im Moment, kann aber bei übermäßigem Konsum eine Alkoholabhängigkeit hervorrufen. Das verschlechtert im Laufe der Zeit die Situation am Arbeitsplatz und das Leben einer Person, was sowohl die Abhängigkeit als auch den Stress weiter vergrößert.

Denken Sie an die Lösungen, die in Ihrer Erfahrung gescheitert sind – sei es bei der Arbeit oder in einem anderen Bereich Ihres Lebens. Um eine Arbeitsüberlastung zu beheben, verschieben Sie eine für diese Woche geplante Besprechung auf die nächste Woche. In der nächsten Woche ist Ihre Arbeitsbelastung nicht besser geworden, und die verschobene Besprechung stellt jetzt ein größeres Problem dar als zuvor. Was sollten Sie stattdessen tun? Das ist ein guter Anfang: Sie sollten die Kapazität des Systems (Ihre Kapazität) für Projekte ernsthaft prüfen, den wichtigsten Projekten die Priorität einräumen und die anderen ablehnen. Andernfalls schieben Sie die Sache einfach auf die lange Bank. Lösungen scheitern, weil ein Symptom eine dringende Reaktion erfordert, unser Handeln das Symptom zwar kurzfristig lindert, aber Folgen hat, die das Problem mit der Zeit verschlimmern.

Nehmen Sie das sprichwörtliche Kleinkind, das einen Wutanfall hat und nach Süßigkeiten verlangt, während Sie im Supermarkt sind. Die einfachste Lösung, vor allem für gestresste Eltern, besteht darin, dem Kind die Süßigkeiten einfach zu geben. Aber das funktioniert nur für kurze Zeit – bis der Zuckerrausch nachlässt und die schlechte Laune zurückkehrt. Schlimmer noch, es schafft einen Präzedenzfall für die Belohnung von schlechtem Verhalten und erhöht die Chancen für künftige Forderungen. Die schnelle Lösung ignoriert sowohl die kurzfristige Rückkopplung (den unmittelbaren Zuckerrausch) als auch die längerfristigen Auswirkungen (Verhaltensstörungen, die sich einstellen können).

Nachgelagerte Konsequenzen vorhersehen

Kurz vor den Weihnachtsfeiertagen im Dezember 2021 lagen 57 Containerschiffe vor dem größten Hafen der Vereinigten Staaten in Los Angeles auf Reede.[11] Sie konnten ihre Ladung nicht entladen und auf ihre vorgesehenen Routen zurückzukehren. Die Verspätungen hielten wochenlang an, und auch in den folgenden Monaten gab es keine langfristigen Lösungen. Und wer kann das riesige Schiff vergessen, das Anfang 2021 im Suezkanal festsaß?[12]

In der Schifffahrtsbranche kam es während der weltweiten Pandemie zu besonders vielen komplexen Ausfällen. Waren dies nur äußerlich bedingte Schocks aufgrund von Engpässen durch die Pandemie, die ein ansonsten gesundes System zum Zusammenbruch brachten? Das Systemdenken eröffnet weitere Überlegungen dazu.

Um Größenvorteile zu nutzen und die Kosten für jeden transportierten Container zu senken, wurden die Containerschiffe über mehrere Jahrzehnte hinweg immer größer – viele von ihnen wurden so groß, dass 1991 nur noch wenige Häfen groß und tief genug waren, um sie aufnehmen zu können. Können Sie den Engpass am Horizont erkennen? Wenn nicht alles perfekt getaktet ist, werden viele Schiffe keinen Hafen anlaufen können. Selbst kleine Störungen in der Personalbesetzung oder im normalen Betrieb wurden durch die schrumpfende Zahl von Häfen, die die wachsende Zahl von Riesenschiffen aufnehmen konnten, zu ernsthaften Problemen. Der Spielraum für Fehler wurde während der Pandemie noch kleiner.

Der Reporter Michael Waters vom Magazin *Wired* schrieb: »Containerschiffe sind so schnell so groß geworden, dass viele Häfen diese riesigen Boote gar nicht mehr aufnehmen können. Das führt zu einem Rückstau, der erklärt, warum Weihnachtsgeschenke verspätet ankommen. Außerdem laufen kleine und mittelgroße Häfen Gefahr, völlig überdimensioniert zu werden.«[13]

Wie kann man einen solchen Zusammenbruch beheben? Lineares Denken, das systemische Zusammenhänge nicht erkennen kann, legt sofort nahe, was als Nächstes passieren wird. Waters berichtet: »Um genügend Platz für die steigende Zahl von Megaschiffen zu schaffen, haben einige Häfen mit umfangreichen Ausbaggerungsprojekten reagiert. Aber das ist nicht billig. Jacksonville gibt 484 Millionen Dollar aus, um seine Fahrrinne zu vertiefen. Das Ausbaggerungsprojekt in Houston wird fast eine Milliarde Dollar kosten.«[14] Solche Projekte sind unglaublich teuer. Sie bringen zwar kurzfristig etwas, führen aber meist nur zu einer Verschlechterung der Situation. Das liegt daran, dass man sich nicht die einfache Frage stellt: Was könnte die Folge dieser Entscheidung in der Zukunft sein?

Selbst erfahrene Fachleute, die sich um ein angemessenes Handeln bemühen, verfallen der Neigung, das Hier und Jetzt dem Anderswo und Später vorzuziehen.

Schnellen Lösungen widerstehen

Gemeinsam mit Anita Tucker, Professorin an der Boston University, habe ich untersucht, wie Krankenschwestern und Krankenpfleger die vielen Aufgaben ausführen, die sie während langer Schichten im Krankenhaus zu erledigen haben. Anita machte detaillierte Notizen mit Zeitstempeln, um die Arbeit dieser engagierten Pflegekräfte in neun Krankenhäusern zu dokumentieren. Sie stellte fest, dass die Pflegenden erstaunlich oft mit »Prozessfehlern« konfrontiert waren – fast einen pro Stunde.[15] Ein Prozessfehler war alles, was das

Pflegepersonal daran hinderte, eine Aufgabe zu erledigen, beispielsweise ein unerwarteter Engpass bei der Versorgung mit Bettwäsche oder Medikamenten. Die Pflegekräfte waren sich dieser frustrierenden täglichen Hürden durchaus bewusst. Ihre Arbeit war schon schwer genug! Im Durchschnitt arbeiteten die Pflegenden (unbezahlt) 15 Minuten länger, um vor dem Verlassen des Krankenhauses eine angefangene Tätigkeit zu Ende zu bringen.

Wir stellten fest, dass die Reaktionen der Pflegenden auf Prozessfehler in zwei Kategorien fielen. Eine Handlungsweise, die wir als »Problemlösung erster Ordnung« bezeichneten, war eine Notlösung, um die Aufgabe zu erledigen, ohne die Ursachen des Problems anzugehen. Ein Beispiel: Eine Krankenschwester, die in der Nachtschicht arbeitete und keine saubere Bettwäsche mehr hatte, um die Betten ihrer Patienten zu beziehen, ging einfach zu einer anderen Abteilung, die über Bettwäsche verfügte, und holte sie aus deren Vorrat. Das Problem war gelöst. Diese Notlösung erforderte nur wenig Zeit und Mühe. Sie hatte die Initiative ergriffen und sich einfallsreich um ihre Patienten gekümmert. Bei solch einem Vorgehen spielt es keine Rolle, dass in der anderen Abteilung nun ein Mangel herrscht. In diesem Beispiel wird deutlich, dass versäumt wurde, eine einfache Frage zu stellen: Wer sonst könnte noch von dieser Maßnahme betroffen sein?

Im Gegensatz dazu haben die Pflegekräfte bei sieben Prozent der Prozessfehler eine sogenannte »Problemlösung zweiter Ordnung« vorgenommen. Dies könnte bedeuten, dass einfach ein Vorgesetzter oder ein für die Wäsche zuständiger Mitarbeiter über den Mangel informiert wurde. Bei der Problemlösung zweiter Ordnung wurde die unmittelbare Aufgabe erledigt und zudem etwas getan, um zu verhindern, dass das Problem erneut auftritt. Eine Problemlösung zweiter Ordnung für ein Kleinkind, das wegen Süßigkeiten einen Wutanfall bekommt, könnte darin bestehen, das Kind mit ein paar sanften, aber bestimmten Worten zu beruhigen oder mit einem Spielzeug abzulenken, ohne das schlechte Verhalten zu belohnen. Es könnte auch bedeuten, innezuhalten und zu überlegen, ob ein Mittagsschlaf überfällig war (eine mögliche Ursache für den Wutanfall) und zu beschließen, künftige Besorgungen nach dem Mittagsschlaf und nicht davor zu erledigen.

Wir können leicht verstehen, warum vielbeschäftigte Pflegekräfte sich nur selten auf Problemlösungen zweiter Ordnung einließen. Dadurch waren sie jedoch ständiger Frustration ausgesetzt, da die Notlösungen die Häufigkeit künftiger Prozessfehler nicht verringerten. Die durchschnittliche Zeit, die eine Pflegekraft mit Notlösungen verbrachte (ein paar Minuten hier, ein paar Minuten dort), summierte sich auf etwa eine halbe Stunde pro Schicht – eine beträchtliche Verschwendung der Zeit qualifizierter Fachkräfte. Wie alle schnellen Lösungen erzeugten auch die Abhilfemaßnahmen der Pflegenden eine *Illusion von Effektivität.* Man konfrontiert ein Problem, wendet eine Notlösung an und weiter gehts. Schluss, aus, fertig.

Aber so einfach ist es eben nicht.

Als wir die Krankenhauspflege als System analysierten, stellten wir fest, dass Notlösungen zwar kurzfristig wirksam waren, das System aber im Laufe der Zeit verschlechterten. Ja, Sie haben richtig gelesen: Der Rückgriff auf Notlösungen führt nicht zu einer Verbesserung des Systems, sondern macht es sogar schlechter. Um dies zu verdeutlichen, zeigen der Text und die Pfeile in Abbildung 7, was wir als Dynamik der einfachen Lösungen bezeichnen könnten. Je mehr Prozessausfälle die Ausführung von Aufgaben blockieren (Faktor 1), desto mehr Problemlösungen erster Ordnung (Faktor 2) werden durchgeführt. Hier verwende ich die Vorgehensweise für die Diagnose von Systemen, die ich von Peter Senge gelernt habe: das Pluszeichen auf dem Pfeil zwischen zwei Elementen in einem Diagramm der Systemdynamik zeigt an, dass eine Zunahme (oder Abnahme) des einen Faktors eine Zunahme (oder Abnahme) des anderen Faktors bewirkt. Anders ausgedrückt: Die beiden Faktoren bewegen sich in dieselbe Richtung. Umgekehrt bedeutet ein Minuszeichen auf dem Verbindungspfeil (in grau dargestellt), dass eine Zunahme des einen Faktors zu einer Abnahme des anderen führt. Wie dargestellt, verringert die Problemlösung erster Ordnung also die Hindernisse. Dieses System aus zwei Elementen und zwei Beziehungen wird von Experten für Systemdynamik wie Senge als Ausgleichsschleife bezeichnet.[16] Auf den ersten Blick sieht es aus wie ein funktionierendes System.

Lassen Sie uns nun einen Schritt zurücktreten und das System in einem größeren Zusammenhang betrachten.

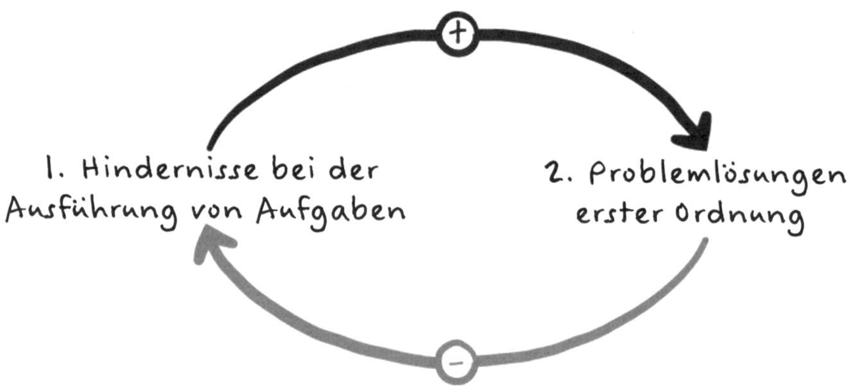

Abbildung 7: Eine Ausgleichsschleife durch eine »einfache Lösung«, die Hindernisse und Problemlösung miteinander verbindet

Die Grenzen neu ziehen

Sie ziehen die Grenzen Ihrer Entscheidung oder Handlung neu, wenn Sie über das Hier und Jetzt hinausgehen. Die Mitglieder erfolgreicher Teams im Bierspiel müssen die Grenzen neu ziehen, um die Gesamtkosten des Teams zu berücksichtigen, anstatt sich auf die Minimierung ihrer individuellen Kosten zu konzentrieren. Eine kleine Frage über ein reisendes Baseballteam wird als Teil einer größeren Reihe von damit zusammenhängenden Fragen gesehen.

Anstatt die Grenze um Ihren Sohn und das Team zu ziehen, beziehen Sie bewusst andere Familienmitglieder und zukünftige Monate oder sogar Jahre in das System ein, das Sie diagnostizieren. Sie müssen (und können) nicht das gesamte Universum einbeziehen. Wo die Relevanz endet, ist unbestreitbar eine Ermessensentscheidung.

Was geschieht, wenn wir für die Pflegekräfte, die von Hindernissen und Notlösungen zermürbt sind, Faktoren außerhalb des kleinen Systems in Abbildung 7 berücksichtigen? Wir entdecken bald zusätzliche Dynamiken, die sich im Laufe der Zeit entwickeln. Acht zusätzliche relevante Faktoren werden in das erweiterte Krankenhaussystem in Abbildung 8 aufgenommen, wodurch eine einigermaßen vollständige Sammlung der wichtigsten Faktoren und Dynamiken entsteht.

Viele der Pflegenden, mit denen wir gesprochen haben, beschrieben zum Beispiel ein »heldenhaftes Gefühl«, das sich einstellte, wenn sie Notlösungen nutzten, die sicherstellten, dass die Patienten die Pflege erhielten, die sie verdienten. Ob sie nun den Flur hinuntergingen, um die zusätzliche Bettwäsche zu finden, oder zur Apotheke gingen, um ein fehlendes Medikament zu besorgen – die Pflegekräfte empfanden Befriedigung (Faktor 3) aus der Überwindung der vielen kleinen Hürden, die ihre Arbeit ihnen in den Weg stellte. Dieses heldenhafte Gefühl verringerte jedoch ihre Motivation, Probleme zweiter Ordnung zu lösen, wie der negative Pfeil zeigt, der Belohnung und Problemlösung zweiter Ordnung (Faktor 4) verbindet.

Schlimmer noch, im Laufe der Zeit (zwei Schrägstriche auf einem Pfeil zwischen Elementen in einem Systemdiagramm weisen auf einen verzögerten Effekt hin) trugen der Aufwand und die Zeit, die die Pflegenden in Notlösungen investierten, zum Burn-out bei (Faktor 5). Dadurch verringerte sich ihre Fähigkeit zur Problemlösung zweiter Ordnung, was wiederum die Effektivität solcher Bemühungen verringerte (Faktor 6). So konnten Prozessfehler unvermindert fortgesetzt werden (Faktor 7). Wenn wir uns auf das Systemdenken einlassen, erkennen wir, dass ein scheinbares Gleichgewicht zwischen zwei Aktivitäten *illusorisch* ist.[17] Kurzfristig sieht es stabil aus, aber im Laufe der Zeit (und in anderen Teilen des Systems) verschlechtert sich die Situation.

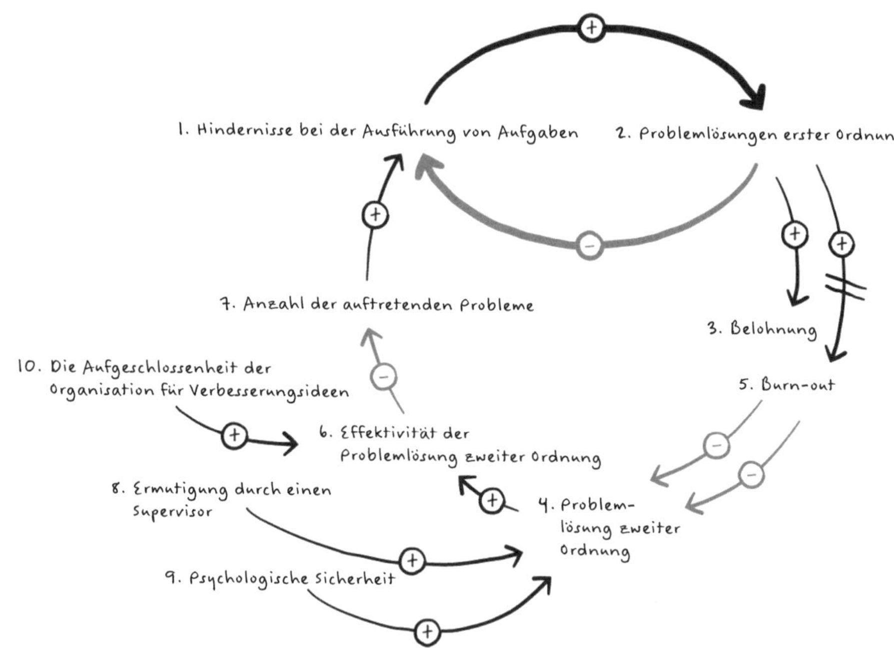

Abbildung 8: Ausweitung der Grenzen eines einfachen Systems

Was kann eine Pflegekraft (oder eine Pflegedienstleitung) angesichts dieser problematischen Systemdynamik tun?

Finden Sie die Hebel

Bei einem Kleinkind, das einen Wutanfall wegen Süßigkeiten bekommt, sind die Hebel diejenigen, die Ihnen helfen, positive Neuausrichtung und Grenzsetzung zu praktizieren – einschließlich eines regelmäßigen Mittagsschlafs, um einem Kleinkind zu helfen, ein gesundes, glückliches Verhalten zu entwickeln. Diese Hebel existieren im umfassenden System der Elternschaft, nicht im Moment des Zusammenbruchs. Es geht also darum, die Grenzen des Systems neu zu ziehen – nicht einfach nur auf Probleme im Moment zu reagieren, sondern einen Schritt zurückzutreten und die nachgelagerten Konsequenzen von Entscheidungen, die im Hier und Jetzt sinnvoll sind, vorherzusehen. In gleicher Weise könnte man fragen: Wie kann man mit dem allgegenwärtigen Stress umgehen, den so viele Menschen empfinden? Vielleicht wäre Ihre erste Entscheidung, Alkohol zu trinken, um sich zu entspannen. Aber wenn Sie die Grenzen erweitern, werden Sie vielleicht feststellen, dass Sport ein weiterer

Hebel ist, um Stress abzubauen und die langfristige Gesundheit zu verbessern. Sie erweitern die Grenzen eines Systems, um ein neues Element (Sport) einzubringen, das eine destruktive Dynamik (Alkoholabhängigkeit) aufhält, die durch eine fehlgeschlagene Lösung entstanden ist.

Auf der linken Seite in Abbildung 8 sind drei Faktoren zu sehen, welche die Dynamik der Erschöpfung verändern können, um die Problemlösung zweiter Ordnung zu stärken, die das System zur Verbesserung führen kann. Die Ermutigung und Belohnung des Pflegepersonals durch die Vorgesetzten für ihre zusätzlichen Bemühungen (Faktor 8), um das erneute Auftreten eines Problems zu verhindern, ist ein Hebel, um die Problemlösung zweiter Ordnung zu verbessern und das Wiederkehren von Prozessfehlern zu verringern. Zweitens ermöglicht die Schaffung eines psychologisch sicheren Arbeitsplatzes (Faktor 9) den Mitarbeitenden, über Probleme und Ideen zu deren Lösung zu sprechen. Drittens erhöht die Aufgeschlossenheit der Organisation für Verbesserungsideen (Faktor 10) die Wahrscheinlichkeit, dass die Mitarbeitenden solche Vorschläge äußern.

Die Hebel zur Verbesserung des Systems lagen außerhalb dessen, was ursprünglich als das relevante System angesehen wurde: die Hindernisse und die typischen Reaktionen der Pflegekräfte. Indem Sie die Grenzen des Systems bewusst neu ziehen, erkennen Sie weitere Faktoren, welche die Ergebnisse beeinflussen, die Ihnen wichtig sind. Sie suchen nach Faktoren, die unerwünschte Ergebnisse hervorbringen, und nach Faktoren, die solche ungewollten Folgen verhindern können.

Natürlich ist es schwer, der Verlockung von Notlösungen zu widerstehen. Noch schwieriger ist es, den Geist der riesigen Containerschiffe wieder in die Flasche zu bekommen. Aber wenn wir uns selbst für ein bisschen Voraussicht verantwortlich machen (mein größeres Schiff mag für mich heute billiger sein, aber es wird die Anzahl der Häfen, die ich anlaufen kann, einschränken, was die Wahrscheinlichkeit von Engpässen und Verspätungen erhöht und somit letztendlich mehr Geld kostet und zu enttäuschten Kunden führt), dann müssen wir darüber nachdenken, wie wir Systeme durchdachter gestalten können. Es gibt beispielsweise die neu entstehende Bewegung für eine umweltfreundliche Schifffahrt, die darauf abzielt, die Treibhausgasemissionen der Branche durch CO_2-freie Seewege zu verringern.[18] Dabei werden die Häfen und die vorhandenen riesige Schiffe in die Neugestaltung des Systems mit einbezogen. Und die Gestaltung von Systemen beginnt mit der Klarheit darüber, was man erreichen will.

Ich vermute, dass Sie ebenso wie ich schon einmal in einem Unternehmen gearbeitet haben, in dem die Anreize kontraproduktives Verhalten gefördert haben. Vor einigen Jahren habe ich beispielsweise mit einem Pharmaunternehmen zusammengearbeitet, das die Teamarbeit unter den Mitarbeitenden verbessern wollte. Die Führungskräfte waren sich darüber im Klaren, dass ihr Unternehmen, das auf Wissensgewinnung basiert, nur dann florieren konnte, wenn sich verschiedene Experten zusammentaten, um Innovationen zu schaffen. Die Führungskräfte waren aufrichtig bestrebt, die Zusammenarbeit zu erleichtern. Das Beurteilungssystem für Leistung im Unternehmen verlangte jedoch von den Managern, ihre Mitarbeitenden in eine Rangfolge vom Besten zum Schlechtesten einzuordnen – eine Vorgehensweise, die jede Zusammenarbeit erschwert und seit Jahren nicht mehr überarbeitet worden war.

Diese Art der Trennung kommt häufig vor. Managementpraktiken werden von Experten in einem Teil eines komplexen Organisationssystems entwickelt und folgen einer Logik, die für sie sinnvoll ist. Währenddessen machen unbeabsichtigte Konsequenzen in einem anderen Teil des Systems die besten Pläne zunichte. Nehmen wir an, ein Einzelhandelsunternehmen beschließt in dem Bemühen, Kunden in der Wochenmitte anzulocken, eine Sonderaktion von einem normalerweise stark frequentierten Freitag auf den Mittwoch zu verlegen. Klingt in der Zentrale nach einer guten Idee, oder? Aber der Filialleiter muss dann den Dienstplan von Freitag auf Mittwoch verlegen, was die Mitarbeitenden zwingt, ihr Leben neu zu organisieren, was wiederum zu Fehlzeiten und Fluktuation führen kann.[19]

Ich wünschte, ich könnte sagen, dass meine Jahre des Studiums und der Forschung mich zu einem konsequenten Systemdenker gemacht haben, dessen Familie davon profitiert hat. Leider tappe ich stattdessen viel zu oft in die Hier-und-Jetzt-Falle. Einer dieser Fälle war, als ich mich für das einfache Ja entschied, als mein Sohn fragte, ob er in der reisenden Baseballmannschaft mitspielen wolle. Ich nehme an, der Anreiz war (wie so oft), mein Kind glücklich zu machen. Aber spulen wir vor in die kommenden Monate des Familienlebens: Abend für Abend verbrachten wir die meiste Zeit damit, dem älteren Sohn dabei zuzusehen, wie er stundenlang auf der Bank saß, während der jüngere auf der Tribüne herumlief. Wir alle beklagten den Verlust des Familienessens, die langen Fahrten zu den Spielen und die fehlende Zeit für Hausaufgaben. Die Jungs mochten Baseball sehr. Aber der Sport hatte unser Leben in Beschlag genommen und nahm eine übergroße Rolle im Familiensystem ein. Dieser kleine Systemzusammenbruch dauerte glücklicherweise nur eine einzige Baseball-Saison.

Das Systemdenken eignet sich für eine bessere Systemgestaltung. Es ist möglich, Organisationssysteme – oder Familienpläne – so zu gestalten, dass viele verschiedene Elemente eine Hauptpriorität verstärken, zum Beispiel Qualität, Sicherheit oder Innovation. Werfen wir einen Blick auf einige erstklassige Systeme in jeder der Kategorien.

Ein System für Innovation

Wie kann man die Chancen erhöhen, dass aus einem misslungenen Klebstoff ein brillantes Produkt wird? Mit einem System, das darauf ausgerichtet ist, neugierige Akteure zusammenzubringen, die risikobereit sind. Ermutigen Sie zum Überschreiten von Grenzen und feiern Sie solche Übertritte. Stellen Sie Ressourcen und Zeit zur Verfügung. Normalisieren Sie kluges Scheitern und feiern Sie Neuorientierungen. Erklären Sie, dass Sie wollen, dass ein erheblicher Teil des Umsatzes Ihres Unternehmens (oder der Lehrpläne Ihrer Schule oder der Aktivitäten Ihrer Familie) aus neuen und anderen Produkten, Kursen oder Erfahrungen stammt. Erfolgreiche Innovation kommt nicht von einem einsamen Genie. Wichtig ist, dass jedes dieser bekannten förderlichen Elemente für Innovation durch jeden anderen Aspekt verstärkt wird. Das Ganze ist mehr als die Summe seiner Teile.

Einige Jahre nach Silvers Misserfolg bei der Erfindung eines Super-Klebstoffs für Flugzeuge spielte Arthur Fry, ein anderer 3M-Forscher, Golf im Tartan Park, dem firmeneigenen Golfplatz. Ja, Sie haben richtig gelesen. 3M hatte einen Golfplatz für seine Mitarbeitenden. Er war eines der Elemente eines Systems, das die Mitarbeitenden dazu ermutigte, miteinander in Kontakt zu treten, einen Spaziergang zu machen, um den Kopf freizubekommen oder einfach nur frische Luft zu schnappen. Fry war immer neugierig darauf, woran andere Leute arbeiteten, und wollte bei der Entwicklung neuer Produkte mithelfen, weshalb er immer wieder in den Tartan Park zurückkehrte. Es gefiel ihm, draußen herumzulaufen und Leute zu treffen. Als er eines Tages am zweiten Loch ankam, erkundigte er sich beiläufig.

»Nun, wir haben einen Mitarbeiter namens Spence«, begann Frys Kollege auf dem Golfplatz. Der Kollege beschrieb dann die seltsame klebrige Substanz von Silver. Damit wäre die Angelegenheit vielleicht beendet gewesen, wäre da nicht ein weiteres Element des Innovationssystems von 3M gewesen: das Technische Forum.[20] Dabei handelte es sich um eine Vortragsreihe, die den Austausch von Ideen und Entdeckungen innerhalb des Unternehmens ermöglichte. Fry wollte unbedingt einen Vortrag von Silver auf dem Forum besuchen und hörte, wie er einige fehlgeschlagene Experimente mit der Beschichtung einer Pinnwand mit dem Klebstoff beschrieb.[21] Obwohl Silver inzwischen mit anderen Projekten betraut war, war er nach wie vor davon überzeugt, dass seine Entdeckung der »Acrylat-Copolymer-Mikrokugeln« Potenzial hatte; er hatte sogar ein Patent darauf angemeldet. Die häufige Werbung für das Material gegenüber seinen Kollegen brachte ihm den Spitznamen »Mister Hartnäckig« ein.[22]

Sowohl Silver als auch Fry waren Experten des Scheiterns, die es genossen, auf ernsthafte und zugleich spielerische Weise zu forschen. Sie waren gute Wissenschaftler, aber wir dürfen die Bedeutung eines Systems nicht unterschätzen, das darauf ausgelegt war, Innovationen hervorzubringen. Was beinhaltete dieses System noch?

Eines der provokantesten Elemente des 3M-Systems – provokant zumindest in einer Zeit, in der Unternehmen Wert auf Effizienz legten – war, dass Ingenieure 15 Prozent ihrer bezahlten Zeit damit verbringen durften, verrückte Ideen zu verfolgen, die sich als Fehlschläge herausstellen könnten.[23] Diese Vorgehensweise, die später von Silicon-Valley-Unternehmen wie Google und IDEO übernommen wurde, spiegelte die Einsicht wider, dass die Bezahlung von Wissenschaftlern für Experimente neben gelegentlichen lukrativen Erfolgen auch viele Misserfolge mit sich bringen würde. Das Prinzip funktioniert – solange man geduldig ist. Das heißt, solange man die Grenzen des Systems auf die zukünftige Rentabilität des Unternehmens ausdehnt, nicht nur auf die gegenwärtige.

Zu der Zeit, als Fry auf Silver traf, waren die erfolgreichsten Produkte von 3M Klebebänder: Scotch-Klebeband, reflektierendes Klebeband, Magnetband zur Aufzeichnung von Fernsehprogrammen, doppelt beschichtetes Klebeband und der neueste Hit des Unternehmens: das Klebeband Scotch Magic Tape.

Vielleicht erinnerte sich Fry deshalb 1974, als er an einem Sonntagmorgen in einer presbyterianischen Kirche in St. Paul, Minnesota, verzweifelt nach der richtigen Seite in seinem Gesangbuch suchte, an den gescheiterten Klebstoff von Silver.

Mittwochabends, während der Chorprobe, steckte er oft kleine Zettel in das Buch, um die Lieder zu markieren, die der Chor während des Gottesdienstes singen würde. Sonntags, wenn er das Gesangbuch aufschlug, flatterten die Zettel dann zu Frys Verdruss oft heraus.[24] An diesem Sonntag hatte er ein Aha-Erlebnis. Fry wünschte sich ein besseres Lesezeichen, das an den Seiten des Gesangbuchs kleben blieb, ohne es auseinanderzureißen. Vielleicht würde Silvers Klebemittel das Problem lösen.[25] Fry begann, über Haftnotizen in Blöcken nachzudenken. Am nächsten Arbeitstag besorgte sich Fry eine Probe der Mikrokugeln und fing an, zu experimentieren. Seine Kollegen waren von der Idee nicht begeistert, weshalb er beschloss, sich in seinem Keller einzurichten, wo er einige Monate lang eine Maschine zur Herstellung der Haftnotizen baute.[26]

Jahre später, in seinen späten Siebzigern, würde er mit Nachdruck behaupten, dass das, was bei 3M in den nächsten sechs Jahren geschah, um die heute allgegenwärtigen Post-its zu entwickeln, »kein Zufall war«.[27] Vielmehr war es das Ergebnis einer Reihe intelligenter Fehlschläge, unterstützt durch ein System, das darauf ausgelegt war, Beharrlichkeit zu fördern, um Innovationen hervorzubringen. Werfen wir einen Blick auf einige der Hürden, die es zu überwinden galt. Zunächst hatte Fry technische Hürden zu überwinden, um die Mikrokugeln in eine Konsistenz zu bringen, die auf einen schmalen Streifen entlang der Unterkante einer Seite eines Papierstreifens aufgetragen werden konnte. Das war nötig, damit er die Prototypen mit seinen Kollegen und Vorgesetzten teilen konnte. Doch selbst dieser Erfolg war zweifelhaft: Wie viele Menschen würden wohl ein Lesezeichen kaufen, egal wie raffiniert seine Anwendung auch sein mag?

Dann geschah etwas, was Fry den alles verändernden »Heureka-Moment« nennt.[28] Er schickte einen Bericht an einen Vorgesetzten und schrieb auf der Vorderseite eine Notiz auf einen Teil des Lesezeichens, und der Vorgesetzte schrieb auf demselben Blatt Papier zurück. Eine *Klebezettel,* die neu positioniert werden konnte, bot so viel mehr Verwendungsmöglichkeiten für so viel mehr Menschen als ein klebriges Lesezeichen!

Offensichtlich von Frys Konzept überzeugt, erklärten sich die 3M-Führungskräfte daraufhin bereit, eine Kleinserie von Haftnotizblöcken zu produzieren. Dieser hoffnungsvolle Schritt entpuppte sich jedoch bald als Rückschlag: Ein Markttest des neuen Produkts in einigen wenigen Städten stieß nämlich bei den Verbrauchern auf wenig Begeisterung. Aber Fry sah diesen ersten gescheiterten Versuch mit dem Produkt, das damals Press ›n Peel genannt wurde, als unzureichend an. Er entschied sich für ein neues Experiment – das Produkt wurde an einer anderen Zielgruppe getestet, den Mitarbeitenden von 3M. Von seinem Büro aus verteilte Fry jeweils einen Block an Freunde sowie Kollegen und wies sie an, wiederzukommen, wenn sie einen weiteren Block wollten. Wichtig war, dass er sorgfältig protokollierte, wie viele Blöcke jede Person benutzte. Die Daten, die er sammelte, waren vielversprechend: bis zu 20 Blöcke pro Person und Jahr. Nach weiteren Tests der Benutzerfreundlichkeit innerhalb des Unternehmens – die Paletten mit den Blöcken, die in den Fluren ausgelegt waren, leerten sich schnell! – war man bei 3M schließlich davon so überzeugt, dass 1980 eine intensive Marketingkampagne gestartet wurde.[29] Der Rest ist, wie man so schön sagt, Geschichte.

Ein System für Qualität

Wenn es darum geht, ein System zur Verringerung grundlegender Fehler und zur Förderung kontinuierlicher Verbesserungen zu entwickeln, kommt kein Unternehmen an Toyota heran. Es ist kein Zufall, dass Toyota seinen Ansatz, der sich in jahrzehntelangen Experimenten entwickelt hat, Toyota Production *System* oder TPS nennt. Fertigungsexperten sind sich einig, dass dieses System weitaus effektiver ist als die bloße Summe seiner Teile.

Beginnen wir mit der Andon-Schnur, an der die Fabrikarbeiter ziehen sollen, wenn sie einen möglichen Fehler an einem Fahrzeug vermuten. Das ist das bekannteste Element des TPS, und das aus gutem Grund: Seine Symbolik (wir wollen von Ihnen hören, und wir hören besonders gern von Problemen, damit wir den Arbeitsablauf verbessern können) fasst den übergeordneten Ethos des Systems zusammen. Das Bestreben, jeden Fehler schon im Keim zu ersticken, bevor er andere Schritte im Prozess stört, zeugt auch von einem intuitiven Verständnis für die Auswirkungen des Systems. Ein einziger kleiner Fehler kann sich leicht zu einem großen Ausfall ausweiten, wenn er nicht korrigiert wird.

Ein weiteres entscheidendes Element von TPS ist die Konzentration auf die Vermeidung von Verschwendung (*Muda*), wo immer dies möglich ist. Überschüssige Bestände sind eine Form von Verschwendung (denken Sie nur an das Bierspiel!), daher ist die *Just-in-time*-Produktion (nur das herstellen, was der Kunde braucht, wenn er es braucht) ein entscheidendes Element des Systems. *Just-in-time*-Produktion (JIT) ergänzt die Andon-Schnur. Die beiden Elemente arbeiten zusammen, um sicherzustellen, dass Fehler entdeckt und behoben werden, anstatt sich im Lagerbestand als unfertige Erzeugnisse zu stapeln. Beide Elemente erfüllen das System mit Lernerfahrungen, um eine kontinuierliche Verbesserung (oder *Kaizen*) zu ermöglichen.

Über Toyota sind unzählige Artikel und Bücher geschrieben worden, und dieses Kapitel wird nicht versuchen, den Feinheiten dieses bemerkenswerten Produktionssystems gerecht zu werden und zu erklären, warum es funktioniert. Aber mein ehemaliger Student Steven Spear und sein Kollege Kent Bowen an der Harvard University haben das System in einer Weise zusammengefasst, die für mich die verschiedenen Teile miteinander verbindet und seine Stärke erklärt:

> ... Der Schlüssel liegt darin zu verstehen, dass das Toyota Production System eine *Gemeinschaft von Wissenschaftlern* schafft.[30] Wann immer Toyota eine Spezifikation definiert, stellt es eine Reihe von Hypothesen auf, die dann getestet werden können. Mit anderen Worten, es folgt der wissenschaftlichen Methode. Um Änderungen vorzunehmen, wendet

Toyota einen rigorosen Problemlösungsprozess an, der eine detaillierte Bewertung des aktuellen Stands der Dinge und einen Verbesserungsplan erfordert, der in der Tat ein experimenteller Test der vorgeschlagenen Änderungen ist. Mit etwas weniger als dieser wissenschaftlichen Strenge würden Veränderungen bei Toyota auf wenig mehr als zufällige Versuche hinauslaufen – ein Gang durchs Leben mit verbundenen Augen.

Eine »Gemeinschaft von Wissenschaftlern« schaffen? In einer Fabrik? Genauso ist es. TPS und die auf Innovation ausgerichteten Systeme von 3M und IDEO haben gemeinsam, dass sie Gemeinschaften von Wissenschaftlerinnen schaffen. Sie sind darin miteinander verbunden, dass sie einander helfen, wie ein Wissenschaftler zu denken – neugierig, bescheiden und immer bereit, eine Hypothese zu testen, anstatt sie für richtig zu halten. Ein wesentlicher Unterschied zwischen Toyota und 3M ist der Spielraum für Experimente. Toyotas Gemeinschaft von Wissenschaftlern arbeitet an der Perfektionierung eines Produktionssystems, das unerwünschte Abweichungen beseitigen und perfekte Qualität gewährleisten soll. Der Spielraum für Experimente ist größtenteils auf solche beschränkt, die bestehende Prozesse verbessern. Bei 3M hingegen sind die Wissenschaftlerinnen eingeladen, sich auszutoben, über den Tellerrand hinauszuschauen und sich nützliche Produkte vorzustellen, die es noch gar nicht gibt. Aber in beiden Systemen spielt die psychologische Sicherheit eine wichtige Rolle.

Das illustriert eine Geschichte, die James Wiseman einem Reporter von *Fast Company* erzählte.[31] Wiseman hatte bereits beträchtliche Erfahrungen als Manager bei anderen Herstellern gesammelt, als er 1989 zu Toyota in Georgetown, Kentucky, kam, um die Öffentlichkeitsarbeit in den USA zu leiten. Aufgrund seiner früheren Berufserfahrung war er von dem, was er bei Toyota vorfand, überrascht. Fujio Cho, der später Vorstandsvorsitzender von Toyota werden sollte, war damals noch Werksleiter von Georgetown. Eines Freitags machte Wiseman bei einem Treffen der leitenden Angestellten eine Erfahrung, die sein Verständnis der Arbeitsweise von Toyota für immer veränderte.

Wiseman hatte sich während des Treffens zu Wort gemeldet und, wie er sich ausdrückte, »von einigen meiner kleinen Erfolge berichtet«. Er fuhr fort: »Ich habe einen Bericht über eine Maßnahme gegeben, die wir durchführen werden … und ich habe sehr positiv darüber gesprochen, ich habe ein wenig geprahlt.« Bis jetzt ist daran nichts Besonderes. In Anwesenheit des Chefs zu prahlen (oder zumindest die eigene Arbeit in einem möglichst positiven Licht darzustellen), ist ein ganz normales Verhalten am Arbeitsplatz. Wir haben es alle schon getan!

Aber hier nimmt die Geschichte eine ungewöhnliche Wendung. Wiseman fährt fort: »Nach zwei oder drei Minuten setzte ich mich hin. Mr. Cho schaute mich fragend an. Ich konnte sehen, dass er verwundert war. Er sagte: ›Jim-san. Wir alle wissen, dass Sie ein guter Manager sind, sonst hätten wir Sie nicht eingestellt. Aber bitte sprechen Sie mit uns über Ihre Probleme, damit wir sie gemeinsam angehen können.‹«[32]

Wiseman nannte diesen Moment ein »Aha-Erlebnis«.[33] Er erkannte plötzlich, dass »selbst bei einem insgesamt erfolgreichen Projekt [die Leute bei Toyota] fragen würden: ›Was ist nicht gut gelaufen, damit wir es besser machen können?‹« Beachten Sie in seinen Worten die darin zum Ausdruck kommende Wachstumsmentalität, die an die bahnbrechende Forschung von Carol Dweck erinnert.

Was Wiseman an diesem Tag feststellte, kann als ein wesentliches Element des TPS angesehen werden: die tief verwurzelte Überzeugung, dass Problemlösung ein Mannschaftssport ist. Misserfolge sind Gelegenheiten zur Verbesserung.

Von kompetenten Fachleuten wird *erwartet*, dass sie die meisten ihrer Aufgaben erfolgreich ausführen, sodass Erfolge nicht wichtig genug für die wertvolle Zeit der Kollegen angesehen werden. Daher der »verwunderte« Blick auf Fujio Chos Gesicht. Verwunderung kam auf, weil ein erwartetes Verhalten (teile deine Probleme mit, damit wir gemeinsam daran arbeiten können) nicht eintrat, während ein *unerwartetes* Verhalten (Prahlerei) eintrat.

An dieser Geschichte gefällt mir am meisten, dass Wisemans Prahlerei in 99 Prozent der Arbeitsumgebungen, die ich untersucht habe, gar nicht aufgefallen wäre. Wir sind daran gewöhnt, Erfolge und gute Nachrichten vor dem Chef zu erzählen. Kein Grund für Verwunderung! Das beeindruckendste Ergebnis des TPS ist meines Erachtens, dass das System das Scheitern normalisiert – egal ob es sich in schlechten Neuigkeiten, erneuten Anfragen nach Hilfe oder Problemen äußert. So entsteht eine Gemeinschaft von Wissenschaftlern. Nicht zufällig besteht die Essenz des guten Scheiterns darin, wie eine Wissenschaftlerin zu denken.

Wenn man die grundlegenden Elemente eines Systems für Qualität und Verbesserung einmal verstanden hat, ist es leicht, diese Aspekte auf den eigenen Alltag zu übertragen. Wenn zum Beispiel kleine Kinder an einem Schultag pünktlich das Haus verlassen müssen, sind komplexe Fehler an der Tagesordnung: Sie wollen nicht aufstehen, trödeln beim Anziehen herum, verlegen ihre Hausaufgaben und protestieren lautstark gegen den bevorstehenden Tag. Solche Komplikationen sorgen für einen stressigen Vormittag und beeinträchtigen die Pünktlichkeit. Die Probleme lassen sich jedoch durch kleine Änderungen beseitigen, die ein besseres System der Morgenroutine schaffen. Versuchen Sie einmal, den Wecker morgens zehn Minuten früher zu stellen. Wenn Sie mit den Kindern die Kleidung bereits am Vorabend bereitlegen, müssen sie nicht mehr so lange überlegen, was sie am Morgen anziehen sollen. Man muss dabei nicht weit über die Grenzen gehen – zum Beispiel die Schule schwänzen –, aber Sie haben die Möglichkeit, kleine Verbesserungen auszuprobieren, mit denen das System besser funktionieren könnte. Der Schlüssel liegt darin, sich auf die Beziehungen zwischen den veränderlichen Teilen in Ihrem morgendlichen System zu konzentrieren. Dazu gehört auch, wie sich Ihr Kind in der Schule fühlt, wie lange es braucht, um zu frühstücken, ob die Hausaufgaben erledigt wurden, und so weiter. Um eine Verzögerung am Morgen zu vermeiden, könnten Sie zum Beispiel am Vorabend bei einer möglichen Panne bei den Hausaufgaben »an der Andon-Schnur ziehen« oder einen Snack als Ergänzung zu einem unzureichenden Frühstück einpacken.

Wenn 3M ein gutes System für Innovation und Toyota ein System zur Gewährleistung von Qualität in einem vorhersehbaren Kontext darstellt, wie würden wir dann ein System entwerfen, das sowohl grundlegende als auch komplexe Fehler in einem veränderlichen Kontext verhindert?

Ein guter Ort, um nach Antworten zu suchen, ist ein modernes Krankenhaus für spezialisierte Gesundheitsversorgung, das uns ein gutes Beispiel für einen veränderlichen Kontext gibt.

Ein System für Sicherheit

Große moderne Krankenhäuser verfügen über eine nahezu unüberschaubare Anzahl miteinander verbundener Prozesse, in die täglich unzählige Fachleute und Patienten eingebunden sind. Diese Komplexität birgt das Potenzial für eine schwindelerregende Vielfalt an komplexen Fehlern. Als dem zehnjährigen Matthew fälschlicherweise eine potenziell tödliche Morphindosis verabreicht wurde, trugen mindestens sieben Ursachen zu dem komplexen Fehler bei, den Sie in Kapitel 4 kennengelernt haben. Darunter war die Tatsache, dass er auf eine Station mit Pflegekräften gebracht wurde, die wenig Erfahrung mit der postoperativen Versorgung hatten, und ein schwer lesbares Medikamentenetikett. Glücklicherweise konnte die Überdosierung rechtzeitig behandelt werden, was schlimmere Folgen verhinderte. Aufgrund des inhärenten Risikos in diesem Kontext ist es jedoch töricht, sich auf Glück oder Heldentum zu verlassen. Stattdessen ist es hilfreich, ein Sicherheitssystem zu entwickeln – oder, anders ausgedrückt, ein Lernsystem. Das Hauptaugenmerk beim Lernen liegt darauf, die wertlosen oder gar gefährlichen Fehler zu vermeiden und gleichzeitig die

Patientenversorgung weiter zu verbessern. Die Pflegenden, die Anita und ich untersuchten, hatten nicht alle in einem solchen System gearbeitet.

Erst vor etwas mehr als zwei Jahrzehnten haben Pioniere der Patientensicherheit damit begonnen, sich Gedanken darüber zu machen, wie ein solches System aussehen könnte. Ich habe die Arbeit einer dieser Vordenkerinnen untersucht: Julianne »Julie« Morath. Sie ist eine leidenschaftliche Verfechterin für Patientensicherheit, die eine Initiative leitete, die ein Lernsystem aufbaute. Als ich Morath im Januar 2001 zum ersten Mal traf, war sie Chief Operating Officer (COO) im Children's Hospital and Clinics in Minneapolis, Minnesota. Ruhig, warmherzig und wortgewandt arbeitete sie unermüdlich daran, alle Mitarbeitenden des Krankenhauses aufzuklären und zu motivieren, sich ihr im Streben nach »100 Prozent Patientensicherheit« anzuschließen.[34] Sie gehört mittlerweile zu den Koryphäen der Bewegung für mehr Patientensicherheit, ist eine der Autorinnen des einflussreichen Berichts *To Do No Harm*[35], hat an der Gründung des Lucian Leape Institute der National Patient Safety Foundation am Institute for Healthcare Improvement[36] mitgewirkt und war eine Amtszeit Mitglied des Board of Commissioners der Joint Commission on Accreditation of Healthcare Organizations.

Als sie 1999 am Children's Hospital zu arbeiten begann, fand Morath eine Krankenhauskultur vor, die auf althergebrachte Weise mit medizinischen Fehlern umging: beschuldigen, tadeln, kritisieren.[37] Um diese Kultur und die daraus resultierenden Verhaltensweisen zu ändern, führte sie mehrere neue Elemente in den Krankenhausbetrieb ein. Jedes für sich genommen war einfach und erscheint unzureichend, zusammen ergaben sie aber ein überraschend effektives Lernsystem.[38] So veranstaltete sie beispielsweise Foren, auf denen sie Forschungsergebnisse über die Häufigkeit medizinischer Fehler in modernen Krankenhäusern vorstellte – damals schätzte man, dass dadurch jährlich 98.000 (vermeidbare) Todesfälle in US-Krankenhäusern verursacht wurden.[39]

DURCH SYSTEMDENKEN UNSERE SICHT AUF FEHLER VERÄNDERN

In den Sitzungen, in denen Morath die Denkweise der Menschen über Fehler verändern wollte, betonte sie immer wieder: Das Gesundheitswesen ist von Natur aus »ein komplexes, fehleranfälliges System«.[40] Damit vermittelte sie den Mitarbeitenden, dass sie in einem System arbeiten, in dem Dinge schiefgehen können – ob sie es wollen oder nicht. Die einzige Frage war: Würden sie diese Prozessfehler schnell genug ansprechen, damit sie behoben werden können, bevor Patienten zu Schaden kommen? Mit Bezügen zu Charles Perrow brachte Morath den Menschen nahe, dass manche Systeme von Natur aus gefährlich sind. Die zentrale Schlussfolgerung aus dieser Einsicht? *Gehen Sie nicht davon aus, dass jemand die Schuld trägt.* Wenn Menschen medizinische Unfälle als Beweis dafür ansehen, dass jemand versagt hat, wird es ihnen schwerfallen, sich zu äußern. Sie fürchten, beschuldigt oder beschämt zu werden. Die »Systemsicht« auf medizinische Unfälle, die Morath im Krankenhaus einführte, entspricht eher der Realität. Die meisten Unfälle, so erklärte Morath oft, indem sie einen Schwamm in Form eines Schweizer Käses hochhielt, resultierten aus einer Reihe von kleinen Prozessfehlern, die sich aneinanderreihten, und nicht aus dem Fehler einer einzelnen Person.

Es überrascht nicht, dass sich die engagierten Gesundheitsexperten am Children's Hospital zunächst wehrten. Sie glaubten einfach nicht, dass ihr Krankenhaus ein Sicherheitsproblem hatte. Vielleicht hatten viele von ihnen in der eigenen Arbeit einen Vorfall erlebt, der die Sicherheit gefährdete, fühlten sich aber mit ihrer Scham allein. Niemand hatte zuvor offen über solche Fehler gesprochen.

Forschendes Fragen nutzen

Morath stand also vor einer Herausforderung: Wie kann man den Menschen helfen, die Fehleranfälligkeit ihres Krankenhauses zu erkennen und zu akzeptieren? Es half wenig, wenn sie ständig wiederholte: *Sie arbeiten in einem komplexen, fehleranfälligen System, sehen Sie das nicht?* Stattdessen forderte sie die Klinikmitarbeitenden auf, über ihre Erfahrungen mit ihren Patienten in dieser Woche nachzudenken, und fragte dann: »War alles so sicher, wie Sie es sich gewünscht hätten?«[41] Diese Frage öffnete die Schleusen. Die meisten hatten schon einmal »eine Situation in der Gesundheitsversorgung erlebt, in der etwas nicht gut gelaufen war«, wie Morath es nannte.[42] Als die Mitarbeitenden über die vielen Probleme reflektierten, die ihnen aufgefallen waren, wollten sie unbedingt darüber sprechen, was passiert war und wie sie sich verbessern könnten.

Morath richtete einen Patient Safety Steering Committee (PSSC) – Lenkungsausschuss für Patientensicherheit – ein, um die Initiative zu leiten.[43] Das PSSC, ein Schlüsselelement des von ihr aufgebauten Systems, war ein bereichsübergreifendes Team aus allen Hierarchieebenen, das sicherstellen sollte, dass die Sichtweisen aus allen Abteilungen des Krankenhauses gehört wurden. Ein weiteres neues Element war eine Richtlinie, die es den Mitarbeitenden erleichtern sollte, über Fehler zu sprechen, die sogenannten *Fehlerberichte ohne Schuld und Scham.* Aus Kapitel 3 wissen wir, dass es in vielen Unternehmen und Familien, denen die Sicherheit am Herzen liegt, ähnliche Richtlinien gibt. Mit den neuen Regelungen gingen neue Instrumente und Verfahren einher, die es den Mitarbeitenden auf allen Hierarchiestufen ermöglichten, vertraulich und ohne Angst vor Bestrafung zu kommunizieren. Wie in der Luftfahrt gab dies nicht nur den Mitarbeitenden eine Stimme, sondern ermöglichte es dem Krankenhaus auch, Daten über Systemschwächen und Fehlerquellen zu sammeln. Die Verwendung eines Formats, bei dem Fallgeschichten mitgeteilt wurden, ermöglichte eine Berichterstattung, die viele Ursachen statt nur einer Ursache eines Unfalls berücksichtigte.

Eine neue Sprache

Ein weiteres Element des Systems für Patientensicherheit war eine Methode, die Morath als »Words to Work By« – hilfreiche Formulierungen – nannte.[44] Dabei handelte es sich um eine Liste mit Begriffen, die dazu beitragen sollten, die Denkweise von der Schuldzuweisung zum Lernen zu verändern. Morath ersetzte das bedrohliche Wort *Untersuchung*, das die Menschen in die Defensive drängte, durch neutral klingende Wörter wie *Studie*. Ein weiteres neues Element war die Einführung von »Focused Event Studies« – diese fokussierten Ereignisstudien waren kleine Gruppen, die sich kurz nach einem Unfall zusammensetzten, um alle Ursachen zu ermitteln. Die Ergebnisse dieser Sitzungen trugen oft dazu bei, Prozesse zu verbessern, um ähnliche Fehler zu vermeiden – kurz gesagt, es war ein Mittel zur Problemlösung zweiter Ordnung! Wenn man sich näher mit den Gründen für den Erfolg dieser Sitzungen befasst, findet man eine Reihe expliziter Normen und Grundregeln, die Offenheit fördern und Vertraulichkeit gewährleisten. Die in psychologischer Sicherheit geschulten Moderatoren achteten sorgfältig auf nonverbale Hinweise, die darauf hindeuten könnten, dass sich jemand unwohl fühlt oder zögert, eine abweichende Meinung zu äußern. Zu den fokussierten Ereignisstudien gehörte auch die Dokumentation der Ergebnisse, damit die Erkenntnisse anonymisiert im gesamten Unternehmen verbreitet werden konnten.

Synergie

Es sollte klar sein, dass eine einfache Auflistung dieser Elemente nicht unmittelbar die Kraft entfalten würde, die durch ihr Zusammenwirken entsteht. Die Methode »Words to Work By« stärkt die Bereitschaft, Fehler zu melden, die durch Fehlerberichte ohne Scham und Schuld gefördert wurde. Die Aufklärung über die Häufigkeit von Fehlern in Krankenhäusern verbindet sich mit der Systembetrachtung medizinischer Unfälle, um Gefühle von Scham und Schuld zu vermeiden. Das Ganze ist mehr als die Summe seiner Teile. Wenn ein von Ihnen entwickeltes Lernsystem *von allein* neue, unterstützende Elemente generiert, dann wissen Sie, dass es funktioniert. Und genau das ist im Children's Hospital passiert.

Die Pflegekräfte vor Ort haben zwei weitere Elemente des Systems für Patientensicherheit entwickelt und umgesetzt: Aktionsteams für Sicherheit und Good Catch Logs – Gut-aufgepasst-Protokolle.[45] Bei den Aktionsteams für Sicherheit handelte es sich um selbstorganisierte Gruppen von Pflegenden, die zusammenkamen, um potenzielle Gefahren in ihren klinischen Bereichen zu ermitteln und zu verringern. Dies war in der Tat eine Problemlösung zweiter Ordnung. Die Gut-aufgepasst-Protokolle waren eine Möglichkeit, beinahe entstandene Fehler zu würdigen: Durch die Dokumentation von verhinderten Fehlern, bei denen die Pflegenden »gut aufgepasst« hatten, konnten sie zusätzliche Möglichkeiten zur Verbesserung der Prozesse erkennen.

Wie das System bei 3M, das die intelligenten Fehler der Mitarbeitenden auf eine Weise unterstützte, die die Innovation neuer Produkte förderte, und das System bei Toyota, das die Verbesserung der Qualität zur zweiten Natur machte, baute das Children's Hospital in Minnesota ein robustes Lernsystem auf, das jeden zu einem aktiven Mitwirkenden an der Gewährleistung und Verbesserung der Patientensicherheit machte. Moraths Ansatz erinnert uns daran, dass es bei der Gestaltung von Systemen um mehr geht als nur darum, in eine Organisation zu gehen und einen einzigen Schalter umzulegen. Es geht darum, mehrere Schalter umzulegen und zu verstehen, wie sie als System funktionieren.

Wenn ich heute die Fallstudie über Morath unterrichte, die Mike Roberto, Anita Tucker und ich 2001 geschrieben haben, bin ich erstaunt, wie schwer es für die Teilnehmenden – Führungskräfte und MBA-Studierende gleichermaßen – anfangs ist, das System als Ganzes zu erkennen. Sie neigen dazu, die einzelnen Teile aufzulisten und sie einzeln als schlecht oder gut zu diagnostizieren, wobei sie den Wald vor lauter Bäumen nicht sehen. Aber wie beim Bierspiel, in dem die Studierenden Aha-Momente erleben – wenn sie erkennen, dass das Ganze mehr ist als die einzelnen Teile –, ist das inspirierend und kraftvoll.

SYSTEME VERSTEHEN, UM BESSER MIT DEM SCHEITERN UMGEHEN ZU KÖNNEN

Das Verständnis für die Dynamik von Systemen ist die letzte der drei Kompetenzen, um die Wissenschaft des klugen Scheiterns zu praktizieren. Nach der Selbstbewusstheit und der Situationsbewusstheit folgt die Systembewusstheit. Die Entwicklung von Systembewusstheit beginnt damit, dass Sie sich darin üben, nach dem Ganzen zu suchen, anstatt sich, wie wir es von Natur aus tun, auf die Teile zu konzentrieren. Es geht darum, den Fokus zu erweitern, wenn auch nur kurz, um die Grenzen neu zu ziehen und ein größeres Ganzes und die Beziehungen, die es formen, zu sehen.

Ein Großteil unserer Ausbildung und Berufserfahrung hat uns gelehrt, einzelne Teile zu analysieren und spezialisierte Experten zu werden. Dabei kommt die Betrachtung der Beziehungen, welche die Teile miteinander verbinden, zu kurz. Wir können lernen, Systeme zu sehen und wertzuschätzen, und dieses Wissen nutzen, um vermeidbare Fehler zu reduzieren.

Durch die Wertschätzung von Systemen können wir erkennen, dass wir nicht für alle Misserfolge in unserer Umgebung verantwortlich sind. Das soll uns nicht von der Verantwortung für unsere Beiträge zu Fehlern freisprechen, sondern uns vielmehr zeigen, dass wir Teil größerer Systeme sind. Sie bestehen aus komplexen Beziehungen, die wir oft nicht vorhersagen oder kontrollieren können. Diese Einsicht hat in einem modernen Verständnis von Patientensicherheit eine wichtige Rolle gespielt. Die Menschen werden darin unterstützt, Fehler oder bei denen sie unsicher sind, schnell anzusprechen. Das Systemdenken befähigt uns, Systeme so zu gestalten, dass sie ihre erklärten Ziele wie Qualität, Sicherheit oder Innovation besser erreichen können.

Weder Systemdenken noch Systemdesign sind einfache, unkomplizierte Fähigkeiten. Systeme enthalten eine unendliche Komplexität. Die Grenzen eines Systems können immer wieder neu gezogen werden. Für welchen Teil eines Systems Sie sich interessieren, ist eine Ermessensentscheidung, und das Ziehen von Grenzen ist ein kreativer Akt. Ich hätte zum Beispiel die Grenzen neu ziehen können, als mein Sohn darum bat, dem reisenden Baseballteam beizutreten. In diesem Moment hätte ich nicht nur seine Anfrage berücksichtigen können, sondern auch die ganze Familie und unsere gemeinsamen nächsten Monate. Oder ich hätte sogar noch weitergehen können und die Auswirkungen dieser Entscheidung auf andere Jungen in der Stadt oder sogar (etwas übertrieben) auf sein ganzes Leben zu berücksichtigen. In der Tat eine Ermessensentscheidung. Es geht nicht darum, die korrekten Systemgrenzen zu erfassen. Wichtig ist vielmehr, ein systemisches Denken zu entwickeln, um eine Entscheidung mit mehr Bedacht zu treffen. Das kann beunruhigend sein (es gibt keine richtige Antwort!), aber auch ermächtigend (Sie haben die Wahl!). Die Entscheidungen, die Sie treffen, können Ihre Möglichkeiten zum Experimentieren und Lernen erweitern.

KAPITEL 8

ENTFALTUNG DURCH FEHLER

Ein Tennismatch zu verlieren, ist für mich kein Scheitern. Es ist Forschen.
– Billie Jean King

Als Barbe-Nicole Ponsardin Clicquot im Alter von 27 Jahren plötzlich Witwe wurde, erwartete man von ihr, dass sie sich in ein ruhiges Leben als Mutter und Hausfrau zurückziehen würde.[1] Vielleicht würde sie wieder heiraten. Barbe-Nicole wurde 1777 im französischen Reims geboren. Zu einer Zeit, in der Frauen kein Eigentum besaßen und nicht einmal über die Finanzen des Haushalts entscheiden durften. Aber die Witwenschaft gewährte einer Frau die meisten der finanziellen Freiheiten eines Mannes. Eine Witwe – *une veuve* – konnte das Andenken ihres verstorbenen Mannes in Ehren halten, indem sie beispielsweise den gemeinsamen Traum von einer Winzerei in den kalkhaltigen Böden der Champagne weiterführte. Eine Witwe konnte ein Unternehmen leiten, neue Ideen ausprobieren, scheitern und vielleicht sogar Erfolg haben.

Barbe-Nicole wurde in eine wohlhabende Familie hineingeboren und galt weder als hübsch, kokett oder charmant, noch hatte sie eine Vorliebe für schicke Kleider oder gesellschaftliche Verpflichtungen.

Im Alter von 21 Jahren wurde sie von ihren Eltern mit François Clicquot, dem Spross einer anderen wohlhabenden Kaufmannsfamilie aus Reims, verheiratet. Sie waren ein gutes Paar und verbrachten die nächsten sechs Jahre damit, etwas über das riskante Winzergeschäft zu lernen. Die Champagne im Nordosten Frankreichs war damals vor allem für ihre Weißweine bekannt, aber Schaumweine kamen in ganz Europa in Mode, insbesondere in Russland. Die Familie von François betrieb einen Weinhandel und besaß neben ihren Hauptgeschäften, dem Bankwesen und dem Textilhandel, auch einige Weinberge. Um das Geschäft auszubauen, reiste François monatelang durch Deutschland und die Schweiz, wo er als Neuling versuchte, Kunden zu gewinnen und Märkte zu erschließen. Der Champagner erwies sich als schwer zu verkaufen. Die Kunden beschränken sich auf eine relativ kleine Anzahl von Aristokraten, die sich den Luxus leisten können, und die Konkurrenz durch etablierte Weingüter war groß. Diese ersten Reisen waren enttäuschend.

Auch das Wetter war unbeständig. Als François und Barbe-Nicole endlich eine annehmbare Anzahl von Aufträgen erhielten, verdorrten die Rebstöcke auf den Feldern in einer Reihe von zu trockenen, heißen Sommern. Sowohl der Anbau und die Ernte der Trauben als auch die Herstellung, Abfüllung und der Versand des Weines waren bei jedem Schritt zum Scheitern verurteilt. Doch das hielt die Clicquots nicht auf. Sie waren unerschrocken. Man könnte sagen, sie hatten Durchhaltevermögen. Sie besuchten örtliche Weingüter und kleine Familienbetriebe, traten in steinerne Keller, um zu messen, zu verkosten und zu lernen. Sie fanden einen vertrauenswürdigen Vertreter, Louis Bohne, der sich auf eine einjährige Reise nach Russland begab, in der Hoffnung, einen neuen Markt zu erschließen. Leider mussten sie feststellen, dass sie sich gründlich verkalkuliert hatten. In jenem Sommer waren die Felder wiederum zu nass und schlammig, was zu einer weiteren Missernte führte. Sechs Jahre lang waren sie im Geschäft, ohne viel vorzuweisen zu haben.

Dann starb im Oktober 1805 François nach zwölf Tagen Krankheit an einem ansteckenden Fieber. Barbe-Nicole fasste bald darauf den überraschenden Entschluss, das im Entstehen begriffene Weingut selbst zu führen. Das Geschäft stand kurz vor dem Zusammenbruch, und der Tod von François machte die Erfolgsaussichten noch geringer. Aber Barbe-Nicole übte sich intuitiv in Situationsbewusstheit: Sie sah sich einer großen Ungewissheit gegenüber, sodass ein Scheitern wahrscheinlich wurde, aber das Risiko war überschaubar. Die Familie Clicquot verfügte über finanzielle Mittel, die sie einsetzen konnte. Wenn Barbe-Nicole ihren Schwiegervater nur davon überzeugen könnte, etwas von dem Geld zu riskieren. Bankgeschäfte und der Textilhandel hatten die Kassen beider Familien über Generationen hinweg gefüllt, aber Barbe-Nicole war fest entschlossen, Champagner zu produzieren. Sie muss sehr intelligent und kompetent gewesen sein, denn als sie ihren Schwiegervater Philippe um ein Darlehen zu Lasten ihres Erbes bat – ein Betrag, der heute fast einer Million Euro entspricht –, sagte er trotz des beträchtlichen Geschäftsrisikos zu.

Unter einer Bedingung.

Philippe Clicquot bestand darauf, dass sie vier Jahre lang bei dem Winzer Alexandre Jérôme Fourneaux in die Lehre ging, um die Feinheiten des Handwerks und des Handels zu erlernen. Barbe-Nicole betrat Neuland, das mit Unsicherheiten behaftet ist. Sie musste hart arbeiten und alles lernen, was ihr an Wissen und Erfahrung zugänglich war. Zu diesem Zeitpunkt hatte Napoléon Bonaparte bereits einen zwölfjährigen Krieg in ganz Europa begonnen, wodurch ein äußerst unattraktives Geschäftsumfeld entstand. Schifffahrts- und Handelsbeschränkungen wurden verhängt; Häfen wurden blockiert. Wenn ein Schiff den Ozean überquerte, explodierten häufig die Flaschen der empfindlichen Weine im Laderaum. In einem Jahr wurde ein Drittel der Clicquot-Bestände – über 50.000 Flaschen – während eines längeren Zwischenstopps in Amsterdam durch Hitze zerstört. Außerdem bedeuteten die langwierigen Entbehrungen des Krieges, dass der relativ kleine Kundenstamm, der sich Luxusweine leisten konnte, nur selten in Feierlaune war.

Fourneaux setzte die Partnerschaft mit Barbe-Nicole nach Ablauf der vier Jahre nicht fort. (Er und sein Sohn bauten ihr eigenes Weingeschäft auf, das 1931 an Pierre Taittinger verkauft wurde, der es unter seinem Familiennamen neu gestaltete.) Trotz dieses desaströsen Scheiterns blieb die Witwe Clicquot unbeirrt. Nach Berichten aus der Zeit war sie eine tatkräftige, detailorientierte, arbeitssame, risikofreudige Vollblutunternehmerin, die nur wenig Zeit und Lust für persönliche Träumereien hatte. Am Ende ihres Lebens, in den 1860er-Jahren, als sie die Grande Dame des Champagners geworden war, schrieb Barbe-Nicole an einen Urenkel: »Die Welt ist in ständiger Bewegung, und wir müssen die Dinge von morgen erfinden. Gehe anderen voraus, sei entschlossen und anspruchsvoll, und lass deine Intelligenz dein Leben bestimmen. Handle mit Kühnheit.«[2] Mit anderen Worten: *Spiele, um zu gewinnen.*

Natürlich gab es in diesem ersten Jahrzehnt des drohenden Bankrotts neben wiederholten, schmerzhaften Misserfolgen auch einige Erfolge. Das günstige Wetter des Jahres 1811 führte zu einer reichen Ernte, die umso fabelhafter ausfiel, als sie mit dem Vorbeiziehen eines Kometen zusammenfiel. Die Winzer, darunter auch Clicquot, versahen die Korken mit Sternen, um an das verheißungsvolle Jahr zu erinnern. Drei Jahre später, im Winter 1814, als russische Truppen Reims besetzten, konnte Barbe-Nicole ihnen Wein aus ihren Lagerbeständen verkaufen. Obwohl sie den russischen Markt während des Krieges nicht erreichen konnte, hatte sie nun eifrige Kunden vor ihrer Tür. Darunter echte Weinkenner, die zu Botschaftern von Veuve Clicquot wurden, als sie nach Hause zurückkehrten. In jenem April, als Napoléon schließlich auf den Thron verzichtete, feierten russische Offiziere in Reims mit ihrem prickelnden Champagner.

Als der Krieg endlich vorbei war, stießen die Menschen in ganz Europa mit Champagner an. Bald wurden auch die Schifffahrts- und Handelsblockaden aufgehoben. In einem atemberaubenden Bravourstück ihres Pioniergeistes charterte Barbe-Nicole heimlich ein Schiff, um mehr als 10.000 Flaschen ihres besten Champagners des Kometenjahrgangs 1811 nach Königsberg und dann weiter nach St. Petersburg zu schmuggeln. So konnte sie ihre Konkurrenten überraschen und ausstechen. Es wird berichtet, dass sich Weinhändler am Hafen um ihren Champagner stritten und das Hotelzimmer von Louis Bohne stürmten, um den Wein um jeden Preis zu kaufen. Eine zweite Lieferung folgte bald. Zar Alexander machte den Veuve zu seinem Lieblingswein. Innerhalb weniger Wochen waren Barbe-Nicole und ihr Veuve Clicquot Champagner berühmt geworden.

Die Herstellung von Champagner war damals schwierig, kostspielig und zeitaufwändig. Nach Barbe-Nicoles überwältigenden Erfolg in Russland, verbunden mit zunehmenden Bestellungen, bestand ihr Problem nun darin, die Produktion zu beschleunigen. Die zweite Gärung – die Zugabe von Zucker und Hefe zur Erzeugung von Bläschen – dauerte mehrere Monate. Um trübe Weine zu klären, mussten die Flaschen auf der Seite gelagert werden, damit die Hefe mit dem größten Teil des Saftes in Berührung kam. Die Hefe starb ab und hinterließ Weintrub (Rückstände nach der Gärung). Deshalb mussten die Flaschen gekippt werden, damit der Trub bis zum Flaschenhals sank, und herausgenommen werden konnte. Nach dem Entfernen des Trubes wurden die Flaschen aufgefüllt (damals meist mit Branntwein), wieder verkorkt und eingelagert.

Um so viel Wein zum Reifen zu lagern, entwickelte Barbe-Nicole auf geniale Weise spezielle Gestelle, sogenannte *Pupitres*, die die Flaschen schräg hielten und gedreht werden konnten, damit sich der Trub im Flaschenhals sammelte. Diese scheinbar simple Innovation war revolutionär und führte zu den klaren Schaumweinen, für die sie berühmt werden sollte. Ihre Effizienz war entscheidend für die Produktion großer Mengen Schaumwein, und die Witwe Clicquot und ihre Weine waren in der Nachkriegszeit an der Spitze des Marktes.

Im Sommer 1815 war Veuve Clicquot ein voller Erfolg. Die Geschäftsinhaberin hatte ein Vermögen erwirtschaftet und ein Imperium aufgebaut. Trotz unzähliger Momente, in denen sie sich hätte zurückziehen können, hatte Barbe-Nicole Ponsardin Clicquot durchgehalten und eines der erfolgreichsten und beständigsten Unternehmen in der Weinbranche aufgebaut. Ihre technischen Innovationen ermöglichten den klaren Schaumwein, den wir heute als Champagner kennen. Als einzige Frau unter einer kleinen Gruppe von Unternehmern in den ersten Jahrzehnten des 19. Jahrhunderts spielte sie eine entscheidende Rolle bei der Umwandlung der Champagnerindustrie von einem ländlichen, regionalen Handwerk zu einem internationalen Geschäft. Sie leitete das Unternehmen und stellte die Weine her.

Heute feiern wir den Erfolg von Veuve Clicquot, aber die Lebensgeschichte von Barbe-Nicole zeigt, dass das Scheitern ein wesentlicher Bestandteil ihres Weges war. Als Meisterin des Scheiterns war sie ihrer Zeit weit voraus. Ihre Widerstandsfähigkeit angesichts wiederholter Misserfolge setzt die Gelassenheit voraus, in der sie akzeptierte, dass sie keinen Einfluss auf das Wetter oder das politische Klima hatte, das ihre Geschäftsergebnisse so stark beeinflussten. Sie war bereit, wohlüberlegte Risiken einzugehen, während sie lernte, wie man die Qualität des Champagners verbessern und das Geschäft ausweiten konnte. Und sie scheint sich nicht über die vielen Dinge geärgert zu haben, die bei der Herstellung, dem Verkauf und dem Versand edler Weine schiefgingen. Vielleicht verstand sie das Konzept des intelligenten Scheiterns – Neuland, einer Möglichkeit folgen und nur solche Fehler riskieren, die man gut wieder korrigieren kann.[3] Das erklärt ihre Fähigkeit, jahrelang entschlossen durchzuhalten, bevor ihr Unternehmen zu florieren begann. Die Verbindung zwischen Champagner und Feiern dient auch als Erinnerung daran, dass wir alle das Scheitern als Teil eines erfüllten und sinnvollen Lebens feiern können.

UNSERE FEHLBARKEIT ANNEHMEN

Wie können wir uns als fehlbare Menschen entfalten? Ich hörte zum ersten Mal vor 30 Jahren, wie der brillante Psychiater Maxie Maultsby diesen Begriff verwendete: fallible human being. Er fand sogar eine Abkürzung – FHB. Ich lächle, wenn ich an Maxies aufrichtigen Wunsch denke, uns FHBs, uns fehlbaren Menschen zu helfen, indem wir unsere Denkweise ändern. Entfaltung, könnte er hinzufügen, beginnt mit der *Akzeptanz* unserer Fehlbarkeit.

Wir erfahren eine gewisse Freiheit, wenn wir lernen, mit uns selbst zufrieden zu sein. Fehlbarkeit gehört zu unserem Wesen. Selbstakzeptanz kann als mutig angesehen werden. Es erfordert Mut, ehrlich zu sich selbst zu sein, und es ist ein erster Schritt, um auch ehrlich zu anderen zu sein. Scheitern ist eine

Tatsache des Lebens, deshalb ist die Frage nicht, *ob* wir scheitern, sondern wann und wie wir scheitern werden.

Wenn wir uns als fehlbarer Mensch entfalten, können wir lernen, klug zu scheitern: grundlegende Fehler so oft wie möglich vermeiden, komplexe Fehler voraussehen, um sie zu verhindern oder abzumildern, und die Offenheit für häufigere intelligente Fehler zu kultivieren. In einem lebenslangen Prozess können wir lernen, jede der drei Arten des Scheiterns zu erkennen und daraus zu lernen und jede der drei Formen von Bewusstheit zu stärken.

Wir können lernen, freudvoll mit unserer Fehlbarkeit zu leben. Auch wenn es scheinbar der Intuition widerspricht, Scheitern kann ein Geschenk sein. Eines der Geschenke ist die Klarheit, mit der uns ein Misserfolg darauf hinweisen kann, an welchen unserer Fähigkeiten wir arbeiten müssen. Ein anderes Geschenk ist die Erkenntnis, was uns wirklich wichtig ist und begeistert. Das Scheitern bei einer Prüfung in multivariablem Rechnen im College war auf mein unzureichendes Lernen zurückzuführen. Aber es zwang mich dazu, mir schwierige Fragen darüber zu stellen, welche Arbeit ich wirklich tun wollte – und die Arbeit, die ich wahrscheinlich tat, um anderen zu gefallen oder sie zu beeindrucken. Das war ein Geschenk, auch wenn es sich zu dem Zeitpunkt nicht so anfühlte.

Die ungleiche Lizenz zum Scheitern

Scheitern kann auch als ein Privileg angesehen werden. Der Journalist und Professor an der University of Colorado, Adam Bradley, weist in einem Artikel in der *New York Times* darauf hin: »Eines der größten unterschätzten Privilegien des Weißseins könnte die Lizenz sein, ohne Angst zu scheitern.«[4] Er erklärt, dass die Zugehörigkeit zu einer Minderheit oft bedeutet, dass das eigene Scheitern, insbesondere wenn es öffentlich wird, als repräsentativ für eine ganze Gruppe angesehen wird. Ihr individuelles Versagen wirft ein schlechtes Licht auf alle anderen, die wie Sie sind. John Jennings, Professor für Medien- und Kulturstudien an der Universität von Kalifornien in Riverside, sagte zu Bradley: »Es sollte möglich sein, dass Joe Schmo, der gewöhnliche Afroamerikaner, einfach nur sicher ist und normal sein kann – einfach nur so wie alle anderen.«[5] Mit anderen Worten: Auch Joe Schmo hat die Freiheit zu scheitern. Die Tatsache, dass der Erfinder und Akustiker James West, dessen intelligente Misserfolge zu mehr als 250 Patenten führten, darunter ein Patent für das Elektretmikrofon, Afroamerikaner war, macht seinen Erfolg umso bemerkenswerter. Er war auf seinem Gebiet erfolgreich, obwohl darin Rassismus allgegenwärtig war und er als Wissenschaftler in den Bell Labs mit einem Hausmeister verwechselt wurde.[6] Stellen Sie sich den Druck vor, den er verspürt haben muss, weil er dazu beitragen wollte, dass andere wie er in den Bell Labs und in anderen Eliteeinrichtungen in seine Fußstapfen treten können.

Auch Frauen, insbesondere Frauen in der akademischen Wissenschaft, bleibt der Luxus verwehrt, unauffällig zu scheitern. Es besteht die Gefahr, dass wir den Druck verspüren, immer erfolgreich sein zu müssen, um anderen Frauen nicht die Chancen zu verbauen. Jen Heemstra befürwortet »eine Kultur in der Wissenschaft, in der man offen und ohne Konsequenzen über seine Misserfolge sprechen kann«.[7] Als Realistin fügt sie hinzu: »Ich würde sagen, dass unsere Verantwortung, unsere Misserfolge mitzuteilen, proportional zu dem Maß an Macht ist, das wir im akademischen System haben.«[8] Als fest angestellte Professorin mit eigenem Labor an der Emory University geht Heemstra heute sehr offen mit ihren Fehlern um. Aber das war nicht immer so. Ihr schmerzlichstes Scheitern – beim ersten Mal (an einer anderen Universität) nicht für eine Festanstellung ausgewählt zu werden – erwies sich als Geschenk. Das Scheitern war eine Unterbrechung, die sie zum tieferen Nachdenken zwang. Jen erklärte gegenüber Veronika Cheplygina, die Informationstechnologien erforscht und sich ebenfalls mit dem Scheitern beschäftigt:

> Dieses Ereignis [das Scheitern bei der Abstimmung über den Dozentenstatus] war definitiv das schmerzhafteste Scheitern meines Lebens. Ich hatte das Gefühl, meine Familie und die Mitglieder meiner Forschungsgruppe im Stich gelassen zu haben – im Grunde alle Menschen, die mir wichtig sind. Für jeden, der das noch nicht erlebt hat, ist es ein wirklich schreckliches Gefühl. Aber es kann auch eine wunderbar demütigende Erfahrung sein. Zu sehen, wie all diese Menschen mir inmitten der Schwierigkeiten beigestanden haben, hat meine Weltsicht und meine Prioritäten grundlegend verändert. Ich bekam eine neue Vorstellung davon, wie die akademische Welt gestaltet werden könnte, und ich spürte die Begeisterung, es in die Tat umzusetzen. Ich wurde furchtlos. Dieses besondere Scheitern, vor dem ich mich lange gefürchtet hatte, ist mir schließlich widerfahren. Es war genau das, was ich zutiefst gefürchtet hatte. Ich sah mich plötzlich mit dieser Situation konfrontiert und hatte keine andere Wahl, als damit fertig zu werden und weiterzumachen. Trotz allem arbeitete ich weiter hart und war schließlich erfolgreich. Als ich aus dieser gefürchteten Situation herauskam, erkannte ich, dass ich stärker bin, als ich je gedacht hatte. Ich wusste, dass die Meinung anderer Menschen über mich nicht mein Leben bestimmen muss.[9]

Beachten Sie, dass Jen nicht versucht hat, das »wirklich schreckliche Gefühl« zu verdrängen oder zu ignorieren. Sie hat ihr Gefühl anerkannt und benannt. Sie ließ zu, dass sie sich eine Zeit lang schlecht fühlte. Dies deckt sich mit den Ergebnissen einer Studie aus dem Jahr 2017, die von der Professorin Noelle Nelson geleitet wurde. Sie besagt, dass Menschen lernen und sich verbessern können, wenn sie sich auf ihre Emotionen konzentrieren, anstatt über den Misserfolg nachzudenken (was in der Regel zu einer Selbstrechtfertigung führt).[10] Schließlich entwickelte Jen ein starkes Interesse am Scheitern, das zu Forschungen darüber führte, wie Studierende in MINT-Kursen (Mathematik, Informatik, Naturwissenschaften, Technologie) das Scheitern erleben. Sie untersuchte auch, wie sich dies auf ihre Entscheidung auswirkt, eine wissenschaftliche Laufbahn einzuschlagen. Jen und weitere Kollegen haben einen Lehrplan für die Forschung im Grundstudium entwickelt, der die Studierenden in praktische Laborarbeit einbindet und ihnen Erfahrungen mit wertvollen Fehlern vermittelt, die für neue Entdeckungen so wichtig sind.[11]

Als junge Frau in der akademischen Welt ahnte ich einige Jahre zuvor schon den Schmerz, den Jen später erfuhr. Ich musste mich mit der Tatsache konfrontieren, dass ich wahrscheinlich keine Festanstellung an einer Universität erhalten würde. Ich erinnerte mich daran, dass es andere Möglichkeiten für Forscherinnen und Lehrerende gab – sowohl an Universitäten als auch in Unternehmen. Wenn ich meine jetzige Stelle verlieren würde, so sagte ich mir, würde ich eine andere finden. Indem ich mich auf das Scheitern vorbereitete, konnte ich es gelassener angehen und mich auf die Arbeit konzentrieren, die mir am Herzen lag, ohne mich von dem drohenden Scheitern einschüchtern zu lassen.

Die Akzeptanz des Scheiterns ist eine tragende Säule der queeren (LGBTQIA) Theorie und Politik. In seinem bahnbrechenden Buch *The Queer Art of Failure* argumentiert der Transgender-Medientheoretiker Jack Halberstam, dass das Maß und die Bedeutung von Erfolg nicht vom Einzelnen definiert wird.[12] Es wird von Gemeinschaften geformt, weshalb die Normen des »Erfolgs« zu einer »geistlosen Konformität« führen.[13] Im Gegensatz dazu ermöglicht die Annahme des Scheiterns einen »Freiraum für Neuerfindung«, aus dem heraus die Annahmen, die uns von der Welt auferlegt werden, kritisiert werden können.[14] Halberstam gehört zu einer Gruppe von queeren Forschenden, welche die Erfahrung des Scheiterns an den Erwartungen der Gesellschaft als grundlegend für die queere Kultur ansehen. Grundpfeiler eines »erfolgreichen« Lebens, wie Wohlergehen, finanzielle Sicherheit, Gesundheit und Langlebigkeit, wurden queeren Menschen lange Zeit durch diskriminierende Adoptionsgesetze, Vorurteile bei der Einstellung, Gewalttaten, voreingenommene Reaktionen und sogar durch die HIV-Epidemie verwehrt. Da sie die heteronormativen Erwartungen nicht erfüllen können, müssen queere Menschen ihre eigenen Wege finden, um »erfolgreich« zu sein. Ein zentraler und heute gefeierter Teil dieses Erfolgs ist die Anerkennung, dass man zuerst gescheitert ist.

So zelebriert die Drag-Performance als Kunstform die Erfahrungen queerer Menschen, indem sie die mangelnde Konformität mit den gesellschaftlichen Erwartungen nicht verharmlost, sondern willkommen heißt. Durch ihren übertriebenen Kontrast macht eine solche Darstellung die genormten Erwartungen der Gesellschaft sichtbarer. Sie macht uns die heteronormative Kultur als eine Linse bewusst, durch die wir die Welt betrachten. Wir werden aus einem als normal empfundenen Gefühl herausgeworfen, in dem wir als naive Realisten glauben, die Realität objektiv wahrzunehmen. In der Reality-TV-Show *RuPaul's Drag Race* schlüpft eine Gruppe von meist männlichen Kandidaten in Figuren, die in übertriebenen Darstellungen von Models und Schönheitswettbewerben eine Persiflage von Weiblichkeit sind.[15] Diese Fernsehshow zelebriert die Befreiung von gesellschaftlichen Erwartungen zur besten Sendezeit. Und sie ist äußerst beliebt. Die Premiere der 13. Staffel am 1. Januar 2021 war zum damaligen Zeitpunkt die meistgesehene Folge der Serie. Sie wurde von 1,3 Millionen Zuschauern via Simulcast verfolgt – eine Zahl, die mit den 1,32 Millionen Zuschauern vergleichbar ist, die in der Saison 2020/21 ein durchschnittliches Basketballspiel in der NBA verfolgten.[16]

Manchmal bedeutet das Akzeptieren von Fehlbarkeit, die Fehlbarkeit der *Gesellschaft* zu akzeptieren, um mit Gleichmut auf eine Ungerechtigkeit zu reagieren. Die renommierte Astrophysikerin Jocelyn Bell Burnell, die als Forschungsassistentin von Antony Hewish maßgeblich an der Entdeckung von Pulsaren beteiligt war, wurde bei der Verleihung des Nobelpreises im Jahr 1974 nicht gewürdigt. Einige Jahre später meinte sie, dass ein Vorgesetzter die letzte Verantwortung für das Scheitern eines Projekts trägt und dass dies auch für den Erfolg eines Projekts gelten sollte. »Ich selbst bin darüber nicht verärgert – schließlich befinde ich mich in guter Gesellschaft«, sagte sie.[17] Jocelyn Bell Burnell verdient Anerkennung für ihre Reife und ihr starkes Selbstbewusstsein. Zu wissen, dass der eigene Beitrag wichtig ist, ohne dass man dafür äußere Bestätigung braucht, ist sicherlich ein Zeichen von Weisheit. Der erfüllende Weg führt selten zu Reue.

In den letzten Jahren sind die Ungleichheiten in der Gesellschaft in den Mittelpunkt der nationalen Diskussionen auf der ganzen Welt gerückt sind – und haben endlich die Aufmerksamkeit erhalten, die sie verdienen. Dabei fühlte ich mich oft unzureichend, weil mir das Fachwissen in den Bereichen Vielfalt, Gleichberechtigung und Integration fehlte. Diejenigen, die meine Arbeit zur psychologischen Sicherheit verfolgt haben, sahen zu Recht eine wichtige Verbindung zu diesen Themen. Dennoch hatte ich diese Verbindung nicht direkt untersucht. Psychologische Sicherheit zu kultivieren ist nicht dasselbe wie Zugehörigkeit zu finden, und oftmals wurde beides in den letzten Jahren miteinander vermischt. Ich sehe das folgendermaßen: Psychologische Sicherheit, das heißt die Überzeugung, dass es sicher ist, seine Meinung zu sagen, ist enorm wichtig für das Gefühl der Zugehörigkeit. Zugehörigkeit ist jedoch eher etwas Persönliches, während psychologische Sicherheit eher etwas Kollektives ist (in Forschungsstudien wird sie als eine neu entstehende, emergente Eigenschaft einer Gruppe verstanden). Meiner Meinung nach wird psychologische Sicherheit von Einzelpersonen und den Gruppen, denen sie angehören wollen, gemeinsam geschaffen.

Je mehr ich mich mit der Forschung über die psychologischen, soziologischen und wirtschaftlichen Aspekte der Ungleichheit beschäftige, desto gewaltiger erscheint das Unterfangen, dieses gesellschaftliche Scheitern zu korrigieren. Ich behaupte, dass wir als Gesellschaft zumindest danach streben sollten, eine Welt zu schaffen, in der jeder die gleiche Lizenz zum intelligenten Scheitern hat. Das ist heute nicht der Fall. Aber ich glaube, dass wir diesem Ziel schon etwas nähergekommen sind als noch vor ein paar Jahren. Das Erkennen unserer heteronormativen Sichtweise ist ein wichtiger erster Schritt. Dennoch bedauere ich, dass ich mich nicht schon früher mit diesen Herausforderungen befasst habe.

Was wir bereuen

Welcher Zusammenhang besteht zwischen Scheitern und Reue? Auf den ersten Blick könnte man meinen, die Menschen würden sich mit ihren größten Misserfolgen beschäftigen und sie bereuen. Doch die Forschung legt das Gegenteil nahe. Um das Bedauern besser zu verstehen, sammelte der Bestsellerautor Daniel Pink Äußerungen der Reue von mehr als 60.000 Menschen in 105 Ländern.[18]

Pink hat das Bereuen in vier Kategorien eingeteilt. Eine davon ist die »Mut-Reue«, die besonders zahlreich war. Die Menschen bedauerten, nicht mutig genug gewesen zu sein, ein Geschäft oder einen lang gehegten Traum zu wagen. Sie bedauerten, nicht mutig genug gewesen zu sein, eine Person, an der sie interessiert waren, um eine Verabredung zu bitten. Durch die Begrenzung der Vorteile und den Schutz vor den Nachteilen (spielen, um nicht zu verlieren), bedauerten viele Menschen ihr Leben schmerzlich. Interessanterweise stellte Pink fest, dass die Menschen es *nicht* bedauerten, eine Chance ergriffen und dabei versagt zu haben.[19] Er behauptet, dass wir durch das Studium der Reue lernen, was ein gutes Leben ausmacht. So wie jeder Mensch scheitert, bereut auch jeder etwas. Reue und Scheitern sind Teil des Menschseins. Nur wenn wir lernen, uns selbst mit Mitgefühl und Freundlichkeit, statt mit Verachtung und Tadel zu behandeln, können wir ein Gefühl der Ausgeglichenheit und Erfüllung finden. So wie wir einen Teil der Last unserer Fehler verringern können, indem wir sie offenlegen, kann auch das Äußern unserer Reue den inneren Schmerz lindern und uns ermöglichen, diese Erfahrung zu integrieren. Menschen mögen andere mehr und nicht weniger, wenn sie ihre Schwächen offenlegen. Das liegt zum Teil daran, dass wir ihren Mut respektieren.

Dem Perfektionismus widerstehen

Perfektionismus, das heißt übermäßig hohe Ansprüche an sich selbst und die daraus folgende Selbstkritik, sind Gegenstand zahlreicher Untersuchungen. Thomas Curran, Professor an der London School of Economics and Political Science, ist ein Experte auf diesem Gebiet. In seinen Umfragen unter Studierenden hat Curran festgestellt, dass der Prozentsatz der jungen Menschen, die meinen, perfekt sein zu müssen, in den letzten 27 Jahren erheblich zugenommen hat. Er unterscheidet zwischen dem Druck, den wir auf uns selbst ausüben, um perfekt zu sein, und den Erwartungen, die wir bei anderen und der Gesellschaft im Allgemeinen empfinden. Beide Arten von Druck, so hat er herausgefunden, können zu Depressionen und anderen psychischen Erkrankungen führen.

Ein weiteres Problem ist, dass Menschen, die unter Perfektionismus leiden, sich schwertun, etwas Neues auszuprobieren. Sie können es nicht ertragen, dass sie versagen könnten. In einer sich ständig verändernden Welt birgt dieses Zögern die Gefahr, dass sie den Anschluss verlieren. Perfektionisten sind auch besonders anfällig für Burn-out. »Die innere Haltung von Perfektionisten«, sagt Curran, »macht sie sehr empfindlich und anfällig für die Rückschläge und Misserfolge, die ständig auftreten. Sie stellen eine Bedrohung für die idealisierte Version des eigenen Wesens dar – wer wir sein wollen und wer wir unserer Ansicht nach sein sollten.«[20]

Es ist schwer, als fehlbarer Mensch erfolgreich zu sein, wenn man in die Falle des Perfektionismus tappt. Eric Best, ein Tauchtrainer, der mit Olympioniken arbeitet, trainierte den Organisationspsychologen Adam Grant in den 1990er-Jahren, als Grant noch zur Highschool ging. Als bekennender Perfektionist erinnert sich Grant in einem interessanten Gespräch im Rahmen seines Podcasts *WorkLife* mit Eric Best im Jahr 2022 mit Humor und Scharfsinn an seine Schwierigkeiten mit unperfekten Tauchgängen.[21]

Um seinen Tauchern (und uns anderen) zu helfen, eine gesündere Beziehung zu unserer Arbeit oder zu unseren Hobbys zu finden, schlägt Best vor, eher nach Spitzenleistungen als nach Perfektion zu streben.[22] Er legt Wert auf realistische Ziele – solche, die sich in einem vernünftigen Rahmen bewegen, anstatt eine »perfekte Zehn« anzustreben. Lernen Sie, sich an Ihren Fortschritten zu messen und nicht an der Entfernung von einem Idealzustand. Wählen Sie bewusst nur ein paar Dinge, die Sie verbessern wollen, anstatt sich mit allem zu beschäftigen, was Sie falsch gemacht haben.[23]

Wenn Eltern die psychologischen Gefahren der Perfektionsfalle und die entscheidende Rolle des Scheiterns beim Lernen und in der psychologischen Entwicklung verstehen, werden sie sowohl Misserfolge als auch Erfolge ihrer Kinder leichter akzeptieren. Kein Kind lernt Fahrradfahren, ohne umzufallen. Wenn Eltern und Lehrerinnen den Kindern die Möglichkeit geben, zu scheitern, werden die Kinder ermutigt, eine Wachstumsmentalität zu entwickeln, die das Lernen unterstützt. Eltern, die bei ihren Kindern Perfektionismus feststellen, können ihnen dabei helfen, Misserfolge nicht mehr als beschämend oder gar enttäuschend zu empfinden, sondern als notwendigen Bestandteil des Lernens von etwas Neuem. Sagen Sie lieber »Stürze gehören zum Fahrradfahren dazu« als »Schade, dass deine Kleidung schmutzig geworden ist, als du vom Fahrrad gefallen bist«. Erinnern Sie sich daran, dass Jeffrey seinen Fehlern beim Bridge-Spiel einen neuen Verständnisrahmen gab, indem er sie als normal und angesichts der Herausforderung des neuen Spiels als notwendig ansah. Wenn wir uns auf die Erfüllung konzentrieren, die wir empfinden, wenn wir uns verbessern, kann jeder von uns sich selbst – und den anderen Menschen, die uns am Herzen liegen – helfen, sich gegen die irrationale Vorstellung zu wehren, dass Meisterschaft bei einer schwierigen Fähigkeit einfach sein sollte.

Häufiger scheitern

Der wichtigste Grund, unsere Fehlbarkeit zu akzeptieren, besteht darin, dass wir mehr Risiken eingehen. Wir können uns häufiger dafür entscheiden, *zu spielen, um zu gewinnen*. Wie Ray Dalio am 20. Oktober 2022 getwittert hat: »Jeder scheitert. Jeder, den Sie erfolgreich sehen, hat nur in den Bereichen Erfolg, auf die Sie achten – ich garantiere Ihnen, dass er in vielen anderen Situationen scheitert. Am meisten respektiere ich die Menschen, die gut scheitern können. Ich respektiere sie sogar noch mehr als diejenigen, die erfolgreich sind.«[24]

Im letzten Jahr der Highschool kündigte mein älterer Sohn an, dass er einen Sommerjob als Verkäufer von Solarmodulen annehmen würde. Ich machte mir sofort Sorgen, weil ich wusste, dass er eine Menge Ablehnung erfahren würde. Ich konnte mir einfach nicht vorstellen, wie Jack – mein nachdenklicher, introvertierter Sohn, ein begnadeter Sportler und Musterschüler – mit so viel Ablehnung umgehen sollte. In meinen Sorgen dachte ich nicht nur an die üblichen Abfuhren, mit denen alle Verkäufer konfrontiert werden. Solarenergie, ein brisantes Thema im Zusammenhang mit dem Klimawandel, könnte für mehr als ein kühles »Nein, ich bin nicht interessiert« sorgen. Für einen Elternteil ist es natürlich, wenn auch wenig hilfreich, seine Kinder vor dem Scheitern bewahren zu wollen. Aber ich habe mich geirrt. Jack hatte einen großartigen Sommer. Viele Kunden sagten zu, und er freute sich darüber, dass er einige Dächer in Neuengland ökologisch transformierte. Die meisten Angesprochenen lehnten ab, aber Jack hatte Jahre zuvor von Larry Wilson gelernt, sich im Stillen zu sagen: »Danke für die 25 Dollar.« Sicher, ein paar Leute waren geradezu feindselig, aber Jack lernte schnell, das nicht persönlich zu nehmen. Der Sommer hat seine Muskeln des Scheiterns gestärkt und sein bleibendes Interesse an erneuerbaren Energien geweckt.

Eine andere Möglichkeit, öfter zu scheitern, besteht darin, ein neues Hobby zu beginnen. Als meine Freundin Laura mit Anfang 40 beschloss, mit Eishockey anzufangen, war ich zugleich perplex und beeindruckt. Laura und ich wuchsen zusammen in New York City auf, als nur wenige »Mädchen« überhaupt daran dachten, Eishockey zu spielen. Und keine von uns war in der Highschool eine besonders begabte Sportlerin gewesen. Wir trafen uns eher, um Hausaufgaben zu machen oder die wichtigsten Momente des letzten Schulfestes Revue passieren zu lassen. Jetzt, viele Jahre später, fragte ich mich, warum Laura, die immer noch eng mit mir befreundet war, zwei Kinder zuhause hatte und eine Menge hart erarbeiteter Fähigkeiten besaß, ihre kostbare Freizeit mit Eishockey verbringen wollte. Sie musste die schwere Ausrüstung schleppen und würde auf dem Eis stürzen. Vor allem aber musste sie sich mit einer Aktivität vertraut machen, die sie noch nicht gut beherrschte. Ich bewunderte ihre Bereitschaft, in einer halböffentlichen Umgebung etwas schlecht zu machen. Meine Bewunderung war wohl begründet. Das Spielen in ihrer Eishockeyliga ist zu Lauras Leidenschaft geworden. Heute nennt sie sich selbst eine »Eishockeyfanatikerin«.

Unsere Angst, in einer neuen Unternehmung schlecht dazustehen, kann es uns erschweren, eine neue Sportart, Sprache oder ein anderes Unterfangen auszuprobieren – erinnern Sie sich daran, dass Jeffrey fast endgültig mit Bridge aufgehört hätte. Zum einen fallen wir dem Perfektionismus mit seinen unrealistischen Erfolgserwartungen zum Opfer. Zum anderen wollen die meisten von uns vor anderen Menschen nicht schlecht oder unfähig dastehen. Wenn wir etwas Neues ausprobieren, sind wir zudem vielleicht von Leuten umgeben, die diese Tätigkeit schon gut können.

Hobbys sind ein großartiger Ort, um das Scheitern zu üben. Bei Hobbys geht es eher um den Spaß und die Inspiration, etwas Neues zu lernen, als um Leistung oder den Lebensunterhalt – es steht also nicht viel auf dem Spiel. Außerdem ist es weniger peinlich, bei einem neuen Hobby zu scheitern als in Ihrem Beruf. Erinnern Sie sich selbst daran, dass es in Ordnung ist, in einer Unternehmung schlecht zu sein, weil genau das der Weg ist, um mit der Zeit besser zu werden. Ganz gleich, ob Sie eine neue Sprache oder eine neue Fertigkeit erlernen, das Ausprobieren von etwas Neuem in jedem Kontext stärkt die Risikofähigkeit, wenn mehr auf dem Spiel steht.

Die Neuausrichtung wertschätzen

Jake Breeden war Vizepräsident und Head of Global Learning Solutions beim Pharmariesen Takeda. Bei unserem ersten Treffeb sprachen wir über seine Beobachtung, dass das Feiern von Misserfolgen in den meisten Unternehmen ein schwieriges Thema ist – obwohl vielfach darüber geredet wird. »So reif wir uns auch fühlen mögen, wenn etwas als Misserfolg bezeichnet wird, neigen wir dazu, uns zurückzuziehen«, sagte er. Das Feiern des Scheiterns sei psychologisch unrealistisch, denn »Scheitern impliziert ein Ende – ein schlechtes Ende!«

Als ich Jake im Dezember 2021 interviewte, freute er sich über eine Lösung, die er gefunden hatte. Sie entstand aus der Empathie dafür, wie Menschen das Scheitern wirklich erleben. In den Unternehmen, in denen er gearbeitet hatte, führten die meisten Projekte, insbesondere wenn sich darin Misserfolge ereigneten, zu *weiteren* Projekten. »Wir sind ständig dabei uns neu zu orientieren«, erklärte er. Solche Neuausrichtungen wertzuschätzen ist einfacher, als Misserfolge willkommen zu heißen. Wenn wir eine Neuausrichtung wertschätzen, dann konzentrieren wir uns auf den nächsten Schritt – also auf die Möglichkeit, dem Ziel näher zu kommen. Eine Neuausrichtung willkommen zu heißen bedeutet, sich nach vorn in die Zukunft zu orientieren und nicht zurück in die Vergangenheit. Wir gehen nicht in das Bedauern und es eröffnet sich eine Fülle von Möglichkeiten.

In jedem neuen Kontext ist es wichtig, innezuhalten und zu überlegen, was wir als Nächstes ausprobieren wollen. Was müssen wir unbedingt lernen, um unser Ziel zu erreichen? Wir können die Neuausrichtung als eine Möglichkeit betrachten, eine andere Geschichte zu erzählen. Anstelle von »Wir haben einen Plan gemacht und sind dann gescheitert, und hier ist die Moral von der Geschichte« können wir uns auf die Veränderung konzentrieren: »Wir haben einen Plan gemacht, die die Situation hat sich aber anders entwickelt, deshalb mussten wir uns neu ausrichten«. Bei dem neuen Verständnisrahmen, den Jake hier vorschlägt, geht es nicht nur um eine andere Formulierung. Wir konzentrieren uns darauf, wie die Geschichte weitergeht. Statt beschämt zu sein, sind wir gespannt auf die nächste Möglichkeit.

Es überrascht nicht, dass Jake anfangs auf Widerstand stieß: »Ist das nicht nur ein anderer Begriff?« Dem stimmt er zu. »Aber Worte verändern das Bewusstsein«, betont er. »Wenn wir sagen, das wäre ›nur ein anderer Begriff‹ unterschätzen wir die Bedeutung der richtigen Worte. Nur weil wir die Sprache geändert haben, können wir plötzlich mehr über Misserfolge sprechen!« Hier verbinden sich Situationsbewusstheit und Selbstbewusstheit. Die richtigen Begriffe helfen uns, erfolgreich mit Misserfolgen umzugehen.

Jake schilderte, was geschah, als der Leiter der Abteilung für Forschungs- und Entwicklung bei Takeda ihn nach einem enttäuschenden Ergebnis in ein Team für Arzneimittelentwicklung holte: Ein potenzielles Sicherheitsproblem, das in einer klinischen Studie aufgetreten war, führte zur Aussetzung eines der vielversprechendsten neuen Arzneimittel des Unternehmens – trotz aller Hoffnungen, Träume und investierten Gelder. Sogar der Aktienkurs des Unternehmens wurde in Mitleidenschaft gezogen.

In einer Sitzung mit dem Leiter des klinischen Bereichs und anderen Mitarbeitenden des Projekts legte Jake Wert darauf, die Geschichte nicht als Scheitern darzustellen, sondern als eine rechtzeitige Einsicht in die Situation, bevor jemand verletzt wird:

> Ja, wir werden etwas feiern. Wir werden die Tatsache feiern, dass unsere Signale so fein abgestimmt sind, dass wir solch einen Prozess stoppen können, bevor dadurch jemand ernsthaft zu Schaden kommt. Wir werden die Tatsache feiern, dass wir an so vielen anderen Produkten arbeiten, dass wir nicht alles auf eine Karte setzen müssen. Wir werden die Tatsache feiern, dass wir über diese Situation offen und ehrlich sprechen können, und wir werden feiern, dass wir uns weiterhin verpflichten, [therapeutische] Innovationen zu kreieren.

Egal, ob Sie ein Projekt auf einen besseren Weg bringen oder sich selbst auf eine neue Rolle oder eine bessere Beziehung einlassen, Neuausrichtungen sind unerlässlich, um die Ungewissheit zu bewältigen, die mit neuen Kontexten einhergeht. Für Manager in einem Unternehmen, Eltern in einer Familie oder Partner in einer Beziehung ist das Wertschätzen von Neuausrichtungen eine einfache Möglichkeit, die Fehlbarkeit einer Person, eines Projekts oder eines Plans zu akzeptieren.

DIE WISSENSCHAFT DES KLUGEN SCHEITERNS MEISTERN

Der erste Schritt ist also die Akzeptanz unserer Fehlbarkeit. Was sind dann die weiteren Schritte, um uns als fehlbare Wesen in einer unvollkommenen Welt zu entfalten? Kluges Scheitern ist keine genau formulierte Wissenschaft. Das Handbuch dazu wird immer noch geschrieben. Beginnen wir damit: Wenn Sie Ihren Horizont bewusst erweitern, um neue Dinge auszuprobieren, bergen Ihre Experimente zwangsläufig das Risiko des Scheiterns.[25] Wenn Sie das verstehen, können Sie im Laufe der Zeit immer besser mit dem Scheitern umgehen. Wenn Sie mehr Risiken eingehen, werden Sie mehr Misserfolge erleben und nicht weniger. Aber dabei zeigen sich zwei positive Dynamiken. Erstens: Sie erfahren, dass Sie nicht mehr vor Scham im Boden versinken wollen. Zweitens entwickeln Sie dadurch Ihre Muskeln der Resilienz, sodass jeder weitere Misserfolg weniger schmerzt. Je öfter Sie scheitern, desto intensiver erfahren Sie, dass es Ihnen trotzdem gut gehen kann. Besser als gut: Sie können sich entfalten.

Dazu ist es hilfreich, einige grundlegende Praktiken des Scheiterns zu beachten – Beharrlichkeit, Reflexion, Verantwortlichkeit und Entschuldigungen. Obwohl die Liste nicht vollständig oder perfekt sein soll, kann Ihnen jede dieser Praktiken helfen, eine gesunde Beziehung zum Scheitern aufzubauen.

Beharrlichkeit

Die 27-jährige Sara Blakely verkaufte Faxgeräte an Direktkunden zuhause. Eines Abends schnitt sie die Füße einer Strumpfhose ab, um sie auf einer Party unter einer cremefarbenen Hose zu tragen. Die Strümpfe rollten sich zwar auf, aber ansonsten sah sie toll aus und fühlte sich wohl. Sie beschloss, das Design zu ändern, und schon bald wurde es von Familie und Freunden begeistert aufgenommen. Sara kam auf die Idee, ihre fußfreien, enganliegenden Strümpfe herstellen zu lassen und an andere Frauen zu verkaufen.

In diesem Moment lernte sie das Scheitern kennen.

Produzenten und Patentanwälte lachten über ihre Idee, wiesen sie ab oder beides.[26] Schließlich hatte sie keine Erfahrung in der Modebranche, im Geschäftsleben oder in der Produktion. Viele Leute hätten aufgegeben. Aber Sara blieb hartnäckig. Sie dachte an ihre Eltern, die immer dafür gesorgt hatten, dass ihre Schulkinder das Scheitern akzeptierten und sogar als notwendigen Teil eines erfüllten Lebens willkommen hießen. Am Essenstisch wurden Sara und ihr Bruder oft von ihrem Vater gefragt, woran sie an diesem Tag gescheitert waren – und beglückwünschte sie, weil sie es versucht hatten.[27] Ihr Vater vermittelte ihnen das Verständnis, dass es in Ordnung ist, ein fehlbarer Mensch zu sein.

Sara beschloss, sich mehr anzustrengen. Zusammen mit einer gesunden, freudvollen Einstellung gegenüber dem Scheitern besaß sie die Beharrlichkeit und Begeisterung, langfristige Ziele zu verfolgen, ähnlich wie Barbe-Nicole. Beide zeigen, was die Psychologieprofessorin Angela Duckworth von der University of Pennsylvania als Durchhaltevermögen (*grit*) bezeichnet.[28] Sara recherchierte und schrieb ihre eigene Patentanmeldung und fuhr von Atlanta nach North Carolina, um ihre Idee bei Strumpfproduzenten vorzustellen. Niemand fand sie vielversprechend, bis schließlich ein Fabrikbesitzer beschloss, einen Versuch zu starten.

Beim Experimentieren mit verschiedenen Silben und Klängen kam Sara schließlich auf einen Namen für ihr Unternehmen: Spanx. Für die ersten Kundenbestellungen entwarf sie ihre eigene Verpackung und nutzte ihr Badezimmer als Auslieferungszentrum. Viel später erweiterte Spanx sein Angebot um Bademode und Leggings, und 2012 krönte *Forbes* Sara Blakely zur jüngsten Selfmade-Milliardärin.[29] Im darauffolgenden Jahr verpflichtete sie sich, die Hälfte ihres Vermögens für wohltätige Zwecke zu spenden, den größten Teil davon, um Frauen in ihren Unternehmungen zu unterstützen.[30]

Die Rolle der Beharrlichkeit bei Sara Blakelys Erfolg ist unbestreitbar. Duckworths Forschung über Durchhaltevermögen zeigt, dass Beharrlichkeit und Begeisterung für ein langfristiges Ziel für Erfolge in vielen Situationen notwendig sind.[31] Das Durchhaltevermögen steht in keinem direkten Zusammenhang zum IQ und ist deshalb eine wichtige Ergänzung zum Talent. Nachhaltiges Bemühen über einen längeren Zeitraum hinweg ist entscheidend für den Erfolg. Das Interesse am Durchhaltevermögen in der Bildung und der Entwicklung von Kindern ist infolge dieser wichtigen Forschungsarbeit sprunghaft angestiegen. Kaum jemand leugnet heute noch die Bedeutung des Durchhaltevermögens für den Erfolg. Ein Buch über das Scheitern muss sich jedoch mit dem schmalen Grat zwischen Beharrlichkeit und dickköpfiger Hartnäckigkeit befassen. Ich kannte Forscher, die sich viel länger an eine scheiternde Idee klammerten, als es die Daten nahelegten. Dadurch verschwendeten sie wertvolle Zeit in ihrer Karriere und verließen in manchen Fällen ihr Forschungsfeld für immer. Klug zu scheitern, bedeutet meiner Meinung nach, zu wissen, wann man mehr als nur einen kleine Neuausrichtung vornehmen muss. Wir wissen, wann wir aufgeben müssen – sei es eine Geschäftsidee, ein Forschungsprojekt oder eine Beziehung. Nur dann können wir den Weg in die Zukunft und eine ganz neue Vorgehensweise freimachen.

Woher weiß man, wann man beharrlich bleiben und wann man aufgeben sollte? Eine Faustregel, um Beharrlichkeit zu rechtfertigen, ist diese: Sie finden ein glaubwürdiges Argument dafür, dass der angestrebte aber noch nicht realisierte Wert es tatsächlich wert ist, weiterhin Zeit und Ressourcen dafür zu investieren. Um sicherzugehen, dass Ihre Hartnäckigkeit nicht fehlgeleitet ist oder dass Sie sich nicht an einen unrealistischen Traum klammern, müssen Sie bereit sein, Ihre Argumente mit anderen aus Ihrem Zielpublikum zu testen. Gehen Sie auf jeden Fall zu Leuten, die bereit sind, Ihnen die Wahrheit zu sagen! Sara Blakely glaubte an das Produkt, das sie entwickelte, und wollte es selbst tragen. Diese Begeisterung verstärkte sich, als sie sah, wie sehr ihre Freunde und ihre Familie ihr neues Outfit mochten. Die enthusiastische Reaktion ihrer ersten Zielgruppe bestärkte sie in ihrer Zuversicht, dass Spanx sich verkaufen würde, wenn sie nur die erste Hürde überwinden könnte und einen Hersteller fand.

Das Ziehen dieser feinen Linie hängt zumindest teilweise davon ab, dass man sich die Zeit für ehrliche Reflexion nimmt.

Reflexion

Die meisten ambitionierten Musiker führen ein Übungstagebuch. In der Regel ist es wie ein Kalender chronologisch geordnet und fungiert als Notizbuch, in dem man aufschreibt, was während jeder Praxiszeit geübt wurde, wie es sich angefühlt hat, woran als Nächstes gearbeitet werden soll – und, ja, auch Fehler werden notiert. Wenn man ein Musikstück für die Aufführung übt, wird man während der Proben sehr viele Fehler machen. Aus diesen Fehlern zu lernen bedeutet, nicht nur die richtigen Noten zu treffen, sondern auch die Verbesserung bei nuancierten Herausforderungen wie Phrasierung oder Tempo.

Der Perkussionist Rob Knopper hat so viel Zeit damit verbracht, über seine Fehler und Misserfolge nachzudenken, dass er ein Experte geworden ist, der anderen Musikern beibringt, wie sie mit ihren Fehlern umgehen und sie produktiv nutzen können. Gescheiterte Vorspiele sind seine Spezialität. Heute ist er Perkussionist beim Metropolitan Opera Orchestra und gibt bereitwillig zu: »Ich habe mich durch jahrelange erfolglose Vorspiele und abgelehnte Bewerbungen gekämpft«, bevor er eine Anstellung bekam.[32] Unter anderem rät er angehenden Musikern, für jedes einzelne Stück ein Übungstagebuch zu führen, in dem Hindernisse und gefundene Lösungen systematisch festgehalten werden, um bei Bedarf in Zukunft darauf zurückgreifen zu können.[33] Knopper erzählt auch offen und detailliert von Auftritten in entscheidenden Momenten seiner Karriere, die durch zittrige Hände, falsche Noten oder unzureichende Musikalität beeinträchtigt wurden. Schmerzhafte, unangenehme Erfahrungen. Was er daraus gelernt hat: »Misslungene Auftritte geben uns die zwei wichtigsten Impulse für eine Verbesserung: einen Hinweis darauf, was verbessert werden muss, und die Motivation, es zu tun.«[34]

Im Leben wie in der musikalischen Praxis gibt es eine Fülle von Misserfolgen, aus denen wir lernen können. Anstatt sie zu verleugnen, sollten wir uns eher mit ihnen auseinandersetzen und aus ihnen lernen. Die Aufarbeitung von Fehlschlägen, die gerade noch verhindert wurden, kann besonders befriedigend sein. Piloten, die beispielsweise aufzeichnen und darüber reflektieren, wie sie die Kontrolle über ein Flugzeug verlieren und wiedererlangen, können eine Untersuchung anregen, die klärt, ob es ein Problem gibt, das behoben werden muss. Schnelle Einsatzteams im Gesundheitswesen wurden ausgebildet, um feststellen zu können, ob die Symptome eines Patienten auf einen drohenden Herzstillstand hindeuten. Sie können die Ergebnisse ihrer Reflexion über die Einsätze nutzen, um Schritte zur Verbesserung der Patientenversorgung einzuleiten. Um die vermeidbaren grundlegenden und komplexen Fehler in unserem Leben zu reduzieren, sollten wir Zeit für bewusste, ehrliche Reflexion reservieren.

Angenommen, Sie verlegen über mehrere Stunden hinweg die Autoschlüssel, kommen zu spät zu einer Besprechung und rutschen beinahe auf einem vereisten Gehweg aus. Vielleicht ist diese Serie von Fehlschlägen, die gerade noch verhindert wurden, nur ein Zufall. Es könnte aber auch ein Zeichen dafür sein, dass Sie gestresst, müde oder unkonzentriert sind. Wenn Sie sich einen Moment Zeit nehmen, um darüber nachzudenken, können Sie wahrscheinlich herausfinden, ob Sie eine Pause einlegen oder das Tempo drosseln sollten, um zum Beispiel einen schweren Sturz auf dem Eis zu vermeiden. Was ist mit einem Kind, das sich danebenbenimmt und in der Schule schlecht abschneidet? Psychologen sagen uns, dass dies Anzeichen dafür sind, dass das Kind gestresst ist – und dass es am besten ist, über die möglichen Ursachen nachzudenken, um einzugreifen oder positive Veränderungen vorzunehmen. Auch dies ist ein Scheitern, das noch verhindert werden kann. Wenn wir ehrlich und ernsthaft darüber reflektieren, werden wir uns der kleineren und größeren Handlungen bewusst, durch die unser Verhalten zu den verschiedenen Misserfolgen in unserer Umgebung beigetragen hat.

Verantwortlichkeit

Die Übernahme von Verantwortung für unser Scheitern erfordert einen kleinen Akt der Tapferkeit. Ein wichtiger Aspekt der Entfaltung als fehlbares menschliches Wesen besteht darin, den eigenen Beitrag zu einem Misserfolg zu bemerken. Wir können die Verantwortung dafür übernehmen, ohne dass wir uns deswegen emotional am Boden zerstört fühlen oder in Selbstvorwürfen oder Schamgefühlen verharren. Wenn wir die Verantwortung übernehmen, sagen wir zum Beispiel »Die Anweisungen, die ich dem Team gegeben habe, waren verwirrend und haben zu dem Missverständnis beigetragen« oder »Ich habe nicht gut zugehört, als du mir gesagt hast, wie wichtig es ist, zu deinem Fußballspiel zu kommen. Leider habe ich es verpasst, weil ich so sehr in die Arbeit vertieft war.«

Es liegt eine wunderbare Stärke in der Bereitschaft zu sagen: »Ich habe es getan«. Wir unterlassen, anderen die Schuld zu geben, obwohl das unsere tief eingeprägte Haltung ist (nicht, weil wir schlechte Menschen sind, sondern wegen des fundamentalen Attributionsfehlers, der in unserem Gehirn fest verankert ist). Nehmen wir einen leitenden Angestellten – nennen wir ihn Jim – in einem globalen Unternehmen, der sich an ein tiefes Gefühl der Erleichterung erinnerte, nachdem er seine Rolle bei einem großen geschäftlichen Misserfolg zugegeben hatte. Monate zuvor hatte Jim trotz schwerwiegender Bedenken nichts gesagt, als seine Kollegen begeistert über die mögliche Übernahme eines anderen Unternehmens diskutierten. In einem Post-Mortem-Gespräch über das komplexe, vermeidbare Scheitern, das darauffolgte, gestand Jim seinen Kollegen, dass er sie damals im Stich gelassen hatte, weil er seine Bedenken nicht äußerte. Offen entschuldigend und emotional bewegt übernahm Jim die volle Verantwortung für sein Versagen und gab zu, dass er nicht »der Spielverderber« sein wollte. Wenn wir uns aufrichtig für unseren Anteil an einem Misserfolg interessieren, lernen wir als fehlbarer Mensch weiser und ausgeglichener zu werden.

Natürlich wäre es besser gewesen, wenn Jim das Wort ergriffen hätte, oder wenn Sie den Klempner angerufen, die Anweisungen für das Team geklärt oder sich Zeit für das Spiel Ihres Kindes genommen hätten. Sobald Sie sich jedoch zu Ihrer Verantwortung bekennen, können Sie nach kreativen Auswegen aus dem Rückschlag suchen. Sie können Systeme entwickeln, die dazu beitragen, künftige Fehler zu vermeiden. Vielleicht kann jemand anderes in Ihrem Haushalt aufmerksamer auf Probleme bei der Instandhaltung Ihres Hauses achten? Oder sollten Sie sicherstellen, dass Sie die Nummer des Klempners in Ihrer Kontaktliste haben, um die Aufgabe zu erleichtern? Jetzt, wo Sie sehen, in welchen Schwierigkeiten Ihr Team steckt, können Sie die Anweisungen überarbeiten, um wieder auf den richtigen Weg zu kommen. Oder Sie bitten die Teammitglieder um Feedback, wie solche Missverständnisse in Zukunft vermieden werden können. Sie können sich bemühen, Ihren Zeitplan so zu gestalten, dass zumindest einige der Sportveranstaltungen Ihres Kindes berücksichtigt werden.

Es ist leicht zu erkennen, wie Verantwortlichkeit und Entschuldigungen dabei Hand in Hand gehen.

Entschuldigungen

Unsere Fehlbarkeit führt zu Fehlern, und mit dem Scheitern kommt die Gelegenheit, sich zu entschuldigen. Eine gute Entschuldigung übt fast magische Kräfte aus, um die Verletzung, die Fehler in Beziehungen verursachen, zu heilen. Jüngsten Forschungsergebnissen über Vergebung zufolge steigern »gründliche Entschuldigungen« die Positivität, das Einfühlungsvermögen, die Dankbarkeit und auch die Vergebung, während sie gleichzeitig negative Emotionen verringern und sogar die Herzfrequenz senken.[35] Aber wenn Entschuldigungen so wirksam sind, warum vermeiden wir sie dann so oft? Und sind alle Entschuldigungen gleich wirksam?

Beginnen wir mit der persönlichen Entschuldigung – zwischen Ihnen und einer anderen Person.

Wenn Sie – mit oder ohne Absicht – etwas Falsches tun, dann entsteht ein Bruch in der subtilen Beziehung zwischen Ihnen und einer anderen Person. Wenn wir das verstehen, ist die Aufgabe einer Entschuldigung, diesen Riss zu heilen. Eine gute Entschuldigung signalisiert, dass Ihnen diese Beziehung wichtiger ist als Ihr Ego. Wirksame Entschuldigungen vermitteln die klare Botschaft, dass Ihnen die andere Person am Herzen liegt. Mit einer guten Entschuldigung lässt sich eine Beziehung nicht nur heilen, sondern vertiefen und verbessern. Umgekehrt macht eine schlechte Entschuldigung alles nur noch schlimmer.

Gute Entschuldigungen sind leider nicht die Regel.[36] Und sie sind auch nicht einfach. Das liegt daran, dass das Eingeständnis, einer anderen Person Schaden zugefügt zu haben, automatisch eine Bedrohung für Ihr Selbstbild als guter Mensch darstellt.[37] Es bedroht Ihr Selbstwertgefühl. Wer die Verantwortung für eine Verletzung übernimmt, muss sich dieser Bedrohung direkt stellen. Davor schrecken die meisten von uns zurück. Diese Zurückhaltung ist besonders ausgeprägt, wenn man ein festes Bild von der eigenen Persönlichkeit hat. Tief im Innern glaubt man, dass das Verursachen einer Verletzung oder eines Schadens bedeutet, dass man ein schlechter Mensch ist – und nicht ein guter Mensch, der einen Fehler gemacht hat. Wie Carol Dweck gezeigt hat, ziehen sich Menschen, die glauben, dass ihre Fähigkeiten formbar sind, nicht in die Defensive zurück. Stattdessen beschließen sie, zu lernen. Ein zweites Hindernis für Entschuldigungen besteht darin, dass einem die Beziehung zu der Person, die man verletzt hat, nicht wichtig ist. Ein drittes Hindernis ist der Glaube, dass eine Entschuldigung nicht helfen wird.[38] Vielleicht werden wir auch durch eine unbewusste Norm behindert, die Schweigen mit Selbstschutz gleichsetzt. Schweigen fühlt sich natürlich an, selbst wenn unser Versagen alles andere als kriminell ist.

Eine gute Entschuldigung

Die Qualität unserer Entschuldigung ist wichtig. Umfangreiche Untersuchungen haben ergeben, dass eine wirksame Entschuldigung eine Reihe von Merkmalen aufweist: Sie muss eindeutig Reue ausdrücken, Verantwortung übernehmen und Wiedergutmachung oder Veränderungen für die Zukunft anbieten.[39]

Während Ausreden (»Es ist nicht meine Schuld, dass mein Wecker nicht geklingelt hat«) nach hinten losgehen, kann eine Erklärung Ihres Handelns manchmal helfen (»Es tut mir so leid, dass ich nicht angerufen habe – meine Mutter ist gestürzt und ich war so damit beschäftigt, sie schnell ins Krankenhaus zu bringen, dass ich es einfach vergessen habe«). Eine gelungene Entschuldigung zeigt, dass Ihnen die Beziehung wichtig ist und Sie bereit sind, Ihre Fehler wiedergutzumachen (»Ich freue mich wirklich darauf, mit Ihnen zu sprechen. Wann wäre ein guter neuer Termin für unser Gespräch?«). Letztlich bedeutet eine Entschuldigung, dass Sie einen eigenen Fehler akzeptieren und zugeben.

Eine unwirksame Entschuldigung kann auf eine oder mehrere Arten unzureichend sein. Dabei liegt der wahre Grund meist bei unserer Angst, die Verantwortung für einen Fehler zu übernehmen. Verantwortung zu übernehmen kann sich anfühlen wie das Eingeständnis, Schaden anrichten zu wollen – ähnlich wie das Eingeständnis, dass man ein schlechter Mensch ist. Denken Sie daran, wie leicht es ist, sich zu entschuldigen, wenn Sie in einem überfüllten Laden versehentlich jemanden anrempeln. Es ist offensichtlich, dass es keine Absicht war, deshalb tritt bei diesem kleinen, grundlegenden Fehler keine Angst auf. Denken Sie an etwas Wesentlicheres in Ihrem Leben, das Sie zu einer Entschuldigung veranlasst hat. Wenn Sie sich entschlossen haben, sich zu entschuldigen, haben Sie sich hoffentlich gegen gängige, aber unwirksame Entschuldigungen entscheiden: »Es tut mir leid, dass es sich für dich so anfühlt«, »Es tut mir leid, dass Sie mich missverstanden haben« oder »Ich habe nicht erwartet, dass du so sensibel bist«?. Im Gegensatz dazu sind einige gängige Formulierungen für eine wirksame Entschuldigung: »Es tut mir aufrichtig leid, was ich getan habe«, »Es war falsch, weil ...«, »Ich übernehme die volle Verantwortung und verspreche, in Zukunft ...«. Konzentrieren Sie sich bei der Formulierung einer Entschuldigung auf Ihre Wirkung und nicht auf Ihre Absicht, um die Angst vor dem Eingestehen Ihres Anteils an einem Scheitern zu mindern. Während ich diese Worte schreibe, bin ich mir meiner eigenen Unzulänglichkeiten bewusst: Wie oft entschuldige ich mich bei den Menschen, die mir in meinem Leben am Herzen liegen? Aus dem Scheitern zu lernen, bedeutet in erster Linie, aus den eigenen Fehlern zu lernen.

Ich begann meine Forschungskarriere (und dieses Buch) mit der überraschenden Entdeckung, dass gute Teams nicht unbedingt mehr Fehler *machen*, aber mehr Fehler *berichten*. Der Experte für medizinische Fehler, Lucian Leape, mit dem ich an der Studie zu diesem Thema gearbeitet habe, spricht über die Bedeutung von Entschuldigungen für die Erhaltung des Vertrauens in der Beziehung zwischen Arzt und Patienten und für die Heilung. Er sagt, dass es viel Verwirrung über die Verwendung der Formulierung »Es tut mir leid« gibt – vor allem ist es nicht immer ein Eingeständnis der Schuld, wie er betont. Lucian lehrte mich, dass eine Entschuldigung in der Medizin unerlässlich ist, weil die Übernahme der Verantwortung für einen Schaden sowohl dem Patienten als auch der Pflegenden hilft. Das Zeigen von Reue, so Lucian, ist eine Möglichkeit, Wiedergutmachung zu leisten und der Patientin zu zeigen, dass »wir das alle gemeinsam durchstehen«. Lucians Arbeit hebt einen weiteren Vorteil ernstgemeinter Entschuldigungen hervor: Sie tragen dazu bei, ein Klima zu schaffen, in dem sich die Mitarbeitenden psychologisch sicher genug fühlen, um über Fehler und Ideen gleichermaßen zu sprechen.

Führende im Licht der Öffentlichkeit

Eine öffentliche Entschuldigung zwischen Führungspersönlichkeiten und einem größeren Publikum funktioniert nach denselben Grundsätzen wie die persönliche Entschuldigung unter vier Augen. Betrachten Sie einige gut belegte Beispiele. Als 2018 ein Starbucks-Mitarbeitender die Polizei auf zwei farbige Männer ansetzte, die an einem Tisch saßen und nicht sofort etwas bestellten, erkannte das Unternehmen schnell, dass die Beziehung, die es sorgfältig aufgebaut hatte, in Gefahr war. Jahrelang bestand das Wertversprechen von Starbucks darin, für die Kunden der »dritte wichtige Ort« neben der Arbeit und dem zuhause zu sein.[40] An solch einem Ort rufen die Leute nicht ohne Grund die Polizei, weil man mit der Bestellung wartet.[41] Starbucks beschloss, 8000 Filialen einen halben Tag lang zu schließen, um die Mitarbeitenden in Sachen Sensibilität zu schulen. Vergleichen Sie diese Herangehensweise mit der von Equifax, deren Führungskräfte fast sechs Wochen gewartet haben, um nach einem Diebstahl der sensibelsten Daten, die 2017 von fast der Hälfte aller Amerikaner gesammelt wurden, reinen Tisch zu machen. Anstatt echte und wertige Wiedergutmachung anzubieten, forderte das Unternehmen die Verbraucher auf, ihre Sozialversicherungsnummern *erneut* zu übermitteln, um *möglicherweise* festzustellen, ob die Daten kompromittiert wurden.[42] Ohne anzuerkennen, dass das Vertrauen bereits gebrochen war, bot das Unternehmen außerdem an, einen Schutz gegen Identitätsdiebstahl zu verkaufen. Equifax wirkte selbstgefällig, unsensibel und nicht vertrauenswürdig. Genauso wie

Yahoo!-Chefin Marissa Mayer im Jahr 2013, als sie sich nach einem E-Mail-Ausfall, von dem eine Million Yahoo!-Nutzer betroffen waren, in einem Tweet entschuldigte: »Dies war eine sehr frustrierende Woche für unsere Nutzer und es tut uns sehr leid.«[43]

Eine wirksame öffentliche Entschuldigung muss – ähnlich wie eine private Entschuldigung – zeigen, dass die Beziehung wertgeschätzt wird, indem sie Reue ausdrückt, Verantwortung übernimmt und Wiedergutmachung leistet. Nach dem Fiasko beim Start von HealthCare.gov, als die Website abstürzte, während Tausende versuchten, sich für eine Versicherung anzumelden, entschuldigte sich die Sekretärin der Gesundheitsbehörde, Kathleen Sebelius, für die »schrecklich frustrierende Erfahrung«, die die Menschen gemacht hatten. Sebelius übernahm die volle Verantwortung und zeigte sich einfühlsam und entschlossen: »Ich entschuldige mich. Ich bin Ihnen gegenüber rechenschaftspflichtig«, sagte sie bei einer Anhörung vor dem Energie- und Handelsausschuss des Repräsentantenhauses. »Ich bin entschlossen, Ihr Vertrauen zurückzugewinnen.«[44] Präsident Barack Obama räumte in einer Sendung auf NBC News ein, dass er selbst zum Scheitern des Projekts beigetragen hat, indem er feststellte, dass sich die Menschen »aufgrund von Zusicherungen, die sie von mir erhalten haben, in dieser Situation befinden«.[45]

Nachdem es bei Neiman Marcus während der Weihnachtszeit 2013 zu einer Datenpanne gekommen war, bei der Kreditkartendaten von Kunden gestohlen oder missbraucht werden konnten, hat CEO Karen Katz schnell gehandelt. Sie veröffentlichte einen Brief, in dem sie sich bei den Kunden entschuldigte und bot allen Kunden, die im vergangenen Jahr mit einer Zahlungskarte bei Neiman Marcus eingekauft hatten, ein kostenloses Jahr Kreditüberwachung an. »Wir möchten, dass Sie sich immer sicher fühlen, wenn Sie bei Neiman Marcus einkaufen«, schrieb sie, »und Ihr Vertrauen in unser Unternehmen ist unsere absolute Priorität.«[46] Ihre Entschuldigung ging direkt auf die Bedenken ein, die die Leute wahrscheinlich wegen ihrer Daten hatten, und bot Wiedergutmachung an (kostenlose Kreditüberwachung).

2018 hat sich der Comedy-Autor und Produzent Dan Harmon in seinem Podcast *Harmontown* öffentlich entschuldigt.[47] Harmon, der Schöpfer der Indie-Comedy *Community* und der von der Kritik gefeierten Zeichentrick-Sitcom *Rick and Morty*, hatte sich zehn Jahre zuvor wiederholt sexuell und beruflich gegenüber einer für ihn arbeitenden Autorin, Megan Ganz, danebenbenommen. Im Januar 2018 hatte Ganz in einem anderen Podcast auf diese frühere Erfahrung angespielt. Eine Woche später entschuldigte sich Harmon öffentlich und erklärte, er habe viele Ratschläge erhalten, darunter auch juristische Empfehlungen, sich nicht zu äußern. Er erklärte, dass es bei seiner Entschuldigung – und dass er sie öffentlich und nicht nur gegenüber Ganz unter vier Augen aussprach – darum ging, die Auswirkungen und Konsequenzen seines Fehlers zu akzeptieren. Indem er die Ereignisse seines Fehlverhaltens direkt, klar und an einigen Stellen mit eindeutigen, erschütternden Details schilderte, lenkte Harmon nie die Schuld von sich selbst auf die Situation ab, selbst wenn er versuchte, einen Kontext dafür zu schaffen. Abschließend erklärte er sein bisheriges Schweigen:

> Ich möchte also sagen, dass es mir natürlich leidtut, aber das ist nicht das Wichtigste. Schlimmer ist, dass ich es getan habe, weil ich nicht darüber nachgedacht habe, und dass ich damit davongekommen bin, weil ich nicht darüber nachgedacht habe. Und wenn sie es nicht erwähnt hätte ... bräuchte ich weiterhin nicht darüber nachdenken, obwohl ich mit einem flauen Gefühl im Bauch herumgelaufen wäre. Aber ich hätte nicht darüber reden müssen.

In seiner Entschuldigung räumte er ein, dass er wisse, dass sein Verhalten falsch gewesen sei, was ihn dazu veranlasst habe, sein Verhalten nicht zu wiederholen. Er gab zu, dass er die Anziehung, die er bei Megan Ganz empfunden hatte, auf eine »schmierige, übergriffige« Weise geäußert hatte. Er schien sein Versagen einzusehen und daraus gelernt zu haben. Was hat er richtig gemacht? Er überlegte sich genau, was er sagen wollte, zeigte Mitgefühl für Megan Ganz, erzählte seine Geschichte ohne Ausreden und versuchte nicht, die Folgen seines Handelns zu vermeiden. Eine aufrichtige Entschuldigung trägt im Kleinen dazu bei, eine gesunde Kultur des Scheiterns für andere zu schaffen.

EINE GESUNDE KULTUR DES SCHEITERNS

Seit meiner anfänglichen Entdeckung der dramatischen Auswirkungen zwischenmenschlicher Beziehungen auf die Meldung von Krankenhausfehlern habe ich Jahre damit verbracht, die Umfelder zu verstehen, in denen Menschen ohne übermäßige Angst arbeiten und lernen können. In denen sie die Notwendigkeit des ständigen Lernens, der Risikobereitschaft und des schnellen Ansprechens von Fehlern zu schätzen wissen. In solchen Umgebungen werden wir gern herausgefordert. Wenn es zu Misserfolgen kommt, lernen wir daraus mit offenem Geist und leichtem Herzen und machen weiter. Befreit vom Selbstschutz können wir spielen, um zu gewinnen. In diesem Buch geht es darum,

Ihnen – als Einzelnen – zu helfen, die Wissenschaft des klugen Scheiterns zu praktizieren, aber das ist in einer gesunden Kultur des Scheiterns viel einfacher. Einige Praktiken können Ihnen helfen, eine solche Kultur in den Gemeinschaften aufzubauen, die Ihnen wichtig sind.

Die Aufmerksamkeit auf den Kontext lenken

Ein einfacher, aber wirkungsvoller Schritt, der auf eine sorgfältige Abwägung der Risiken und der Ungewissheit folgt, besteht darin, andere darauf aufmerksam zu machen, was man sieht. Wenn Flugkapitän Ben Berman zur Besatzung sagt: »Ich habe noch nie einen perfekten Flug gesteuert, und das wird auch heute nicht der Fall sein«, macht er auf den Kontext aufmerksam. Wenn die Geschäftsführerin des Children's Hospital Julie Morath dem Personal sagt: »Das Gesundheitswesen ist ein komplexes, fehleranfälliges System«, dann macht sie auf den Kontext aufmerksam.

Astro Teller, Direktor der X Laboratories, der »Moonshot«-Fabrik von Alphabet, ist sich des Zusammenhangs bewusst. »Moonshot« bezieht sich auf Vorhaben, die in ihrem Ausmaß und Wagnis der Mondlandung gleichen. Teller verweist auf das fast absurde Ausmaß der Herausforderungen, die das Labor annimmt: »Wir haben uns bewusst dafür entschieden, an schwierigen Problemen zu arbeiten, deren Antworten fünf bis zehn Jahre hinter dem Horizont liegen.«[48]

Seine Worte ermutigen: »Erwartet nicht, dass ihr heute – oder gar in diesem Jahr – Erfolg habt! Tobt euch aus.«

In seinem vielgelesenen Blog schreibt Teller: »Die gewaltigen Probleme, mit denen wir in diesem Jahrhundert konfrontiert sind, erfordern ein breites Spektrum an Köpfen, die wildeste Fantasie und einen enormen Einsatz an Zeit, Ressourcen und Aufmerksamkeit. ... Meine wichtigste Aufgabe ist es, den Xers (wie er seine Mitarbeitenden nennt) dabei zu helfen, sich von unsichtbaren, aber einschränkenden Zwängen zu befreien, damit sie ihr Potenzial entfalten können.« Das scheint zu funktionieren. Teller scherzt, dass die Leute zur Arbeit kommen und fröhlich sagen: »Hey, wie werden wir unser Projekt heute scheitern lassen?«[49] Wenn man ein Projekt früher abbricht, werden wertvolle Ressourcen freigesetzt. Häufiges Scheitern ist eine Möglichkeit, Ideen zu testen. Ein Beispiel: Die Arbeit des Labors an selbstfahrenden Autos wurde durch das große Problem menschlicher Fehler bei Autounfällen motiviert. Wären mehr Fahrgäste sicherer, wenn die Autos ohne Menschen fahren würden?

Das Projekt »Selbstfahrende Autos« begann 2009 mit der Erweiterung bestehender Autos um Software- und Hardwarefunktionen für autonomes Fahren.

Bei Tests mit Fahrern zeigte sich jedoch schnell ein Konstruktionsfehler: Die Menschen blieben nicht wachsam genug, um bei Bedarf die Kontrolle über das Auto zu übernehmen. Daher verfolgten die Teams ein neues, noch ehrgeizigeres Ziel: die Entwicklung eines vollständig selbstfahrenden Autos.[50] Im Februar 2020 schrieb Teller: »Manchmal braucht es Dutzende von Anpassungen; ein Team bei X arbeitet gerade daran, das Gehör von Menschen zu verbessern. Sie haben 35 verschiedene Ideen untersucht, bevor sie diejenige gefunden haben, die wir weiterverfolgen werden.«[51] In hochinnovativen Unternehmen sind intelligente Fehlschläge nicht nur willkommen, sondern es gehört zur Unternehmenskultur, sie mit anderen zu teilen.

Zum Austausch von Fehlern ermutigen

Stellen Sie sich vor, Sie haben eine wünschenswerte Anzahl von Twitter-Followern oder haben die Konkurrenz in einem Wettbewerb, der Ihnen am Herzen liegt, geschlagen oder einen größeren Erfolg im Vergleich zu Gleichaltrigen erzielt. Sie könnten nun das Ziel von etwas sein, das Psychologen als böswilligen Neid bezeichnen, definiert als »eine destruktive zwischenmenschliche Emotion, die darauf abzielt, der beneideten Person zu schaden«.[52] Meine Kollegen in Harvard haben eine Reihe von Experimenten durchgeführt, um zu zeigen, dass die Offenlegung von Misserfolgen den böswilligen Neid anderer verringert. Intuitiv macht dies Sinn. Wir bewundern Menschen, die so enorm erfolgreich sind wie Simone Biles, Ray Dalio oder Sara Blakely nicht trotz ihrer Misserfolge, sondern zu einem großen Teil wegen ihnen. Es ist schwierig, Menschen zu mögen (und nicht von ihnen gelangweilt zu sein), die nur mit ihren Erfolgen prahlen, vor allem, wenn diese Prahlerei mit einer Prise Arroganz vorgetragen wird. Das Teilen von Misserfolgen macht uns sympathischer und liebenswerter – und menschlicher.

Giny Boer, Geschäftsführerin des europäischen Modehändlers C&A, sagte mir, dass es ihr wichtig sei, »eine Kultur zu schaffen, in der unsere Mitarbeitenden wirklich im Mittelpunkt stehen und die ihnen die Möglichkeit gibt, sich zu entfalten. Die Grundlage dafür ist eine sichere Umgebung, in der sich jeder wertgeschätzt fühlt … und in der es auch in Ordnung ist, einen Fehler zu machen.« Aus diesem Grund hat sie die »Fehler-Freitage« eingeführt, an denen, wie sie es ausdrückt, »die Kollegen erzählen, was nicht gut gelaufen ist und – was noch wichtiger ist – was sie daraus gelernt haben. Wenn unsere Kollegen diese Geschichten teilen, helfen sie [auch] anderen beim Lernen«.

Der Austausch von Fehlern fördert nicht nur engere Beziehungen, sondern auch die Innovation. Wenn Wissenschaftlerinnen in einem Labor an einem neuen Impfstoff arbeiten, der sich als Misserfolg herausstellt, sollten sie es allen mitteilen! Wenn ein intelligenter Fehler verheimlicht oder nicht diskutiert wird, könnten andere das gleiche Experiment wiederholen. Das Ergebnis? Ineffizienz. Wenn jemand in Ihrem Unternehmen einen Misserfolg wiederholt, der nicht weitergegeben wurde, ist das die schlimmste Form von Verschwendung. Aus diesem Grund ermutigen innovative Unternehmen wie IDEO ihre Mitarbeitenden, Misserfolge mit anderen zu teilen. Das bedeutet jedoch nicht, dass das für uns fehlbare Menschen einfach ist.

Ein typisches Beispiel: Melanie Stefan, eine junge Wissenschaftlerin, veröffentlichte einen kurzen Artikel in *Nature*, in dem sie darauf hinwies, dass ihre beruflichen Misserfolge weitaus zahlreicher waren als ihre Erfolge. Sie schlug vor, eine fortlaufende Liste zu führen – sie nannte es einen »Lebenslauf der Misserfolge« –, um Kolleginnen zu inspirieren, die sich durch den Schmerz der Ablehnung niedergeschlagen fühlen könnten.[53] Einer, der diesen Impuls aufnahm und seine Misserfolge öffentlich machte, war der Wirtschaftsprofessor Johannes Haushofer, der damals an der Princeton University lehrte. Das Dokument,

das immer noch auf seiner Website zu finden ist, listet Ablehnungen von Studiengängen, Fachzeitschriften, Jobs, Auszeichnungen und so weiter auf. Vielleicht hat Haushofers augenzwinkernder Humor dazu beigetragen, dass sein Lebenslauf der Misserfolge viral ging, weshalb der letzte Punkt auf seiner Liste lautet: »Dieser verflixte Lebenslauf der Misserfolge hat weitaus mehr Aufmerksamkeit erhalten als mein gesamtes akademisches Werk.«[54]

Jon Harper ist ein Pädagoge aus Maryland, der einen Podcast namens *My BAD* betreibt. In jeder Folge (er hat mehr als hundert produziert) interviewt er einen Lehrer, der den Zuhörern einen Fehler erzählt, den er im Unterricht gemacht hat. Der Zweck des Podcasts ist es, so Harper, den Lehrerinnen zu zeigen, dass sie nicht allein sind. Die Interviewpartner bekennen sich zu den Fehlern, die sie mit Schülern und Kolleginnen gemacht haben. Sie sprechen auch darüber, was sie daraus gelernt haben.[55] So kehrte beispielsweise Benjamin Kitslaar, der Direktor einer Grundschule, nach einem Vaterschaftsurlaub sechs Wochen nach Beginn des Schuljahres in die Schule zurück. Die Lehrer, die erst kürzlich in die Klassenzimmer zurückkehrten, nachdem sie während der Pandemie virtuell unterrichtet hatten, sahen sich vielen neuen Herausforderungen gegenüber. Kitslaar, der voller Ideen war, was alles getan werden musste, glaubte, dass er seine Mitarbeitenden ermutigen würde. Nachdem er jedoch eine E-Mail von einem seiner Mitarbeiter erhalten hatte, wurde ihm klar, dass er einen Fehler gemacht hatte. Der Mitarbeiter wies darauf hin, dass Kitslaar kein Verständnis für den Stress habe, den die Lehrkräfte bereits bei der Umsetzung neuer Maßnahmen erlebten, und dass er seine Forderungen zurückschrauben müsse. Kitslaar sagte, er sei dankbar für die E-Mail. Dieser »Weckruf« half ihm, »den Puls des Personals besser zu fühlen«.[56] Er wurde langsamer und hat seitdem gelernt, wie wichtig es ist, die Kommunikationskanäle mit seinen Mitarbeitenden offen zu halten. Kitslaars Wandel war nur möglich, weil er Selbstbewusstheit entwickelt hatte.

Das Failure Institute veranstaltet seine markenrechtlich geschützten Fuckup Nights, um Menschen zu helfen, in Beruf und Leben authentischer zu werden. Die Teilnehmenden stehen auf der Bühne und teilen ihre Geschichten des Scheiterns mit dem Publikum und werden mit einem Jubel gefeiert, der normalerweise Popstars vorbehalten ist. Die fünf Gründer, allesamt Freunde, entwickelten die Idee 2012 in Mexiko-Stadt, nachdem sie einen lebensverändernden Abend damit verbracht hatten, ehrlich über ihre größten Misserfolge zu sprechen.[57] Sie begannen, monatliche Veranstaltungen zu organisieren, und – als Beweis dafür, dass Scheitern eine Vorstufe zum Erfolg ist – haben sie sich seitdem zu einem globalen Unternehmen entwickelt, das

sich über 300 Städte und 90 Länder erstreckt. Ihr Erfolg kann als ein positiver Kreislauf betrachtet werden – die Teilnehmenden gehen das Risiko ein, über einen Misserfolg zu sprechen, erhalten Applaus, fühlen sich belohnt und entdecken gemeinsam, wie sich ein psychologisch sicheres Umfeld anfühlt. Können die Teilnehmenden diese Erfahrung in ihr Arbeits- und Privatleben mitnehmen?

Wertvolle Fehler belohnen

Die Einführung von Auszeichnungen für Misserfolge in Ihrem Unternehmen oder Ihrer Familie wird von einem heiteren Humor begleitet. Erinnern Sie sich an die Misserfolgspartys bei Eli Lilly, bei denen die Mitarbeitenden ermutigt wurden, gescheiterte Projekte eher früher als später anzusprechen. Wenn man Wissenschaftler für neue Projekte einsetzt, anstatt Zeit damit zu verschwenden, einen Misserfolg aufzuarbeiten, kann man Hunderttausende von Dollar einsparen. Die Belohnung von Misserfolgen kann jedoch problematisch sein. Viele Manager und Eltern befürchten, eine freizügige Atmosphäre zu schaffen, in der man glaubt, dass Scheitern genauso gut ist wie Erfolg. In diesem Fall verwechselt man die Förderung von Offenheit und Transparenz mit der Belohnung von Schlamperei, dummen Fehlern oder den Fehler, es gar nicht erst zu versuchen. Die meisten Menschen sind motiviert, erfolgreich zu sein und für ihre Kompetenz anerkannt zu werden. Sie sind weniger motiviert, Misserfolge zu offenbaren und zu analysieren, und es braucht ein wenig Ermutigung – oft in Form von spielerischen Ritualen –, damit dies geschieht.

Fehler-Partys und Auszeichnungen, die zur Risikobereitschaft anspornen sollen, sind nichts Ungewöhnliches mehr. Bei Grey Advertising gibt es beispielsweise einen Heroic Failure Award, der vom damaligen Chief Creative Officer und späteren Präsidenten Tor Myhren ins Leben gerufen wurde, nachdem er sich Sorgen machte, dass sein Team zu konservativ geworden war.[58] Myhrens eigene Erfahrung mit Misserfolgen – ein Werbespot, den er 2006 für Cadillac drehte, wurde als schlechteste Super-Bowl-Werbung abgelehnt – inspirierte ihn zu dieser Idee. Nach diesem offensichtlichen Misserfolg wechselte Myhren zu Grey und übernahm 2007 die Leitung eines Super-Bowl-Spots für E*Trade, der ein sprechendes Baby zeigte. Das sprechende Baby war so erfolgreich, dass es in den folgenden Jahren ein fester Bestandteil der E*Trade-Werbung wurde. Die erste Gewinnerin des »Heroic Failure Award« bei Grey war Amanda Zolten. Sie versteckte eine Schachtel mit schmutzigem Katzenstreu eines potenziellen Kunden unter einem Konferenztisch, bevor das Verkaufsgespräch begann.[59] Als das Katzenstreu enthüllt wurde, verließen einige der Führungskräfte die Konferenz, aber Myhren war beeindruckt und verkündete, ohne zu wissen, ob die Kunden einer Zusammenarbeit mit Grey zustimmen würden, dass Zolten den neuen Preis erhalten würde.

Die Tata Group hat in ähnlicher Weise ihren »Dare to Try Award« ins Leben gerufen, um kühne Innovationsversuche zu würdigen, die gescheitert sind.[60] Zu den Preisträgern gehören ein Ingenieurteam von Tata, das ein innovatives neues Getriebe entwickelte, dessen Einführung jedoch zu teuer war, und ein anderes Team, das sichere und effektive Autotüren aus Kunststoff entwickelte, die bei den Verbrauchern auf Misstrauen stießen. Die NASA hat nach dem tragischen Versagen der Raumfähre *Columbia* den »Lean Forward, Fail Smart Award« ins Leben gerufen, um die Unternehmenskultur dahingehend zu verändern, dass Ideen und Bedenken schnell geäußert werden.[61]

Eine gesunde Fehlerkultur belohnt kluges Scheitern. Ohne sie kann es keine Innovation geben. Ohne Innovation kann kein Unternehmen auf Dauer überleben. Aber schwache negative Konsequenzen dafür, *dass man ein Wagnis nicht eingeht,* können eine gesunde Fehlerkultur noch stärker machen.

Als ich im Herbst 2019 das Unternehmen X in den wunderschönen Büros von Google besuchte, sagte Astro Teller der versammelten Gruppe von Mitarbeitenden etwas, was ich schon lange von einer Führungskraft des Unternehmens zu hören gehofft hatte, aber bis dahin nie gehört hatte. Auf eine Frage hin merkte Teller an, dass weder er noch sonst jemand versprechen könne, dass es niemals zu Entlassungen kommen werde. Aber wenn es zu Entlassungen *käme,* würden die ersten, die gehen müssten, Mitarbeitende sein, die noch nie gescheitert wären. Der Kontext ist entscheidend für die Interpretation dieser

Aussage. Wenn Sie ein Unternehmen leiten, das zum Mond fliegen will, können Sie es sich einfach nicht leisten, Leute im Team zu haben, die nicht bereit sind, Risiken einzugehen. Menschen, die kluge Risiken eingehen, werden zwangsläufig manchmal scheitern. Das ist das Zeichen für eine gute Leistung! Ein Krankenhausleiter oder ein Flugkapitän würde es vielleicht anders ausdrücken: Diejenigen, die einen Fehler oder ein Missgeschick erlebt haben und es versäumt haben, es zu melden, werden als Erste entlassen. In einer gesunden Kultur des Scheiterns teilen die Menschen die Überzeugung, dass Lernen und Scheitern Hand in Hand gehen, und das macht es ein wenig leichter, sich schnell zu äußern.

In Ihrer Familie könnte dies die Form annehmen, dass Sie Teenager belohnen, wenn sie trotz Rückschlägen Herausforderungen meistern. Sie zeigen ihnen, dass Sie beeindruckt sind, wenn ihre Kinder zugeben, wo sie versagt haben. Dies steht in vollem Einklang mit Angela Duckworths Forschung über »Grit« – definiert durch Durchhaltevermögen, Ausdauer und Begeisterung für langfristige Ziele. Zum Durchhaltevermögen gehört auch die Bereitschaft, die Verantwortung für den eigenen Einfluss auf Situationen zu übernehmen, die schief laufen, und nicht nur für solche, die gut laufen (ein Aspekt des Charakters).

Manager auf der ganzen Welt haben mich gefragt: »Woher weiß ich, ob mein Team eine gesunde Fehlerkultur hat?« Ich antworte – nachdem ich mich vergewissert habe, dass die Arbeit des Teams mit Ungewissheit, Neuartigkeit oder wechselseitiger Abhängigkeit verbunden ist – mit einer Frage: »Wie viel Prozent von dem, was Sie in einer bestimmten Woche hören, sind gute oder schlechte Nachrichten, Fortschritte oder Probleme, Zustimmung oder Ablehnung, ›Alles ist gut‹ oder ›Ich brauche Hilfe‹?« Normalerweise zeige ich dann das Modell, das Sie in Tabelle 7 sehen.

Tabelle 7: Diagnose einer gesunden Kultur des Scheiterns

Wie viel von dem, was Sie normalerweise hören, ist …	
das?	oder das?
Gute Nachrichten	Schlechte Nachrichten
Fortschritte	Probleme
Zustimmung	Abweichende Meinungen
Alles ist gut	Ich brauche Hilfe

Dann bemerke ich, dass die Führenden wahrscheinlich glücklicher sind, wenn sie hauptsächlich die linke Seite dieser Tabelle erleben. Es wird sich besser anfühlen. Aber leider ist das wohl kein gutes Zeichen. Angesichts der Ungewissheit und der Herausforderungen ihrer Arbeit ist es unwahrscheinlich, dass die Menschen keine schlechten Nachrichten, Probleme, abweichende Meinungen oder ein Bedürfnis nach Hilfe haben. Wahrscheinlicher ist, dass die Führungskräfte einfach nichts davon hören.

Die meisten von ihnen begreifen es sofort. Ihre Augen weiten sich, wenn sie erkennen, dass das, was sich *gut anfühlt*, aus der Perspektive einer gesunden Fehlerkultur, die psychologische Sicherheit für das Ansprechen von Problemen, Bedenken und Fragen bietet, wahrscheinlich *nicht gut ist*.

DIE WEISHEIT, DEN UNTERSCHIED ZU ERKENNEN

Barbe-Nicole Clicquot musste die Wissenschaft des klugen Scheiterns ohne den Nutzen der modernen Rhetorik und Forschung beherrschen. Hat sie intuitiv den Unterschied zwischen grundlegenden, komplexen und intelligenten Fehlern erkannt? Ist ihr Portfolio an Fehlschlägen deshalb so beeindruckend? Ihre Fähigkeit, Risiken einzugehen, ihre Stärken auszuspielen, Rückschläge zu verkraften und weiterzumachen, zeigt, dass sie die Wissenschaft des klugen Scheiterns beherrschte. Sie war sich ihrer selbst bewusst, kannte ihre Stärken (Klugheit, Entschlossenheit, Begeisterung für den Weinbau) und ihre Schwächen (schlicht, uninteressiert an den Zeitvertreiben der Gesellschaft) und setzte auf ihre Stärken. Als situationsbewusste Unternehmerin beherrschte sie das Risiko auf brillante Weise. Sie verstand und gestaltete das größere System, das sie inspirierte – die Technologie des Weinbaus, die Region, die Branche – durch kühnes Handeln, Einfallsreichtum und immense Geduld, die dazu beitrugen, einen globalen Markt für Champagner aufzubauen. Als Systemdenkerin nahm sie die eingebauten Verzögerungen bei der Ernte, der Produktion und dem Vertrieb ihrer Weine in Kauf, um den Markt auf disziplinierte und bewusste Weise zu vergrößern.

Die Wissenschaft des klugen Scheiterns ist, wie jede andere Wissenschaft, nicht immer einfach. Es gibt gute und schlechte Tage. Sie wird von fehlbaren Menschen betrieben, die allein und gemeinsam arbeiten. Aber eines ist sicher: Sie *wird* zu Entdeckungen führen. Entdeckungen darüber, was funktioniert und was nicht, um die Ziele zu erreichen, die Ihnen wichtig sind, sowie Entdeckungen über sich selbst. Die Experten des Scheiterns – Sportlerinnen, Erfinder, Unternehmerinnen, Wissenschaftler – haben mich viel über die einzigartige Kombination aus Neugier, klarem Denken, Ehrlichkeit, Entschlossenheit und Begeisterung gelehrt, die ein kluges Scheitern erfordert. Ihr Beispiel regt mich an und inspiriert mich, meine eigenen Fähigkeiten und Gewohnheiten weiter zu verbessern, und ich hoffe, dass dies auch bei Ihnen der Fall sein wird.

Um ein fehlerhaftes Buch zu seinem notwendigerweise fehlerhaften Ende zu bringen, komme ich immer wieder auf das leidige Thema der Unterscheidungsfähigkeit zurück. In einer besonders weit verbreiteten Version des Gelassenheitsgebetes des

Theologen Reinhold Niebuhr wird die »Weisheit, den Unterschied zu erkennen« zwischen dem, was man verändern kann und was nicht, zum Schlüssel zur Gelassenheit. In der Wissenschaft des klugen Scheiterns ist die Unterscheidung ebenfalls zentral, um Gelassenheit und die damit verbundene Selbstakzeptanz zu erreichen.

Bei der Formulierung eines Verständnisrahmens verschiedener Fehlertypen wird die große Herausforderung übersehen, wie wir die Grenzen ziehen – etwa zwischen intelligenten und nicht so intelligenten Fehlern. Wie neu muss das Neuland sein? Wie zuversichtlich muss man sein, dass sich eine Gelegenheit auftut? Wie gut durchdacht muss Ihre Hypothese sein? Wie groß ist zu groß?

In ähnlicher Weise verschwimmt die klare Grenze zwischen einem grundlegenden Fehler mit einer einzigen Ursache auf bekanntem Terrain und einem komplexen Fehler, sobald wir einen Schritt zurücktreten und ein größeres System betrachten. Was war dieser grundlegende Fehler? Er wurde wahrscheinlich durch ein Schlafdefizit verursacht, dessen Ursache ein krankes Kind war, dem es wegen einer überlasteten Kindertagesstätte nicht gut ging – und so weiter und so fort. Aber das Ziel eines Verständnisrahmens ist es, uns in der Veränderung unserer Denkweise zu helfen, damit wir überlegt handeln können. Es geht nicht darum, starre Klassifizierungen vorzunehmen oder auf ihnen zu bestehen.

Unterscheidungsvermögen ist auch bei der Diagnose von Situationen und Systemen gefragt. Wie viel steht auf dem Spiel? Wie kann die Unsicherheit bewertet werden? Welche Beziehungen sind für die Vorhersage des Systemverhaltens am wichtigsten? Wo ziehen Sie die Grenzen, um das System zu identifizieren, das Sie diagnostizieren oder verändern wollen? Bei all diesen Herausforderungen geht es um Urteilsvermögen und Erfahrung. Je mehr Übung Sie mit der Wissenschaft des klugen Scheiterns haben, desto sicherer und flüssiger werden Sie im Umgang mit diesen Ideen. Dieses Buch endet nicht mit einer Prüfung über wertvolle Fehler und die richtige Art des Scheiterns, die Sie bestehen oder nicht bestehen können. Es endet mit einer Einladung zum Üben und damit zur Kultivierung der Wissenschaft des klugen Scheiterns.

Am wichtigsten ist die Einsicht, dass wir unsere Selbstbewusstheit entwickeln müssen, um uns unseren Fehlern zu stellen, den kleineren und größeren, den persönlichen und beruflichen. Das Eingestehen unserer Unzulänglichkeiten erfordert Weisheit und fördert sie. Durch Weisheit können wir erkennen, wann wir unser Bestes gegeben haben. Diese Konfrontation mit uns selbst wird immer der schwierigste Teil des guten Scheiterns sein.

Gleichzeitig ist es die größte Befreiung.

DANK

Das Schreiben dieses Buches war ein Abenteuer, das mir gleichermaßen Einsicht und Angst bescherte. Wie bei allen Buchprojekten gab es (viele) Momente, in denen ich daran zweifelte, ob es klug war, dieses Projekt in Angriff zu nehmen. Ohne meine Mitabenteurerinnen wäre ich nicht in diesem letzten Moment der Angst angekommen, in dem ich jetzt an meinem Laptop sitze und mir bewusst bin, wie unzureichend diese Worte sein werden, um meine Wertschätzung für jeden von ihnen auszudrücken.

Zunächst möchte ich meiner Agentin Margo Fleming danken, die vor einigen Jahren auf mich zukam und mir vorschlug, ein Buch über das Scheitern zu schreiben. Ich habe mich so lange dagegen gewehrt, wie ich konnte – mit den Worten: »Ich habe einen Artikel im *Harvard Business Review* über das Scheitern geschrieben; ist das nicht genug?« oder »Bist du sicher, dass wir ein weiteres Buch über das Scheitern brauchen?« Margo bestand darauf, dass das Buch, das sie zu diesem heiklen (und doch so aktuellen) Thema lesen wollte, noch nicht geschrieben worden war. Sie meinte ich wäre aus irgendeinem Grund diejenige, die es schreiben musste. Indem sie mich dazu drängte, »nur« einen Vorschlag zu schreiben, zog Margo mich kunstvoll in dieses Projekt und überzeugte mich. Nach einer Weile begann ich zu glauben, dass sie recht hatte. Dieses Buch musste geschrieben werden, und ich musste mich hinsetzen und es tun. Sobald ich angefangen hatte, war Margo da, feuerte mich an, wandte die Ideen in ihrem Leben an, brachte mich mit Verlegern zusammen und blieb ruhig und zuversichtlich, dass ich es schaffen würde.

Aber es braucht ein Team, um ein Buch wie dieses fertigzustellen. Von den vielen Menschen, die zu diesem Ergebnis beigetragen haben, bin ich besonders dankbar, dass ich bei diesem Projekt mit meiner Denkpartnerin und Autorin Karen Propp zusammenarbeiten konnte. Um meine Ideen in ein fertiges Buch zu verwandeln, war es für mich unerlässlich, laut zu denken, um Konzepte und Geschichten in Kapitelentwürfen abzubilden. Karen spielte in diesem Prozess eine entscheidende Rolle. Sie half mir auch dabei, Geschichten zu finden und zu entwickeln, um die Ideen und Denkrahmen mit Leben zu füllen. Mehrere andere Kolleginnen und Forschungsmitarbeiter, darunter Dan Falk, Jordan Gans, Ian Grey, Patrick Healey, Susan Salter und Paige Tsai, haben wertvolle Hintergrundrecherchen durchgeführt. Als sich diese Reise dem Ende zuneigte, entdeckte ich die außergewöhnlichen Talente von Heather Kreidler – Faktenprüferin, Quellenfinderin, Detailliebhaberin und aufmerksame Leserin –, die dafür sorgte, dass dieses Buch auf soliden Füßen steht. Gleichzeitig kümmerte sie sich mit bemerkenswertem Enthusiasmus und beeindruckender Anmut um die mühsame, aber unschätzbare Sicherstellung von Referenzen, Formatierung, Genehmigungen und mehr. Schließlich schätze ich die Sorgfalt und das Können meines Korrekturlesers Steve Boldt sehr, ebenso wie die von Jaye Glenn, die mit Intelligenz und scharfem Blick Korrekturen in den Korrekturfahnen vornahm – und dabei sogar Fehler fand, die ich übersehen hatte.

Stephanie Hitchcock, meine wunderbare Lektorin bei Atria, hat mir in den richtigen Momenten dieser Reise Feedback und Ermutigung gegeben. Sie ging auf Details ein, die keinen Sinn ergaben, und trat einen Schritt zurück und sah, was in ganzen Abschnitten fehlte. Manchmal wusste ich nicht sofort, was ich mit ihren Vorschlägen anfangen sollte – wie zum Beispiel der gelegentliche Anstoß, Sie, meine Leserinnen und Leser, an meine Seite zu holen, um Sie einzuladen, sich eine Idee *mit mir* anzuschauen. Aber schließlich kam ich zu einem Aha-Moment des Verstehens und lächelte, als ich ihr Genie in die Tat umsetzte. Stephanie hat sich von Anfang bis Ende für Sie, meine Leserinnen und Leser, eingesetzt. Sie hat dafür gesorgt, dass ich Sie in Ihrem Leben anspreche, nicht nur in Ihren Jobs und Unternehmen.

Mein besonderer Dank gilt Amelia Crabtree, einer Künstlerin und Ärztin in Australien, die einige meiner Konzepte in heitere Figuren übersetzt hat, die das trockene Konzept einer Akademikerin beleben. Ich bin Nancy Boghossian dankbar dafür, dass sie Amelia gefunden hat und für so vieles mehr, das mich während dieses Projekts unterstützt hat. Brendan Timmers, ein Designer aus den Niederlanden, hat die eleganten systemdynamischen Figuren in Kapitel 7 gestaltet, wodurch eine komplizierte Reihe von interagierenden Kausalbeziehungen leicht nachvollziehbar und verständlich wird.

Als Systemdenkerin halte ich es für richtig, die frühe Motivation für diese Arbeit auf den brillanten Steve Prokesch vom *Harvard Business Review* zurückzuführen. Er vertraute zum ersten Mal darauf, dass ich etwas Sinnvolles für die Sonderausgabe der Zeitschrift zum Thema Scheitern im Jahr 2011 zu sagen hätte. Steves unermüdliches Drängen auf Klarheit und Logik hat mich damals wie heute zu einer besseren Autorin gemacht.

Für die Recherchen, die diesem Buch und seinen Ideen zugrunde liegen, schulde ich sehr viel den aufmerksamen Menschen – Pflegenden, Ärztinnen, Ingenieuren und Geschäftsführerinnen – in den vielen Organisationen, die mir als Wissenschaftlerin ihre Türen geöffnet haben. Ich bin dankbar für ihre Bereitschaft, sich interviewen und ihr Handeln erforschen zu lassen. Ich danke auch der Abteilung für Forschung an der Harvard Business School für die großzügige finanzielle Unterstützung, mit der meine Forschung finanziert wurde.

Schließlich bin ich auch meiner Familie dankbar. Am meisten danke ich meinem Mann George Daley, dessen Liebe und Vertrauen – ganz zu schweigen von seinen exzellenten Kochkünsten – mir Halt gaben und es mir ermöglichten, so viel Zeit in die Fertigstellung dieses Buches zu investieren. Er hat in den letzten drei Jahrzehnten jeden Erfolg und jedes Scheitern mitgemacht und nie den Glauben an mich und meine Arbeit verloren. Als Wissenschaftler hat George unzählige Stunden damit verbracht, klug zu scheitern – und brillant erfolgreich zu sein. Bescheiden genug, um zu behaupten, dass meine Ideen ihm zum Erfolg verholfen haben, gab George mir die Zuversicht, dass sie auch anderen helfen könnten. Aber gewidmet ist dieses Buch unseren beiden Söhnen Jack und Nick, die mich jeden Tag mit ihrer Neugier und ihrem Engagement für eine bessere Welt inspirieren.

ÜBER DIE AUTORIN

Amy Edmondson ist Novartis-Professorin für Führung und Management an der Harvard Business School, wo sie sich mit Menschen und Organisationen beschäftigt, die durch ihre Arbeit zu einer positiven Veränderung in der Welt beitragen wollen. Sie leistet seit über 20 Jahren Pionierarbeit auf dem Gebiet der psychologischen Sicherheit und wurde 2021 als Nummer eins auf der globalen Thinkers50-Rangliste der Vordenker des Managements ausgezeichnet. Sie erhielt außerdem den Breakthrough Idea Award dieser Organisation im Jahr 2019 und den Talent Award im Jahr 2017. Im Jahr 2019 stand sie auf der Liste der 20 einflussreichsten internationalen Vordenker im Personalwesen des *HR Magazine* an erster Stelle.

Amys Forschungsergebnisse wurden im *Harvard Business Review* und *California Management Review* sowie in akademischen Fachzeitschriften wie *Administrative Science Quarterly* und dem *Academy of Management Journal* veröffentlicht. Ihr letztes Buch *Die angstfreie Organisation* (Vahlen, 2020), erklärt psychologische Sicherheit – was sie ist, warum sie wichtig ist und wie man sie entwickelt – und wurde bereits in 15 Sprachen übersetzt. Neben der Veröffentlichung mehrerer Bücher und zahlreicher Artikel in renommierten akademischen Zeitschriften hat Edmondson für Medien wie *Wall Street Journal, New York Times, Washington Post, Financial Times, Psychology Today, Fast Company* und *strategy + business* geschrieben bzw. es wurde in diesen Medien über ihre Arbeit berichtet. Ihr TED-Talk über »Teaming« wurde mehr als drei Millionen Mal angesehen.

Vor ihrer akademischen Laufbahn war Amy Forschungsdirektorin bei Pecos River Learning Centers, wo sie gemeinsam mit CEO Larry Wilson Veränderungsprogramme in großen Unternehmen entwickelte und umsetzte. In dieser Funktion entdeckte sie ihre Begeisterung für die Frage, wie Führungskräfte Organisationen als Orte aufbauen können, an denen Menschen lernen, wachsen und einen Beitrag zu einer besseren Welt leisten können. In den frühen 1980er-Jahren war sie als Chefingenieurin für den legendären Architekten und Erfinder Buckminster Fuller tätig, der nicht zufällig ein starker Verfechter des Lernens aus Fehlern war. Edmondson erhielt ihren Doktortitel in Organisationsverhalten, ihren Masters in Psychologie und ihren Bachelor in Technik und Design von der Harvard University.

Sie lebt in Cambridge, Massachusetts, mit ihrem Mann George Daley, einem Arzt und Wissenschaftler, der mit der Wissenschaft des Scheiterns bestens vertraut ist, und freut sich über jeden Besuch ihrer erwachsenen Söhne.

ANMERKUNGEN

Prolog

1 Dasselbe Modell (Macintosh Classic Desktop Computer, 1989), das sich heute in der ständigen Sammlung des New Yorker Museum of Modern Art befindet, https://www.moma.org/collection/works/142222

Einführung

1 H. C. Foushee, »The Role of Communications, Socio-psychological, and Personality Factors in the Maintenance of Crew Coordination«, *Aviation, Space, and Environmental Medicine* 53, no. 11 (November 1982): 1062–66.

2 Robert L. Helmreich, Ashleigh C. Merritt und John A. Wilhelm, »The Evolution of Crew Resource Management Training in Commercial Aviation«, *International Journal of Aviation Psychology* 9, no. 1 (Januar 1999): 19–32; Barbara G. Kanki, José M. Anca und Thomas Raymond Chidester, Hrsg., *Crew Resource Management*, 3. Auflage (London: Academic Press, 2019).

3 Für einen Überblick über Hackmans Arbeit über Teams, siehe J. Richard Hackman, *Groups That Work (and Those That Don't): Creating Conditions for Effective Teamwork*, 1. Aufl., Jossey-Bass Management Series (San Francisco: Jossey-Bass, 1990).

4 Ruth Wageman, J. Richard Hackman und Erin Lehman, »Team Diagnostic Survey«, *Journal of Applied Behavioral Science* 41, no. 4 (2005): 373–98, doi: 10.1177/0021886305281984.

5 Sim B. Sitkin, »Learning through Failure: The Strategy of Small Losses«, *Research in Organizational Behavior* 14 (1992): 231–66.

6 Für Beispiele für die Idee, dass alle Fehler gut sind, und einige Kritiken daran, siehe Shane Snow, »Silicon Valley's Obsession with Failure Is Totally Misguided«, *Business Insider*, 14. Oktober, 2014, https://www.businessinsider.com/startup-failure-does-not-lead-to-success-2014-10; Adrian Daub, »The Undertakers of Silicon Valley: How Failure Became Big Business«, *Guardian*, 21. August, 2018, sec. Technology, https://www .theguardian.com/technology/2018/aug/21/the-undertakers-of-silicon-valley-how-failure-became-big-business; Alex Holder, »How Failure Became a Cultural Fetish«, *ELLE*, 22. February, 2021, https://www.elle.com/uk/life-and-culture/elle-voices/a35546483/failure-cultural-fetish/.

7 Heute ist Andy Professor an der Brandeis University mit Fachkenntnissen in Psychologie und internationaler Wirtschaft.

8 Es sei darauf hingewiesen, dass es in dieser Studie nicht möglich war, die tatsächlichen Fehlerquoten zu bewerten; die Fehlerquoten bei der Aufdeckung von Fehlern erwiesen sich aufgrund der festgestellten Unterschiede zwischen den einzelnen Gruppen in Bezug auf die psychologische Sicherheit als ein zwangsläufig verzerrtes Maß.

9 Amy C. Edmondson, »Psychological Safety and Learning Behavior in Work Teams«, *Administrative Science Quarterly* 44, no. 2 (1. Juni, 1999): 350–83.

10 Einen Überblick über diese Forschung finden Sie in Kapitel 2 meines Buches *Die angstfreie Organisation: Wie Sie psychologische Sicherheit am Arbeitsplatz für mehr Entwicklung, Lernen und Innovation schaffen* (München: Vahlen, 2020); einen akademischen Überblick über die Rolle der psychologischen Sicherheit bei der Förderung von Lernen und Leistung in einer Reihe von Kontexten finden Sie in Amy C. Edmondson und Zhike Lei, »Psychological Safety: The History, Renaissance, and Future of an Interpersonal Construct«, *Annual Review of Organizational Psychology and Organizational Behavior* 1, no. 1 (2014): 23–43; Amy C. Edmondson et al., »Understanding Psychological Safety in Healthcare and Education Organizations: A Comparative Perspective«, *Research in Human Development* 13, no. 1 (2. Januar, 2016): 65–83; M. Lance Frazier et al., »Psychological Safety: A Meta-Analytic Review and Extension« *Personnel Psychology* 70, no. 1 (Spring 2017): 113–65; Alexander Newman, Ross Donohue, und Nathan Eva, »Psychological Safety: A Systematic Review of the Literature«, *Human Resource Management Review* 27, no. 3 (1. September, 2017): 521–35; Róisín O'Donovan und Eilish Mcauliffe, »A Systematic Review of Factors That Enable Psychological Safety in Healthcare Teams«, *International Journal for Quality in Health Care* 32, no. 4 (Mai 2020): 240–50.

11 Siehe z. B. Atul Gawande, *Checklist-Strategie: Wie Sie die Dinge in den Griff bekommen* (München: btb Verlag, 2013).

Kapitel 1: Auf der Suche nach den wertvollen Fehlern

1 Mehr über diese Geschichte und die bahnbrechenden Anfänge der Herzchirurgie erfahren Sie in G. Wayne Miller, *King of Hearts: The True Story of the Maverick Who Pioneered Open-Heart Surgery* (New York: Crown, 2000); James S. Forrester, *The Heart Healers: The Misfits, Mavericks, and Rebels Who Created the Greatest Medical Breakthrough of Our Lives* (New York: St. Martin's Press, 2015).

2 Forrester, *Heart Healers*, 63.

3 Für einen Überblick über einige dieser Forschungsarbeiten siehe Roy F. Baumeister et al., »Bad Is Stronger than Good«, *Review of General Psychology* 5, no. 4 (2001): 323–70, doi: 10.1037/1089-2680.5.4.323.

4 Paul Rozin und Edward B. Royzman, »Negativity Bias, Negativity Dominance, and Contagion«, *Personality and Social Psychology Review* 5, no. 4 (November 2001): 296–320, doi: 10.1037/1089-2680.5.4.323.

5 John Tierney und Roy F. Baumeister, *Die Macht des Schlechten: Nicht mehr schwarzsehen und gut leben* (Frankfurt a. M.: Campus, 2020).

6 Amos Tversky und Daniel Kahneman, »Loss Aversion in Risk-less Choice: A Reference-Dependent Model«, *Quarterly Journal of Economics* 106, no. 4 (1991): 1039–61.

7 Daniel Kahneman, Jack L. Knetsch und Richard H. Thaler, »Experimental Tests of the Endowment Effect and the Coase Theorem«, *Journal of Political Economy* 98, Nr. 6 (Dezember 1990): 1325–48.

8 Sydney Finkelstein, *Why Smart Executives Fail and What You Can Learn from Their Mistakes* (New York: Portfolio, 2003). Besprochen in Mark D. Cannon und Amy C. Edmondson, »Failing to Learn and Learning to Fail (Intelligently): How Great Organizations Put Failure to Work to Innovate and Improve«, *Long Range Planning* 38, no. 3 (Juni 2005): 299–316.

9 »›The Buck Stops Here‹ Desk Sign«, Harry S. Truman Library & Museum, National Archives and Records Administration, https://www .trumanlibrary.gov/education/trivia/buck-stops-here-sign.

10 Wayne Gretzky in seiner Antwort an Bob McKenzie, den Herausgeber der *Hockey News*, im Jahr 1983. Ein weiteres gutes Beispiel für Misserfolge auf dem Weg zur Meisterschaft ist der Nike-Werbespot »Failure« mit Michael Jordan (Wieden+Kennedy, 1997).

11 Maya Salam, »Abby Wambach's Leadership Lessons: Be the Wolf«, *New York Times*, 9. April 2019, sec. Sports, https://www.nytimes.com/2019/04/09/sports/soccer/abby-wambach-soccer-wolfpack.html.

12 Abby Wambach, »Abby Wambach, Remarks as Delivered« (commencement address, Barnard College, NY, 2018), https://barnard.edu/commencement/archives/2018/abby-wambach-remarks.

13 Victoria Husted Medvec, Scott F. Madey und Thomas Gilovich, »When Less Is More: Counterfactual Thinking and Satisfaction among Olympic Medalists«, *Journal of Personality and Social Psychology* 69, no. 4 (1995): 603–10, doi: 10.1037/0022-3514.69.4.603.

14 Neal J. Roese, »Counterfactual Thinking«, *Psychological Bulletin* 121, no. 1 (1997): 133–48, doi: 10.1037/0033-2909.121.1.133.

15 Siehe z. B. James P. Robson Jr. und Meredith Troutman-Jordan, »A Concept Analysis of Cognitive Reframing«, *Journal of Theory Construction & Testing* 18, Nr. 2 (2014): 55–59. Auch die Bewertungstheorie ist hier relevant: Klaus R. Scherer, »Appraisal Theory«, in *Handbook of Cognition and Emotion*, Hrsg. Tim Dalgleish und Mick J. Power (New York: John Wiley and Sons, 1999), 637–63.

16 Judith Johnson et al. »Resilience to Emotional Distress in Response to Failure, Error or Mistakes: A Systematic Review«, *Clinical Psychology Review* 52 (März 2017): 19–42, doi: 10.1016/j.cpr.2016.11.007.

17 Ebd.

18 Martin E. P. Seligman und Mihaly Csikszentmihalyi, »Positive Psychology: An Introduction«, in *Flow and the Foundations of Positive Psychology* von Mihaly Csikszentmihalyi (Dordrecht, Niederlande: Springer, 2014).

19 Joseph E. LeDoux, »The Emotional Brain, Fear, and the Amygdala«, *Cellular and Molecular Neurobiology* 23, no. 4–5 (2003): 727–38, doi: 10.1023/A:1025048802629; Joseph E. LeDoux, »The Amygdala Is Not the Brain's Fear Center«, *I Got a Mind to Tell You* (Blog), *Psychology Today*, 10. August 2015, https://www.psychologytoday.com/us/blog/i-got-mind-tell-you/201508/the-amygdala-is-not-the-brains-fear-center.

20 Siehe Kapitel 2 in Amy C. Edmondson, *Teaming: How Organizations Learn, Innovate, and Compete in the Knowledge Economy* (San Francisco: Jossey-Bass, 2012).

21 Helmut von Moltke, »Über Strategie«, in: *Moltkes militärische Werke*, Hrsg. Großer Generalstab (Berlin: E. S. Mittler, 1892–1912), Bd. 4, Teil 2, 287–93. Siehe auch Graham Kenny, »Strategic Plans Are Less Important Than Strategic Planning«, *Harvard Business Review*, 21. Juni, 2016, https://hbr.org/2016/06/strategic-plans-are-less-important-than-strategic-planning.

22 Naomi I. Eisenberger, »The Pain of Social Disconnection: Examining the Shared Neural Underpinnings of Physical and Social Pain«, *Nature Reviews Neuroscience* 13 (Juni 2012): 421–34, https://www.nature.com/articles/nrn3231; Matthew D. Lieberman und Naomi I. Eisenberger, »The Pains and Pleasures of Social Life: A Social Cognitive Neuroscience Approach«, *NeuroLeadership Journal* 1 (11. September 2008), https://www.scn.ucla.edu/pdf/Pains&Pleasures(2008).pdf.

23 Pankaj Sah und R. Frederick Westbrook, »The Circuit of Fear«, *Nature* 454, no. 7204 (Juli 2008): 589–90, doi: 10.1038/454589a; LeDoux, »Emotional Brain, Fear, and the Amygdala«. LeDoux hat in den letzten Jahren erklärt, dass die Verbindung zwischen Amygdala und Angst viel komplexer ist als ursprünglich angenommen. Zum Beispiel, Joseph E. LeDoux und Richard Brown, »A Higher-Order Theory of Emotional Consciousness«, *Proceedings of the National Academy of Sciences* 114, no. 10 (2017): E2016-25, doi: 10.1073/pnas.1619316114; LeDoux, »Amygdala Is Not«.

24 LeDoux, »Amygdala Is Not«.

25 Für eine kurze Einführung in die Rolle von Emotionen, einschließlich Angst, beim Lernen, siehe Ulrike Rimmele, »A Primer on Emotions and Learning«, OECD, Zugriff am 13. November 2021, https://www.oecd.org/education/ceri/ aprimeronemotionsandlearning.htm

26 Jean M. Twenge, *Mein Kind, sein Smartphone und ich: Warum es so wichtig ist, die neue Generation zu verstehen* (München: Goldmann, 2021)

27 Einen Überblick über einen Großteil dieser Erkenntnisse bietet Amy C. Edmondson, *Die angstfreie Organisation: Wie Sie psychologische Sicherheit am Arbeitsplatz für mehr Entwicklung, Lernen und Innovation schaffen* (München: Vahlen, 2020)

28 Für einige Beispiele siehe Ingrid M. Nembhard und Amy C. Edmondson, »Making It Safe: The Effects of Leader Inclusiveness and Professional Status on Psychological Safety and Improvement Efforts in Health Care Teams«, *Journal of Organizational Behavior* 27, no. 7 (2016): 941–66; Amy C. Edmondson, »Learning from Failure in Health Care: Frequent Opportunities, Pervasive Barriers«, *Quality and Safety in Health Care* 13, suppl. 2 (1. Dezember 2004): ii3-9; Amy C. Edmondson, »Speaking Up in the Operating Room: How Team Leaders Promote Learning in Interdisciplinary Action Teams«, *Journal of Management*

Studies 40, no. 6 (2003): 1419–52; Amy C. Edmondson, »Framing for Learning: Lessons in Successful Technology Implementation«, *California Management Review* 45, Nr. 2 (2003): 34–54; Fiona Lee et al., »The Mixed Effects of Inconsistency on Experimentation in Organizations«, *Organization Science* 15, no. 3 (Mai-Juni 2004): 310–26; Michael Roberto, Richard M. J. Bohmer und Amy C. Edmondson, »Facing Ambiguous Threats«, *Harvard Business Review* 84, Nr. 11 (November 2006): 106–13

29 Amy C. Edmondson, »Strategies for Learning from Failure«, *Harvard Business Review* 89, no. 4 (April 2011).

30 »The Hardest Gymnastics Skills in Women's Artistic Gymnastics (2022 Update)«, *Uplifter Inc.* vom 9. Oktober 2019, https://www.uplifterinc.com/hardest-gymnastics-skills.

31 Miller, *King of Hearts*, 5.

32 Ebd.

33 Ebd.

34 Forrester, *Heart Healers*, 70.

35 Ebd., 87.

36 McMaster University, »Better Assessment of Risk from Heart Surgery Results in Better Patient Outcomes: Levels of Troponin Associated with an Increased Risk of Death«, *ScienceDaily*, 2. März 2022, www.sciencedaily.com/releases/2022/03/220302185945.htm. Siehe auch »Surprising Spike in Postoperative Cardiac Surgery Deaths May Be an Unintended Con-sequence of 30-Day Survival Measurements«, *Johns Hopkins Medicine*, 10. April 2014, https://www.hopkinsmedicine.org/news/media/releases/surprising_spike_in_postoperative_cardiac_surgery_deaths_may_be_an_unintended _consequence_of_30_day_survival_measurements.

37 Amy C. Edmondson, Richard M. Bohmer und Gary P. Pisano, »Disrupted Routines: Team Learning and New Technology Implementation in Hospitals«, *Administrative Science Quarterly* 46, no. 4 (2001): 685–716, doi: 10.2307/3094828.

Kapitel 2: Heureka! Wenn Scheitern klug ist

1 Der 1997 erschienene Film *Gattaca* (die Buchstaben G, A, T und C stehen für die vier Nukleinbasen der DNA) spielt in einer Zukunft, in der die Gesellschaft in Menschen mit überlegener Genetik, die sogenannten Valids, und Menschen, die auf natürlichem Wege gezeugt wurden, die sogenannten In-Valids, eingeteilt ist, denen nur niedere Arbeiten zugewiesen werden. In der Handlung erhält ein In-Valid trotz seiner vermeintlichen intellektuellen Unterlegenheit einen elitären Posten bei einer Weltraummission zu einem der Saturnmonde und ist dort erfolgreich. Andrew Niccol, Drehbuchautor, *Gattaca*, Drama, Sci-Fi, Thriller (Columbia Pictures, Jersey Films, 1997).

2 Glyoxal ist eine organische Verbindung, die häufig zur Verknüpfung anderer Chemikalien in wissenschaftlichen Experimenten verwendet wird.

3 Steve D. Knutson und Jennifer M. Heemstra, »EndoVIPER-seq for Improved Detection of A-to-I Editing Sites in Cellular RNA«, *Current Protocols in Chemical Biology* 12, no. 2 (2020): e82, doi: 10.1002/cpch.82.

4 Steve D. Knutson et al. »Thermoreversible Control of Nucleic Acid Structure and Function with Glyoxal Caging«, *Journal of the American Chemical Society* 142, no. 41 (2020): 17766–81.

5 Jen Heemstra (@jenheemstra), »The Only People Who Never Make Mistakes and Never Experience Failure Are Those Who Never Try«, Twitter, 13. Januar 2021, 8:04 Uhr, https://twitter.com/jenheemstra/status/1349341481472036865.

6 Siehe z. B. Margaret Frith und John O'Brien, *Who Was Thomas Alva Edison?* (New York: Penguin Workshop, 2005); Edmund Morris, *Edison* (New York: Random House, 2019); Randall E. Stross, *The Wizard of Menlo Park: How Thomas Alva Edison Invented the Modern World* (New York: Crown, 2007).

7 Frank Lewis Dyer, *Thomas Edison: His Life and Inventions*, Bd. 2 (Harper and Brothers, 1910), Kap. 24, 369.

8 Ben Proudfoot, »She Changed Astronomy Forever. He Won the Nobel Prize for It«, *New York Times*, 27. Juli 2021, sec. Opinion, https://www.nytimes.com/2021/07/27/opinion/pulsars-jocelyn-bell-burnell-astronomy.html.

9 Siehe Ben Proudfoot, »Almost Famous: The Silent Pulse of the Universe« (Video), mit Jocelyn Bell Burnell, 27. Juli 2021, bei Min. 5:42, https://www.nytimes.com/2021/07/27/opinion/pulsars-jocelyn-bell-burnell-astronomy.html.

10 Ebd. bei Min. 6:54.

11 Martin Ryle und Antony Hewish, »Antony Hewish, the Nobel Prize in Physics in 1974«, Nobel Prize Outreach AB, https://www.nobelprize.org/prizes/physics/1974/hewish/biographical/.

12 »Design Technology«, Brighton College, abgerufen am 22. Oktober 2021, https://www.brightoncollege.org.uk/college/arts-life/design-technology/.

13 Jill Seladi-Schulman, »What Is Avocado Hand?«, Healthline, 16. November 2018, https://www. healthline.com/health/avocado-hand.

14 »Avogo – Cut and De-stone Your Avocado at Home or on the Go«, Kickstarter, abgerufen am 22. Oktober 2021, https://www.kickstarter.com/projects/183646099/avogo-cut-and-de-stone-your-avocado-at-home-or-on.

15 Tom Eisenmann, »Why Start-Ups Fail«, *Harvard Business Review*, Mai-Juni 2021, https://hbr.org/2021/05/why-start-ups-fail.

16 Ebd. Siehe auch Tom Eisenmann, *Why Startups Fail: A New Roadmap to Entrepreneurial Success* (New York: Currency, 2021).

17 »The 10 Worst Product Fails of all Time«, *Time*, https://time.com/13549/the-10-worst-product-fails-of-all-time/. Weitere Einzelheiten zum Misserfolg von Crystal Pepsi finden sich in Reuben Salsa, »Pepsi's Greatest Failure: The Crystal Bubble That Burst«, 27. Mai 2020, https://bettermarketing.pub/pepsis-greatest-failure-the-crystal-bubble-that-burst-9cffd4f462ec.

18 Proudfoot, »Almost Famous«, Min. 5:42.

19 »Avogo«, Kickstarter.

20 Äußerungen von Bishnu Atal in »A Conversation with James West« (Video), Acoustical Society of America, 4. März 2021, bei 1:12:23, https://www.youtube.com/watch?v=yWEx-Ma38o88.

21 Astro Teller, »The Unexpected Benefit of Celebrating Failure«, TED 2016, https://www.ted.com/talks/astro_teller_the_unexpected_benefit_of_celebrating_failure.

22 Thomas M. Burton, »By Learning from Failures, Lilly Keeps Drug Pipeline Full«, *Wall Street Journal*, 21. April 2004, https://www.wsj.com/articles/SB108249266648388235.

23 Für weitere Einzelheiten zu dieser Geschichte siehe Edmondson, *Teaming*, Kap. 7.

24 Blake Morgan, »50 Leading Female Futurists«, *Forbes*, 5. März 2020, https://www.forbes.com/sites/blakemorgan/2020/03/05/50-leading-female-futurists/.

25 Amy Webb, »How I Hacked Online Dating«, TEDSalon NY, 2013, https://www.ted.com/talks/amy_webb_how_i _hacked_online_dating.

26 Carol S. Dweck, *Selbstbild: Wie unser Denken Erfolge oder Niederlagen bewirkt – Selbstbewusstsein und Selbstwertgefühl stärken* (München: Piper, 2017)

27 Rachel Ross, »Who Invented the Traffic Light?«, *Live Science*, 16. Dezember 2016, https://www.livescience .com/57231-who-invented-the-traffic-light.html.

28 Ebd.

29 Biography.com Redaktion, »Garrett Morgan«, Biografie, abgerufen am 4. November 2021, https://www.biography.com/inventor/garrett-morgan.

30 »Garrett Morgan Patents Three-Position Traffic Signal«, *History*, abgerufen am 24. Oktober 2021, https://www.history.com/this-day-in-history/garrett-morgan-patents-three-position-traffic-signal.

31 »Engineering for Reuse: Chris Stark«, Engineering Design Workshop: Engineering Stories, Boston Museum of Science, abgerufen am 22. Oktober 2021, https://virtualexhibits.mos.org/edw-engineering-Stories.

32 Die Informationen über James West stammen aus »James West: Biography« und »James West: Digital Archive«, HistoryMakers, abgerufen am 23. Oktober 2021, https://www.thehistorymakers.org/biography/james-west; »Meet Past President of ASA, Dr. Jim West«, *Acoustics Today* (Blog), 17. September 2020, https://acousticstoday.org/meet-past-president-of-asa-dr-jim-west/.

33 James West, »James West Talks about His Father's Career«, interviewt von Larry Crowe, HistoryMakers A2013.039, 13. Februar 2013, HistoryMakers Digital Archive, sess. 1, tape 1, story 7.

34 »Meet Past President«, *Acoustics Today*.

35 »James West Talks about His Experience in the U.S. Army«, interviewt von Larry Crowe, HistoryMakers A2013.039, 13. Februar 2013, HistoryMakers Digital Archive, sess. 1, tape 4, story 3.

36 James West, »James West Describes His Earliest Childhood Memories«, interviewt von Larry Crowe, HistoryMakers A2013.039, 13. Februar 2013, HistoryMakers Digital Archive, sess. 1, tape 1, story 9.

37 James West, »James West Remembers Being Electrocuted at Eight Years Old«, interviewt von Larry Crowe, HistoryMakers A2013.039, 13. Februar 2013, HistoryMakers Digital Archive, sess. 1, tape 2, story 5.

38 Ebd. bei Min. 5:23.

39 James West, »James West Talks about His Experience Interning at Bell Laboratories, Part 1«, interviewt von Larry Crowe, History-Makers A2013.039, 13. Februar 2013, HistoryMakers Digital Archive, sess. 1, tape 4, story 5.

40 Ebd.

41 W. Kuhl, G. R. Schodder und F.-K. Schröder, »Condenser Transmitters and Microphones with Solid Dielectric for Airborne Ultrasonics«, *Acta Acustica United with Acustica* 4, no. 5 (1954): 519–32.

42 West, »James West Talks about His Experience Interning at Bell Laboratories, Part 1«.

43 Ebd.

44 James West, »James West Talks about His Experience Interning at Bell Laboratories, Part 2«, interviewt von Larry Crowe, HistoryMakers A2013.039, 13. Februar 2013, HistoryMakers Digital Archive, sess. 1, tape 4, story 6.

45 James West, »James West Talks about the Electret Microphone, Part 2«, interviewt von Larry Crowe, HistoryMakers A2013.039, 13. Februar 2013, HistoryMakers Digital Archive, sess. 1, tape 5, story 5.

46 Biography.com Redaktion, »James West«, Biography, abgerufen am 2. Dezember 2022, https://www.biography.com/inventor/james-west.

47 Tienlon Ho, »The Noma Way«, *California Sunday Magazine*, 2. Februar 2016, https://story.californiasunday.com/noma-australia-rene-redzepi.

48 Ebd.

49 Stefan Chomka, »René Redzepi: ›With Noma 2.0, We Dare Again to Fail‹«, 50 Best Stories, November 10, 2017, https://www.theworlds50best.com/stories/News /rene-redzepi-noma-dare-to-fail.html.

50 Tim Lewis, »Claus Meyer: The Other Man from Noma«, Observer (Blog), *Guardian*, 20. März 2016, sec. Food, https://www.theguardian.com/lifeandstyle/2016/mar/20/claus-meyer-the-other-man-from-noma-copenhagen-nordic-kitchen-recipes.

51 René Redzepi, *René Redzepi Journal* (New York und London: Phaidon, 2013), 44.

52 Ho, »The Noma Way«

53 Ebd.

54 Redzepi, *René Redzepi*, 18–19, Eintrag vom 9. Februar 2013.

55 Ebd., 19.

56 Chomka, »René Redzepi«. Siehe auch Pierre Deschamps et al., *Noma: My Perfect Storm* (Documentree Films, 2015).

57 Stefano Ferraro, »Stefano Ferraro, Head Pastry-Chef at Noma: Failing Is a Premise for Growth«, trans. Slawka G. Scarso, Identita Golose Web Magazine internazionale di cucina, 1 März 2020, https://www.identitagolose.com/sito/en/116/25235/chefs-life-stories/stefano-ferraro-head-pastry-chef-at-noma-failing-is-a-premise-for-growth.html.

58 Redzepi, *René Redzepi*, 25.

59 Ho, »The Noma Way«.

60 Ebd.

61 Redzepi, *René Redzepi*, 160.

62 Ebd., 26.

63 Alessandra Bulow, »An Interview with René Redzepi«, *Epicurious*, https://www.epicurious.com/archive/chefsexperts/celebrity-chefs/rene-redzepi-interview.

64 »Noma«, Guide Michelin, abgerufen am 1. Dezember 2022, https://guide.michelin.com/us/en/capital-region/copenhagen/restaurant/noma.

65 Deschamps et al., *Noma*.

66 Redzepi, *René Redzepi*, 59.

67 Pete Wells, »Noma Spawned a World of Imitators, but the Restaurant Remains an Original«, *New York Times*, 9. Januar 2023, https://www.nytimes.com/2023/01/09/dining/rene-redzepi-closing-noma-pete-wells.html?action=click&module=RelatedLinks&pgtype=Article.

68 Siehe Amy C. Edmondson und Laura R. Feldman, »Phase Zero: Introducing New Services at IDEO (A)«, Harvard Business School, Case 605–069, Februar 2005 (überarbeitet März 2013); Amy C. Edmondson und Kathryn S. Roloff, »Phase Zero: Introducing New Services at IDEO (B)«, Harvard Business School, Supplement 606–123, Juni 2006 (überarbeitet März 2013).

69 Für wichtige Details über IDEO und den einzigartigen Designansatz siehe Edmondson und Feldman, »Phase Zero«.

70 »Bill Moggridge« IDEO, abgerufen am 22. Oktober 2021, https://www.ideo.com/people/bill-moggridge.

71 Edmondson und Feldman, »Phase Zero«.

72 In einer viel beachteten Sendung von ABC *Nightline* im Jahr 2009 entwarf ein IDEO-Team in fünf Tagen einen völlig neuen Einkaufswagen. Er war elegant und funktional, aber die Unternehmenskultur war der eigentliche Star der Sendung – ebenso wie der unwiderstehliche Charme von David Kelley, der nicht nur die Notwendigkeit des Scheiterns anpries, sondern auch fröhlich auf eine Sammlung von Fehlschlägen des Unternehmens hinwies, die stolz ausgeführt und mit dem Fernsehpublikum geteilt wurde. »ABC *Nightline*-IDEO Shopping Cart«, 2. Dezember 2009, https://www.youtube.com/watch?v=M66ZU2PCIcM. Siehe auch »Why You Should Talk Less and Do More«, IDEO Design Thinking, 30. Oktober 2013, https://designthinking.ideo.com/blog/why-you-should-talk-less-and-do-more.

73 Edmondson und Feldman, »Phase Zero«.

74 Ebd., 5.

75 Edmondson und Feldman, »Phase Zero«.

76 »Eli Lilly's Alimta Disappoints«, Yahoo! Finance, 4. Juni 2013, http://finance.yahoo.com/news/eli-lillys-alimta-disappoints-183302340.html. Siehe auch Steven T. Szabo et al., »Lessons Learned and Potentials for Improvement in CNS Drug Development: ISCTM Section on Designing the Right Series of Experiments«, *Innovations in Clinical Neuroscience* 12, no. 3, suppl. A (2015).

77 Eric Sagonowsky, »Despite Drug Launch Streak, Lilly Posts Rare Sales Decline as Alimta Succumbs to Generics«, *Fierce Pharma*, 4. August 2022, https://www.fiercepharma.com/pharma/lillys-new-launches-shine-alimta-drags-sales.

Kapitel 3: Irren ist menschlich

1 Chris Dolmetsch, Jennifer Surane und Katherine Doherty, »Citi Trial Shows Chain of Gaffes Leading to $900 Million Blunder«, *Bloomberg*, 9. Dezember 2020, https://www.bloomberg.com/news/articles/2020-12-09/citi-official-shocked-over-900-million-error-as-trial-begins.

2 Eversheds Sutherland, »The Billion Dollar Bewail: Citibank Cannot Recover $900 Million Inadvertently Wired to Lenders«, JD Supra, March 11, 2021, https://www.jdsupra.com/legal-news /the-billion-dollar-bewail-citibank-9578400/.

3 Atul Gawande, *Checklist-Strategie: Wie Sie die Dinge in den Griff bekommen* (München: btb Verlag, 2013)

4 J. Richard Hackman, *Leading Teams: Setting the Stage for Great Performances* (Boston: Harvard Business School Press, 2002).

5 Für weitere Einzelheiten zu diesem grundlegenden Fehler siehe Thomas Tracy, Nicholas Williams und Clayton Guse, »Brooklyn Building Smashed by MTA Bus at Risk of Collapse, City Officials Say«, *New York Daily News*, 9. Juni 2021, https://www.nydailynews.com/new-york/ny-brooklyn-mta-bus-crash-video-20210609-j5picmqwkfghbipx6w20mdu3dy-story.html.

6 »›Disturbing‹ Video Emerges in MTA Bus Crash into Brooklyn Building Case« (Video), NBC News 4 New York, 9. Juni 2021, Min. 1:06, https://www.nbcnewyork.com/on-air/as-seen-on/disturbing-video-emerges-in-mta-bus-crash-into-brooklyn-building-case/3097885/.

7 Martin Chulov, »A Year on from Beirut Explosion, Scars and Questions Remain«, *Guardian*, 4. August 2021, sec. World News, https://www.theguardian.com/world/2021/aug/04/a-year-on-from-beruit-explosion-scars-and-questions-remain.

8 Sharon LaFraniere und Noah Weiland, »Factory Mix-Up Ruins Up to 15 Million Vaccine Doses from Johnson & Johnson«, *New York Times*, 31. März 2021, sec. U.S., https://www.nytimes.com/2021/03/31/us/politics/johnson-johnson-coronavirus-vaccine.html.

9 Sharon LaFraniere, Noah Weiland und Sheryl Gay Stolberg, »The F.D.A. Tells Johnson & Johnson That About 60 Million Doses Made at a Troubled Plant Cannot Be Used«, *New York Times*, 11. Juni 2021, sec. U.S., https://www.nytimes.com/2021/06/11/us/politics/johnson-covid-vaccine-emergent.html.

10 LaFraniere, Weiland und Stolberg, »The F.D.A. Tells Johnson & Johnson«.

11 LaFraniere und Weiland, »Factory Mix-Up Ruins«.

12 Für weitere Einzelheiten über die problematische Sicherheitskultur in der Anlage siehe Chris Hamby, Sharon LaFraniere und Sheryl Gay Stolberg, »U.S. Bet Big on COVID Vaccine Manufacturer Even as Problems Mounted«, *New York Times*, 6. April 2021, sec. U.S., https://www.nytimes .com/2021/04/06/us/covid-vaccines-emergent-biosolutions.html.

13 LaFraniere und Weiland, »Factory Mix-Up Ruins«.

14 U.S. Centers for Disease Control and Prevention, »Sleep and Sleep Disorders«, National Center for Chronic Disease Prevention and Health Promotion, Division of Population Health, 7. September 2022, https://www.cdc.gov/sleep/index.html.

15 Weitere Informationen zu den negativen Auswirkungen von Schläfrigkeit am Steuer finden Sie in U.S. Centers for Disease Control and Prevention, »Drowsy Driving: Asleep at the Wheel«, National Center for Chronic Disease Prevention and Health Promotion, Division of Population Health, 21. November 2022, https://www.cdc.gov/sleep/features/drowsy-driving.html.

16 Jeffrey H. Marcus und Mark R. Rosekind, »Fatigue in Transportation: NTSB Investigations and Safety Recommendations«, *Injury Prevention: Journal of the International Society for*

Child and Adolescent Injury Prevention 23, no. 4 (August 2017): 232–38, doi: 10.1136/injury-prev-2015-041791.

17 Christopher P. Landrigan et al., »Effect of Re-ducing Interns' Work Hours on Serious Medical Errors in Intensive Care Units«, *New England Journal of Medicine* 351, no. 18 (28. Oktober 2004): 1838–48, doi: 10.1056/NEJMoa041406.

18 Josef Fritz et al., »A Chronobiological Evaluation of the Acute Effects of Daylight Saving Time on Traffic Accident Risk«, *Current Biology* 30, no. 4 (Februar 2020): 729-35.e2, doi: 10.1016/j.cub .2019.12.045.

19 Mehr zu dieser Katastrophe siehe R. D. Marshall et al., *Investigation of the Kansas City Hyatt Regency Walk-ways Collapse*, NIST Publications, Building Science Series 143 (Gaithersburg, MD: National Institute of Standards and Technology, 31. Mai 1982), https://www.nist.gov/publications/investigation-kansas-city-hyatt-regency-walkways -collapse-nbs-bss-143.

20 Rick Montgomery, »20 Years Later: Many Are Continuing to Learn from Skywalk Collapse«, *Kansas City Star*, 15. Juli 2001, A1, archiviert vom Original am 20. Mai 2017, unter https://web.archive.org/web/20160108175310/http://skywalk.kansascity.com/articles/20-years-later-many-are-continuing-learn-skywalk-collapse/.

21 Henry Petroski, *To Engineer Is Human: The Role of Failure in Successful Design*, 1. Aufl. (New York: Vintage, 1992), 88.

22 Montgomery, »20 Years Later«, Siehe auch *Duncan v. Missouri Bd. for Architects*, 744 S.W.2d 524, 26. Januar 1998, https://law.justia.com/cases/missouri/court-of-appeals/1988/52655-0.html.

23 Aussagen von Mitarbeitenden, »Hyatt Regency Walkway Collapse«, engineering.com, 24. Oktober 2006, https://www.engineering.com/story/hyatt-regency-walkway-collapse.

24 Henry Petroski, *To Engineer Is Human*.

25 Kansas City Public Library, »The Week in KC History: Hotel Horror«, abgerufen am 9. November 2021, https://kchistory.org/week-kansas-city-history/hotel-horror.

26 Montgomery, »20 Years Later«

27 »Champlain Towers South Collapse«, National Institute of Standards and Technology, 30. Juni 2021, https://www.nist .gov/disaster-failure-studies/champlain-towers-south-collapse-ncst-investigation.

28 »Pets.com Latest High-Profile Dot-Com Disaster«, CNET, 2. Januar 2002, https://www.cnet.com/news/pets-com-latest-high-profile-dot-com-disaster/.

29 Andrew Beattie, »Why Did Pets.com Crash So Drastically?«, *Investopedia*, 31. Oktober 2021, https://www.investopedia.com/ask/answers/08/dotcom-pets-dot-com.asp.

30 Kirk Cheyfitz, *Thinking inside the Box: The 12 Timeless Rules for Managing a Successful Business* (New York: Free Press, 2003), 30–32.

31 Beattie, »Why Did Pets.com Crash«

32 Claire Cain Miller, »Chief of Pets.com Is Back, Minus the Sock Puppet«, *New York Times*, 1. August 2008, sec. Bits, https://archive.nytimes.com/bits.blogs.nytimes.com/2008/08/01/chief-of-petscom-is-back-minus-the-sock-puppet/.

33 Julie Wainwright und Angela Mohan, *ReBoot: My Five Life-Changing Mistakes and How I Have Moved On* (North Charleston, SC: BookSurge, 2009), 63.

34 Maggie McGrath, Elana Lyn Gross und Lisette Voytko, »50 over 50: The New Golden Age«, *Forbes*, https://www.forbes.com/50over50/2021/.

35 John Haltiwanger und Aylin Woodward, »Damning Analysis of Trump's Pandemic Response Suggested 40% of US COVID-19 Deaths Could Have Been Avoided«, *Business Insider*, 11. Februar 2021, https://www.businessinsider.com/analysis-trump-covid-19-response-40-percent-us-deaths-avoidable-2021-2.

36 Steffie Woolhandler et al., »Public Policy and Health in the Trump Era«, *Lancet* 397, no. 10275 (20. Februar 2021): 705–53, doi: 10.1016/S0140-6736(20)32545-9. Siehe auch Haltiwanger und Woodward, »Damning Analysis«.

37 Gary Gereffi, »What Does the COVID-19 Pandemic Teach Us about Global Value Chains? The Case of Medical Supplies«, *Journal of International Business Policy* 3 (2020): 287–301, doi: 10.1057/s42214-020-00062-w; Organization for Economic Co-operation and Development (OECD), »The Face Mask Global Value Chain in the COVID-19 Outbreak: Evidence and Policy Lessons«, OECD Policy Responses to Coronavirus (COVID-19), 4. Mai 2020, https://www.oecd.org/coronavirus/policy-responses/the-face-mask-global-value-chain-in-the-covid-19-outbreak-evidence-and-policy-lessons -a4df866d/.

38 Aishvarya Kavi, »Virus Surge Brings Calls for Trump to Invoke Defense Production Act«, *New York Times*, 22. Juli 2020, sec. U.S., https://www.nytimes.com/2020/07/22/us/politics/coronavirus-defense-production-act.html.

39 Erin Griffith, »What Red Flags? Elizabeth Holmes Trial Exposes Investors' Carelessness«, *New York Times*, 4. November 2021, sec. Technologie, https://www.nytimes.com/2021/11/04/technology/theranos-elizabeth-holmes-investors-diligence.html.

40 Cathy van Dyck et al., »Organizational Error Management Culture and Its Impact on Performance: A Two-Study Replication«, *Journal of Applied Psychology* 90, no. 6 (2005): 1228–40, doi: 10.1037/0021-9010.90.6.1228; Michael Frese und Nina Keith, »Action Errors, Error Management, and Learning in Organizations«, *Annual Review of Psychology* 66, no. 1 (2015): 661–87; Paul S. Goodman et al., »Organizational Errors: Directions for Future Research«, *Research in Organizational Behavior* 31 (2011): 151–76, doi: 10.1016/j.riob.2011.09.003; Robert L. Helmreich, »On Error Management: Lessons from Aviation«, BMJ 320, no. 7237 (2000): 781–85.

41 Carol Tavris und Elliot Aronson, *Ich habe recht, auch wenn ich mich irre: Warum wir fragwürdige Überzeugungen, schlechte Entscheidungen und verletzendes Handeln rechtfertigen* (München: Riemann, 2010).

42 Lee Ross, »The Intuitive Psychologist and His Shortcomings: Distortions in the Attribution Process«, *Advances in Experimental Social Psychology* 10 (1977): 173–220.

43 Donald Dosman, »Colin Powell's Wisdom«, *Texas News Today* (Blog), 19. Oktober 2021, https://texasnewstoday.com/colin-powells-wisdom/504875/.

44 Dan Schawbel, »A Conversation with Colin Powell: What Startups Need to Know«, *Forbes*, 17. Mai 2012, https://www.forbes.com/sites/danschawbel/2012/05/17/colin-powell-exclusive-advice-for-entrepreneurs/?sh=e72e3600251e.

45 Steven M. Norman, Bruce J. Avolio und Fred Luthans, »The Impact of Positivity and Transparency on Trust in Leaders and Their Perceived Effectiveness«, *Leadership Quarterly* 21, no. 3 (2010): 350–64, doi: 10.1016/j.leaqua.2010.03.002.

46 Für großartige Berichte über Paul O'Neills erfolgreiche Sicherheitsinitiative bei Alcoa siehe Kim B. Clark und Joshua D. Margolis, »Workplace Safety at Alcoa (A)«, Harvard Business School, Case 692–042, Oktober 1991 (überarbeitet Januar 2000); Steven J. Spear, »Workplace Safety at Alcoa (B)«, Harvard Business School, Case 600–068, Dezember 1999 (überarbeitet März 2000); Charles Duhigg, *Die Macht der Gewohnheit: Warum wir tun, was wir tun* (München: Piper, 2013) Kap. 4.

47 Duhigg, *Die Macht der Gewohnheit.*

48 Ebd.

49 Ebd.

50 Zitiert aus einem Vortrag von O'Neill für das IHI in einem IHI-Blog: Patricia McGaffigan, »What Paul O'Neill Taught Health Care about Workforce Safety«, 28. April 2020, https://www.ihi.org/communities/blogs/what-paul-o-neill-taught-health-care-about-workforce-safety.

51 Duhigg, *Die Macht der Gewohnheit.*

52 Ebd.

53 »The Story of Sakichi Toyoda«, Toyota Industries, abgerufen am 11. November 2021, https://www.toyota-industries.com /company/history/toyoda_sakichi/. Siehe auch Nigel Burton, *Toyota MR2: The Complete Story* (Ramsbury, Marlborough, UK: Crowood Press, 2015).

54 Satoshi Hino, *Inside the Mind of Toyota: Management Principles for Enduring Growth* (New York: Productivity Press, 2006), 2.

55 Burton, *Toyota MR2.*

56 James P. Womack, Daniel T. Jones und Daniel Roos, *The Machine That Changed the World: The Story of Lean Production – Toyota's Secret Weapon in the Global Car Wars That Is Revolutionizing World Industry* (London: Free Press, 2007).

57 Kazuhiro Mishina, »Toyota Motor Manufacturing, U.S.A., Inc.«, Harvard Business School, Case 693–019, September 1992 (überarbeitet September 1995).

58 Ebd

59 David Magee, *How Toyota Became #1: Leadership Lessons from the World's Greatest Car Company* (New York: Portfolio, 2008).

60 Mary Louise Kelly, Karen Zamora und Amy Isackson, »Meet America's Newest Chess Master, 10-Year-Old Tanitoluwa Adewumi«, All Things Considered, NPR, 11. Mai 2021, https://www.npr.org/2021/05/11/995936257/meet-americas-newest-chess-master-10-year-old-tanitoluwa-adewumi.

61 »Yani Tseng Stays Positive After 73«, *USA Today*, 1. November 2012, sec. Sport, https://www.usatoday.com/story/sports/golf/lpga/2012/11/15/cme-group-titleholders-yani-tseng/1707513/.

62 Tim Grosz, »Success of Proactive Safety Programs Relies on ›Just Culture‹ Acceptance«, Air Mobility Command, 5. Februar 2014, https://www.amc.af.mil/News/Article-Display/Article/786907/success-of-proactive-safety-programs-relies-on-just-culture-acceptance/.

63 Amy C. Edmondson, »Learning from Mistakes Is Easier Said Than Done: Group and Organizational Influences on the Detection and Correction of Human Error«, *Journal of Applied Behavioral Science* 32, Nr. 1 (1. März 1996): 5–28.

64 Für detailliertere Darstellungen von Mulallys Rettungsaktion bei Ford siehe Bryce G. Hoffman, *American Icon: Alan Mulally and the Fight to Save Ford Motor Company* (New York: Crown Business, 2012); Amy C. Edmondson und Olivia Jung, »The Turnaround at Ford Motor Company«, Harvard Business School, Case 621–101, April 2021 (überarbeitet März 2022).

65 Hoffman, *American Icon*, 102.

66 Alan Mulally, »Rescuing Ford«, Interview von Peter Day, BBC Global Business, 16. Oktober 2010, https://www.bbc .co.uk/programmes/p00b5qjq.

67 Hoffman, *American Icon*, 124.

68 Alan Mulally, »Alan Mulally of Ford: Leaders Must Serve, with Courage« (Video), Stanford Graduate School of Business, 7. Februar 2011, Min. 31:25, https://www.youtube.com/watch?v=ZIwz1KlKXP4.

69 Ebd., Min. 32:59.

70 Jan U. Hagen, *Confronting Mistakes: Lessons from the Aviation Industry When Dealing with Error* (Houndmills, Basingstoke, Hampshire, UK: Palgrave Macmillan, 2013).

71 Ebd., 143.

72 Ebd., 146, Abbildung 3.10.

73 Ebd., 145, Abbildung 3.9b.

74 Ebd., 148.

75 Susan P. Baker et al., »Pilot Error in Air Carrier Mishaps: Longitudinal Trends among 558 Reports, 1983–2002«, *Aviation, Space, and Environmental Medicine* 79, no. 1 (Januar 2008): 2–6, zitiert in Hagen, *Confronting Mistakes*, 143.

76 Andy Pasztor, »The Airline Safety Revolution«, *Wall Street Journal*, 16. April 2021, sec. Life, https://www.wsj.com/articles/the-airline-safety-revolution-11618585543.

77 Siehe zum Beispiel Kris N. Kirby und R. J. Herrnstein, »Preference Reversals Due to Myopic Discounting of Delayed Reward«, *Psychological Science* 6, no. 2 (1995): 83–89. Beachten Sie auch, dass die zeitliche Diskontierung manchmal auch als Gegenwartsverzerrung bezeichnet wird.

78 Stephen J. Dubner, »In Praise of Maintenance«, *Freakonomics*, Folge 263, produziert von Arwa Gunja, 19. Oktober 2016, Min. 41:41, https://freakonomics.com/podcast/in-praise-of-maintenance/.

79 Gawande, *Checklist-Strategie*.

80 National Academy of Sciences, »The Hospital Checklist: How Social Science Insights Improve Health Care Outcomes«, From Research to Reward, https://nap.nationalacademies.org/read /23510/.

81 »Doctor Saved Michigan $100 Million«, All Things Considered, NPR, 9. Dezember, https://www.npr.org /templates/story/story.php?storyId=17060374.

82 Andy Pasztor, »Can Hospitals Learn about Safety from Airlines?«, *Wall Street Journal*, 2. September 2021, https://www.wsj.com/articles/can-hospitals-learn-about-safety-from-airlines-11630598112.

83 Ebd.

84 Hagen, *Confronting Mistakes*, 7.

85 Aircraft Accident Report: Eastern Airlines, Inc., L-1011, N310EA, Miami, Florida, 29. Dezember 1972 (Washington, D.C.: National Transportation Safety Board, Juni 14, 1973).

86 Hintergrundinformationen zu Geschichte, Grundsätzen und Praktiken des CRM finden sich in Barbara G. Kanki, José M. Anca und Thomas Raymond Chidester (Hrsg.), *Crew Resource Management*, 3. Auflage (London: Academic Press, 2019).

87 Mark Mancini, »The Surprising Origins of Child-Proof Lids«, *Mental Floss*, 14. Februar 2014, https://www. mentalfloss.com/article/54410/surprising-origins-child-proof-lids.

88 : Shigeo Shingō und Andrew P. Dillon, *A Study of the Toyota Production System from an Industrial Engineering Viewpoint*, rev. ed. (Cambridge, MA: Productivity Press, 1989).

89 Mehr über Norman finden Sie auf seiner Website, About Don Norman, 21. Dezember 2020, https://jnd.org/about/.

90 Weitere Informationen zum Bereich des menschzentrierten Designs finden Sie in »What Is Human-Centered Design?«, IDEO Design Kit, IDEO.org, abgerufen am 11. November 2021, https://www.designkit.org/human-centered-design.

91 Don Norman, »What Went Wrong in Hawaii, Human Error? Nope, Bad Design«, *Fast Company*, 16. Januar 2018, https://www.fastcompany.com/90157153/don-norman-what-went-wrong-in-hawaii-human-error-nope-bad-design.

92 Pamela Laubheimer, »Preventing User Errors: Avoiding Unconscious Slips«, Nielsen Norman Group, 23. August 2015, https://www.nngroup.com/articles/slips/.

93 Ebd.

94 »How a Kitchen Accident Gave Birth to a Beloved Sauce«, Goldthread, 26. November 2018, https://www.goldthread2.com/food/how -kitchen-accident-gave-birth-beloved-sauce/article/3000264.

95 Bee Wilson, »The Accidental Chef«, *Wall Street Journal*, 18. September 2021, sec. Life, https://www.wsj.com/articles/the-accidental-chef-11631937661.

96 Ebd.

Kapitel 4: Der perfekte Sturm

1 Richard Petrow, *The Black Tide: In the Wake of Torrey Canyon*, 1st UK ed. (England: Hodder and Stoughton, 1968), 245.

2 Adam Vaughan, »*Torrey Canyon* Disaster – the UK's Worst-Ever Oil Spill 50 Years On«, *Guardian*, 18. März, 2017, sec. Environment https://www.theguardian.com/environment/2017/mar/18/torrey-canyon-disaster-uk-worst-ever-oil-spill-50tha-anniversary.

3 Petrow, *The Black Tide*, 246.

4 Ebd, 158.

5 Ebd, 182.

6 Ebd, 184.

7 Amy C. Edmondson, *Die angstfreie Organisation: Wie Sie psychologische Sicherheit am Arbeitsplatz für mehr Entwicklung, Lernen und Innovation schaffen* (München: Vahlen, 2020), Kap. 3.

8 Wendy Lee und Amy Kaufman, »Search Warrant Reveals Grim Details of ›Rust‹ Shooting and Halyna Hutchins' Final Minutes«, *Los Angeles Times*, 26. Oktober 2021, sec. Company

Town, https://www.latimes. com/entertainment-arts/business/story/2021-10-24/alec-baldwin-prop-gun-shooting-halyna-hutchins-search-warrant.

9 Wendy Lee und Amy Kaufman, »›Rust‹ Assistant Director Admits He Didn't Check All Rounds in Gun before Fatal Shooting«, *Los Angeles Times*, 27. Oktober 2021, sec. Local, https://www.latimes.com/california/story/2021-10-27/rust-assistant-director-dave-halls-protocol-alec-baldwin-shooting.

10 Julia Jacobs und Graham Bowley, »›Rust‹ Armorer Sues Supplier of Ammunition and Guns for Film Set«, *New York Times*, 13. Januar 2022, sec. Film, https://www.nytimes.com/2022/01/12/movies/rust-film-ammunition- supplier-sued.html.

11 Emily Crane, »›Rust‹ Set Had Two ›Negligent Discharges‹ before Fatal Shooting, New Police Report Reveals«, *New York Post*, 5. Dezember 2022, https://nypost.com/2022/11/18/rust-set-had-two-negligent-discharges-before-fatal-shooting-cops/.

12 Matthew Shaer, »The Towers and the Ticking Clock«, *New York Times Magazine*, 28. Januar 2022, https://www.nytimes.com/interactive/2022/01/28/magazine/miami-condo-collapse.html.

13 Ebd.

14 Kevin Lilley, »Navy Officer, 35, Dies in Off-Duty Diving Mishap«, *Navy Times*, 7. Juni 2018, https://www.navytimes.com/news/your-navy/2018/06/05/navy-officer-35-dies-in-off-duty-diving-mishap/.

15 Gareth Lock, *If Only* … (Dokumentarfilm) (*Human Diver*, 2020), Min. 34:03, https://vimeo.com/414325547.

16 Ebd.

17 Ebd.

18 Meg James, Amy Kaufman und Julia Wick, »The Day Alec Baldwin Shot Halyna Hutchins and Joel Souza«, *Los Angeles Times*, 31. Oktober 2021, sec. Company Town, https://www.latimes.com/entertainment-arts /business /story/2021-10-31/rust-film-alec-baldwin-shooting-what-happened-that-day.

19 Vaughan, »*Torrey Canyon* Disaster«.

20 Raffi Khatchadourian, »Deepwater Horizon's Lasting Damage«, *New Yorker*, 6. März 2011, http://www.newyorker.com/magazine/2011/03/14/the-gulf-war.

21 Vaughan, »*Torrey Canyon* Disaster«.

22 Ved P. Nanda, »The *Torrey Canyon* Disaster: Some Legal Aspects«, *Denver Law Review* 44, no. 3 (Januar 1967): 400–425.

23 Vaughan, »*Torrey Canyon* Disaster«.

24 Alan Levin, »Lion Air Jet's Final Plunge May Have Reached 600 Miles per Hour«, Bloomberg, 2. November 2018, https://www.bloomberg.com/news/articles/2018-11-03/lion-air-jet-s-final-plunge-may-have-reached-600-miles-per-hour.

25 Tim Hepher, Eric M. Johnson und Jamie Freed, »How Flawed Software, High Speed, Other Factors Doomed an Ethiopian Airlines 737 MAX«, Reuters, 5. April 2019.

26 Bill Chappell und Laurel Wamsley, »FAA Grounds Boeing 737 Max Planes in U.S., Pending Investigation«, NPR, 13. März 2019, sec. Business, https://www.npr.org/2019/03/13/702936894/ethiopian-pilot-had-problems-with-boeing-737-max-8-flight-controls-he-wasnt-alon.

27 Sumit Singh, »The Merger of McDonnell Douglas and Boeing – a History«, *Simple Flying*, 29. September 2020, https://simpleflying.com/mcdonnel-douglas-boeing-merger/.

28 Jerry Useem, »The Long-Forgotten Flight That Sent Boeing off Course«, *Atlantic*, 20. November 2019, https://www.theatlantic.com/ideas/archive/2019/11/how-boeing-lost-its-bearings/602188/.

29 Ebd.

30 Natasha Frost, »The 1997 Merger That Paved the Way for the Boeing 737 Max Crisis«, Quartz, 3. Januar 2020, https://www.yahoo.com/video/1997-merger-paved-way-boeing-090042193.html. Siehe auch Michael A. Roberto, *Boeing 737 MAX: Company Culture and Product Failure* (Ann Arbor, MI: WDI Publishing, 2020).

31 Roberto, *Boeing 737 MAX.*

32 Ebd.

33 Ebd.

34 Ebd. 6.

35 Ebd. 7.

36 David Gelles, »›I Honestly Don't Trust Many People at Boeing‹: A Broken Culture Exposed«, *New York Times*, 10. Januar 2020, sec. Business, https://www.nytimes.com/2020/01/10/business/boeing-737-employees-messages.html.

37 Ebd.

38 Dominic Gates, Steve Miletich und Lewis Kamb, »Boeing Rejected 737 MAX Safety Upgrades before Fatal Crashes, Whistleblower Says«, *Seattle Times*, 2. Oktober 2019, https://www.seattletimes.com/business/boeing-aerospace/boeing-whistleblowers-complaint-says-737-max-safety-upgrades-were-rejected-over-cost/.

39 Ebd.

40 Natalie Kitroeff und David Gelles, »Claims of Shoddy Production Draw Scrutiny to a Second Boeing Jet«, *New York Times*, April 20, 2019, sec. Business, https://www.nytimes.com/2019/04/20/business /boeing-dreamliner-production-problems.html; Amy C. Edmondson, »Boeing and the Importance of Encouraging Employees to Speak up«, *Harvard Business Review*, 1. Mai 2019, https://hbr.org/2019/05/boeing-and-the-importance-of-encouraging-employees-to-speak-up.

41 U.S. Department of Justice, »Boeing Charged with 737 Max Fraud Conspiracy and Agrees to Pay over $2.5 Billion« (Pressemitteilung), Office of Public Affairs, 7. Januar 2021, https://www.justice .gov/opa/pr/boeing-charged-737-max-fraud-conspiracy-and-agrees-pay-over-25-billion.

42 »Equifax Data Breach«, Electronic Privacy Information Center, n.d., https://archive.epic.org/privacy/data-breach/equifax/.

43 Prepared Testimony of Richard F. Smith before the U.S. House Committee on Energy and Commerce, Subcommittee on Digital Commerce and Consumer Protection (Erklärung von Richard Smith, CEO, Equifax), 2. Oktober 2017.

44 »Ich habe versehentlich eine Festplatte weggeworfen« ist ein Satz, der eine Reihe kleinerer häuslicher Ereignisse abkürzt, wie sie von D. T. Max erzählt wurden. Howells fand die Festplatte, als er seinen Schreibtisch aufräumte, und steckte sie in einen Müllsack, der eigentlich Wegwerfartikel enthielt. Ein Gespräch mit seiner Frau an diesem Abend endete

mit der Vereinbarung, dass Howells den Sack auf der städtischen Müllhalde entsorgen würde. Obwohl Howells inzwischen klar geworden war, dass er die Festplatte behalten sollte, ging er davon aus, dass er genügend Zeit haben würde, um sie aus dem Sack zu holen. Am nächsten Morgen brachte seine Frau den Sack zur Mülldeponie, ohne ihn zu informieren. Ergo: ein sehr menschlicher und scheinbar irreversibler Fehler. Für weitere Informationen siehe D. T. Max, »Half a Billion in Bitcoin, Lost in the Dump«, *New Yorker,* 6. Dezember 2021, https://www.newyorker.com/magazine/2021/12/13/half-a-billion-in-bitcoin-lost-in-the-dump.

45 Rita Gunther McGrath, »The World Is More Complex Than It Used to Be«, *Harvard Business Review,* 31. August 2011, https://hbr.org/2011/08/the-world-really-is-more-compl.

46 Lazaro Gamio und Peter S. Goodman, »How the Supply Chain Crisis Unfolded«, *New York Times,* 5. Dezember 2021, sec. Business, https://www.nytimes.com/interactive/2021/12/05/business/economy/supply-chain.html.

47 Chris Clearfield und András Tilcsik, *Meltdown* (New York: Penguin, 2018), 78.

48 Amy C. Edmondson, »Learning from Failure in Health Care: Frequent Opportunities, Pervasive Barriers«, *Quality and Safety in Health Care* 13, suppl. 2 (1. Dezember 2004): ii3-9.

49 Lucian L. Leape, »Error in Medicine«, *JAMA* 272, no. 23 (1. Dezember 1994): 1851–57, doi: 10.1001/ jama.1994.03520230061039; Lisa Sprague, »Reducing Medical Error: Can You Be as Safe in a Hospital as You Are in a Jet?«, *National Health Policy Forum* 740 (14. Mai 1999): 1-8.

50 Andy Pasztor, »Can Hospitals Learn about Safety from Airlines?«, *Wall Street Journal,* 2. September 2021, https://www.wsj.com/articles/can-hospitals-learn-about-safety-from-airlines-11630598112.

51 Edmondson, »Learning from Failure«.

52 Charles Perrow, *Normale Katastrophen: Die unvermeidbaren Risiken der Großtechnik* (Frankfurt a. M.: Campus, 1992.

53 Clearfield und Tilcsik, *Meltdown.*

54 Perrow, *Normale Katastrophen.* Siehe auch Andrew Hopkins, »The Limits of Normal Accident Theory«, *Safety Science* 32 (1999): 93–102.

55 Amy C. Edmondson, »Learning from Mistakes Is Easier Said Than Done: Group and Organizational Influences on the Detection and Correction of Human Error«, *Journal of Applied Behavioral Science* 32, Nr. 1 (1. März 1996).

56 Amy Edmondson, Michael E. Roberto und Anita Tucker, »Children's Hospital and Clinics (A)«, *Harvard Business School,* Fall 302-050, November 2001 (überarbeitet September 2007), 1–2.

57 James Reason, »Human Error: Models and Management«, BMJ 320, Nr. 7237 (2000): 768–70.

58 Karlene H. Roberts, »New Challenges in Organizational Research: High Reliability Organizations«, *Industrial Crisis Quarterly* 3, Nr. 2 (1. Juni 1989): 111-25; Gene I. Rochlin, »Reliable Organizations: Present Research and Future Directions«, *Journal of Contingencies and Crisis Management* 4, no. 2 (Juni 1996): 55–59, doi: 10.1111/j.1468-5973.1996 .tb00077.x.

59 Karl E. Weick, Kathleen M. Sutcliffe und David Obstfeld, »Organizing for High Reliability: Processes of Collective Mindfulness«, in *Research in Organizational Behavior* 21, eds. R. I. Sutton und B. M. Staw (Amsterdam: Elsevier Science/JAI Press, 1999): 81–123.

60 Bethan Bell und Mario Cacciottolo, »*Torrey Canyon* Oil Spill: The Day the Sea Turned Black«, BBC News, 17. März 2017, sec. England, https://www.bbc.com/news/uk-england-39223308.

61 »The Oil Pollution Act of 1990«, U.S. Environmental Protection Agency, Public Law 101-380, 33 U.S. Code § 2701, https://www.law.cornell.edu/uscode/text/33/2701.

62 Bell und Cacciottolo, »*Torrey Canyon* Oil Spill«.

63 Ebd.

64 Joe Hernandez, »The Fatal Shooting of Halyna Hutchins Is Prompting Calls to Ban Real Guns from Sets«, Morning Edition, NPR, 24. Oktober 2021, https://www.northcountrypublicradio.org/news/npr/1048830998/the-fatal-shooting-of-halyna-hutchins-is-prompting-calls-to-ban-real-guns-from-sets.

65 Lock, *If Only …*

66 Die Geschichte des Space-Shuttle *Columbia* aus Michael Roberto, Richard M. J. Bohmer und Amy C. Edmondson, »Facing Ambiguous Threats«, *Harvard Business Review* 84, Nr. 11 (November 2006): 106–13.

67 Rodney Rocha, »Accidental Case Study of Organizational Silence & Communication Breakdown: Shuttle *Columbia*, Mission STS-107« (Präsentation), HQ-E-DAA-TN22458, September 2011, https://ntrs.nasa.gov/citations/20150009327.

68 Für eine frühe Studie zum Nachweis der Bestätigungsfehler siehe Clifford R. Mynatt, Michael E. Doherty und Ryan D. Tweney, »Confirmation Bias in a Simulated Research Environment: An Experimental Study of Scientific Inference«, *Quarterly Journal of Experimental Psychology* 29, Nr. 1 (Februar 1977): 85–95, doi: 10.1080/00335557743000053.

69 Federal Deposit Insurance Corporation (FDIC), *Crisis and Response: An FDIC History*, 2008–2013 (Washington, D.C.: FDIC, 2017).

70 *Columbia* Accident Investigation Board Report, vol. 1 (Washington, D.C.: National Aeronautics and Space Administration, August 2003).

71 Roberto, *Boeing 737 MAX*.

72 »Rapid Response Teams: The Case for Early Intervention«, Improvement Stories, https://www.ihi.org/resources/Pages/ImprovementStories/RapidResponseTeamsTheCaseforEarlyIntervention.aspx.

73 Jason Park, *Making Rapid Response Real: Change Management and Organizational Learning in Patient Care* (Lanham, MD: University Press of America, 2010).

74 Majid Sabahi et al., »Efficacy of a Rapid Response Team on Reducing the Incidence and Mortality of Unexpected Cardiac Arrests«, *Trauma Monthly* 17, no. 2 (2012): 270–74, doi: 10.5812/traumamon.4170.

75 Im Gesundheitswesen wird bei der Risikoanpassung der Schweregrad des Gesundheitszustands der Patienten berücksichtigt, wenn die Qualitätsleistungen verschiedener Gruppen in einer Studie verglichen werden.

76 Michael A. Roberto, *Know What You Don't Know: How Great Leaders Prevent Problems Before They Happen* (Upper Saddle River, NJ: Pearson Prentice Hall, 2009); Park, Making Rapid Response Real.

77 Roberto, *Know What You Don't Know*, 5–6.

Kapitel 5: Wir haben den Feind getroffen

1 Bridgewater, ein Hedgefonds, unterlag bei seinen Anlageentscheidungen kaum Beschränkungen. Hedgefonds sind Finanzdienstleistungsunternehmen, die ausgeklügelte Anlagetechniken einsetzen, um Finanzanlagen für diejenigen zu kaufen und zu verkaufen, die bereit sind, auf der Suche nach höheren Renditen größere Risiken einzugehen. Im Gegensatz zu Privatkundenbanken oder Investmentfonds unterliegen Hedgefonds kaum einer staatlichen Regulierung, und ihre Investoren sind in der Regel wohlhabende Personen und Institutionen. Weitere Informationen finden Sie unter »Hedge Funds«, U.S. Securities and Exchange Commission, https://www.investor.gov/introduction-investing/investing-basics/investment-products/private-investment-funds/hedge-funds.

2 David John Marotta, »Longest Economic Expansion in United States History«, *Forbes*, 21. Januar 2020, https://www.forbes.com/sites/davidmarotta/2020/01/21/longest-economic-expansion-in-united-states-history/.

3 Ray Dalio, »Billionaire Ray Dalio on His Big Bet That Failed: ›I Went Broke and Had to Borrow $4,000 from My Dad‹«, CNBC, 4. Dezember 2019, https://www.cnbc.com/2019/12/04/billionaire-ray-dalio-was-once-broke-and-borrowed-money-from-his-dad-to-pay-family -bills.html.

4 Ebd.

5 Ray Dalio, »Billionaire Ray Dalio on His Big Bet That Failed: ›I Went Broke and Had to Borrow $4,000 from My Dad‹«, CNBC, 4. Dezember 2019, https://www.cnbc.com/2019/12/04/billionaire-ray-dalio-was-once-broke-and-borrowed-money-from-his-dad-to-pay-family-bills.html.

6 Daniel Goleman, *Lebenslügen: Die Psychologie der Selbsttäuschung* (München: Heyne).

7 Rich Ling, »Confirmation Bias in the Era of Mobile News Consumption: The Social and Psychological Dimensions«, *Digital Journalism* 8, no. 5 (2020): 596–604.

8 Yiran Liu et al., »Narcissism and Learning from Entrepreneurial Failure«, *Journal of Business Venturing* 34, no. 3 (May 1, 2019): 496–521, doi: 10.1016/j.jbusvent.2019.01.003.

9 Tomas Chamorro-Premuzic, »Why We Keep Hiring Narcissistic CEOs«, *Harvard Business Review*, 29. November 2016, https://hbr.org/2016/11/why-we-keep-hiring-narcissistic-ceos; Jean M. Twenge et al., »Egos Inflating over Time: A Cross-Temporal Meta-Analysis of the Narcissistic Personality Inventory«, *Journal of Personality* 76, no. 4 (Juli 2008): 875–902, discussion at 903–28, doi: 10.1111/j.1467-6494.2008.00507.x.

10 Joseph LeDoux, *The Emotional Brain* (New York: Simon & Schuster Paperbacks, 1996).

11 Daniel Kahneman, *Schnelles Denken, langsames Denken* (München: Penguin, 2016)

12 Jennifer J. Kish-Gephart et al., »Silenced by Fear: The Nature, Sources, and Consequences of Fear at Work«, *Research in Organizational Behavior* 29 (31. Dezember 2009): 163–93.

13 Lauren Eskreis-Winkler und Ayelet Fishbach, »Not Learning from Failure – the Greatest Failure of All«, *Psychological Science* 30, no. 12 (1. December 2019): 1733–44.

14 Ebd., 1733.

15 Lauren Eskreis-Winkler und Ayelet Fishbach, »Hidden Failures«, *Organizational Behavior and Human Decision Processes* 157 (2020): 57–67.

16 K. C. Diwas, Brad-ley R. Staats, und Francesca Gino, »Learning from My Success and from Others' Failure: Evidence from Minimally Invasive Cardiac Surgery«, Harvard Business

School, Working Paper 12-065, 19. Juli 2012, https://hbswk.hbs.edu/item/learning-from-my-success-and-from-others-failure-evidence-from-minimally-invasive-cardiac-surgery.

17 Für einige Beispiele siehe Catherine H. Tinsley, Robin L. Dillion, und Matthew A. Cronin, »How Near-Miss Events Amplify or Attenuate Risky Decision Making«, *Management Science* 58, Nr. 9 (September 2012): 1596–1613; Palak Kundu et al., »Missing the Near Miss: Recognizing Valuable Learning Opportunities in Radiation Oncology«, *Practical Radiation Oncology* 11, no. 2 (2021): e256-62; Olivia S. Jung et al., »Resilience vs. Vulnerability: Psychological Safety and Reporting of Near Misses with Varying Proximity to Harm in Radiation Oncology«, *Joint Commission Journal on Quality and Patient Safety* 47, Nr. 1 (Januar 2021): 15–22.

18 Brené Brown, »Listening to Shame«, TED 2012, Min 14:47, https://www.ted.com/talks/brene_brown_listening_to_shame?language=sc.

19 Brené Brown, »Shame Resilience Theory: A Grounded Theory Study on Women and Shame«, *Families in Society* 87, no. 1 (2006): 43–52, doi: 10.1606/1044-3894.3483.

20 Robert Karen, »Shame«, *Atlantic Monthly*, Februar 1992, 40–70; Paul Trout, »Education & Academics«, *National Forum* 80, no. 4 (Herbst 2000): 3–7.

21 Brené Brown, »Listening to Shame«, Min 14:13.

22 »Instagram Worsens Body Image Issues and Erodes Mental Health«, *Weekend Edition Sunday*, 26. September 2021, https://www.npr.org/2021/09/26/1040756541/instagram-worsens-body-image-issues-and-erodes-mental-health.

23 Nicole Wetsman, »Facebook's Whistleblower Report Confirms What Researchers Have Known for Years«, *Verge*, 6. Oktober 2021, https://www.theverge.com/2021/10/6/22712927/facebook-instagram-teen-mental-health-research.

24 Georgia Wells, Jeff Horwitz und Deepa Seetharaman, »Facebook Knows Instagram Is Toxic for Teen Girls, Company Documents Show«, *Wall Street Journal*, 14. September 2021.

25 Nadia Khamsi, »Opinion: Social Media and the Feeling of Inadequacy«, Ryersonian.Ca (Blog), 25. September 2017, https://ryersonian.ca/opinion-social-media-and-the-feeling-of-inadequacy/.

26 Melissa G. Hunt et al., »No More FOMO: Limiting Social Media Decreases Loneliness and Depression«, *Journal of Social and Clinical Psychology* 37, no. 10 (Dezember 2018): 751–68, doi: 10.1521/jscp.2018.37.10.751.

27 Alice G. Walton, »New Studies Show Just How Bad Social Media Is for Mental Health«, *Forbes*, 16. November 2018, https://www.forbes.com/sites/alicegwalton/2018/11/16/new-research-shows-just-how-bad-social-media-can-be-for-mental-health/.

28 Einen Überblick über die Theorie des sozialen Vergleichs finden Sie in dieser ausgezeichneten Übersicht: Abraham P. Buunk und Frederick X. Gibbons, »Social Comparison: The End of a Theory and the Emergence of a Field«, *Organizational Behavior and Human Decision Processes* 102, Nr. 1 (Januar 2007): 3–21.

29 Walton, »New Studies Show«.

30 Jeré Longman, »Simone Biles Rejects a Long Tradition of Stoicism in Sports«, *New York Times*, 28. Juli 2021, sec. Sport, https://www.nytimes.com/2021/07/28/sports/olympics/simone-biles-mental-health.html.

31 Camonghne Felix, »Simone Biles Chose Herself«, *Cut*, 27. September 2021, https://www.thecut.com/article/simone-biles-olympics-2021.html.

32 Ebd.

33 Ebd., wo es heißt: »›Es tut mir leid, ich liebe euch, ihr werdet es allein hinkriegen‹, versicherte Biles jeder ihrer Teamkolleginnen mit einer Umarmung.«

34 Brené Brown, »The Power of Vulnerability« (TEDx Houston, Houston, TX, 2010), https://www.ted.com/talks /brene_brown_the_power_of_vulnerability/, Min. 17:00.

35 Adam Grant, *Think Again: The Power of Knowing What You Don't Know* (New York: Viking, 2021).

36 Viktor Frankl, *... trotzdem Ja zum Leben sagen – Ein Psychologe überlebt das Konzentrationslager* (München: Penguin, 2018)

37 Carol Dweck, »Developing a Growth Mindset with Carol Dweck« (Video), Stanford Alumni, 9. Oktober 2014, Min. 9:37, https://www.youtube.com/watch?v=hiiEeMN7vbQ. Siehe auch Carol Dweck, »The Power of Believing That You Can Improve«, TEDx Norrkoping, 17. Dezember 2014, Min. 10:11, https://www.ted.com/talks/carol_dweck_the_power_of_believing_that_you_can_improve?language=en.

38 Zoom-Interview mit Satya Nadella, SIP (Short Intensive Program): Putting Purpose to Work 5033, Harvard Business School, 14. Dezember 2021.

39 Ich habe ausführlicher über die Arbeit von Chris Argyris geschrieben in Amy C. Edmondson, »Three Faces of Eden: The Persistence of Competing Theories and Multiple Diagnoses in Organizational Intervention Research«, Human Relations 49, no. 5 (1996): 571–95. Ich empfehle auch Argyris' Buch *Reasoning, Learning and Action* (San Francisco: Jossey-Bass, 1982), das mich erstmals mit seinen brillanten Einsichten über zwischenmenschliches Verhalten bekannt machte.

40 Jonathan Cohen (@JonathanCohenMD), »One of My Favorite Parts of GRs: Sharing #PsychologicalSafety Lessons«, Twitter, 9. Januar 2022, 11:07, https://twitter.com/JonathanCohenMD/status /1480209559159513091.

41 Für weitere Informationen über Larry Wilson siehe Larry Wilson und Hersch Wilson, *Play to Win: Choosing Growth over Fear in Work and Life* (Austin, TX: Bard Press, 1998).

42 Maxie C. Maultsby Jr., *Rational Behavior Therapy* (Seaton Foundation, 1990).

43 Albert Ellis und Debbie Joffe Ellis, *All Out! An Autobiography* (Amherst, NY: Prometheus Books, 2010).

44 Mariusz Wirga, Michael DeBernardi und Aleksandra Wirga, »Our Memories of Maxie C. Maultsby Jr., 1932- 2016«, *Journal of Rational-Emotive & Cognitive Behavior Therapy* 37 (2019): 316–24, doi: 10.1007/s10942-018-0309-3.

45 Ebd.

46 Ebd., 319, nach Charles H. Epps, Davis G. Johnson und Audrey L. Vaughan, *African American Medical Pioneers* (Betz Publishing, 1994).

47 Wirga, DeBernardi und Wirga, »Our Memories«, 319, unter Bezugnahme auf Maxie C. Maultsby Jr., »Rational Behavior Therapy«, in *Behavior Modification in Black Populations*, Hrsg. Samuel S. Turner und Russell T. Jones (New York: Plenum Press, 1982), 151–70.

48 Wirga, DeBernardi und Wirga, »Our Memories«,

49 Maxie Clarence Maultsby Jr., *Help Yourself to Happiness: Through Rational Self-Counseling* (New York: Institute for Rational Living, 1975), 22–23.

50 Wilson und Wilson, *Play to Win.*

51 Ein Beispiel für seine Arbeit finden Sie in Chris Argyris, *Knowledge for Action: A Guide to Overcoming Barriers to Organizational Change* (San Francisco: Jossey-Bass, 1993).

52 Wilson und Wilson, *Play to Win.*

53 Ray Dalio, *Principles: Life and Work* (New York: Simon & Schuster, 2017), 36.

54 Ebd.

55 Ebd.

56 Franz J. Vesely, »Alleged Quote«, https://www.viktorfrankl.org/quote_stimulus.html.

Kapitel 6: Kontexte und Konsequenzen

1 Dolly Parton (@DollyParton), »We Cannot Direct the Wind, but We Can Adjust the Sails!«, Twitter, 25. September 2014, 12:59, https://twitter.com/dollyparton/status/515183726918389761.

2 Boyd Watkins, »Guest Gamer: Ein Interview mit Boyd Watkins«, Interview von Sivasailam »Thiagi« Thiagarajan und Raja Thiagarajan, Thiagi Gameletter, 2009, https://thiagi.net/archive/www/pfp/IE4H/september2009 .html#GuestGamer.

3 Fiona Lee et al., »The Mixed Effects of Inconsistency on Experimentation in Organizations«, *Organization Science* 15, no. 3 (Mai-Juni 2004): 310–26, doi: 10.1287/orsc.1040.0076.

4 Amy C. Edmondson, *Teaming: How Organizations Learn, Innovate, and Compete in the Knowledge Economy* (San Francisco: Jossey-Bass, 2012), Kap. 1.

5 »›I'm Not Wrong‹: Taxi Driver Says He's Not Responsible for Sleeping Boy Left Alone in Cab«, WBZ-CBS Boston, 3. März 2022, https://boston.cbslocal.com/2022/03/03/child-left-alone-in-taxi-weston-dorchester-massachusetts-state-police-logan-airport/.

6 Jeff Nilsson, »›It Doesn't Have to Be Perfect‹: Honoring the Julia Child Centennial«, *Saturday Evening Post*, 11. August 2012, https://www. saturdayeveningpost.com/2012/08/julia-child/.

7 Lee Ross und Andrew Ward, »Naïve Realism: Implications for Social Conflict and Misunderstanding«, in *Values and Knowledge*, Hrsg. Terrance Brown, Edward S. Reed und Elliot Turiel (Mahwah, NJ: Lawrence Erlbaum Associates, Januar 1996), 103–35.

8 Bill Garrett, »Coke's Water Bomb«, BBC News Online, 1. Juni 2004, sec. BBC Money Programme, http://news.bbc.co.uk/2/hi/business/3809539.stm.

9 Michael McCarthy, »Pure? Coke's Attempt to Sell Tap Water Backfires in Cancer Scare«, *Independent*, 20. März 2004, sec. Umwelt, https://web.archive.org/web/20080522154932/http:/www.independent .co.uk/environment/pure-cokes-attempt-to-sell-tap-water-backfires-in-cancer -scare-567004.html.

10 Tom Scott, »Why You Can't Buy Dasani Water in Britain« (Video), 9. März 2020, Min. 9:58, https://www.youtube.com/watch?v=wD79NZroV88.

11 »Water World Braced for Dasani«, *Grocer*, 5. September 2003.

12 »Coke Recalls Controversial Water«, BBC News, 19. März 2004, http://news.bbc.co.uk/2/hi/business /3550063.stm.

13 Scott, »Why You Can't Buy Dasani Water«.

14 Scott, »Why You Can't Buy Dasani Water«.

15 Alex Wayne, »Obamacare Website Costs Exceed $2 Billion, Study Finds«, Bloomberg, 24. September 2014, https://www.bloomberg.com/news/articles/2014-09-24/obamacare-website-costs-exceed-2-billion-study-finds.

16 Leonard A. Schlesinger und Paras D. Bhayani, »HealthCare.gov: The Crash and the Fix (A)«, Harvard Business School, Fall 315-129, 9. Juni 2015 (überarbeitet am 1. November 2016).

17 Brian Kenny, »The Crash and the Fix of HealthCare.gov«, Cold Call (Podcast), n.d., https://hbr.org/podcast /2016/11/the-crash-and-the-fix-of-healthcare-gov.

18 Robert Safian, »President Obama: The Fast Company Interview«, *Fast Company*, 15. Juni 2015, https://www.fastcompany.com/3046757/president-barack-obama-on-what-we-the-people-means-in-the-21st-century.

19 Amy Goldstein, »HHS Failed to Heed Many Warnings That HealthCare.gov Was in Trouble«, *Washington Post*, 23. Februar 2016, sec. Health & Science, https://www.washingtonpost.com/national/health-science/hhs-failed-to-heed-many-warnings-that-healthcaregov-was-in-trouble/2016/02/22/dd344e7c-d67e-11e5-9823-02b905009f99_story.html.

20 Leonard A. Schlesinger und Paras D. Bhayani, »HealthCare.gov: The Crash and the Fix (B)«, Harvard Business School, 9. Juni 2015, 4.

21 Steven Brill, *America's Bitter Pill: Money, Politics, Backroom Deals, and the Fight to Fix Our Broken Healthcare System* (New York: Random House, 2015), 362.

22 Ebd. 361–62.

23 Asher Mullard, »Parsing Clinical Success Rates«, *Nature Reviews Drug Discovery* 15, no. 447 (2016).

Kapitel 7: Systeme wertschätzen

1 W. Edwards Deming, Dr. Deming's Four Day Seminar, Phoenix, AZ, Februar 1993, https://deming.org/a-bad-system-will-beat-a-good-person-every-time/.

2 Richard Sandomir, »Spencer Silver, an Inventor of Post-it Notes, Is Dead at 80«, *New York Times*, 13. Mai 2021, sec. Business, https://www.nytimes.com/2021/05/13/business/spencer-silver-dead.html.

3 Claudia Flavell-While, »Spencer Silver and Arthur Fry: In Search of an Application«, *Chemical Engineer*, 9. März 2018.

4 Amy C. Edmondson, *A Fuller Explanation: The Synergetic Geometry of R. Buckminster Fuller*, Design Science Collection (Boston: Birkhäuser, 1987), Kap. 2.

5 E. A. Katz, »Chapter 13: Fullerene Thin Films as Photovoltaic Material«, in *Nanostructured Materials for Solar Energy Conversion*, Hrsg. Tetsuo Soga (Amsterdam: Elsevier, 2006), 363.

6 Einige der Werke, die mich beeinflusst haben, sind David Kantor und Lehr William, *Inside the Family* (HarperCollins, 1976); Jay W. Forrester, »Industrial Dynamics – after the First Decade«, *Management Science* 14, no. 7 (1968): 398–415; Peter M. Senge, *Die fünfte Disziplin: Kunst und Praxis der lernenden Organisation* (Stuttgart: Schäffer Poeschel, 2017); W. Richard Scott und Gerald F. Davis, *Organizations and Organizing: Rational, Natural and Open Systems Perspectives* (Abingdon-on-Thames, Oxfordshire, UK: Routledge, 2015); Elinor Ostrom, »A General Framework for Analyzing Sustainability of Social-Ecological Systems«, *Science* 325, no. 5939 (2009): 419–22.

7 Peter Dizikes, »The Secrets of the System«, *MIT News*, 3. Mai 2012, https://news.mit.edu/2012/manufacturing-beer-game-0503.

8 Hau L. Lee, V. Padmanabhan und Seungjin Whang, »The Bullwhip Effect in Supply Chains«, *MIT Sloan Management Review*, Frühling 1997, 11.

9 Senge, *Die fünfte Disziplin.*

10 Ebd.

11 Michael Waters, »Supply Chain Container Ships Have a Size Problem«, *Wired*, 12. Dezember, 2021, https://www.wired.com/story/supply-chain-shipping-logistics/.

12 Nadeen Ebrahim, »Ever Given Container Ship Leaves Suez Canal 106 Days after Getting Stuck«, Reuters, 7. Juli 2021, https://www.reuters.com/world/ever-given-container-ship-set-leave-suez-canal-2021-07-07/.

13 Waters, »Supply Chain Container Ships«.

14 Ebd.

15 Anita L. Tucker und Amy C. Edmondson, »Why Hospitals Don't Learn from Failures: Organizational and Psychological Dynamics That Inhibit System Change«, *California Management Review* 45, no. 2 (Winter 2003): 55–72, doi: 10.2307/41166165.

16 Senge, *Die fünfte Disziplin.*

17 Tucker und Edmondson, »Why Hospitals Don't Learn«.

18 U.S. Department of State, »Green Shipping Corridors Framework« (fact sheet), 12. April 2022, Office of the Spokesperson, https://www.state.gov/green-shipping-corridors-framework/.

19 Zeynep Ton, »The Case for Good Jobs«, *Harvard Business Review*, 30. November 2017, https://hbr.org/2017/11/the-case-for-good-jobs.

20 Paul Rosenthal, *Art Fry's Invention Has a Way of Sticking Around* (podcast), Smithsonian Lemelson Center, 13. Juni 2008, https://invention.si.edu/podcast-art-frys-invention-has-way-sticking-around.

21 Flavell-While, » Spencer Silver und Arthur Fry«.

22 Sandomir, »Spencer Silver«.

23 Rosenthal, *Art Fry's Invention.*

24 Jonah Lehrer, *Imagine!: Wie das kreative Gehirn funktioniert* (München: C. H. Beck, 2014)

25 Rosenthal, *Art Fry's Invention.*

26 Ebd.

27 Ebd.

28 Sarah Duguid, »First Person: ›We Invented the Post-it Note‹«, *Financial Times*, 3. Dezember 2010.

29 »Arthur L. Fry: How Has He Transformed the Scene?«, Minnesota Science & Technology Hall of Fame, abgerufen am 18. Juni 2022, https://www.msthalloffame.org/arthur_l_fry.htm.

30 Steven Spear und H. Kent Bowen, »Decoding the DNA of the Toyota Production System«, *Harvard Business Review*, 1. September 1999, 3, https://hbr.org/1999/09/decoding-the-dna-of-the-toyota-production-system.

31 Charles Fishman, »No Satisfaction at Toyota«, *Fast Company*, 1. Dezember 2006, https://www.fastcompany.com/58345/no-satisfaction-toyota.

32 Ebd.

33 Ebd

34 Amy Edmondson, »The Role of Psychological Safety: Maximizing Employee Input and Commitment«, *Leader & Leader* 2019, Nr. 92 (Frühjahr 2019): 13–19.

35 Julianne M. Morath und Joanne E. Turnbull, *To Do No Harm: Ensuring Patient Safety in Health Care Organizations*, mit einem Vorwort von Lucian L. Leape (San Francisco: Jossey-Bass, Mai 2005).

36 Julianne M. Morath, MedStar Health: Advisory Board Bios, abgerufen am 17. Juni 2022, https://www.medstarhealth. org/innovation-and-research/institute-for-quality-and-safety/about-us/advisory-board/julianne-m-m-morath.

37 Amy Edmondson, Michael E. Roberto und Anita Tucker, »Children's Hospital and Clinics (A)«, Harvard Business School, Fall 302-050, November 2001 (überarbeitet September 2007), 7.

38 Ebd.

39 Ebd.

40 Amy Edmondson, »The Role of Psychological Safety«, 14.

41 Amy C. Edmondson, *Die angstfreie Organisation: Wie Sie psychologische Sicherheit am Arbeitsplatz für mehr Entwicklung, Lernen und Innovation schaffen* (München: Vahlen, 2020).

42 Edmondson, Roberto und Tucker, »Children's Hospital and Clinics«, 4.

43 Ebd.

44 Ebd.

45 Ebd.

Kapitel 8: Entfaltung durch Fehler

1 Diese Geschichte stammt aus Tilar J. Mazzeos ausgezeichneter Biografie *The Widow Clicquot: The Story of a Champagne Empire and the Woman Who Ruled It* (New York: HarperCollins, 2008).

2 Ebd., 181.

3 Natasha Geiling, »The Widow Who Created the Champagne Industry«, *Smithsonian Magazine*, 5. November 2013, https://www.smithsonianmag.com/arts-culture/the-widow-who-created-the-champagne-industry-180947570/.

4 Adam Bradley, »The Privilege of Mediocrity«, *New York Times*, 30. September 2021, https://www.nytimes .com/2021/09/30/t-magazine/mediocrity-people-of-color.html.

5 Ebd.

6 »James West: Digitales Archiv«, HistoryMakers, abgerufen am 23. Oktober 2021, https://www. thehistorymakers.org/biography/james-west.

7 Veronika Cheplygina, »How I Fail S02E08 – Jen Heemstra (PhD'05, Chemistry)«, *Dr Veronika CH* (blog), 8. Januar 2021, https://veronikach.com/how-i-fail/how-i-fail-s02e08-jen-heemstra-phd05-chemistry/.

8 Ebd.

9 Ebd.

10 Noelle Nelson, Selin A. Malkoc und Baba Shiv, »Emotions Know Best: The Advantage of Emotional versus Cognitive Responses to Failure«, *Journal of Behavioral Decision Making* 31, no. 1 (Januar 2018): 40–51, doi: 10.1002/bdm.2042.

11 Jennifer M. Heemstra et al., »Throwing Away the Cookbook: Implementing Course-Based Undergraduate Research Experiences (CUREs) in Chemistry«, in ACS Symposium Series 1248, ed. Rory Waterman und Andrew Feig (Washington, D.C.: American Chemical Society, 2017), 33–63, doi: 10.1021/bk-2017-1248.ch003.

12 Judith Halberstam, *The Queer Art of Failure* (Durham, NC: Duke University Press, 2011).

13 Ebd., 51.

14 Ebd., 60.

15 David Canfield, »There Has Never Been a Show Like *RuPaul's Drag Race*«, *Vanity Fair*, 27. August 2021, https://www.vanityfair.com/hollywood/2021/08/awards-insider-rupauls-drag-race-emmy-impact.

16 Dino-Ray Ramos, »›RuPaul's Drag Race‹ Season 13 Premiere Slays as Most-Watched Episode in Franchise's History«, Deadline (Blog), 4. Januar 2021, https://deadline.com/2021/01/rupauls-drag-race-season-13-premiere-vh1-ratings-most-watched-episode-1234664587/; Brad Adgate, »Ratings: The 2020–21 NBA Season in Review and a Look Ahead«, *Forbes*, 21. Juli 2021, https://www.forbes.com/sites/bradadgate/2021/07/21/the-2020-21-nba-season-in-review-and-a-look-ahead/.

17 S. Jocelyn Bell Burnell, »PETIT FOUR«, *Annals of the New York Academy of Sciences 302, no. 1 (Eighth Texas Symposium on Relativistic Astrophysics*, Dezember 1977): 685–89, doi: 10.1111/j.1749-6632.1977.tb37085.x.

18 Daniel H. Pink, *Die Kraft der Reue: Wie der Blick zurück uns hilft, nach vorn zu schauen | Eine völlig neue Perspektive auf eine unterschätzte Emotion* (Berlin: Ullstein, 2022).

19 Ebd.

20 Thomas Curran und Andrew P. Hill, »Perfectionism Is Increasing over Time: A Meta-Analysis of Birth Cohort Differences from 1989 to 2016«, *Psychological Bulletin* 145, no. 4 (April 2019): 410–29, doi: 10.1037/bul0000138.

21 Adam Grant, »Breaking Up with Perfectionism«, Interview mit Thomas Curran und Eric Best, WorkLife with Adam Grant (TED-Podcast), 3. Mai 2022, https://www.ted. com/podcasts/worklife/breaking-up-with-perfectionism-transcript.

22 Ebd.

23 Nelson, Malkoc und Shiv, »Emotions Know Best«.

24 Ray Dalio (@RayDalio), »Everyone fails. Anyone You See Succeeding Is Only Succeeding at the Things You're Paying Attention To«, Twitter, 22. Oktober 2022, 10:06, https://twitter.com/RayDalio/status/1583097312163004417.

25 Kayt Sukel, *The Art of Risk: The New Science of Courage, Caution, and Change* (Washington, DC: National Geographic Society, 2016).

26 Sara Blakely, »How Spanx Got Started«, Inc., https://www.inc.com/sara-blakely/how-sara-blakley-started-spanx.html.

27 Kathleen Elkins, »The Surprising Dinner Table Question That Got Billionaire Sara Blakely to Where She Is Today«, *Business Insider*, 3. April 2015, https://www.businessinsider.com/the-blakely-family-dinner-table-question-2015-3.

28 Angela Duckworth, *GRIT – Die neue Formel zum Erfolg: Mit Begeisterung und Ausdauer ans Ziel* (München: C. Bertelsmann, 2017).

29 Rachel Makinson, »How Spanx Founder Sara Blakely Created a Billion-Dollar Brand«, CEO Today (Blog), 28. Oktober 2021, https://www.ceotodaymagazine.com/2021/10/how-spanx-founder-sara-blakely-created-a-billion-dollar-brand/.

30 »About«, Spanx by Sara Blakely Foundation (Blog), abgerufen am 27. Juni 2022, https://www.spanxfoundation.com/about/.

31 Angela L. Duckworth et al., »Grit: Perseverance and Passion for Long-Term Goals«, *Journal of Personality and Social Psychology* 92, Nr. 6 (2007): 1087–101, doi: 10.1037/0022-3514.92.6.1087.

32 Rob Knopper, »About«, https://www.robknopper.com/about-3.

33 Rob Knopper, »What My Practice Journal Looks Like«, Auditionhacker (Blog), 25. Juni 2016, https://www.robknopper.com/blog/2016/6/25/what-my-practice-journal-looks-like.

34 Rob Knopper, »What to Do When You Have a Disastrous Snare Drum Performance«, Percussionhacker (Blog), 4. März 2018, https://www.robknopper.com/blog/2018/3/2/pg0qmqdy07akmm6 cmh8q8i1ysus4s1.

35 Charlotte V. O. Witvliet et al., »Apology and Restitution: The Psychophysiology of Forgiveness after Accountable Relational Repair Responses«, *Frontiers in Psychology* 11 (13. März 2020): 284, doi: 10.3389/fpsyg.2020.00284.

36 Charlotte V. O. Witvliet et al., »Apology and Restitution: The Psychophysiology of Forgiveness after Accountable Relational Repair Responses«, *Frontiers in Psychology* 11 (13. März 2020): 284, doi: 10.3389/fpsyg.2020.00284.

37 Ebd.

38 Ebd.

39 Christine Carter, »The Three Parts of an Effective Apology«, *Greater Good*, 12. November 2015, https://greatergood .berkeley.edu/article/item/the_three_parts_of_an_effective_apology.

40 Matthew Dollinger, »Starbucks, ›the Third Place‹, and Creating the Ultimate Customer Experience«, *Fast Company*, 11. Juni 2008, https://www.fastcompany.com/887990/starbucks-third-place-and-creating-ultimate-customer-experience.

41 Christine Hauser, »Starbucks Employee Who Called Police on Black Men No Longer Works There, Company Says«, *New York Times*, 16. April 2018, sec. U.S., https://www.nytimes.com/2018/04/16/us/starbucks-philadelphia-arrest.html.

42 Cale Guthrie Weissman, »Equifax Wants You to Enter Your Social Security Number Here to Find Out If It Was Hacked«, *Fast Company*, 7. September 2017, https://www.fastcompany.com/40464504/equifax-wants-you-to-enter-your-social-security-number-here-to-find-out-if-it-was-hacked.

43 »Marissa Mayer Personally Apologizes for Yahoo Mail Debacle«, *Slate*, 16. Dezember 2013. Siehe auch Marissa Mayer (@marisssamayer), »An Important Update for Our Users«, Twitter, 11. Dezember 2013, 14:31, https://twitter.com/marissamayer/status/410854397292593153.

44 Jennifer Bendery, »Kathleen Sebelius Takes Blame for Obamacare Glitches While Being Grilled by Marsha Blackburn«, *HuffPost*, 30. Oktober 2013, https://www.huffpost.com/entry/kathleen-sebelius-marsha-blackburn_n_4177223.

45 Chuck Todd, »Exclusive: Obama Personal Apologizes for Americans Losing Health Coverage«, NBC News, 7. November 2013, https://www.nbcnews.com/news/us-news /exclusive-obama-personally-apologizes-americans-losing-health-coverage-flna8c11555216.

46 Tiffany Hsu, »Neiman Marcus Says Social Security Numbers, Birth Dates Not Stolen«, *Los Angeles Times*, 16. Januar 2014, https://www.latimes.com/business/la-xpm-2014-jan-16-la-fi-mo-neiman-marcus-breach-20140116-story.html.

47 Megan McCluskey, »Dan Harmon Gives ›Full Account' of Sexually Harassing Community Writer Megan Ganz«, *Time*, 11. Januar 2018, https://time.com/5100019/dan-harmon-megan-ganz-sexual-harassment-apology/.

48 Astro Teller, »Tips for Unleashing Radical Creativity«, X, the moonshot factory (blog), 12. Februar 2020, https://blog.x.company/tips-for-unleashing-radical-creativity-f4ba55602e17.

49 Astro Teller, »The Unexpected Benefit of Celebrating Failure«, TED Talk, https://www.ted.com/talks/astro_teller_the_unexpected_benefit_of_celebrating_failure.

50 »Waymo: Transforming Mobility with Self-Driving Cars«, abgerufen am 16. Juni 2022, https://x.company/projects/waymo/.

51 Teller, »Tips for Unleashing«.

52 Alison Wood Brooks et al., »Mitigating Malicious Envy: Why Successful Individuals Should Reveal Their Failures«, *Journal of Experimental Psychology: General* 148, no. 4 (April 2019): 667–87, doi: 10.1037/xge0000538.

53 Melanie Stefan, »A CV of Failures«, *Nature* 468 (November 2010): 467, doi: 10.1038/nj7322-467a.

54 Johannes Haushofer, »Johannes Haushofer Personal Page«, abgerufen am 18. Juni 2022, https://haushofer.ne.su.se/.

55 Jeffrey R. Young, »Encouraging Teachers to Share Their Mistakes on Stitcher«, EdSurge (Podcast), 19. Oktober 2021, https://listen.stitcher.com/yvap/?af_dp=stitcher://episode/87639474&af_web _dp=https://www.stitcher.com/episode/87639474.

56 Jon Harper, »Pandemic Lesson #2: I Pushed My Teachers Too Hard; in Fact, I Pushed Some over the Edge«, My BAD (podcast), abgerufen am 27. Juni 2022, https://podcasts.apple.com/us/podcast/pandemic-lesson-2-i -pushed-my-teachers-too-hard-in/id1113176485?i=1000508349340.

57 »Failure Institute: About Us«, Failure Institute, abgerufen am 18. Juni 2022, https://www.thefailureinstitute.com/about-us/.

58 Gwen Moran, »Fostering Greater Creativity by Celebrating Failure«, *Fast Company*, 4. April 2014, https://www.fastcompany.com/3028594/a-real-life-mad-man-on-fighting-fear-for-greater-creativity.

59 Sue Shellenbarger, »Better Ideas through Failure«, *Wall Street Journal*, 27. September 2011, sec. Careers, https://online.wsj .com/article/SB10001424052970204010604576594671572584158.html.

60 Ramakrishnan Mukundan, Sabeel Nandy und Ravi Arora, »›Dare to Try‹ Culture Change at Tata Chemicals«, HQ Asia 3 (2012): 38–41.

61 »Building a Better Workplace«, Partnership for Public Service, https://ourpublicservice.org/about/impact/building-a-better-workplace/.

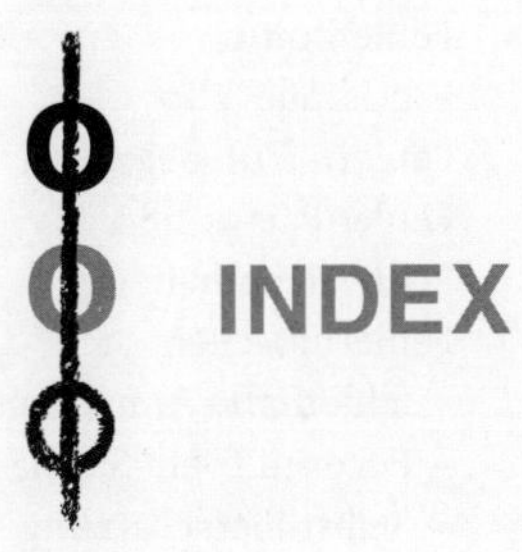

INDEX

T

U

V

W